사출성형기술 I

종합편 – 성형재료·성형기·성형기술·금형 –

홍 명 웅 편저

機電研究社

오늘날의 사출성형기술은 불과 몇년전과 비교해도 매우 크게 변화하고 있다.

특히 컴퓨터 기술의 영향에 의한 경우가 매우 큰 점이 현저히 눈에 띄고 있다. 하드 및 소프트 양면에 있어서의 컴퓨터 기술의 급속한 발전은 사출성형에도 저가격으로 컴퓨터 기술의 도입을 가져오고 사출성형기의 제어나 금형공작기계도 컴퓨터로 제어되고 종래 고도의 기술과 경험을 필요로 하면 일도 매우 쉽게 해나갈 수 있게 되었다.

더구나 특징적인 것은 컴퓨터제어에 의한 사출성형기나 금형공작기계의 조작에는 컴퓨터의 전문지식을 필요로 하지 않고 전자계산기 키를 누르는 것과 같이 처리할 수 있다.

바꿔 말하면 어제까지 플라스틱에 관한 것들을 전혀 몰랐던 사람이라도 매뉴얼에 따라서 키를 누르면 즉시 오랫동안의 경험과 전문지식을 가진 사람과 똑같은 성형품·금형을 생산할수 있다는 의미이다.

이와같은 컴퓨터 시대에 있어서 사출성형기술을 공부하는 의의에 대해 의문을 가지는 사람도 많아지고 있다.

이와같은 의문에 대한 해답은 이렇다.

즉, 성형기계나 공작기계가 컴퓨터화되면 될수록 사출형성기술의 기초적인 이론이나 그 응용에 인간이 더한층 힘을 들여 연구하지 않으면 안된다. 컴퓨터는 보통학습능력을 갖고 있지 않기 때문이다. (미래에는 좀 더 변하리라고 생각하지만) 컴퓨터에 일에 필요한 순서나 판단기능을 주는 것은 인간이다. 어디까지나 인간이 주이고 컴퓨터는 그 다음이다.

기계에 좋은 일을 하도록 인간이 지시를 하지 않고서는 안된다. 사람측에서 작업에 필요한 기초지식이 없고서야 어떻게 기계에 작업을 지시할 수가 있겠는가?

적어도 성형재료·성형기술·성형기계·금형구조의 4가지 요소에 대해서 그 기초를 확실히 익히고 상호 관련시키면서 공부할 것을 권장하는 바이다.

본서가 그러한 것을 위해 좋은 안내자로서 역할을 다할 것이라 믿으며 발간 인사를 대신한다.

-편저자-

목 차

제1장 플라스틱 발전의 역사
  1. 플라스틱 공업의 효시 ··· 13
  2. 근대적인 플라스틱에의 계기 ·· 13

제2장 플라스틱 성형재료
  1. 플라스틱과 석유화학제품 ·· 17
    1-1 분자와 중합 ·· 17
    1-2 중합의 형태 ·· 23
    1-3 엔지니어링 플라스틱과 범용 플라스틱 ·· 27
    1-4 충전 복합 플라스틱과 그 응용 ·· 30
    1-5 플라스틱의 특징과 문제점 ·· 32
    1-6 플라스틱과 다른 공업재료와의 비교 ·· 34
  2. 각종 플라스틱의 특성과 용도 ·· 39
    2-1 스티렌계(PS, GPPS, HISP / Poly Styrene) ································· 40
    2-2 아크릴(PMMA / Polymethyl Methacrylate) ································ 40
    2-3 스티렌 아크릴로니트릴 ·· 41
    2-4 아크릴로니트릴·부티디엔·스티렌 ··· 41
    2-5 폴리에틸렌 ·· 42
    2-6 폴리프로필렌 ·· 42
    2-7 폴리아미드 ·· 43
    2-8 폴리아세탈 ·· 44
    2-9 폴리카보네이트 ·· 45
    2-10 폴리염화비닐 ·· 45
    2-11 섬유소계 ·· 46
    2-12 불소 ··· 46
    2-13 에틸렌·초산비닐 ·· 47
    2-14 폴리에틸렌 테레프탈레이트 ·· 48

2-15 아이오노머 ·· 49
2-16 폴리메틸펜텐 ·· 49
2-17 폴리부틸렌 테레프탈레이트 ·· 50
2-18 폴리페닐렌 에테르 ·· 50
2-19 폴리아릴레이트 ·· 50
2-20 폴리설폰 ·· 51
2-21 PPS ·· 51
2-22 폴리에테르설폰(PES/ Polyetheresulphone) ·················· 52
2-23 폴리에테르설폰(PEEK/ Polyetheretherketone) ············ 53
2-24 액정폴리머 ·· 53
2-25 폴리에테르이미드 ·· 54
2-26 폴리아미드계 플라스틱 ·· 55
2-27 페놀 ·· 56
2-28 우레아 ·· 56
2-29 멜라민 ·· 56
2-30 불포화 폴리에스테르 ·· 57
2-31 에폭시 ·· 57
2-32 디아릴프탈레이트 ·· 57
2-33 실리콘 ·· 57
2-34 기타 ·· 58
3. 플라스틱 감별법 ·· 60
 3-1 감별의 순서 ·· 61
4. 플라스틱 재료의 성형 가공상의 특성 ································ 64
 4-1 분자배향과 잔류변형 ·· 64
 4-2 플라스틱의 점도와 성형 특성 ·· 66

제3장 플라스틱 성형 가공 개론

1. 성형재료에 의한 성형과정의 기본원리 ······························ 71
 1-1 가소화 단계 ·· 71
 1-2 성형 단계 ·· 72
 1-3 냉각·고화 단계 ·· 72
2. 성형가공법의 개요 ·· 72
 2-1 압축성형법 ·· 72
 2-2 트랜스퍼 성형법 ·· 73
 2-3 열경화성 사출 성형법 ·· 75

2-4　적층 성형법 ··· 76
　2-5　강화 플라스틱 성형 ·· 77
　2-6　RIM성형 ·· 80
　2-7　압출 성형법 ··· 81
　2-8　블로우 성형법 ·· 82
　2-9　인젝션 블로우 성형법 ·· 84
　2-10　진공성형법 ··· 85
　2-11　카렌더 가공법 ··· 87
　2-12　주형 성형법 ·· 87
　2-13　발포 성형법 ·· 88
　2-14　분말 성형법 ·· 91
　2-15　회전 성형법 ·· 93

제4장　사출 성형법의 발전

1. 사출 성형의 기초 ·· 95

제5장　사출 성형기의 구조

1. 사출 성형기의 구성 ··· 99
　1-1　프레임, 베드, 성형기대 ·· 101
　1-2　형체 기구 ·· 101
　1-3　사출 기구 ·· 102
　1-4　유압 구동부 ·· 102
　1-5　전기 제어부 ·· 103
2. 형체 기구의 개요 ·· 103
　2-1　구비해야 할 능력과 구조 ··· 103
　2-2　형체 기구의 종류 ·· 104
3. 직압식 형체기구 ·· 105
　3-1　기름(액체)의 성질 ··· 105
　3-2　유압 실린더의 계산식 ·· 107
　3-3　유압형체 기구의 원리와 구조(부스터 램식) ····················· 109
　3-4　직압식의 특징과 문제점 ··· 109
4. 터글식 형체 기구 ·· 110
　4-1　원리와 구조 ·· 110
　4-2　금형두께 조정장치 ··· 116

4-3 터글식의 종류와 특성 ··· 117
4-4 터글식의 특징과 문제점 ··· 119
5. 사출 기구의 개요 ··· 122
5-1 갖추어야 할 능력과 구조 ··· 122
5-2 사출 기구의 종류 ··· 122
5-3 열안정성과 용융 점도의 해설 ··· 123
6. 스크류식 사출 기구의 기본 구조와 최근의 발전 ······································· 125
6-1 그 원리와 구조 ··· 125
6-2 스크류 디자인 ··· 126
6-3 스크류에 의한 성형 재료의 용융과 가소화 ······································· 128
6-4 스크류 디자인에 의한 가소화 차이 ··· 131
6-5 스크류의 교환과 성형기의 노력 ··· 131
6-6 사출 용량과 가소화 조건의 관계 ··· 132
6-7 최근의 스크류 디자인 ··· 134
6-8 홈이 붙은 공급부 ··· 138
6-9 스크류 헤드와 백 플로우 방지 ··· 139
6-10 스크류 실린더의 강도와 마모대책 ··· 142
6-11 스크류식의 특징과 문제점 ··· 144
6-12 스크류 프리플라식 (2 스테이지식) ·· 145
6-13 전자 제어 사출 성형기 ··· 146
6-14 스크류 구동 장치 ··· 147
7. 사출 성형기의 노즐 ··· 149
7-1 표준 노즐 ··· 150
7-2 연장 노즐 ··· 151
7-3 웰 타입 노즐 ··· 152
7-4 믹싱 노즐 ··· 152
7-5 밸브 노즐 ··· 153
7-6 호트 런더 ··· 156
7-7 노즐 터치와 구멍의 직경 ··· 156

제6장 사출 성형 기술
1. 사출 성형기의 사양 견해 ··· 159
2. 성형기의 형 검토 ··· 159
3. 성형기의 선정과 항목별 사양 ··· 161

4. 사출관계 ··· 163
- 4-1 사출용량 ··· 163
- 4-2 사출압력 ··· 164
- 4-3 사출마력 ··· 165
- 4-4 사출율 ㎤/sec ·· 165
- 4-5 가소화 능력 ··· 166
- 4-6 사출력 ·· 167
- 4-7 사이클 타임 ··· 167
- 4-8 기타 ··· 168

5. 형체관계 ··· 168
- 5-1 형체력 ·· 168
- 5-2 형개력 ·· 171
- 5-3 돌출력 ·· 172
- 5-4 형체 스트로오크 ··· 172
- 5-5 금형 치수 ·· 172
- 5-6 타이바 간격 ··· 172
- 5-7 사용 금형 두께 ·· 174
- 5-8 최대 형개 거리 ·· 174

6. 제어관계 ··· 174
- 6-1 총전력량 ··· 174

7. 사출 성형기의 장비품 ·· 176

8. 성형품과 기종 선정 절차 ·· 176
- 8-1 성형 가부를 결정하는 요인 ·· 177
- 8-2 품질적인 요인 ··· 179
- 8-3 조작상·보수 관리상의 요인 ······································· 179
- 8-4 경제 성능을 좌우하는 요인 ·· 180

9. 기계의 기초 공사와 설치 ·· 182
- 9-1 기계의 레이아웃 ··· 182
- 9-2 반송방법과 짐풀기 ·· 185
- 9-3 운전 준비 공사 ·· 188

10. 기계의 운전과 여러가지 주의 ·· 190
- 10-1 시운전 ··· 190
- 10-2 작업전의 점검 ·· 191
- 10-3 성형중의 주의 ·· 191

    10-4 작업 종료 후의 주의 ··· 192
    10-5 휴지·정전시의 처리와 주의 ·· 192
 11. 금형 교환의 기본 순서 ·· 193
    11-1 취부 전의 준비 ··· 194
    11-2 금형 취부 작업 ··· 196
    11-3 형체력의 설정방법 ·· 200
    11-4 노즐 터치와 조정방법 ··· 201
    11-5 냉각 호오스의 세트 ·· 202
    11-6 금형 분해 순서 ··· 203
    11-7 최근의 금형 취부 방식 ··· 203
 12. 성형준비와 성형조건의 설정 ·· 206
    12-1 성형가공의 기초 기술 ··· 206
    12-2 성형조건의 설정기준과 영향 ······································ 214
    12-3 주요 항목별 설정조건의 설정 ···································· 217
 13. 성형조건의 총정리 ·· 225

제7장 금형

 1. 금형의 기본 구조 ·· 227
    1-1 기본 구조에 의한 장단점 ·· 227
    1-2 각종 금형 기본 구조 그림과 명칭 ····························· 229
 2. 유동·주입기구 ·· 234
    2-1 스프루·런너·게이트시스템 ····································· 234
    2-2 스프루 시스템 ··· 234
    2-3 런너시스템과 단면형상 ··· 235
    2-4 게이트 시스템 ··· 235
    2-5 게이트 종류와 분류 ·· 241
    2-6 각 게이트 시스템의 디자인과 특징 ··························· 242
    2-7 여러개빼기 금형의 게이트 균형과 OC 배치 ············ 249
    2-8 에어벤트·가스빼기 ·· 250
 3. 성형품의 돌출기구 ··· 252
    3-1 돌출방식과 기구 ··· 252
    3-2 돌출방식의 응용 ··· 257
 4. 금형온도 제어기구 ··· 259
    4-1 냉각효과가 우수한 금형구조란 ·································· 259

4-2 온도제어의 방법 ··· 261
5. 언더커트 성형품과 금형 ··· 265
　　5-1 분할금형(캐비티) ··· 266
　　5-2 슬라이드 블록 금형 ··· 268
　　5-3 내측 언더커트의 처리대책 ·· 269
　　5-4 강제빼기(스트립핑 처리) ··· 271
6. 나사 성형품과 금형 ·· 273
　　6-1 나사붙이 성형품과 처리 금형의 분류 ························· 273
　　6-2 내측나사의 처리대책 ·· 274
7. 사출 성형 금형의 제작과 공작법의 개요 ································ 278
　　7-1 금형의 역할 ··· 278
　　7-2 금형 재료 ··· 278
　　7-3 금형재료의 필요특성 ·· 280
　　7-4 금형재료의 종류와 대책 ·· 284
　　7-5 금형제작법에서 본 선택기준 ·· 284
　　7-6 금형의 제작법 ··· 286

제8장 사출성형 기술의 응용

　　8-1 샌드위치 사출성형 ·· 295
　　8-2 저발포 사출성형 ··· 296
　　8-3 다색 사출성형 ··· 299
　　8-4 인·몰드 어셈블리성형 ·· 302
　　8-5 프라마그의 사출성형 ·· 303
　　8-6 사출·압출성형 ··· 303

제9장 사출성형재료의 각종 물성자료편

제1장

플라스틱 발전의 역사

1. 플라스틱 공업의 효시

오늘날 플라스틱 공업 발전의 기초가 된 것으로는, 지금으로부터 약 140년 전으로 거슬러 올라가야 한다. 그 하나는 1846년 스위스의 버젤 대학의 「크리스천 센바론」이 실험 중에 쏟은 황산을 닦아낸 목면 헝겊이 무연화약의 주원료인 「면화약(綿火藥)(니트로셀룰로오스)」로 변환한 우연의 멋진 발견으로서, 이것은 그 후 셀룰로이드, 레이온 사진용 필름, 셀로판, 라카 등의 많은 물질 개발의 원동력이 되었다. 그 후의 거대한 화학 공업의 도화선이 되기도 하고, 더욱 중요한 것은 플라스틱에 관한 현대의 기초가 된 것이다. 그 때까지의 흑색화약은 다량의 연기를 내어서, 전투중 적군과 아군이 서로의 모습을 구별하지 못할 정도였다. 이에 비해서 면화약은 연기의 양이 훨씬 적고 그리고, 세배나 강력했기 때문에 많은 화학자들의 흥미를 끌고, 그 후 니트로셀룰로오스의 연구가 활발히 진행되었다. 이들 연구 중에서 커다란 발견은, 1846년말에 프랑스의 루이 메르나르가 발견한, 어떤 종류의 니트로셀룰로오스라도 투명한 젤라틴 상태의 액체로 만들어 버리는, 에테르와 알코올에서 생긴 용제였다. 그 액체는 공기에 닿으면 건조되어, 딱딱한 무색의 막이 생기지만, 원료에 사용되는 종이와는 조금도 비슷하지 않은 것으로 「코로디온」이라고 명명되었다. 그가 이 용제를 발견하기 이전의 니트로셀룰로오스는 면·종이·나무 등의 재료를 직접 초산으로 처리해서 만들었던 것이지만, 그 때부터는 이 용제의 덕택으로, 그 때까지와는 전혀 다른 새로운 제품이 차례차례로 만들어지게 되었다. 그러나, 코로디온의 참된 공업적 가치를 발견하지 못하고 상처 따위에 발라서 건조시키는 건조 반창고로서 가정에서 요긴하게 쓰여지는 것에 그쳤다.

그런데, 1863년에 뜻밖의 일로부터 코로디온의 공업적 가치가 발견되는 계기가 생겼다. 이 에피소우드는 4장의 「사출형성법의 성장」에 서술되어 있는 대로이다.

2. 근대적인 플라스틱에로의 계기

그런데, 플라스틱 공업의 기초를 세우게 된 제2의 발견은 「레오·베이클랜드(미)」와 페놀 포름 알데히드와의 만남이다. 베이클랜드는 30대에 사진용 인화지를 발명했다. 후에 코닥 카메라의 발명자인 조지·이스트맨은 이 새로운 인화지의 권리를 베이클랜드로부터 거액의 금액으로 매입하고, 그 돈으로 베이클랜드는 뉴욕에 개인 연구소를 세우고 좋아하는 화학 연구에 몰두하게 되었다.

베이클랜드가 흥미를 갖고 연구했던 것은 락카, 니스 등의 도료로 천연품의 대용이 되는 인공「셸락(shellac)이었다. 셸락이라고 하는 것은 인디안 랙, 충(虫)이라는 동남 아시아에 사는 곤충이 내는 수지 상태의 분비물로부터 만들어진 천연의 도료로, 약 450g의 분비물을 채집하려면 15만 마리의 곤충과 6개월의 시간이 걸려서, 당시는 미국만에서도 굉장한 금액의 양을 수입하고 있었고, 만약 인공의「셸락」이 만들어지면 큰 갑부가 되는 것은 틀림이 없는 상황이었다. 베이클랜드는 우선 화학 문헌을 탐독하여, 1871년에 독일의 유명한 화학자「아돌프·폰·바이어」가 페놀과 포름알데히드를 혼합하여, 아교질의 물질을 만들어 내고 있는 것을 알았다. 그 혼합물을 가열하면 거품이 일고, 불쾌한 냄새가 나며, 냉각하면 굳어져서 딱딱한 다공질(多孔質)로서 불용융성의 회색의 덩어리, 결국 수지가 된다고 써 있었던 것이다. 바이어를 비롯해 다른 화학자들에 있어서는, 이 물질은 시험관과 증류기(蒸溜器) 바닥에 달라붙어, 용해시키는 일도 불가능하기 때문에 지극히 귀찮은 방해물이었다.

베이클랜드는 이 물질도 사용법에 따라서는 도움이 되는 것은 아닐까하고 생각했다, 페놀 포름알데히드의 귀찮음이 오히려 커다란 잇점이 될 지도 모른다고 생각했다. 이 물질은 딱딱해서 약품에도 견디기 때문에 천연의 라카보다도 우수한 도료가 될 가능성이 있기 때문이었다. 베이클랜드는 페놀포름알데히드를 이용하는 방법을 찾기 시작했다. 그 때까지의 화학자들이 피해 지나간 방법을 일부러 실행에 옮겨서 페놀과 포름알데히드와의 결합을 일으키는 반응을 억제하는 대신에, 오히려 그것을 촉진해 보았다. 혼합물이 만들어지면 냉각 대신에 가열해 보았다. 또 온도가 올라가도 액체가 되지 않도록 압력을 가해 보았다. 그래서 최후로, 모든 반응 과정을 앞당기는 성분을 첨가해 보았다. 반응이 끝난 뒤, 용기의 바닥을 살펴보니, 용기 내벽의 모양을 그대로 비추고 있는 투명한 호박색의 물질이 생성되었다. 베이클랜드는 이 물질을 베이클라이트(Bakelite)라고 명명했다. 여기에 인간이 사상 최초로 의도적으로 만들어 낸「고분자」가 탄생했다. 베이클랜드는 곧 특허를 출원(出願)해 1909년 특허가 성립되었다. 그는 이 베이클라이트의 실용화를 위해 더욱 많은 연구 개량을 거듭해, 베이클라이트의 분말에 톱밥, 면(綿) 가루와 같은 충전재(充塡材)을 첨가하면 물성(物性)과 가공성이 좋아지는 것을 발견해, 성형 재료로서 판매와 함께 베이클라이트(Bakelite)라고 명명한 성형기도 연구하여, 성형 방법의 기술을 지도하면서 시장을 개척해 갔다. 이렇게 해서 페놀 수지인 베이클라이트는 단추, 라디오, 전화기, 칼, 숟가락, 냄비, 후라이팬 및 전기 부품, 자동차 부품, 항공기 부품, 카메라 등 일반적인 모든 물품의 용도로 쓰여지게 되었다.

이것을 계기로 해서 화학 기술은 급속도로 발전하고, 종래에는 시행착오적이며 어림짐작으로 물질을 만들어 내었지만, 만들고 싶다고 생각한 물질의 성질을 만들기 전부터 결정할 수 있을 정도로 근대적인 고분자 화학의 세계가 형성되어 갔다. 이 두 가지의 사건이 오늘날의 플라스틱 공업의 기초를 다지는 계기가 되고, 그 후는 더욱 많은 연구자의 노력에 의해 물질의 분자구조와 화학반응에 대한 이해가 증진되었다. 본격적인 합성화학의 막이 열리고나서의 획기적인 것은 「나일론」의 등장이다. 나일론이 만들어지고 나서 더욱 플라스틱의 새로운 개발은 빠른 진전을 보였다. 1930년경부터 듀폰사(미)의 화학자 「워레스·흄·카로자스」는 석탄과 공기와 물에서 얻어진 고분자로부터 내구성이 있는 섬유를 만들어 낼 수가 있다고 믿고, 새로운 고분자의 연구를 해 나갔다.

그로부터 10년의 세월과 거액의 개발비를 들여 현재 나일론으로 알려져 있는 폴리헥사메틸렌의 고분자를 만들어 내었다. 1940년에 처음으로 세상에 나온 나일론은 커다란 선풍을 일으켰다. 치솔과 낚시줄, 혹은 외과 수술용 실에도 사용되었지만, 그 대부분은 여성용 스타킹에 사용되었고, 다음 해부터는 낙하산과 텐트 혹은 타이어코드 따위로 용도를 넓혀가, 현재는 사출성형 재료로써도 쓰여지도록 되었다. 이 나일론의 등장 이후 듀폰사에서는 차례차례로 새로운 플라스틱이 생산되어 데트론으로 알려진 불포화 폴리에스테르와 서어린으로 알려진 아이오노머 혹은 「데릴린」으로 불려지는 폴리아세탈, 그 위에 합성 고무의 네오플랜 등이 동사(同社)에서 만들어졌다. 이와 관련하여 우리나라에서 나일론의 생산이 시작된 것은 1966년부터이다.

한편, 카로자스가 나일론의 합성에 착수했을 무렵, 독일의 대기업인 I·G팔벤사(현재의 BASF社)가 폴리스틸렌의 대량생산을 개시하고, PVC와 초산비닐도 만들어 내었고, 같은 독일 기업인 롬·앤드·허스사가 메타아크릴의 생산을 시작하는 등, 오늘날의 중요한 플라스틱이 거의 이 무렵부터 그 모습을 나타내기 시작했다.

이 무렵부터 고분자의 연구로 만들어진 이것들의 총칭으로써 일반적으로 「플라스틱」이라는 용어가 쓰여지기 시작했다. 마침 그때 시작된 제2차세계대전은 화학공업에 있어서 더욱 고분자 화학을 화려하게 발전시킨 계기가 되었다. 그것은, 전쟁으로 얻기 어려운 물질의 대체(특히 합성고무)와 군사기기의 개발에 필요한 플라스틱의 개발이 각국에서 다투어 행해졌기 때문이다.

원료출처도 석탄에서 석유로 바뀌고, 석유에 포함되어 있는 탄화수소로부터 플라스틱, 고무, 그 밖의 제품이 대량으로 생산되게 되었다. 몇 백 종류나 되는 석유계 탄화수소 혹은 석유화학물질 속에 가장 용도가 많은 것은 메탄, 에틸렌, 프로필렌, 부틸렌, 벤젠의 다섯가지로 플라스틱의 대부분은 이들의 합성에 의해 만들어지게 되었다. 베이클라이트 이후 중요한 플라스틱의 개발연구사는 다음과 같다.

표 I-1 주요 플라스틱의 발전연대

연도	회사	플라스틱
1914년	제네럴·엘렉트릭사(미국)	알키드 플라스틱
1922년	다이나미트노벨사(이탈리아)	유리아 플라스틱
1927년	롬 앤드 허스사(독일)	아크릴
1930년	I·G·파루벤(독일)	스티롤
1931년	〃	PVC
1933년	베이클라이트(미국)	PVC+초산비닐
1938년	티바사(스위스)	멜라민
1939년	I·C·I사(영국)	폴리에틸렌
1940년	다우케미칼(미국)	염화비닐리덴
1940년	듀폰사(미국)	나일론
1942년	〃	불소플라스틱
1942년	피츠버그·프레이트·글래스사(미국)	불포화폴리에스테르
1943년	티바사(스위스)	에폭시
1943년	다우 코닝사(미국)	실리콘플라스틱
1946년	US라버사(미국)	ABS
1946년	셀·캐미칼(미국)	아릴플라스틱
1948년	듀폰사(미국)/I·C·I사(영국)	PET
1950년	필립스·페트롤리엄사(이탈리아)	PPS
1950년	**듀폰사(미국)**	폴리아세탈
1955년	**몬테카치니(이탈리아)**	폴리프로필렌
1956년	바이엘(독일)	폴리카보네이트
1959년	〃	폴리아미드
1960년	세라니스(미국)	폴리아세탈
1964년	제네럴·엘렉트릭사(미국)	PPO
1964년	듀폰사(미국)	아이오노머
1965년	I·C·I사(영국)	폴리메틸벤젠
1966년	유니온·카바이드(미국)	폴리설폰
1970년	세라니스사(미국)	PBT
1972년	카본·랜담사(영국)	방향족폴리에스테르
1972년	I·C·I사(영국)	PES
1973년	유니티카(일본)	방향족폴리에스테르
1977년	I·C·I사(영국)	PEEK
1982년	세라니스(미국)	폴리에테르이미드

제 2 장

플라스틱 성형재료

1. 플라스틱과 석유화학제품

일상생활의 구석구석까지 플라스틱이 사용되어지고 있는 오늘날, 플라스틱이 석유로부터 만들어지는 사실을 모르는 사람은 없을 것이다.

석유는 보통 유조선으로 산유국에서 운반해서, 정유소의 탱크에 일단 저장해서, 탈염, 탈수장치를 통과한 뒤, 상압증류(常圧蒸留)에서 비등점의 차이를 이용해서 가솔린(휘발유), 나프타 (조제가솔린), 등유, 경유, 중유, 액화석유가스(LPG) 등으로 분류된다. 나프타는 플라스틱의 원료가 된다.

나프타는 약 30~70℃ 정도에서 석유로부터 유출되는 경질류분(輕質留分)으로, 플라스틱 성형재료의 기본이 되는 석유화학 원료에 사용하는 외에, 정제하면 가솔린이 되기 때문에 조제 가솔린으로도 불리워지고, 도시가스, 연료용으로도 사용된다.

나프타를 더욱 분해정제하면 플라스틱 원료로서 가장 중요한 에틸렌과 프로필렌 외에 벤젠, 톨루엔, 키시렌이 만들어진다(그림 2-1 참조).

에틸렌, 프로필렌, 부타디엔은 분자 내에 이중결합을 두개 이상 갖는 고리형태의 탄화수소를 통칭하는 올레핀계의 탄화수소라고 하고, 거북의 등모양의 분자구조를 가진 벤젠(B), 톨루엔(T), 키시렌(X)은 방향(芳香)을 내기 때문에 방향족이라고 불리고, 일반적으로 이것들은 BTX의 약칭으로 불리워진다(그림 2-2 참조).

이것들의 기초제품은 여러가지로 조합시켜서 몇 가지의 공정을 거쳐 여러종류의 플라스틱이 된다.

1-1 분자와 중합

어떠한 물질이라도, 그 기본단위는 한 개의 분자에 의해 구성되어 있다. 구성하는 분자의 수가 극히 큰 것은 고분자 물질이라고 부른다. 즉, 플라스틱의 하나인 폴리에틸렌은 많은 에틸렌에 의해 성립된 고분자이다. 고분자 물질은 천연으로도 제각기 존재하지만, 인공적으로 만들어진 것을 현재의 플라스틱이라 부른다.

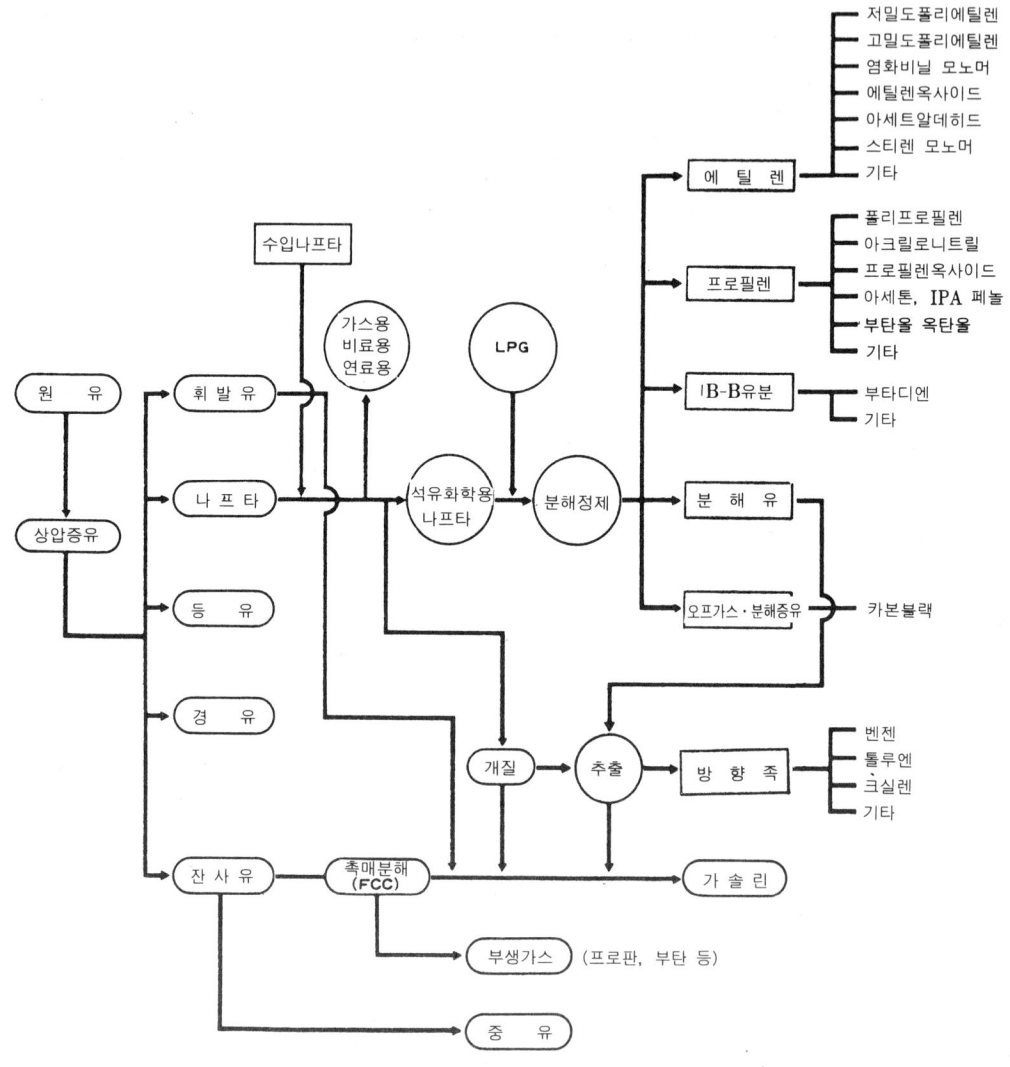

그림 2-1 원유에서 플라스틱까지의 흐름

그림 2-2에 나타난 에틸렌은 네 개의 수소와 두 개의 탄소에 의해 성립되고 따라서 분자식은 C_2H_4로 표시한다. 폴리에틸렌을 구성하는 에틸렌의 1기본단위 즉 C_2H_4를 「모노머(단량체)」라고 한다. 모노머를 다수결합시켜 분자량이 큰 화합결합으로 만드는 것을 「중합」이라 하고, 중합해서 생긴 분자량이 큰 화합물을 폴리머(중합체)라 부른다. 에틸렌 분자가 다수중합해서 생긴 화합물을 폴리에틸렌 폴리머라고 한다. 실제, 폴리에틸렌은 모노머(에틸렌)가 수만~수십만 이상 결합되어 있는 플라스틱이다.

폴리머라고 하는 말은, 플라스틱과 동의어로서 사용되고 있다.

표 2-1 나프타에서 플라스틱까지의 흐름

```
원유→나프타─┬─(분해)
            │       ├─에틸렌─┬→저밀도폴리에틸렌·고밀도폴리에틸렌
            │       │        ├→스티렌모노머 →폴리에스테르·알키드 도료
            │       │        │              └→폴리스티렌/동공중합체(AS·ABS)
            │       │        │                 합성고무(SBR)
            │       │        ├→아세트알데히드·초산·아세테이트
            │       │        │                  └→초산비닐
            │       │        │                       └→포발 →비닐론
            │       │        ├→펜타에리리틀 ──────→ 알키드 도료
            │       │        └→이염화 에틸렌(EDC)→염화비닐모노머→PVC
            │       │                                  └→염화비닐리덴
            │       ├─프로필렌 폴리프로필렌
            │       │        ├→아크릴로니트릴로→스티렌계공중합체(AS/ABS/합성고무(NBR)
            │       │        ├→프로필렌옥사이드
            │       │        │        ├→프로필렌글리콜→폴리에스테르
            │       │        │        ├→폴리프로필렌글리콜→폴리우레탄
            │       │        │        └→에틸알코올→글리세린→알키드도료
            │       │        ├─크멘─┬→아세톤 ────→메타아크리레이트
            │       │        │      └→페놀→페놀플라스틱
            │       │        │              └→비스페놀→폴리카보네이트
            │       │        │                       └→에폭시
            │       │        └→염화아릴→에피크롤리히드린→합성고무
            │       │                                  └→글리세린→알키드도료
            │       ├─C₄유분 →부타디엔산→합성고무(SBR/BR/CR/NBR)
            │       │                  └→부타디엔
            │       ├→무수말렌산→불포화폴리에스테르
            │       ├→파라샤터리→부틸페놀→페놀플라스틱
            │       ├→파라옥틸페놀 ──────→페놀플라스틱
            │       └→이소부틸렌 ────→합성고무
            │                └→메타아크릴산에스테르→메타아크릴
            ├─분해유
            │     └개질·추출→벤젠─┬→스티렌모노머 ──→폴리스틸렌
            │                      ├→시크로헥산 ───→나일론
            │                      ├→페놀 ──────→페놀플라스틱
            │                      ├→아닐린 ──────→우레탄원료
            │                      ├→톨루엔→톨루엔디이소시아네이트
            │                      │              └→폴리우레탄
            │                      │       └→크레졸→페놀플라스틱
            │                      └→크실렌
            │                             ├→에틸벤젠→스틸렌모노머→폴리스티렌
            │                             ├→오르소크실렌→무소프탈산→폴리에스테르
            │                             ├→메타크실렌→이소프탈산→포화폴리에스테르
            │                             └→파라크실렌
            │                                     └→테레프탈산
            │                                           ├→디부틸텔레프탈레이트(DMT)
            │                                           └→고순도텔레프탈산(PTA)
            ├─분해 →염화비닐모노머 →PVC
            └─산화 →초산→비닐론·아세테이트
```

모노머라고 하는 것은 그리스어로 「하나(mono)」의 의미를 나타내고, 폴리머(Polymer)는 「많다」고 하는 의미의 폴리(Poly)와 「물질」이라는 의미의 모노머(mer)로부터 명명된 것이다.

그림 2-2의 에틸렌 분자인 C끼리는 두 개의 선으로 연결되어 있고, 이것을 이중 결합이라고 하며, 공유 관계에 있다. 이 이중 결합을 풀고 하나의 단결합으로 결합하면 다음과 같은 분자의 배열이 된다.

$$H-\underset{|H}{\overset{|H}{C}}-\underset{|H}{\overset{|H}{C}}-\underset{|H}{\overset{|H}{C}}-\underset{|H}{\overset{|H}{C}}-\underset{|H}{\overset{|H}{C}}-\underset{|H}{\overset{|H}{C}}-H \cdots\cdots H-\underset{|H}{\overset{|H}{C}}-\underset{|H}{\overset{|H}{C}}-\underset{|H}{\overset{|H}{C}}-\underset{|H}{\overset{|H}{C}}-\underset{|H}{\overset{|H}{C}}-\underset{|H}{\overset{|H}{C}}-H$$

이것을 분자식으로 나타내면,

$CH_2 = CH_2 \rightarrow CH_2 - CH_2 - CH_2 - CH_2 - \cdots$ 이것을 $(CH_2-CH_2-CH_2-)n$으로 쓸 수도 있다. n은 수만에서 수십만을 나타낸다. 이와같이, 분자가 계속 연결되어 분자를 다수 갖는 고분자, 즉 폴리에틸렌 플라스틱이 된다. 이와같이 폴리프로필렌은 $CH_2 = \underset{CH_3}{CH}$ 로 나타내는 프로필렌모노머가 다음과 같이 연속적으로

$$\sim CH_2 - \underset{CH_3}{CH} - CH_2 - \underset{CH_3}{CH} - CH_2 - \underset{CH_3}{CH} - CH_2 - \underset{CH_3}{CH} \sim$$

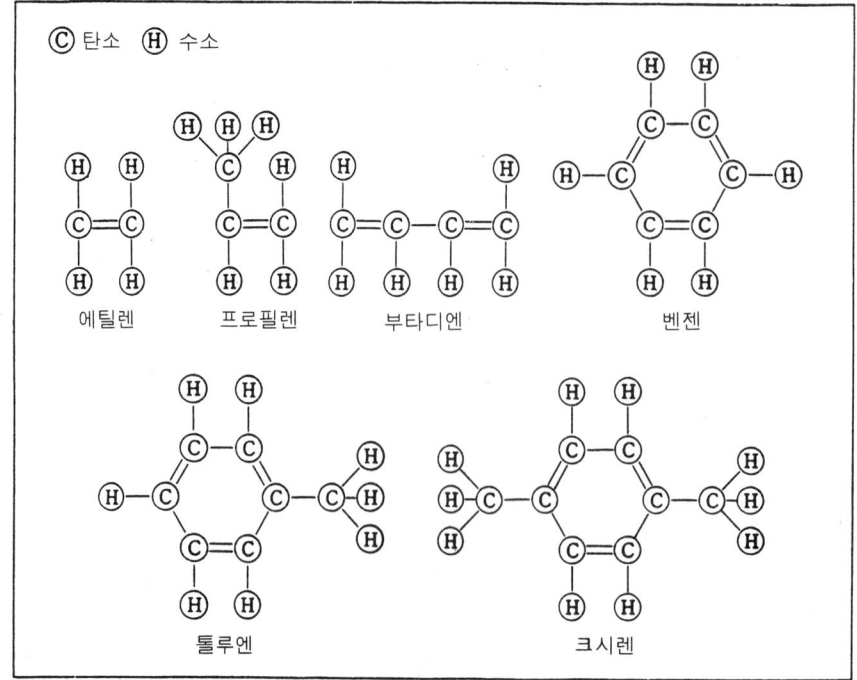

그림 2-2 나프타에 의해 만들어지는 플라스틱용 기초 제품의 구조

결합해서 폴리프로필렌 플라스틱이 된다.

나프타를 분해해서 만들 수 있는 에틸렌, 프로필렌, 부틸렌, 벤젠…은 모두 이중 결합을 갖고 있다. 이것들을 총칭해서 「올레핀계 탄화수소」라고 부르고 있다. 탄화수소라는 것은 탄소와 수소가 화합한 것이다. PE, PP를 올레핀계라고 하는 것은 여기에 이유가 있다.

참고로 염화비닐과 폴리스티렌의 경우를 다음에 나타낸다.

- 폴리염화비닐 [모노머 $CH_2=CH \atop Cl$ → ~$CH_2-CH-CH_2-CH-CH_2-CH-CH_2-CH$~]
  (Cl이 각 CH에 결합)

- 폴리스티렌 [모노머 $CH_2=CH \atop \phi$ → ~$CH_2-CH-CH_2-CH-CH_2-CH-CH_2-CH$~]
  (벤젠이 각 CH에 결합)

또한 $CH_2=CH \atop R$ 로 표시되는 화합물은 비닐모노머라고도 부른다.

R이 H(수소)이면 에틸렌이 되고, Cl(염소)이면 염화비닐, CH_3(메틸)이면 프로필렌, 6각형의 벤젠이 붙으면 스티렌이고, CN(니트릴)이면 아크릴로니트릴이 된다. 따라서, 이와같은 비닐모노머가 연속적으로 결합해서 만들어진 중합체를 비닐 중합체라고 한다. 이러한 표현은 비닐 화합물에서 자주 볼 수 있는 것에서 비롯되었다.

실제로는, 더욱 여러가지로 복잡한 공정을 거쳐 플라스틱이 얻어지는 것이지만, 개념적으로는 이와같은 것으로 이해할 수 있을 것이다.

그림 2-3에서 폴리에틸렌을 만드는 공정의 일예를 든다. 이 공정에서 만들어지는 폴리에

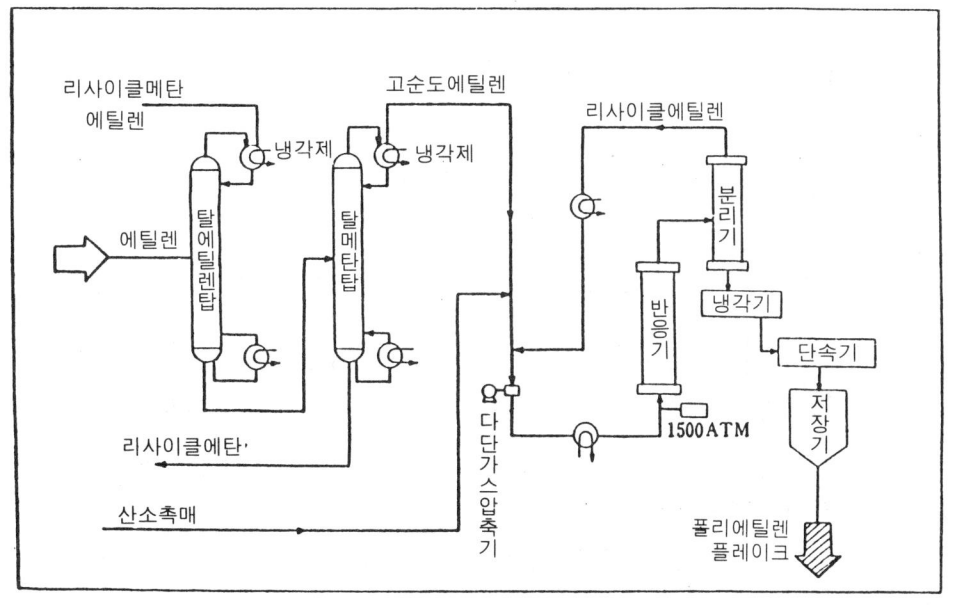

그림 2-3 폴리에틸렌(고압법) 제조계통도

틸렌 플레이크(FLAKE)에 각종 첨가제(산화 방지제, 대전 방지제, 착색제, 자외선 흡수제 등)를 첨가하고, 다시 그림 2-4와 같은 2축혼련압출기(2軸混練押出機)에서 콤파운딩시 펠리트 상태의 성형재료가 된다.

페놀과 같은 열경화성 플라스틱에서는, 중합해서 만들어진 재료에, 각종 충전재(톱밥,

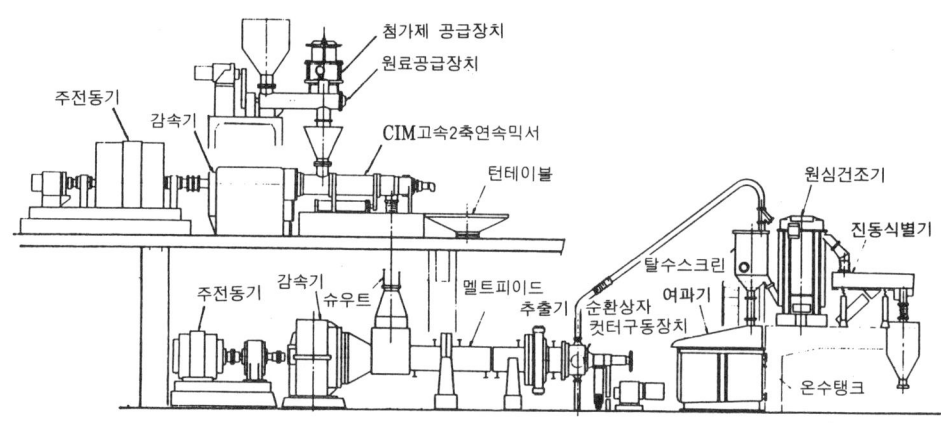

그림 2-4 2축압축기에 의한 열가소성 플라스틱
성형재료의 연속펠리트 제조장치

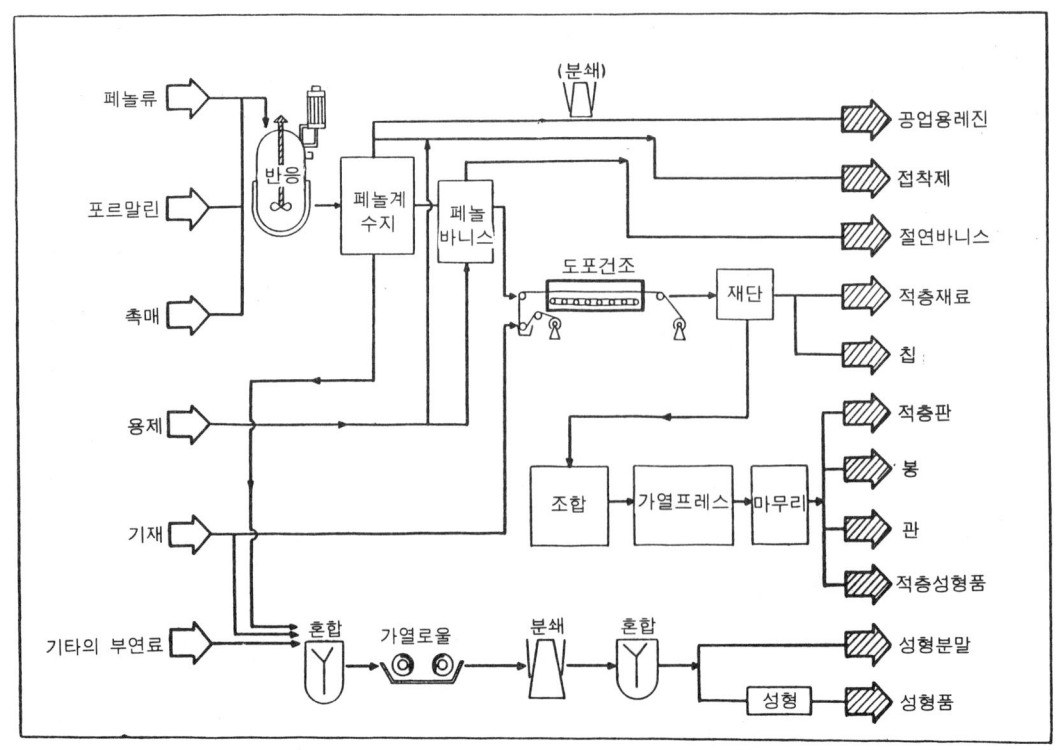

그림 2-5 페놀 성형재료 외의 제조과정의 예

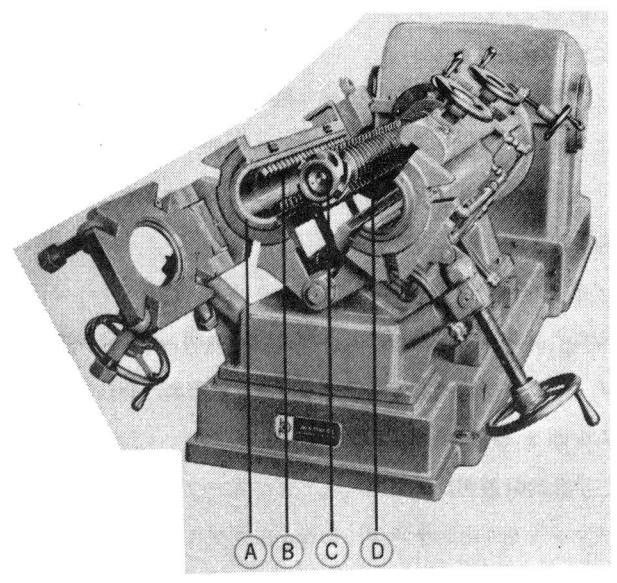

그림 2-6 열경화성 플라스틱의 콤바운딩에 사용되는 코니더로 스크류가 회전하면서 앞뒤로도 움직여 혼련한다. Ⓐ 바렐, Ⓑ 혼련용 돌기 Ⓒ 혼련 스크류 Ⓓ 스크류의 전후(복동거리)

목면조각, 유리섬유 등의 강화재 외에 이형재(離型材), 대전 방지제, 착색제, 경화제 등)를 섞어 그림 2-5와 같은 과정으로 성형재료가 된다. 최근에는 일단 문말로 만들고 난 뒤는, 코니더라고 불리워지는 특수한 2축 압출 성형기(스위스 BUSS사) 등에 의해 충전재와 함께 혼련(混練)하여 연속적으로 성형 재료로 만드는 방법이 채용되고 있다(그림 2-6).

1-2 중합의 형태

폴리에틸렌이 중합할 때와 같이 모노머 분자가 결합의 손을 열어 연결되고, 부생물(副生物)을 조금도 만들지 않고「부가(付加)」를 되풀이해 폴리머가 되는 반응의 방법을「부가 중합」이라 한다. 염화비닐, 폴리스티렌, 폴리프로필렌, 폴리아세탈 등도 이 방법이다.「부가 중합」은「비닐 중합」이라고도 한다.

산화에틸렌과 산화프로필렌과 같은 환상(環狀)모노머는 고리가 끊어져 결합의 손을 열어 중합하기 때문에「개환중합(開環中合)」이라 한다. 나일론6은 다음의「중축합」으로 진행되는 것이 일반적이지만 이 방법으로 중합하면 물이 생기지 않기 때문에 이용된다.

$$\begin{matrix} CH_2-CH_2 \\ CH_2 \quad\quad C=O \\ CH_2 \quad\quad NH \\ \quad CH_2 \end{matrix} \xrightarrow{\text{물}} {-}[(CH_2)_5CNH]_n{-} \\ \quad\quad\quad\quad\quad\quad\quad\quad\quad\quad\quad\quad\quad O$$

ε-카프로락담 　　　　나일론6

산과 알콜에서 에스테르가 생기는 반응에서는 동시에 물이 부생(副生)하지만, 이와같이 두 개의 분자로부터 물, 암모니아, 탄산가스와 같은 단순한 분자가 결합하는 반응을「축합」이라고 한다. 역시, 축합 반응의 되풀이에 의한 중합 방법을 「중축합」이라 하고, 불포화폴리에스테르와 나일론 등이 이 형태의 중합에 의해 만들어진다.

페놀수지는 페놀과 포르말린과의 반응에 의해 만들어지며, 이 때에는 「부가」와 「중합」의 두 반응이 반복되기 때문에 「부가중합」이라 한다.

폴리우레탄폼의 원료인 폴리우레탄은 「중부가 중합」이란 반응의 방법을 사용한다. 기본적으로는 이 네 가지가 중요한 중합 방법이다.

이 외에, 모노머가 고리 모양으로 둥글게 되면서 연결되어 가는 「환화 중합(環化重合)」이라는 내열성 플라스틱을 만드는 반응의 방법과, 모노머 분자 내의 원자의 배열 방법이 변하면서 뻗어 가는 「이성화중합(異性化重合)」과 「교호 공중합(交互共重合)」, 「블럭 공중합(共重合)」, 「가교 반응(架橋反應)」 등 여러가지 호칭을 가진 중합이 있다.

1-2-1 공중합(共重合)과 폴리머블렌드/폴리머얼로이

두 종류 이상의 모노머를 중합하는 것을 공중합(共重合)이라 한다. 아크릴로니트릴, 부타디엔 및 스티렌으로 구성된 ABS플라스틱은 그 대표적인 것으로, 각각의 특성을 고루 갖춘 균형이 잡힌 성능으로, 광범위한 분야에서 사용되고 있다.

공중합에 의해, 결정성(結晶性), 유리전이점(glass轉移點), 연화점(軟化點), 투명성, 내약품성(耐藥品性) 등이 단일 플라스틱과는 다른 성질을 나타내게 된다. 아크릴로니트릴과 스티렌에 의한 AS플라스틱, 메타클리산메틸과 스티렌과의 MS플라스틱, 부타디엔과 스티렌의 K-레진 등 대단히 많은 공중합 플라스틱이 만들어지고 있다.

이에 대하여 단일 플라스틱 여러 종류를 단순하게 혼합하여 성질이 다른 플라스틱을 만드는 방법을 폴리머블렌드라고 칭하고 있다.

폴리카보네이트와 ABS, 염화비닐과 ABS, PPO와 PS, 아이오노머와 나일론 등 이것들도 또한 많은 독특한 특성을 가진 플라스틱이 만들어진다.

최근에는 합성기술의 발달에 의해, 공중합과 폴리머블렌드를 확실히 구분하는 것이 힘들게 됨에 따라, 양자를 총칭하여 폴리머얼로이라고 하는 용어가 사용되는 경향이 있다.

보통의 합성에 의해 새로운 플라스틱을 제조하기보다도, 폴리머얼로이법에 의해 만들어지는 쪽이 최근에는 많아졌다.

PBT, PPS, PEEK, PPO, PA, POM, PC, PES 등, 특히 엔지니어링 플라스틱이라 불리우는 고성능 플라스틱의 대부분이 폴리머얼로이의 대상으로 활발히 진행되고 있다. 표 2-2에 그 일례를 나타낸다.

표 2-2 폴리머얼로이의 일예

주재료 상대재료	나일론	PBT	PET	P C	PPO	PSU	폴리아릴레이트	POM	PPS	PES
폴리올레핀	○	○		○				○	○	
아이오노머	○									
E P D M	○		○					○		
아크릴계 내충격제		○								
A B S		○		○		○	○			
P C		○								
P E T		○				○				
P B T			○			○	○			
에라스토머		○								
P S	○			○	○					
실리콘	○									
P U		○						○		
P T F E							○		○	○
폴리아릴레이트		○								

1-2-2 플라스틱의 결정성(結晶性)

 플라스틱은 많은 분자가 모인 고분자 재료이다. 플라스틱을 구성하는 분자는, 용융상태에서는 특별히 정해진 형태로 집합하는 것은 아니고 그림 2-7의 곡선 부분과 같이 랜덤(random) 상태에 있다. 그러나, 냉각이 시작되어 굳어진 상태에서는 부분적으로 집합하여, 어떤 정해진 형태를 취하는 것을 알 수 있다. 그림 2-7의 직선 부분은 그 개념을 나타내는 것이고, 이와 같은 집합의 방법을 결정(結晶)이라 하고, 그 비율은 결정화도(結晶化度)라고도 부른다.

 다수의 분자가 모여 결정을 이루고 있는 비율이 큰 플라스틱을 결정성 플라스틱이라 한다. 결정은 분자가 밀집해 있는 상태이기 때문에 분자와 분자 사이를 끌어 당기는「분자간 힘」이 보다 강하게 작용하고, 열과 외력에 대해서도 저항력이 있는 플라스틱이 되는 반면, 고도로 발달한 결정(이것은 구정(球晶)이라 한다)은, 내충격성(耐衝擊性)을 저하시키는 원인이 되는 것도 알 수 있다.

 또, 일반적으로 고도로 결정하는 것에 의한 체적수축이 있고, 성형시에 비교적 높은 성형수축도 발생한다. 또, 결정화도가 클수록 밀도도 커지는 경향이 있다(결정성 플라스틱으로서 분류되는 플라스틱은 아래와 같은 것 외에, 불소계, PPO, PET가 알려져 있다).

결정화도는 재료에 따라 변하며, 예를 들면, 다음과 같은 수치를 나타내는 것을 알수 있다.

나일론66	약 15%
리니어저밀도폴리에틸렌	약 70~80%
폴리프로필렌	약 40~50%
폴리에틸렌테레프탈레이트	약 0~30%

또, 결정이 클수록 성형품도 큰 수축을 보이고, 고온일수록 결정화가 잘 진행된다. 따라서, 저온의 금형에서 성형한 성형품에서는, 결정화에 따른 성형수축이 작기 때문에 칫수정밀도는 좋은 것이 보통이다. 다만, 저온금형에서 성형한 성형품을 환경 온도가 높은 장소에서 사용하면, 결정화가 진행되어, 칫수가 변화하기 때문에 주의가 필요하다.

1-2-3 열가소성과 열경화성 플라스틱

플라스틱에는 대단히 많은 종류가 있지만, 그것을 크게 구분하면, 두 종류로 볼 수 있다. 즉, 열가소성과 열경화성이다. 대략 다음과 같이 설명할 수 있다.

○ 열가소성 플라스틱 — 가열하면 경화되며, 더욱 가열하면 녹아서 유동성을 갖는다. 온도를 높여 가열을 계속하면 열분해를 일으킨다. 열분해를 일으키지 않는 범위내에서는 가열하면 연화·유동하고 식히면 원상태로 돌아가는 반복이 몇 번이라도 가능하다(가역적 반응).

○ 열경화성 플라스틱 — 가열하면 유동성을 가지며, 가열을 계속하면 굳어져 버린다. 더욱 온도를 높여서 가열을 계속해가면 굳어진 채로 열분해를 일으킨다. 열분해가 일어나지않는 범위내에서도, 일단 경화되어 버리면 두번 다시 원래의 상태로는 돌아가지 않는다(불가역적 반응).

따라서, 열가소성 플라스틱으로 만든 성형품은 분쇄(粉碎)하여, 성형재료로 재이용할 수 있지만, 열경화성 플라스틱으로 된 성형품은 분쇄는 가능해도 재차 용융시킬 수가 없기 때문에, 재이용은 불가능하다. 이것을 도시하면 그림 2-8과 같이 나타낼 수 있다.

열경화성 플라스틱이 일단 경화하면, 재차 열을 가해도 유동성을 나타내지 않는 것은, 다음과 같은 중합의 방법으로 설명된다.

구성분자의 한 단위를 -○- 로 나타내면, 열가소성에서는, 그림 2-9(A)와 같이 마치 주수상(珠數狀)의 결합방법이고, (B)와 같이 다소 가지가 나오는 것도 있지만, 기본적으로 이러한 반복이다.

이에 대하여 열경화성에서는 그림 2-9(C)와 같이 고리가 생겨서 좌우 상하로 서로 결합하여, 분자를 서로 굳게 구속하고 있기 때문에 재차 열을 가해도 분자의 움직임이 자유롭게 이

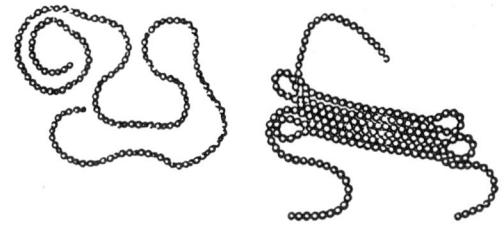

그림 2-7 결정성 플라스틱의 모식도. 직선은 결정부분 곡선은 비결정성 부분

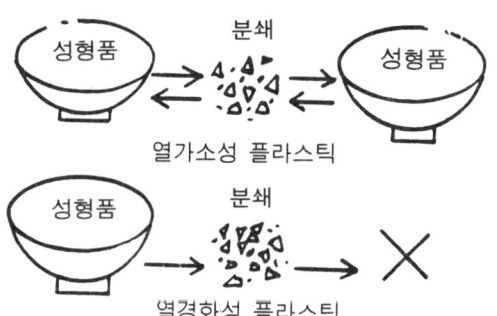

그림 2-8 열가소성 플라스틱과 열경화성 플라스틱의 차이

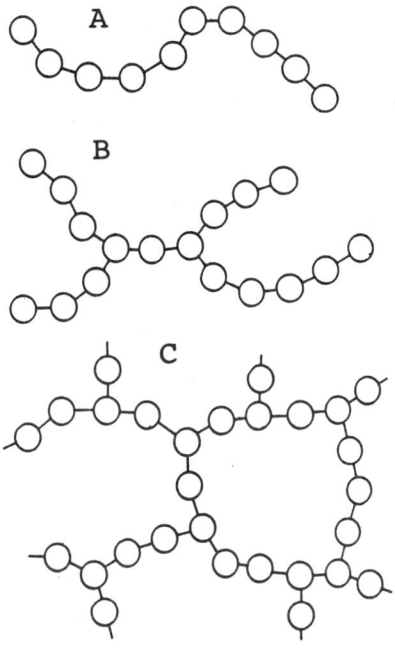

그림 2-9 (A)~(C)분자의 결합방식
(A) (B)는 열가소성 플라스틱
(C)는 열경화성 플라스틱

루어지지 않고, 결국에는 타버리게 된다. 열경화성 플라스틱은 이 같은 분자 구조의 관계에서, 일반적으로 열가소성 플라스틱보다도 열에 강하고, 화학적으로도 안정성이 있는 플라스틱이 많다. 그러나, 기계적인 성질은 딱딱해서 부서지기 쉬운 것이 많기 때문에, 단독으로 사용하기 보다는 여러가지 충전재를 보강하여 사용되는 경우가 많다.

표 2-3에 열가소성, 열경화성, 플라스틱의 중요한 것을 리스트로 기록한다.

1-3 엔지니어링 플라스틱과 범용 플라스틱

최근, 엔지니어링 플라스틱(엔플라)이라는 표현이 완전히 정착되고, 그 종류도 많아졌다. 폴리프로필렌, 폴리스티렌 등의 범용 플라스틱에 대해서 당초 엔플라로 불려지는 폴리카보네이트, 폴리아세탈, 변성PPO, PET, PBT, 불소 등은 이미 범용 플라스틱이라 불려지게 되었다. 그만큼, 새로운 재료의 개발이 왕성하게 행하여지고 있는 것을 나타낸다.

범용 플라스틱과 엔플라를 구분하는 확실한 정의가 있는 것은 아니지만, 일단 다음과 같이 분류하고 있다. 이와 같은 분류법도 곧 낡은 것이 될 지도 모른다.

이 가운데에서 특히 생산량·사용량이 매우 많은 다음의 엔플라를 5대엔플라라고 부르고 있다. 즉,

표 2-3 주요 플라스틱 재료

略 号	英 語	JIS 用 語
ABS	Acrylonitrile-butadiene-styrene resin	아크릴로니트릴 부타디엔 스티렌수지 (ABS수지)
*AS	Styrene-acrylonitrile resin	아크릴로니트릴·스티렌(AS수지)
CA	Cellulose acetate butyrate	셀룰로스아세테이트
CAB	Cellulose acetate butyrate	셀룰로스부틸레이트
CAP	Cellulose acetate propionate	셀룰로스프로피오네이트
CF	Cresol-formaldehyde	크레졸수지
**CMC	Carboxymethyl cellulose	
CN	Cellulose nitrate	니트로셀룰로스
CP	Cellulose propionate	셀룰로스프로피오네이트
CS	Casein	카제인
EC	Ethyl collulose	에틸셀룰로스
EP	Epoxide; epoxy resin	에폭시 수지
MF	Melamin-formaldehyde	멜라민수지
PA	Polyamide	폴리아미드
PC	Polycarbonate	폴리카보네이트
PCTFE	Polychlorotrifluoroethylene	폴리크롤로트리플루오로에틸렌 3 불소화(에틸렌수지)
PDAP	Poly (diallyl phthalate)	디아릴프탈레이트수지
PE	Polyethylene	폴리에틸렌
PETP	Poly (ethlene terephthalete)	폴리에틸렌 텔레프탈레이트
PF	Phenol-formaldehyde	페놀수지
PIB	Polyisobutylene	
PMMA	Poly (methy methacrylate)	폴리메타크릴산메틸(메타크릴수지)
POM	Polyoxymethylene; Polyformaldehyde (polyacetal)	폴리아세탈(메타크릴수지)
PP	Folypropylene	폴리프로필렌
PS	Polystyrene	폴리스티렌
PTFE	Polyterafluoroethyene	폴리테트라플루오로에릴렌 (4불소화 에틸렌수지)
PUR	Polyurethane	폴리우레탄
PVAC	Poly (vinyl acetate)	폴리초산비닐(초산비닐수지)
PVAL	Poly (vinyl alcohol)	폴리비닐알콜
PVB	Poly (vinyl butyral)	폴리비닐부티랄
PVC	Poly (vinyl chloride)	폴리염화비닐(염화비닐수지)
**PVCA	Poly (vinyl chloride acetate)	────
PVDC	Poly (vinyliodene chloride)	폴리염화비닐리덴(염화비닐덴수지)
**PVF	Poly (vinyl fluoride)	
PVFM	Poly (vinyl fomal)	폴리비닐포르말
**SB	Styrene-butadiene	
SI	Silicone	규소수지
UF	Urea-formaldehyde	우레아수지
UP	Unsaturated polyester	불포화폴리에스테르

주: *표: ISO에 있어서는, SAN라고 약칭하고 있다.
   **표: 참고(ISO에 있어서는 규정되어 있는 약호)
〔이 표에 리스트되어있지 않은, 성형재료는 35P에 해설하므로 참고 바람〕

1. 플라스틱과 석유화학제품 29

표 2-4 범용 플라스틱과 엔플라

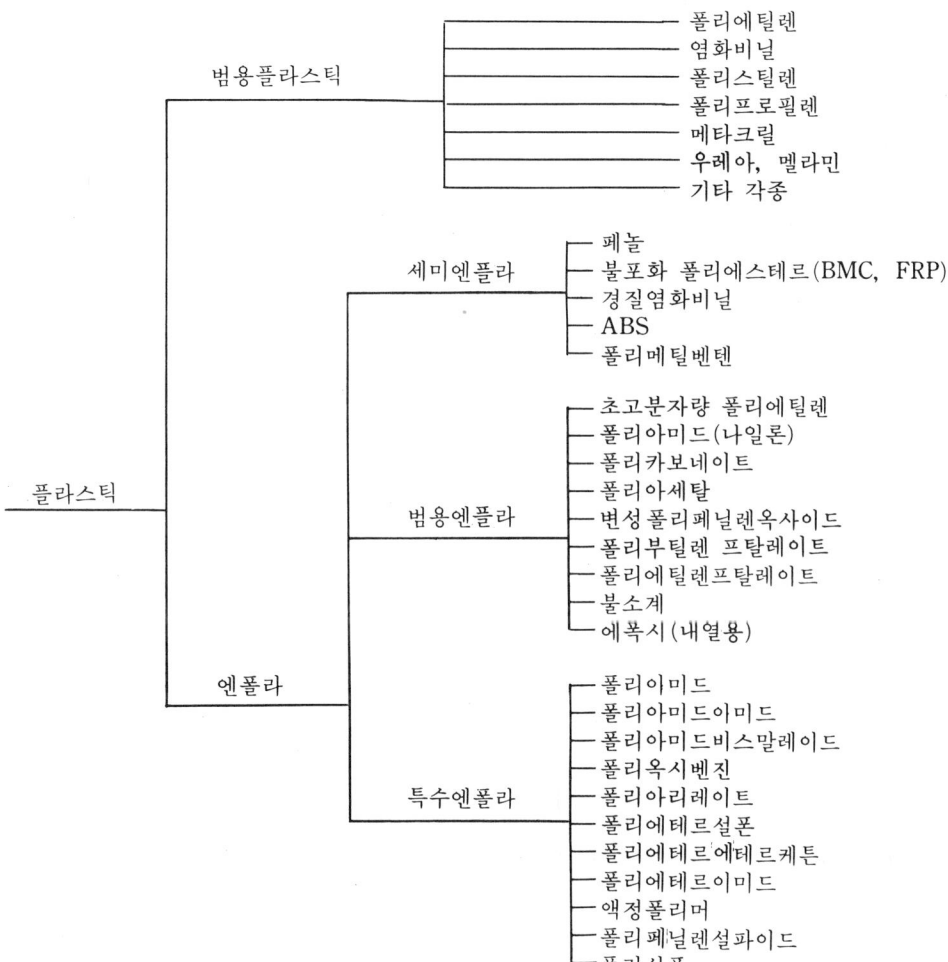

폴리아미드(나일론)

폴리아세탈

폴리카보네이트

PPO(PS변성)

PBT

이 5대 엔플라보다도 성능적으로 더욱 우수한 것을 특수 엔플라라고 부르고 있다.

특수 엔플라라고 불려지고 있는 것은 주로 미국에서 우주 개발, 군사용도의 특수한 목적을 위해 개발된 것이 많고, 성형가공이 어렵고, 원료 출처의 관계로 양산(量産)도 어려웠다. 그러나, 이것들의 용도 이외의 응용이 점점 개발되어, 성형 가공의 연구와 양산화 기술의 개발에 의해, 가격도 서서히 낮아져 가고 있다. 덧붙여서, 가장 가격이 싼 범용 플라스틱은 염화비닐(가루)이고 이것에 대해 가장 비싼 것은 PEEK(폴리에테르·에테르·케톤)가 있다.

1-4 충전 복합 플라스틱과 그 응용

플라스틱에 여러가지 충전 재료를 섞어 넣어 복합시킨 성형 재료는 상당히 많다. 충전 복합에 의해 그 기능도 기본이 되는 플라스틱과는 다른 특수한 재료가 되고, 더욱 많은 분야에서 사용할 수 있다.

1973년말에 제1차 석유파동이 있어서 석유값은 급격히 상승하고, 이에 따라 플라스틱도 원료 부족과 가격 인상으로, 고통을 겪게 되었다. 그 때문에 성형재료의 값을 내리기 위한 중량 효과를 목적으로 탄산칼슘, 톱밥, 마이크로밸룬(micro balloon), 탈크(talc), 카오린 등을 계속적으로 사용하는 충전 복합의 연구가 활발히 진행되었다.

현재에도, 이들 증량재는 사용되고 있으나, 이것들은 본질적으로, 특정 기능을 플라스틱에 부가하지는 않는다.

특정 기능을 부가하는 것을 기능성 플라스틱이라고 부르며, 기능성 플라스틱용 충전재로 오늘날 자주 사용되는 것은 다음과 같은 것이 있다.

○ 자성재료(磁性材料) (페라이트, 알니코, 코발트, 희토류 금속(稀土類金屬), 망간, 알루미늄크롬철 합금 등)…이것들을 충전한 플라스틱은 플라스틱 마그네트(magnet)로서, 금속 마그네트보다도 소형 경량(小型輕量), 복합 형상(複雜形狀)의 일체성형(一體成形)에 의해, 음향 제품, 약전 제품, 공업 기기에 대량으로 이용되고 있다.

○ 도전성 재료(導電性材料) (카본 블랙(carbon black), 금·은·동 분말(粉末), 알루미늄 플레이크, 금속섬유, 금속코오트 유리섬유 및 마이카 등)…이러한 도전성 재료를 충전한 플라스틱은 도전성 플라스틱으로서 대량으로 사용된다. 예를 들면, 전자식 탁상계산기 및 퍼스컴과 컴퓨터의 키보오드 스위치, LSI 등의 제조 공장에 있어서의 정전 방지와 약전기기, 컴퓨터기기 하우징 등의 전자파(EMI) 실드용 플라스틱 LSI 등의 제조공정에서의 정전방지나 이것들의 수송용 포장 재료용도 등

※ 전자파 실드…전자파 실드라는 것은 전기기기에서 발생하는 노이즈가 밖으로 나와 다른 기기에 오동작(誤動作)을 일으키게 한다든가 자신도 그 영향을 받는 것을 방지하는 전파장해(Electro Magnetic Interface/생략해서 EMI)대책이다.

최근에는 매우 적은 양의 전류로 작동하는 콤퓨터기기의 보급에 따라 특히 이 문제는 중요한 의미를 가지고 있다.

콤퓨터 기기의 하우징등에는 플라스틱이 대량으로 사용되고 있으나 플라스틱은 본래 정전기가 발생하기 쉬운 도전성을 가지지 않았기 때문에 그대로는 노이즈를 방지할 수가 없다. 그 때문에 금속섬유나 분말, 카본블랙을 충전해서 도전성을 갖게한다든가 하우징 표면에 금속도금을 하는 등 여러가지 수단으로 대책이 세워져있다.

○ 윤활제(윤활유, 불소, 이유화몰리브덴, 흑연 등)…이러한 재료를 충전시킨 플라스틱은 무급유샤프트, 기어(gear), 캠(cam), 부시, 각종 슬라이더, 전자식 탁상 계산기, 퍼스컴 등의 키보오드, 로울러 등의 부품으로써 자동차, 가전제품, 사무기기용으로 사용되고 있다. 기초가 되는 플라스틱은 이른바 엔플라고 불리워지는 플라스틱이 많이 이용되고 있다.
○ 강화재(유리섬유, 탄소섬유, 티탄산칼륨섬유, 마이카플레이크 등)…이들의 재료는, 주로 플라스틱의 보강재로서 이용된다. 유리섬유를 강화시킨 열가소성 플라스틱은 FRTP(Fiber Reinforced Thermo Plastics)이라 불려지며, 많이 쓰이는 플라스틱이다.

섬유로 강화시킨 플라스틱 성형품의 휘어짐을 작게 하기 위해, 마이카나 비이즈(beads) 상태의 유리 혹은 무기질의 분말 충전재를 병용하는 경우도 있다. 범용 플라스틱이라도 적절한 강화재의 사용에 의해 엔플라에 못지 않은 물성으로 할 수가 있다.

○ 이 외에, 방사선 차폐용(放射線遮蔽用)으로 납분말(鉛粉末), 방음·방진용으로 철 및 납의 분말, 방균용(防菌用)으로, 구리·은·수은, 고비중용(高比重用)으로, 납과 철가루를 충전하는 등 다양한 충전 플라스틱이 있다.

이것들의 충전 재료와 플라스틱의 복합에는, 그대로 섞여서는 완전한 밀착성이 얻어질 수 없기 때문에, 보통 충전 재료의 표면처리를 해서 복합화 한다(그림 2-10 참조).

그림 2-10 커플링제의 효과(좌는 사용하지 않고, 우는 사용한 것으로 유리섬유에 플라스틱이 잘 융합하고 있는 것을 알 수 있다.

또, 이들 충전 복합 재료로 사출 성형하기에는, 대부분의 충전 재료는 금속 표면을 마모 (磨耗)시키는 연삭(硏削)재료로서의 기능을 하고, 스크류나 실린더 혹은 캐비티표면을 보통 성형 재료보다도 빠르게 마모시킨다. 그 때문에 성형조건이 변동하고 성형품의 칫수정밀도에도 영향을 미치기 때문에, 충분한 내마모성(耐磨耗性)을 고려한 성형기와 관리가 필요하다.

1-5 플라스틱의 특징과 문제점

플라스틱은 다른 공업 재료와 비교하면, 여러가지 특징과 문제점이 있다. 플라스틱은 성형품으로서 사용되는 일 외에 접착제와 도료 등과 같이 액체로 사용하는 경우도 있지만, 그 성질을 가장 간단하게 이해하기에는 플라스틱 성형품, 특히 사출 성형품을 대상으로 그 장단점을 구분해야 한다.

1-5-1 플라스틱 제품의 장점

① 가볍고 강한 제품을 얻을 수 있다.

금속과 도자기에 비해 가볍고, 기계적 성질이 좋아서, 가볍고 강한 제품을 만들 수 있다. 금속과 플라스틱을 비중 환산으로 비교하면, 철보다 강한 플라스틱은 많이 있다. 특히, 유리 섬유를 함유한 제품은 강도가 있다. 또 가볍다고 하는 것은 부력성이 있는 것을 의미한다.

② 착색이 자유롭고 투명품을 얻을 수 있다.

광택과 투명성이 있는 아름다운 제품을 만들 수 있지만, 이것은 착색이 자유롭게 된다는 것이고, 상품 가치를 높여 우리들에게 밝은 감각을 준다.

③ 녹슬거나 부패하지 않는다.

이것은 여러가지 약품에 견딜 수 있으므로 금속과 같이 녹슬거나 부패하지 않고, 기름과 약품, 습기와 곰팡이 따위에 상관없이 사용할 수 있다(플라스틱 폐기 처리면에서는 결점이 된다).

④ 단열효과가 있어 열을 통과시키기 어렵다.

비열이 작기 때문에 보온 단열 효과가 크다. 발포제를 넣어서 발포 성형한 것은 특히 우수하다.

⑤ 전기를 통과시키는 것부터 절연성이 우수한 것까지 있다.

플라스틱은 원래 높은 절연성을 갖고 있어, 오늘날에는 플라스틱을 사용하지 않는 전기 제품이 없다고 해도 무방하다. 그러나, 플라스틱 속에 금속분과 카아본 따위의 도체 분말을 혼합하여 성형하면 전기를 잘 전도하는 제품도 얻을 수 있다.

⑥ 경도를 자유로 선택할 수 있다.

진동을 흡수하는 고무와 같이 부드러운 것부터 금속과 같이 딱딱한 것까지 각종의 재료가 있고, 용도에 따라 자유로 선택할 수 있다. 따라서, 일용 잡화품에서 공업 부품까지 넓은 용도에 사용된다.

⑦ 다른 공업재료에서는 불가능한 특수한 성질도 있다.

예를 들면, 폴리프로필렌힌지 성형품, 테프론(불소)과 나일론(폴리아미드)등의 양호한 미끄러짐성(마찰이 적다), 나일론과 폴리아세탈의 무음(無音), 무급유(無給油)의 베어링 등.

⑧ 복잡한 것이라도 간단히 양산(量産)할 수 있다.

금형으로 만들어 낼 수 있는 것이면, 꽤 복잡한 것이라도 비교적 용이하게 만들 수 있다. 이 때문에 금속 가공에 비해서 매우 능률적이다. 특히 사출 성형품은 "1공정으로 완성품"이라는 절대적인 강점이 있다. 현대의 "플라스틱 시대"를 구축한 최대의 장점일 것이다.

⑨ 제품 가격이 싸다.

원료 자체는 싸다고 할 수 없지만, ⑧의 생산 능률이 좋다는 것과 시설비가 싸고, 복잡 형상(複雜形狀)의 일체 성형(一體成形)에 의해 제품 가격이 꽤 저렴한 편이다.

1-5-2 플라스틱 제품의 단점

이와 같이 플라스틱 제품은 많은 우수한 장점을 갖고 있지만, 반면에 또 많은 결점도 함께 갖고 있다. 그러나, 이 결점에 주의 해서 사용하든지, 역으로 이용해서 사용하면 매우 편리하다.

① 열에 약하고 타기 쉽다.

플라스틱 제품의 최대의 결점은 열에 약하다는 것이다. 금속과 유리에 비하면, 상당히 떨어지고, 낮은 온도에서 변형되어 버린다. 이와 관련해서 타기 쉽고, 또 태우면 대량의 열량과 연기 또 유독가스를 발생하는 것이 많다. 열경화성 플라스틱도 200℃를 넘으면 연기를 내며 타거나 흐물흐물하게 되는 것도 있다.

② 온도 변화에 의해 성질이 크게 좌우되어 버린다.

고온이나 저온에서, 온도변화에 따라 각종 성질이 크게 변한다.

③ 기계적 강도가 부족하다.

같은 체적으로 금속과 비교하면, 아직 기계적 강도는 약한 면이 많다. 특히 얇은 것에서는 이 차이가 크다.

④ 특정의 용제, 약품에 약하다.

일반적으로 플라스틱은 약품에 대해서 우수하지만 그 종류에 따라서는 대단히 약한 결점도 겸하여 갖고 있다. 일반적으로 열경화성 플라스틱은 꽤 저항력을 갖고 있다.

⑤ 내구성이 떨어진다.

강도·표면의 광택·투명성에 있어서도 내구성이 떨어진다. 이것은 ①~④ 및 ⑤의 내용과 관계가 있지만, 플라스틱은 전반적으로 자외선과 태양광선에 약한 것이 많다는 것도 하나의 원인이다.

⑥ 긁히기 쉽고, 더러움을 잘 타며, 먼지 등이 잘 붙는다.

표면 경도가 전반적으로 떨어지기 때문에 긁히기 쉽고, 또 정전기를 띠기 때문에 먼지가 부착하여 더러움이 두드러져 미관을 손상하는 경우가 많다.

⑦ 치수 확보(確保)와 치수안정성이 나쁘다.

생산면에서는 금속과 비교해서, 체적수축을 동반하는 플라스틱 원료를 취급하기 때문에 첫수의 정밀도를 맞추기 어렵고, 또 흡습과 온도변화 등에 의해 경시 변화(輕時變化)가 생기기 쉽다.

⑧ 실용적 데이터(data)가 부족하고, 이론적으로 해석되지 않은 점도 많다.

아직 역사가 짧고, 가공 기술과 상품 기술에 관한 자료가 부족하고, 이론도 확립되어 있지 않다.

이와 같이 플라스틱은 만능이 아니고, 장점과 결점을 함께 갖고 있다. 플라스틱 자체도 아직 개발 단계이기 때문에, 모든 면에서의 기술적 개발과 개량은 계속 진행되고 있고, 내구성이라든가 강도에 있어서의 결점을 보완하는 새로운 플라스틱과 가공 기술이 차례차례로 탄생하고 있다.

1-5-3 플라스틱에서 기대할 수 있는 성질

이와 같은 것에서 플라스틱의 바람직한 성질로서는 다음과 같은 것을 들 수 있다. 단, 여기에서는 사출 성형용의 열가소성 플라스틱에 한정한다.

① 열에 의해 용융되고, 또 양호한 유동성을 갖고 있을 것. 열분해 온도보다도 낮은 온도에서 성형할 수 있는 것이 필요하다.

② 성형품이 어느 온도 범위에서 장시간에 걸려도 변하지 않을 것(형태가 부서지지 않을 것).

③ 넓은 범위의 온도에서 적당한 강도를 유지할 것.

④ 적당한 내구성을 갖고 있을 것.

⑤ 착색이 자유로울 것.

그 외에 용도에 따라서 내약품성, 전기적 성질, 인쇄성, 접착성, 무독성, 통기성(通氣性) 등이 요구된다.

1-6 플라스틱과 다른 공업 재료와의 비교

공업 재료로서 일반적으로 사용되고 있는 재료로는 금속 재료, 자기 재료, 유리 재료, 플라스틱 재료 등이 있고, 각각의 성질을 활용하여 사용되고 있지만, 플라스틱 재료는 다른 공업 재료와 비교하여, 상당히 특징이 있는 성질을 갖고 있다. 이 성질을 잘 알아서 플라스틱 재료를 사용하는 것이야말로 큰 효과를 거둘 수 있다.

1-6-1 비중(比重)

플라스틱 재료는 일반적으로 가볍다. 물보다 가벼운 PP, EVA, PE(비중 0.91~0.97)부터, 비교적 무거운 FEP라도 2.2정도이다.

금속 재료에서는 가벼운 알루미늄이 2.7, 듀랄루민이 2.8정도이고, 또 중금속에서는 강철이 7.85의 비중치을 갖고 있다.

세라믹은 3.2~1.5정도로 플라스틱 재료와 금속 재료의 중간을 차지하고 있다.

1-6-2 기계적 성질

보통 플라스틱 재료는 금속 재료보다, 기계적 강도가 약하다. 그러나, 엔지니어링 플라스틱인 POM·PA·PC·PPO 등 기계적 강도가 좋은 것이 등장하고 있다. 또 유리 섬유와 카본 섬유로 강화시킨 폴리아미드와 폴리아미드이미드는 금속재료와 필적할 수 있을 정도의 강도를 갖고 있고, 같은 무게의 성형품을 비교하면 이와 같이 강화된 플라스틱 제품쪽이 가볍고 강하다. 단, 금속에는 납·주석과 같은 연질 제품도 있다. 세라믹은 항장력·경도·압축력은 강하지만 부시지거나 깨지기 쉽다. 유리 재료도 같은 성질을 갖고 있다.

1-6-3 가공성

플라스틱 제품은 성형성이 우수하다. 이것은 플라스틱 재료의 큰 특징이며, 원료의 가격은 현재 아직 다른 재료에 비해서 조금 높지만, 성형성이 좋아서 오히려 제품은 싸다.

금속 재료는 부품 제작시 반드시 기계 가공이 필요하고, 공정이 많아서 결국에는 가격이 비싸진다. 다이캐스트법으로 성형할 수 있지만, 여기에 사용되는 금속 재료의 종류는 한정되어 있다.

세라믹에서는, 굽기전에 예비 성형을 하고 구워서 최종 제품이 되지만, 칫수의 착오가 비교적 높아 불량율이 높다. 최근에는 사출 성형이 가능한 세라믹도 생산되고 있다.

1-6-4 열적 성질(熱的性質)

플라스틱 재료는 일반적으로 내열성이 낮다. 높은 것이라도 상용 275℃까지이다. 열팽창율은 일반적으로 높아 10^{-5}/cm/cm/℃정도이다. 또 연소하는 것이 많아 열전도도는 일반적으로 낮다.

금속 재료는 일반적으로 내열성이 높고, 사용 온도는 플라스틱보다 높은 경우가 많다. 열전도도는 일반적으로 높아서 기계 부품으로서 유리한 조건을 갖고 있다. 합금에 의해서는 열전도도가 낮은 경우가 있다. 세라믹의 내열성은 매우 높다. 탄화규소계 지르코니어계 등 어느 것이나 1.500℃ 이상의 내열성을 갖고 있다. 열 전도도는 일반적으로 낮지만 탄화규소계는 (0.25cal/cm·sec·k)정도이다.

1-6-5 화학적 성질

플라스틱 재료의 내약품성은, 여러 가지 경향을 나타내고 있다. 내유성(耐油性)·내수성·산·알칼리의 모든 것에 강한 폴리4불소화 에틸렌부터, 내유성에 약한 것. 또 물에 녹는 폴리비닐알콜과 같은 것까지 있다. 또 플라스틱 재료는, 특히 높은 온도에서도 약품에 약한 것이 많다.

금속 재료는 일반적으로 유기용제에는 강하지만, 산·알칼리 등 무기 약품에는 약하다. 그러나 종류에 따라서는 강한 것도 있다.

세라믹·유리 재료는 일반적으로 약품에는 강하다. 특히 고온에 있어서는 다른 재료보다 강하지만, 알카리 성분이 많은 유리와 같이 산·알칼리에 약한 것도 있다.

1-6-6 전기적 성질

플라스틱 재료는 유전체(誘電體)이고, 절연물(絶緣物)이다. 일반적으로 좋은 전기 절연물이지만, 반도체 고분자물도 있고, 금속 분말·탄소 미분말을 첨가시키면 탄성, 가소성이 있는 플라스틱 도전체도 만들 수 있다.

금속 재료는 양호한 도전성 물질이지만, 저항값이 높은 것을 만들 수가 있다. 세라믹은 유전체이고 절연체이지만, 도전체도 만들어지고, 유리 제품에서는 반도체 유리도 만들 수가 있다.

1-6-7 원료 가격

플라스틱 재료의 원료 가격은 조금 비싸다. 저가인 것으로 폴리에틸렌이 800~900원/kg, 멜라민이 1,300~1,500원/kg, 고가인 PEEK는 100,000원/kg 정도이다.

금속 재료의 원료 가격은 비교적 낮다. 1,000원/kg 이하이고, 실용되고 있는 금속 재료는 수천원/kg 정도이다. 세라믹은 파인 세라믹이라고 불려지는 것중에서 엔플라에 상당하는 지르코니어계로 60,000~75,000원/kg 정도이다.

세라믹은 가공해서 제품으로 만들 때까지 복잡한 공정이 걸리고, 불량율이 많기 때문에 제품이 되었을 때 고가가 되기 쉽다.

1-6-8 칫수 정밀도의 특성

플라스틱 재료의 칫수 정밀도는 가공법에 따라서도 다르지만, 사출 성형에서, 최고 1/100 mm 정도이다. 기계 가공을 해도 플라스틱이 갖고 있는 점탄성(粘彈性) 때문에 정밀도를 높이기 어렵다.

금속 재료에서는 최고 1/10,000mm 까지는 사상할 수 있고, 보통의 연마 공정으로도 1/1.000 정도까지의 정밀도 향상은 쉽다.

세라믹은 소성(燒成)하면 수축이 있고, 만곡(彎曲) 등으로 1/10~2/10mm까지만 정밀도를 낼 수가 있다. 폴리싱 가공에 의하면 정밀도는 향상시킬 수 있다.

1-6-9 내구성

플라스틱 재료는 유기질이므로 태양 광선, 자외선에 의하여 열화(熱火)되기 쉽다. 마모도(磨耗度)가 작고 마모 계수가 낮은 것이 있다.

금속 재료는 부식되기 쉽고, 가스를 흡착시키는 것이 있다. 세라믹은 열화(劣化)하기 어렵고 매우 안정적이다.

1-6-10 표면 처리

플라스틱 재료의 표면에는 증착(蒸着), 또는 무전해 도금에 의해 금속층을 만들 수 있다. 세라믹에 있어서도 각종 표면 처리가 가능하다. 공업 재료를 골라서 사용함에 있어, 이들 재료의 특성을 잘 알고 사용하는 것이 중요하다. 표 2-5에 비교표를 나타낸다.

표 2-5 재료 특성상의 비교표

	플라스틱재료	금속재료	세라믹·유리
비중	작다	크다	금속과 플라스틱의 중간
기계특성	1. 일반적으로 금속재료보다도 항장력, 유연성, 충격강도, 굳기등의 기계 강도가 약하다. 2. 엔지니어링 플라스틱은 종류가 많고 기계 강도가 상당히 좋은 것이 있다. 3. 유리 탄소섬유를 포함한 FRP는 기계강도가 좋은것을 만들수 있다.	1. 기계재료용의 금속은 매우 강하다. 2. 납과 같이 부드러운 것부터 강철과 같이 딱딱한 것이 있다.	1. 항장력·압축강동·굳기가 크다. 2. 충격강도가 낮다.
열특성 온도특성	1. 일반적으로 에 약하다. 2. 열전도도는 낮고, 열팽창율은 높다. 3. 연소한다.	1. 열전도도 열팽창율도 높다. 2. 기계재료로서의 금속 재료는 일반적으로 내열성이 좋다.	1. 내밀성은 매우 높다. 2. 내충격에 약한 것이 많다. 3. 열전도도 열팽창율은 일반적으로 낮다. 4. 열전도율이 좋은 것도 있다.

전기적 성질	1. 절연물이며 유전체이다. 2. 도전성 고분자물질도 있다. 3. 금속분, 탄소물을 섞으면 전도성이 있는 것도 만들수 있다.	1. 전도체 2. 자성체	1. 절연물이며 유전체이다. 2. 반도체자기, 유리 3. 도전성도 있다.
화학적 성질	1. 내산, 내알칼리, 내약품성이 매우 강한것부터, 약한것까지 있다. 2. 물에 녹는것, 여러가지 약품에 녹는 것 까지 성질은 다양하다.	1. 일반적으로 유기용제에 강하지만, 내산, 내알칼리성이 약한것이 있다. 2. 단, 무기약품에 저항이 강한 것도 있다.	1. 일반적으로 무기약품, 유기약품에 강하다.
특수한 성질	1. 일반적으로 열화하기 쉽고 특수한 것은 열화하기 어려운것도 있다. 2. 아름답고 투명, 일반적으로 착색이 자유롭다. 3. 투습성이 일반적으로 높다. 4. 마찰, 마모에 견디며 회전마찰음이 낮고 급유하지 않아도 된다. 5. 가스의 투과성이 일반적으로 높다.	1. 일반적으로 공기중에서 변화하기쉽다. 열화하기 어려운 것도 있다. 2. 금속색 3. 투습성이 낮다. 4. 기구부분을 만들기 쉽다. 일반적으로 급유하지만 무급유도 가능하다 5. 가스의 투과성은 일반적으로 낮지만 흡장하는 성질을 갖는 것이 있다.	1. 열화하기 어려워 매우 안전하다. 2. 특수한 색을 갖고, 유리재료는 투명 3. 다공질 자기는 가스 습기를 흡장하는 것이 있다. 4. 각종 센서 기능을 부가한 것도 있다.
성형성	1. 사출성형, 압축성형 등으로 매우 양산적이다. 2. 기계가공도 가능하다	1. 성형성은 좋지 않다. 다이캐스트 기술로도 재료에 제한이 있다. 2. 기계가공성은 좋다.	1. 성형성, 기계가공성 모두 좋지 않다.
제품가격	1. 원료코스트는 중량당으로는 높지만 비중이 가볍고 성형성이 좋아서 양산할 수 있으므로, 제품은 오히려 싸진다.	1. 일반적으로 중량당 코스트는 싸지만 양산성이 결여되므로, 기계가공에 의지하기 때문에 제품은 비싸진다. 비중도 커서 비용적으로는 꽤 높아진다.	1. 원료의 가격은 일반적으로 싸다. 싼것에서부터 비싼것 까지 있다. 2. 생산성이 결여되어 가공성이 좋지 않으므로 제품 코스트는 비교적 높다.

기계가공성	1. 부드러우므로 정밀도를 내기 어렵고, 점성이 있어서 기계가공성이 결여되므로 어렵다.	1. 기계가공성이 매우 좋다 기어, 베어링 등 기계가공에 의해 만들어지는 것이 많다.	1. 기계가공은 재질이 일반적으로 딱딱해서 매우 곤란. 초음파 가공기등 특수한 가공기가 필요. 2. 일반적으로 연마기가 사용된다.
정밀도	1. 사출성형, 압축성형에서 1/10～3/100정도, 재료의 종류에 따라 특히 1/100 까지 있다. 2. 기계가공이라도 최고 1/100정도(단위mm)	1. 기계가공이라도 1/100을 충분히 낼 수 있다. 2. 정밀가공으로 1/1000 3. 특수한 정밀가공으로 1/10,000정도까지(단위mm)	1. 연소정밀도 1/10～2/10정도 2. 나사절단이 곤란 3. 기계가공은 연마기로 2/100정도까지이다(단위mm)
다른재료와의 조합	1. 금속분, 금속섬유, 유리, 유리섬유를 충전시켜서 성질을 개선시킬수가 있다. 2. 금속부품을 충진하여 압입성형(insert)할 수 있다.	1. 금속가루와 플라스틱 가루를 섞어서 소결(燒結) 성형한다.	1. 금속과 자기 또는 유리아 접합히는 것은 비교적 간단하다.
특수처리	1. 증착, 화학도금을 사용해서 금속화가 가능하다. 2. 착색이 자유롭다. 3. 전도화도 가능하다.	1. 플라스틱 라이닝, 자기라이닝, 유리라이닝이 가능하다.	1. 거의 같은 모양으로 가능

2. 각종 플라스틱의 특성과 용도

전항까지 플라스틱이란 무엇인가?로 시작하여, 플라스틱의 종류와 특징까지 살펴 보았다. 본항에서는 각 플라스틱마다 종별(종류), 특성, 성능상 유의할 사항 및 특징적인 용도 등에 대해 살펴 보기로 한다. 성형 가공에 관계하는 사람은, 여기에 기록되어 있는 정도는 충분히 이해되었으면 한다. 성형상의 포인트에 대해서는 〈2권〉을 참조하기 바란다.

또, 본항에서는 열가소성 플라스틱을 주로 다루고, 열경화성 플라스틱에 대해서는 개략에 그치겠다.

2-1 스티렌계(PS, GPPS, HISP/Polystyrene)

PS에는 그 종류와 성질에 따라 다음의 두 종류가 있다.

{ 일반용(General Purpose)…GPPS
  내충격용(High-Impact)…HIPS

PS는 용융 후의 유동성이 매우 좋기 때문에 사출 성형에 적합하고, 가격이 싸며, 사출 성형으로서는 가장 기본적인 플라스틱이다. GPPS는 무색 투명하고 딱딱하여 굴절율도 높다. 또 전기 절연성(특히 고주파 특성)이 우수하고 성형품의 칫수 안정성도 좋다. 또 착색이 자유롭고 더구나 도장(塗裝)과 인쇄 등의 표면 처리도 용이하다.

한편, 잘 부서지고 열에 약하며 용제에 약한 결점도 있다. 잘 깨지는 것을 보완하기 위해 합성고무(SBR)를 첨가한 것이 HIPS이다. HIPS는 충격성은 향상되지만 투명성이 떨어지고, 또 배합량이 많을수록 성형성, 표면경도, 인장강도, 열변형온도는 저하한다.

GP와 HI는 자가 브랜드도 가능하고, 예를 들면 GP70%, HI30%인 것을 30%HIPS라고 한다. 일반적으로 20~30% HIPS가 많이 쓰이고 있다. HI를 Hi로 표시해도 좋다.

스티렌은 다른 폴리머와 대단히 상용성이 좋기 때문에 여러가지 폴리머에 의한 개질(改質) 그레이드가 많이 생산되고 있다. 예를 들면 폴리이미드에 의한 내열성 그레이드 부타디엔에 의한 내충격성이 개량된 그레이드, 아크릴니트릴·아크릴고무·스티렌에 의한 내충격성과 내후성 개선 그레이드, 아크릴니트릴과의 SAN등 외에 PPO나 그 밖의 난가공성(難加工性) 엔플라의 성형 가공성 개량용(PPE등)등에도 사용된다.

[용 도]

우수한 성형성(유동성)을 살리고 또 전기 특성, 외관 요소 등을 살린 것이 많고, 일용품에서 통신기기 부품에 이르기까지 넓은 용도에 쓰인다. 얇아도 잘 흐르므로 플라 모델 등도 PS의 대표적인 제품이라고 할 수 있다. 또 발포시킨 것은 단열재, 건축, 가구(합성 목재)재, 포장재, 절연재 등으로 역시 넓은 용도에 사용한다.

2-2 아크릴(PMMA/Polymethyl Methacrylate)

아크릴 또는 메타크릴은 아크릴산 및 그 유도체를 중합해서 만든 플라스틱의 총칭이다. 아크릴로서 실용적 가치가 있는 것은 아크릴산에스테르가 대표적이다.

PMMA의 최대의 특징은 유기(有機)유리라고 부르는 것처럼, 비교할 수 없는 투명성에 있다. 또 아름다운 광택을 내며 내후성도 우수하여, 그 성형품은 계속 아름다움을 유지할 수 있다. 이 외에 내열, 내산, 내알칼리성, 내유·내가솔린성도 갖고 있으며, 또 기계 가공성이 좋다. 경도, 강인함도 있어 고급 플라스틱의 일종이다.

결점으로서는 잘 긁히기 쉽고 또 그 자국이 눈에 띄기 쉬우며, 내마모성이 떨어지는 점,

성형성·가격면에서 약간 떨어지는 점을 들 수 있다. 특히 내마모성이 나쁜 것은 기계 부품으로의 사용에 장해가 되고 있다.

[용 도]

유리보다 강하고, 우수하여 내후성이 있는 투명성을 살린 것이 많다. 콘텍트렌즈, 시계의 유리, 투명모형 등이 그 대표적인 것이다. 또 착색효과를 포함한 지속성이 있는 아름다움을 살린 단추 등의 장신구, 광고탑, 의치(義齒), 각종 화장파넬·문자판, 고급 잡화로 많이 사용되고 있다.

또 사출성형의 특징을 살린 샨데리아 등의 조명기구, 렌즈 따위에도 많이 사용되고 있다. 사출성형품은 아니지만, 기계 가공성을 살린 플라스틱 모델(모형), 절단디스플레이·문자·마크 등에도 특징이 있다. 다른 플라스틱과의 폴리머얼로이로도 이용되고 있다(염화비닐 항 참조).

2-3 스티렌 아크릴로니트릴(SAN. 구AS/Styrene Acrylonitrile Copolymer)

GPPS의 결점을 투명성을 잃지 않고 아크릴니트릴의 성분을 첨가시킴에 따라 보완하는 것을 목적으로 개발된 공중합체이다. 보통 아크릴로니트릴의 성분은 20%~30%이다.

GP에 비해서 기계적 성질(단단하고 강하다), 내후성, 내유·내약품성, 내열성이 개선되었다. 반면, 유동성과 열안전성이 나빠지고 성형성이 조금 저하된다.

SAN은 엷은 갈색 또는 청자색을 띤 투명한 것으로, 착색하여 사용하는 경우가 많다.

[용 도]

용도로는 쥬우서나 배터리케이스, 선풍기의 날개, 잡화품, 전기 부품 등에 사용한다.

2-4 아크릴로니트릴·부타디엔·스티렌(ABS/Acrylonitrile Butadiene Styrene)

GPPS에 AN을 첨가해서 SAN, 이 SAN에 다시 B(합성고무)가 첨가되기 때문에 탄성이 증가하고, 점성이 늘기 때문에 충격에도 강하고, 또 저온에서도 사용할 수 있다. 이같이 직접적으로는 저온에 있어서 최고의 내충격 강도를 자랑하고 있다. 그러나, 실제적인 면에서 최대의 특징은 이렇다할 우수한 장점이 없는 대신에 이렇다할 큰 결점도 없다. 결국 플라스틱 중 가장 물성상, 성형성, 가격면에 균형을 이루고 있는 상품화에 즈음하여, 플라스틱 선택이 곤란할 때는 ABS를 사용하면 무난하다.

이 외 특징으로는 표면 경도, 내열 온도, 내약품성이 개선되고, 칫수 안정성과 성형성도 나쁘지 않다. 또 도금특성(부타디엔은 부식하기 쉽기 때문)이 좋다.

결점으로는 GPPS, SAN에 비해 투명성이 약간 떨어지는 정도이다.

[용 도]

많은 밸런스를 이룬 특성을 갖고 있기 때문에 일용 잡화품에서 공업용품까지, 경질 성형품 분야에서 용도 범위가 더욱 확대되고 있다. GPPS, SAN과 비교해서 충격과 강도를 필요로 하는 기계적 공업 부품에 많이 진출하고 있다.

각종 하우징(TV, 라디오), 헬멧, 세탁기조, 하이힐의 뒤축등은 그 대표적인 것이다.

2-5 폴리에틸렌/(PE.HDPE., MDPE.LDPE/Plyethylene)

PE에는 다음 3종류가 있고 제법, 성질도 다르다.

① 고밀도 PE(HDPE)…딱딱하다…저압법…비중 0.95~0.96…성형성 낮음
② 중밀도 PE(MDPE)…중(中)…중압법…비중 0.93~0.94…성형성 중간
③ 저밀도 PE(LDPE)…부드럽다…고압법…비중 0.91~0.92…성형성 양호

PE의 특성으로는 유연성을 들 수 있는데, 이는 장점도 되며 결점도 된다. PE는 유백색이며 반투명~불투명의 납과 같은 느낌의 플라스틱으로, 비중은 보다 작고, 내수성, 전기 절연성(특히 고주파 절연)이 우수하고, 산과 알카리에 잘 견딘다. 또한 위생적으로 무독하며, 꽤 저온에서도 유연성을 잃지 않고 충격에 강하다. 또 PE는 거의 수분을 통과시키지 않지만 탄산가스, 유기용제, 향료 등의 투과도는 상당히 크다.

PE는 화학적으로 아주 안정하며, 상온에서 용해시킬 수 있는 용제가 없다. 그리고 완전히 무극성이기 때문에 접착제로서의 접합, 표면의 인쇄를 하기는 어렵다.

이 폴리에틸렌뿐만 아니라 결정성 플라스틱에 대해서도 마찬가지이지만, 이 폴리에틸렌도 일반적으로 결정화도(결정 밀도)가 크면 클수록 융점, 연화점, 항복점, 강성, 내약품성, 경도 등이 커지고, 반면 투명도가 떨어지든가 신축성이 줄어든다. 또 가공면에 있어서 약간 어렵고, 이 관계가 일단 표준으로 MI(멜트인덱스 Melt Index)라는 용어가 자주 쓰인다. MI를 MFI라고도 한다.

이와 같이 PE는 밀도, MI, 분자량 분포에 의해 성질이 크게 변한다. PE는 성형수축이 크고 반복에 약하며 내열성이 떨어지는 것 등이 결점이다.

[용 도]

PE는, 유연성, 내한성, 내약품성의 특징을 이용할 수 있어서, LDPE는 부드러움을 필요로 할 경우, HDPE는 거의 경도와 내열을 필요로 할 경우에 쓰여진다. PS와 마찬가지로 가격이 싸고, 일용 잡화품에서 공업 부품까지 용도는 아주 넓지만, 밀폐용기, 내한이나 통습성이 없는 것을 이용한 양동이, 식기 등의 부엌용품이 대표적인 것이다.

2-6 폴리프로필렌(PP/Polypropylene)

PP의 특성은 유사한 플라스틱과 비교하여 가장 현저한 것은 비중, 기계적 강도, 굽힘 피로

성, 내열성, 전기적 특성, 내약품성 등이다. 비중은 TPX다음으로 가볍고, PVC의 60%정도이다. 기계적 강도는 HDPE보다도 항복점, 인장강도, 압축강도, 탄성율이 요구되는 부분에서는 부족함이 없는 재료이다. 화학적으로는 황산, 질산을 제외하고는 안정하다. 원색은 PE와 같이 불투명한 유백색이다.

PP의 최대 특징은 반복 힘이 강해서, 본체와 뚜껑을 하나로 성형하는 힌지(종래 관절의 이음새에 상당하는 부분)를 만들 수 있다. 이것은 다른 공업재료 및 다른 플라스틱에서는 '모방'도 할 수 없는 멋진 특성이다.

결점은 PE에 비해 저온에서의 충격에 약한 것, 자외선에 약한 점이다. 이 결점을 보완하기 위해, 합성고무와 PE와의 공중합체도 개발되고 있다.

[용 도]

저온에서의 사용을 제외하고, PE의 용도로, 더욱 기계공업 부품의 진출이 가능하게 되었다. 또 힌지 성형품은 거의 100%이며 이 PP에 의해 성형되고 있다. ABS가, 표면 경도가 있고 딱딱한 플라스틱에서 밸런스를 잘 이루고 있는 것에 비해 PP는 유연성을 갖춘 내열성의 균형을 이룬 플라스틱의 대표이다. 최근에는 도금 분야에도 진출하고 있다.

2-7 폴리아미드(PA/Polyamide)

상품명 「나일론」으로 알려져 있지만, 플라스틱명은 폴리아미드이다.

일반적으로 산아미드 결합을 갖고 있는 고분자 화합물을 폴리아미드라 한다. PA-4, 6, 6-6, 6-10, 7, 8, 9, 11, 12 등 종류는 아주 많지만, 사출 성형용으로 많이 사용되는 것은 다음의 5종류이다. 또 숫자는 반복 단위내의, 디아민의 탄소수, 2염기산의 탄소수를 나타낸다. 공중합PA, 블랜드PA도 있다.

PA6, PA6-6(육육이라고 부른다)…일반용

PA6-10(육 십이라고 부른다)PA11 PA12…흡습성 감소용

PA는 내마모성, 내약품성, 무음성, 충격흡수성, 내열·내한성, 내유성, 강인성, 자기윤활성 등 아주 많은 특성을 갖고 있다. PA는 다음에 설명하는 POM과 유사하지만 최대의 특징은 마찰 저항이 적어 미끄러지기 쉬운 점이다. 엔지니어링 플라스틱의 유일한 결점은 아미노기에 의한 흡습성이 커서 칫수 안정성이 부족한 점이다.

PA도 전형적인 결정성 플라스틱으로 PE, PP, POM과 같은 상태의 결정화도에 의해 물성이 크게 좌우된다. 결정화도와 물성은 전반적으로 비례하지만 충격과 신축성은 저하한다.

다음에 각 PA의 특징을 요약해 본다.

PA6……PA-6-6보다 조금 유연하고, 성형 온도도 낮아 성형성이 좋다.

PA6-6……PA6과 물성은 큰 차이가 없다. 결정화도가 높아 범용PA중 가장 물성이 좋은

반면, 또 가장 성형이 어렵다.

PA6-10……PA6, 6-6과 비교하면 가볍고 흡습성이 적지만, 물성이 조금 떨어진다.

PA11……성질은 PA12와 비슷하다. 흡습성은 PA6, 6-10보다 작다.

PA12……PE와 PA6의 중간적 성질을 갖고 있고, PA중에서 가장 흡습성이 작기 때문에 칫수 안정성이 우수하다.

[용 도]

PA6, 6-6은 범용 PA로 내열, 고물성이 필요한 때는 PA6-6을 사용한다. PA11, 12는 높은 칫수 정밀도를 목표로 할 때, 또 PA6-10은 이 중간 용도에 쓰이고 있다. 공업 부품에 많은 수요가 있지만 가장 특징적인 것은, 미끄러움성, 무음성, 자기 윤활성을 이용한 슬라이딩 부품(베어링, 기어, 캠 류)이 있다. 이 외에 팩킹, 볼 파스너, 볼트, 주사기 등 모든 면에서 사용된다. 내열을 이용해서 잡화품 및 공업용품에도 사용되는 경우가 늘고 있다.

2-8 폴리아세탈(POM/Polyoxymethylene, Polyacetal)

상품명 「데릴린」, 「듀라콘」으로 알려져 있다. 이외에 「테낙」, 「울트라포름」. 넓은 의미로는 에테르계 플라스틱이며, 이 중 하나로 폴리포름알데히드가 있고, 이것이 폴리아세탈(데릴린)이다. 화학명은 폴리옥시메틸렌이다.

「철강보다도 강하고 알루미늄보다 가볍다」라는 광고의 선전 문귀와 같이 내피로성, 내크리프성, 내마모성이 우수하며, 인장, 압축, 휨 등의 기계적 성질은 열가소성 플라스틱에서는 PC, PA등과 함께 가장 높은 수준에 위치한다. 특히 PC와 비교해서 탄성이 있고, PA와 비교하면 고온고습(高溫高濕)에서 칫수 안정성이 좋다.

결점은 PC와 같이 자외선에 약하고, 열분해하면 포르말린이 발생하며, 또 연쇄 반응적으로 단시간에 대량의 가스를 동반하여 분해하는 등 성형성이 아주 나쁘다. POM은 결정성이며, 융점이 높다.

[용 도]

철강의 대용품으로, 특히 내식성(耐蝕性)이 우수하기 때문에 강도가 요구되는 기계적 공업 부품, 화학 공업에 있어서의 내식재·방식재로 중요시되고 있다. PA와 비슷하고, PA보다 내마모성은 떨어지지만 흡습성이 적어 칫수 안정성은 더 좋다. 이 때문에 정밀도가 요구되는 계기류의 기어, 캠, 베어링, 영사기 등의 이송 기어 등에 사용된다. 또 산 이외의 약품에 강하고, 무독성이므로 에어졸 용기, 완구, 가정용품에도 사용한다.

2-9 폴리카보네이트(PC/Polycarbonate)

PC의 최대 특징은 기계적 특성이 우수하고, 특히 가장 충격에 강하다. 그 밖에 저온특성, 내열성, 전기특성, 칫수 안정성 등 구조 부품에 요구되는 성능을 거의 모두 갖추고 있다.

결점은, 자외선에 약하고, 알카리, 방향족계 용제, 염소화 탄화수소에 조금 약하다. 또 성형성이 나빠서 고압에 의한 스트레스 크랙킹이 발생하기 쉽다.

PC는 엷은 호박색을 띤 투명체이다.

[용 도]

PA, POM과 함께 대표적인 것으로, 앞에서 든 장점을 살려 광범위하게 사용된다. 기계적 특성을 살린 기계 부품, 내열성을 살린 의료기구, 전기기기 부품, 육아기구, 가정용품 등이 있고, 특징은 역시 내충격성을 살린 것이다. 또 PA, POM과 비교하면 투명해서 사용용도의 일익을 담당하고 있다. PA, POM보다 흡수성이 작아 칫수 안정성이 좋다.

2-10 폴리염화비닐(PVC/ Polyvinyl Chloride)

PVC란 원래 투명하고 딱딱한 플라스틱이다. 플라스틱 중에서 가장 점도가 높고, 또 열안정성이 나쁘다. 따라서 성형 가공이 어렵기 때문에 약간의 물성저하가 있어도 여기에 열안정제와 가소제를 첨가해서 연화시킬 수는 있다. 이 가소제의 첨가량에 따라 일반적으로 다음의 두 가지로 나눈다. ①과 ②의 중간은 중경질 PVC라고 한다.

① 경질PVC…가소제가 없다(무가소PVC라고 한다) 또는 가소제가 20%이하.
② 연질PVC…가소제가 30%이상 첨가된 것.

PVC 자원은 국내에도 풍부하고, 또 가격이 싸고 물성도 비교적 좋으며, 또 딱딱한 것부터 고무처럼 부드러운 것까지 자유롭게 선택할 수 있기 때문에 우리 나라에서 가장 대량으로 사용되고 있는 플라스틱이다.(압출 성형에 의한 것이 아주 많다)

PVC의 주된 특성은 화학적 성질(내수, 내산·알칼리성, 무독성 등)과 물리적 성질(경연자유(硬軟自由)이고, 또한 자소성(自消性)등)이 비교적 좋다. 또 내노화성이 우수하다. 결점은 물성적으로 내열 및 내한성이 약하다. 또 성형 가공상 범용 플라스틱 중 가장 열분해를 잘 일으키며, 경질 PVC는 가장 용융점도가 높다. 따라서 성형기와 금형, 성형 기술에 특별한 배려가 필요하다. 연질PVC의 성형성은 비교적 좋다.

[용 도]

PVC는 아주 넓은 용도에 쓰이지만, 사출 성형품에서는 다음과 같은 곳에 쓰인다.

경질PVC…파이프, 홈통 등의 조인트, 배관부품, 전기부품(케이스류가 많다) 등.
연질PVC…각종 쿠션재, 샌달, 장화 등의 신발류, 삼륜차의 타이어 등 고무 분야.

이 밖에, PVC는 난연성 등의 특성을 살려, 다른 플라스틱과 공중합시켜서 질을 개선한다.

PVC를 아크릴에서 변성시킨 Kaydex(Rohm & Haas社)와 ABS와 PVC와의 브랜드에 의한 난연성 ABS등은 그 대표적인 예이다.

2-11 섬유소계(셀룰로스계/Cellulose Acetate)

오랜 역사의 셀룰로이드(질산 섬유소, 니트로셀룰로오스, CN), 불연 셀룰로이드(초산섬유소, 셀룰로오스 아세테이트, 아세틸 셀룰로오스, CA), 초낙산 섬유소(셀룰로오스 아세테이트 브틸레이트, CAB), 플로피온산 섬유소, 에틸 섬유소 등이 있다. 이 중 사출 성형에 가장 많이 사용되는 것은 CA이다.

CN……가장 오랜 역사를 갖고 있는 플라스틱으로, 기계적 성질이 우수하고 또 외관이 아름답기 때문에 과거에는 셀룰로이드로 사진용 필름, 완구 등의 성형 재료에 많이 사용되었다. 그러나 타기 쉬운 치명적인 결점이 있어, 현재에는 성형품으로서 거의 사용하지 않는다. 주로 도료로 쓰이며 감촉은 매우 좋다.

CA……현재 섬유소 플라스틱의 대표적인 것으로 상품명「아세틸로이드」로 알려져 있다. 기계적 성질과 외관상(광택·윤기)으로는 CN과 같이 우수하다. 그러나, 잘 타지 않는 특성이 있다. 한편 CA의 독특한 특성은, 촉감, 광택이 좋고, 온도 변화에 대해서 꽤 좋은 특성을 나타낸다. 또 도금이 가능한 것도 강점이다.

CAB…CA보다 내후, 내수, 가공칫수 정밀도가 우수하며, 파이프(성형품)와 도료에 많이 사용한다.

[용 도]

CA를 제외하면 사출 성형용으로 거의 쓰이지 않는다. CA는 강인하고, 촉감, 광택이 좋고, 착색이 아름다우며, 내유성과 가공성이 좋아서 특이한 분야를 차지하고 있다. 제품의 예를 들면, 고급 자동차의 핸들, 치솔, 안경·선글라스의 테, 빗, 공구류의 몸체, 완구, 각종 용기, 기타 사무기기 등에도, 직접 손이 닿는 부분에 사용한다. 사출 성형상 결점은 흡습성이 크고, 또 "싱크마크"가 눈에 잘 띈다.

2-12 불소(FEP/Fluorocarbon)

불소 플라스틱에는 많은 종류가 있지만, 현재 공업적으로 중요한 것은 3불화염화에틸렌(3F 또는 PCTFE), 4불화에틸렌(4F 또는 PTFE), 4불화에틸렌·6불화프로필렌 공중합(FEP), 에틸렌·4불화에틸렌 공중합(ETFE)이 있다. 이 가운데 사출 성형을 할수 없는 것이 4F이고, 사출 성형에 가장 많이 쓰는 것은 FEP이다. ETFE는 가장 새로운 불소 플라스틱이다.

불소 플라스틱은 다른 플라스틱에 비해 탁월한 특성이 많다. 특히, 내열, 내약품, 내후,

비흡수, 비점착, 전기적 성능이 우수하고, 마찰계수도 작다. 이것들 중 일부는, 열가소성 플라스틱 중에서 왕좌를 차지하고 있다. 다음에 각각의 특징을 요약한다.

3F……4F, FEP보다 내약품, 내열, 전기적 특성은 떨어지지만 기계 특성은 우수하다. 성형 가능.

4F……FEP보다 내열(260℃)성이 우수하지만 성형성이 나빠, 소결법에 의한다. 불소 플라스틱의 대표적인 것으로, 사용량이 가장 많다.

FEP……4F와 거의 같지만 내열성(205℃)이 뒤떨어진다. 사출 성형이 쉬운 반면, 4F는 딱딱하지만 FEP는 유연성이 있다. 사출 성형하는 대표적 불소 플라스틱이다.

ETFE……FEP보다 강인하고, 방사선에 강하며 또 불소 플라스틱 중 가장 비중이 작다. 사출 성형이 가능하다고 해도, 다른 범용 플라스틱과 비교하면 매우 어려운 점이 많다. 결정화도가 아주 높은 플라스틱으로, 정상 성형시에 있어서도 200℃이상에서 겨우 분해하여, 독성의 부식가스를 발생한다. 그 질·양·시간에 의해, 인체에 주는 영향, 성형기, 금형 등이 부식되기 때문에 이것들에 대한 배려도 중요한 포인트가 된다.

[용 도]

탁월한 성능을 살려 특수한 분야에 이용되고 있다. 그러나 공업 부품의 플라스틱화가 진행되는 가운데, 가혹한 조건하에서 사용하여 견딜 수 있는 불가결한 공업 재료로 그 진가가 널리 인식되어 수요량도 점차 증가하고 있다. 불소 플라스틱이 아니면 얻을 수 없는 특성에 의해 무한한 용도를 갖고 있으며, 그 범위도 전기·기계·이화학에서 가정용품까지 응용되고 있다. 이러한 이유를 알기 쉽게 요약하면 다음과 같다.

① 내약품성 : 어떠한 약품도 침투할 수 없다.
② 전기특성 — 통전성이 없고 온도 변화에 강하다.
③ 내열성 — 205~265℃에 견딘다.
④ 비점착성 — 엿으로도 붙지 않는다.
⑤ 내후성 — 옥외에서도 방사선에도 변화하지 않는다.
⑥ 저마찰 저항 — 미끄러지기 쉽다.
⑦ 내습성 — 물을 흡수하지 않는다.
⑧ 강인성 — 인장·전단에 강하다.
⑨ 불연성 — 전혀 연소하지 않는다.
⑩ 유연성 — 반복하중에 강하다.

2-13 에틸렌·초산비닐(EVA/Ethylene Vinylacetate Copolymer)

공업적으로는 1960년 미국에 듀폰(Dupont)에서 엘박스라는 상품명으로 생산한 것이 최초이다.

EVA의 물성은 중합도(분자량)와 초산비닐의 함유량에 의해 결정된다. 분자량이 클수록 강인성, 가소성, 내스트레스 크랙킹, 내충격성이 향상하며, 성형성 및 표면광택은 저하한다. 보통 사출 성형에서는 초산비닐의 함유량이 20%이하인 것이 많이 쓰인다. 초산비닐이 45%가 되면, 비결정성 플라스틱이 된다.

EVA의 특성은 유연하며 강인하고 또 저온에서도 유지되는 것이 가장 큰 특징이다. 또 내스트레스크랙, 내후·내오존성이 강하고, 투명성과 광택이 좋다. 또 PVC와 같이, 독성의 염려도 없으며 가공성도 좋다. 개질용(改質用)으로 많이 쓰인다.

[용 도]

EVA의 용도는 광범위하지만, 사출 성형 관계에서는 연질PVC의 온도 변화에 약한 결점을 보완하는 분야에 있어서 그 특징을 살리고 있다. 전기 부품 관계, 잡화에 많이 사용한다.

한편, EVA의 발포체는 미세한 기포체이며 가볍고 마모성도 좋다. 따라서 사출 성형품으로는 샌달, 슬리퍼, 삼륜차·유모차의 타이어, 단열재 등 종래의 고무에서 연질PVC의 분야로 진출하고 있다. EVA의 필름은 빛의 투과성이 좋아 우수하다.

2-14 폴리에틸렌테레프탈레이트(PETP/Polyethlene Terephthalate)

테레프탈산과 에틸렌글리콜의 축합 반응에 의해 얻어질 수 있는 포화폴리에스테르이다. 주로 섬유용(테트론으로 유명)과 카세트 테이프, 비디오 테이프, 플로피 디스크에 사용되지만, 열가소성 성형 재료로서도 공업 부품 분야에 독특한 존재이다. 보통 유리섬유를 혼합하여 사용한다.

특징으로는 내열성이 좋은 것을 들 수 있다. 열변형 온도는 240℃, 단시간이면 200℃이상에서도 사용할 수 있으며, 상시에는 140℃이다. 또 인서트에 의한 크랙이나 응력에 의한 크랙이 작은 것도 큰 특징이다. 그 외에 강성이 풍부하고, 흡수율이 작아 기계적 성질(유리의 배합에 영향을 받지만)이 좋다. PETP는 결정성 수지이며 특히 고온에서 굽힘 특성은 양호하다.

결점으로는 성형성이 좋지 않고, 얇은 제품에서는 원래 물성그대로 나오기 어렵다.

[용 도]

내열성에 이용, 기계적 물성을 이용하는 것을 중심으로 한 전형적인 엔플라이다. 또 인서트의 크랙이 없는 것도 특징이다. 총체적으로 종래의 다이캐스트 성형품 분야의 대체품으로 연구되고 있다.

2-15 아이오노머(하이미란/Ionomer Resin)

에틸렌과 메타크릴산의 공중합체의 베이스에 Na, Zn과 같은 금속카티온을 작용시켜, 이온결합시켜 만드는 것이다. LDPE보다도 적당한 탄성과 강성을 갖고 있는 고급 PE라고 할 만한 재료이다.

투명하고 강인하다, 내한성이 있다. 히트실이 좋다. 금속에 대한 접착성이 좋다. 내유, 내약품성이 우수하다. 연화점이 낮다. 또 성형성, 내열성, 내후성이 뒤떨어진다. 골프볼의 외피, 자동차의 사이드몰, 범퍼가드, 스키화, 신발바닥 등에 사용되고 있다.

2-16 폴리메틸펜텐(TPX/Polymethylpentene)

폴리메틸펜텐은 4-메틸펜텐-1을 베이스로 해서 만든 투명한 폴리올레핀의 일종이다. 상업생산은 1965년 ICI사에 의해 시작되었지만, 그 후 1973년에 三井석유화학 공업(주)이 TPX 사업을 인수하여 생산 판매를 계속하고 있다. 현재는 세계에서 三井석유화학공업에서만 생산하고 있다.

이 플라스틱은, 폴리프로필렌, 폴리에틸렌, 폴리부텐과 같은 종류에 속하는 결정성의 폴리올레핀으로 프로필렌에서 만들어진다.

따라서 그 분자 구조는, 이들 프라스틱과 거의 같고, 다른 점은 옆에 이소브틸기가 붙어 있는 점이다. 이것이 다른 폴리올레핀과 약간 다른 성질을 갖게 한다.

비중은 $0.83 g/cm^3$로 모든 플라스틱 가운데 가장 가볍다. 같은 종류의 폴리올레핀에 비해서 다음과 같은 특징을 갖고있다.

내열성이 좋다(결정의 용융점은 230℃~240℃로 폴리올레핀 가운데 가장 높다)

투명성이 좋다(결정 크기가 작아, 결정부와 비결정부와의 밀도차가 그다지 없고, 따라서 굴절율의 차이도 작기 때문에 광선 투과율 92%의 투과성이 있다)

내약품성 및 내열·내수성이 좋다.

전기적 특성이 좋다.

밀도가 작아 가볍다.

식품 위생성과 의료용의 안정성이 우수하다.

내약품성도 아주 양호하며, 과망간산칼리, 사염화탄소, 트리크렌, 시크로핵산에는 침투되지만, 산, 알카리를 포함한 일반적인 약품에는 내성이 강하고, 폴리스티렌, 폴리카보네이트, PMMA보다 좋은 성능을 갖고 있다.

[용 도]

다른 폴리올레핀보다도 내열성과 투명성을 필요로하는 분야에 자주 사용된다.

전자·전기 분야(광학디스크, 광메모리기판, 자기헤드보빈, 콘덴서용 필름), 의료분야(주사기, 비이커, 샬레, 피펫, 튜브코넥터), 그 밖에 전자렌지용 식기, 화장품 용기, 선글래스, 렌즈, 안경 등 광범위하다.

2-17 폴리부틸렌 테레프탈레이트(PBT/Polybutylene Terephthalate)

PBT는 테레프탈산과 부틸렌글리콜을 주원료로 제조한 폴리에스테르계의 결정성 열가소성 플라스틱이다.

내약품성, 내열성, 전기적 특성, 섭동성 등이 전반적으로 우수한 특성을 갖고 있다. 흡수율도 꽤 낮다.

성형 재료로는, 단독으로 사용되기 보다는, 유리 섬유로 강화시킨 그레이드가 자주 사용된다. 특성적으로 아주 비슷한 유리섬유 강화PET와 경합 관계에 있다. 성형 가공성은 양호하지만 성형전의 관리(특히 예비 건조)를 충분히 하지 않으면 깨지기 쉬운 성형품이 생긴다.

[용 도]

전기 부품·자동차 부품·광학 부품·사무기기 부품 등 광범위하게 사용된다.

2-18 폴리페닐렌 에테르(PPE/Polyphenylene Ether)

이 재료는 1964년 GE사에 의해, PPO(Polyphenylene Oxide)의 상품명에서 발표된 플라스틱의 성형성을 개량한 것이다. 개량해서 상품화한 것이 Noryl이다.

폴리페닐렌에테르는 메타놀과 페놀을 주원료로 만들고, 페놀을 원료로 하기 때문에 난연성이 우수한점 외에 가공성을 좋게 하기 위해 스티렌으로 그래프트화 하기 때문에 칫수 안정성이 좋고, 전기적 특성, 기계적 특성도 균형을 이룬 성질을 갖고 있다. 단독으로 또는 유리 섬유로 강화시켜 사용한다. 비중은 엔플라 중 가장 작다.

내약품성은 할로겐화탄화수소, 방향족 탄화수소, 케톤류, 에스테르 등에는 그다지 내성이 없다. 흡수성은 매우 낮다.

[용 도]

난연성과 성형성 및 정밀도를 내기 쉬운 점에서, 전기기기, OA기기 등의 캐비넷 하우징으로 쓰이는 용도가 많고, 또 자동차 부품용으로도 쓰인다. 흡수성이 낮아서, 물을 사용하는 용도에도 적합하다.

2-19 폴리아릴레이트(U폴리머/Polyarylate)

폴리아릴레이트는 방향족 디카르본산과 디페놀로 된 방향족 폴리에스테르의 총칭으로 PC, PBT, PET도 같은 계통에 속한다. 구성 기본 단위 가운데 벤젠환(방향족)의 수가 많아, 이것에 의해서, 내열성과 난연성이 우수한 성질을 나타낸다.

유니티카에 의해 상품화된 U폴리머가 대표적이다.

U폴리머는 프탈산과 비스페놀A와의 합성으로 얻어지며, 이 때문에 폴리카보네이트와 폴리설폰의 우수한 성질을 갖고 있는 투명한 비결정성 플라스틱이다.

용융점도가 원래 높기 때문에 가공성을 개량한 그레이드가 보다 많이 사용된다. 내열성, 난연성, 유리 섬유 강화를 하지 않아도 강성이 우수하며, 방향족계·할로겐화 탄화수소·케톤류에는 문제가 있지만 대체로 폴리카보네이트보다 내약품성이 좋다. 유리섬유 강화, 흑연 충전 등의 그레이드 외에, 폴리카보네이트 등과 브랜드를 해서, 폴리머얼로이로서의 용도도 있다.

[용 도]

전기·전자 관계기기 부품, 자동차 부품 및 렌즈, 무독성을 살린 의료기구, 광학 부품 등 광범위하게 응용하고 있다. 시트 및 필름으로도 이용한다.

2-20 폴리설폰(PSF/Polysulfone)

폴리설폰은 원래 $-SO_2-$기를 포함한 폴리머를 나타내지만, 현재는 UCC사에 의해 1966년에 상업생산을 시작한 방향폭계의 폴리설폰을 가리키게 되었다.

폴리설폰은 호박색의 투명한 비결정성 플라스틱이고 $-100°C \sim +150$까지 광범위한 온도에서 우수한 성능을 유지하는 특성이 있다.

이 특성은, 폴리설폰을 구성하는 벤젠환이 SO_2-, $-O-$, $-C(CH_3)_2-$의 각 기(基)와 공유결합한 구조를 갖고 있다. 이 구조의 특성상 폴리아미드계와 폴리에스테르계와 같이 가수 분해하기 쉬운 결합도 없기 때문에 산·알칼리에 대해서도 강하고, 뜨거운 물, 열스팀에도 장시간 견딜 수 있다.

사염화탄소, 메틸렌크로라이드, 아세톤, 벤젠, 초산에테르 등에는 견딜 수 없지만 기타 약품에는 잘 견딘다.

기계적 강도, 칫수, 전기적 특성 외에 식품용기와 의료기구용으로서 안전·위생성도 있다. 성형성은 폴리카보네이트와 비슷하다.

[용 도]

전자·전기기기 부품, 자동차 부품 등의 분야에서 비교적 사용 환경 온도가 높아서 기계적 성질을 필요로 하는 용도 외에, 프린트기관, 전자렌지용 용기, 내열성·내스팀성을 살린 의료기구와 의치(義齒)·의상(義床)·내약품성을 살린 용도 등 광범위한 용도에 쓰인다.

2-21 PPS(라이톤/Polyphenylene Sulfid)

이 플라스틱은 1973년에 미국 필립스페토리엄사에 의해 공업화 된 직쇄(直鎖)의 아릴렌서

프파이트폴리머로 파라디크로로벤젠과 황화소다를 원료로 해서 만든 갈색의 결정성 폴리머이다.

이 플라스틱은 공기 중에서 열경화성 플라스틱과 같이 가열 경화(가교, 쇄연장)하는 점이 다른 엔플라와 다른 성질을 나타낸다. 특히, 내열성, 강성이 열경화성적인 특징을 갖고 있다.

열변형 온도는 엔플라 가운데 최고인 260℃이고, 연속사용 온도도 최고 240℃까지의 특성을 갖고있다. 고온에서의 산, 아미노류, 할로겐에는 침투되지만, 기타 대부분의 약품에 대한 내성을 갖고 있다. 전기적 특성, 내마모성도 우수해서 엔플라 중에서는 용융점도가 매우 낮아 유리 섬유, 카본 섬유, 무기질 충전 재료도 익숙하며, 성형성이 아주 좋다.

[용 도]

위와 같은 특성을 살려, 전기·전자용도에서는, 콘넥터, 코일보빈, 릴레이부품, TV튜너부품, 취사기 부품, 전자렌지 부품 등, 자동차 용도에서는 라디에터서머스타트(thermostat) 부품, 디스트리뷰터부품, 캬브레터 단열판 등 화학기기에서는 케미컬펌프케이스, 인펠러 전극유지재, 열수밸브 등. 그 외 시계·카메라의 정밀기기 부품등 많은 분야에서 사용된다.

2-22 폴리에테르설폰(PES/Polyethersulphone)

이 비결정성 플라스틱은 I.C.I사(영)가 1972년 개발한 것으로, 폴리설폰과 같이 약한 호박색을 띤 방향족계 폴리머이다.

그 기본구조는, 벤젠환에 SO_2-가 결합한 형태로, 따라서 전반적으로 폴리설폰과 비슷한 성질을 갖고있다.

기계적 성질에 특징이 있고, 특히 굽힘탄성율이 $-100 \sim +200$℃까지 변화가 없고, 난연성으로 고온장기 사용에 잘 견딘다. 열변형 온도는 PPO보다 못하지만 그래도 216℃로 비결정성 플라스틱치고는 높은 편에 속한다.

150~160℃의 열수, 스팀에 잘 견디며, 산·알칼리에 침투되지 않지만, 크로로포름, 아세톤 등 극성을 가진 약품에는 침투된다. 또 유리 섬유로 강화한 타입에서는 선팽창율이 작아, 알루미늄 정도의 선팽창율을 갖고 있다.

180℃까지의 온도에 있어서의 내크리프성은 유리 섬유 강화그레이드는 열경화성 플라스틱보다도 좋은 특성을 나타낸다.

내츄럴에서의 내후성은 좋지않아 카본블랙이 이 때문에 사용된다.

[용 도]

위에 기술한 특성을 살린 공업용도에 광범위하게 이용된다. 전자·전기 분야에서는, 내납

땜성, 칫수 안정성, 내용제성(크로론센, 후레온, 이소프로필알콜)이 필요한 부품용(코일보빈, 퓨즈홀더, 내열압착단자 인슈레이터, 프린트기판 등) 160℃까지의 내열수·스팀 용도(온수 펌프의 본체 및 인펠러, 방식전극(防食電極)의 절연재, 각종 의료기기 등), 자동차용(기어 복스의 베어링 리테이너, 캬브레터용 코일보빈, 반사판 등), 기계분야(X선장치사이드 글라스, 내열롤러·기어, 아아크 용접용 핸들, 카메라 부품 등), 그 외 조명기구, 항공기 등의 부품과 내열성 필름으로도 이용된다.

이 재료는 폴리아릴레이트등과의 폴리머얼이로서도 이용된다.

2-23 폴리에테르설폰 (PEEK/Polyetheretherketone)

폴리에테르설폰과 같이 I.C.I사에서 1980년 시판을 시작했다. 비교적 역사가 짧은 플라스틱으로, 결정성이고 내열성이 매우 우수한 특성을 갖고 있다.

이 폴리머는 주쇄(主鎖)에 페닐렌기를 갖고 있기 때문에 분자 연결이 강직하고, 용융점도는 높은 편이다. 또 결정화 온도는 높고 결정화 속도는 느리다. 대체로 앞의 폴리에테르설폰을 한단계 격상시킨 성능을 갖고있다. 유리 섬유와 탄소 섬유로 강화시킨 그레이드는 열변형 온도는 300℃가 된다. 내약품성은 우수하며, 진한 황산 이외의 약품에는 부식하지 않는다. 내충격성은 유리 섬유 강화그레이드에서는 열가소성 플라스틱 중 가장 높은 성능을 갖고 있으며, 내피로성은 내츄럴 그레이드라도 엔플라 가운데 가장 높은 성능을 발휘한다.

또, 내열수·스팀성, 전기적 특성도 좋아, 발연량은 엔플라 중 가장 낮은 수치를 나타낸다. 내열필름 및 섬유로도 이용할 수 있다. 현시점에서 성형 재료로서의 가격은, 모든 프라스틱 중 가장 고가이다.

[용 도]

이 재료는, 개발 당초 내열성이 있는 전선 피복용으로 이용되었다. 현재도 같은 용도로 쓰이는 외에 더욱 광범위한 분야에 걸쳐 사용되고 있다.

전자·전기분야(고온용 콘넥터, 케이블콘넥터, 터미널블럭 등), 기계 공업 분야(자동차용 베어링리테이너 엔진주위 부품, 미사일의 배터리 하우징 등)

2-24 액정(液晶)폴리머 (LCP/Liquidcrystal Polymer)

이 플라스틱은 현시점에서는 가장 새롭고, 주목을 받고 있는 플라스틱이다.

영문자를 그대로 취해서 액정폴리머라고 하지만, 전자식 탁상 계산기 등의 표시에 사용되는 액정재료와 착각할 정도로 혼동하기 쉬운 명칭이다. 파라옥시안식향산과 테레프탈산을 원료로 하는 방향족 폴리에스테르에 속하고, 다른 방향족과 같이 특유의 강성을 갖고 있다. 용융할 때 "액체와 같이 유동적이면서, 분자의 배열에 의해 결정 상태를 나타낸다" 액체로서의 특성을 나타내기위해 이 같은 명칭을 사용하게 되었다.

이 플라스틱의 제법특허는 코닥사(미국)가 소유하고 있어, 다른 메이커는 동사에서 라이센스를 받아 제조하고 있다.

이 플라스틱의 가장 특징적인 점은, 분자가 방향족 특유의 강성을 강하게 갖고 있어서 용융시 분자 배열은 딱딱하게 직선상을 유지하고 있으며 다른 플라스틱과 같은 분자 배열의 얽힘이 아주 작다.

이것은 성형시 작은 전단력으로 한 방향으로 강하게 배향(配向)하는 것을 의미한다. 난연성으로 비중은 약1.40이다.

기계적 성질은 이 재료의 배향성과 어울려 끌어당기고 탄성율은 엔플라 중 최고치를 나타낸다. 열변형 온도는 내츄럴에서는 폴리설폰과 흡사하다. 내약품성도 우수하며, 불소산 200℃ 이상의 열수, 펜타크로로페놀, 에틸렌디아민 등을 제외하면 보통의 산 및 알카리를 포함한 거의 모든 것에 견디며, 용해시키는 일반적 용제는 발견되지 않는다.

내츄럴로 사용되는 외에, 유리섬유·카본섬유·마이커강화 혹은 불소계 플라스틱과 무기질 등을 충전한 그레이드로 이용한다. 용융 점도가 아주 낮고 유동성이 좋아서 사출 성형 등은 저압 성형이 가능하다.

성형 재료의 가격은 현시점에서는 PEEK 다음으로 고가이며, 일반강화 그레이드로 약 30,000~50,000원, 카본화이버강화 그레이드는 100,000원 정도이다.

[용 도]

용도 개발이 시작된 지 얼마 안되었지만, 광화이버 케이블의 피복, IC소켓, 사출성형 프린트 배선기판, 오븐용 용기, 항공기 부품, 배기가스회수타워용 충전물, IC트랜지스터의 포장 등 고도의 기능을 갖는 분야에 응용이 시작되었다.

2-25 폴리에테르이미드(polyetherimide)

폴리에테르이미드는, 1982년 G·E사(미국)에 의해 발표된 반투명의 비결정성 플라스틱으로, 에테르와 이미드가 규칙적으로 배열한 새로운 형태의 구조를 갖고 있다.

방향족인 이미드는 기계적 특성이 우수한 플라스틱을 만들어내지만, 이 플라스틱도 같은 특성을 갖고 있다. 에테르 결합을 부가하면, 가공성과 유동성이 개량되고 폴리카보네이트와 폴리설폰과 비슷한 성형성을 나타낸다.

열변형 온도는 약 200℃이고, 난연성이며, 적당한 균형을 이룬 성질을 갖고 있다. 내약품성도 양호하고, 대부분의 산, 알카리 및 지방족 탄화수소에 견딘다.

내츄럴, 유리섬유 강화, 무기질 충전 그레이드 등에 실리콘에 의하지 않는 내부윤활형의 그레이드가 이용된다. 시트 및 필름으로도 이용할 수 있다.

[용 도]

자동차(스피드 센서샤프트, 언더프드, 베어링 리테너), 전자·전기(사출 성형 프린트기판,

IC소켓트, 콘넥터), 항공기(조명 기구용, 시트, 트레이, 엔진 부품), 각종 기계(필터, 펌프, 복사기 부품, 프린터 부품, 자기 디스크 부품), 의료기기(소독 트레이, 시험용 기기부품, 인공투석기 부품)등 광범위한 분야에서 응용된다.

2-26 폴리이미드계 플라스틱(PI/Polyimide)

폴리이미드계 플라스틱은, 엔플라 가운데 가장 특성이 우수한 특수 엔플라에 위치하고 있지만, 상당히 다양한 종류를 가진 플라스틱이다. 내열성·기계적 특성·내약품성 등에 모두 우수한 성능을 갖고 있으며, 다른 플라스틱은 견딜 수 없는 가혹한 조건하에서 사용되는 경우가 많다.

이 재료는 그 구조면에서, 방향족, 지방속(脂肪屬)형 및 그 중간 형이 있고, 반응의 형태는 종합형과 부가형이 있다. 또 가공 형식에서는 열가소성형과 열경화성형으로 나눈다.

그 밖에 폴리머의 분자 결합에 이미드 이외의 결합을 가진 폴리아미드이미드, 폴리아미드 비스말레이미드(내열성 스티렌에 이용), 폴리에테르이미드(별도로 설명한다/상품명 ULTEM이 이 형식)등의 이미드와 도입한 것도 폴리아미드 플라스틱이라고 한다.

열가소성 타입은 폴리이미드가 본래 갖고있는 고성능을 약간 떨어뜨려서 가공성을 개량한

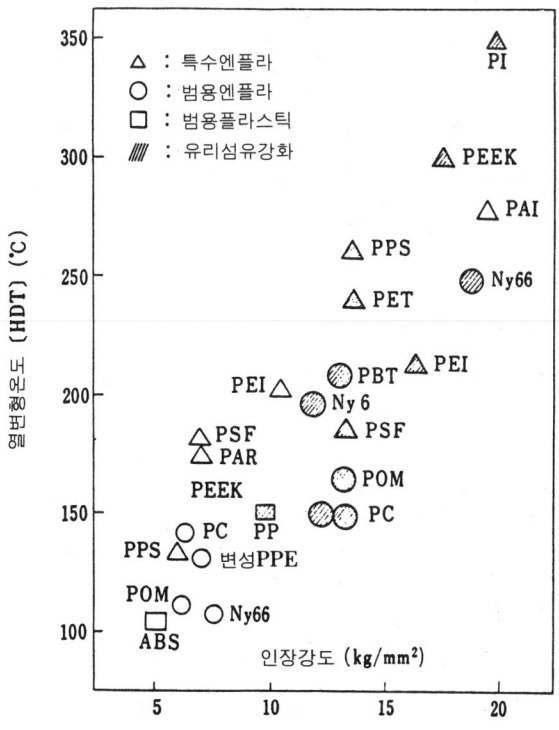

그림 2-11 각종 엔플라의 인장강도와 열변형 온도

것이 많고, 보통 사출 성형 가공이 가능하다.

성형 재료의 가격은 대체로 비싸서, 열가소성 타입의 폴리에테르이미드는 약30,000원/kg, 열경화성 타입은 30,000~90,000원/kg(가격은 충전재료에 따라 다르고 유리섬유, 탄소섬유, 불소, 2황화몰리브덴, 혹연 등을 사용한다).

시트 및 필름에도 사용된다.

그림 2-11에 다른 플라스틱과의 특성 비교를 참고로 나탄내다.

[용 도]

이 열가소성 타입에서는 폴리에테르이미드의 항을 참조할 것.

열경화성 타입에서는 내열성·고강도·경량화·내방사선·고밀도화가 강하게 요구되는 고기능 부품으로서의 용도가 많다.

전자·전기(플랙시블프린트 회로, 다층프린트기판, 콘넥터, 소켓트, 스위치, 서어키트 브레이커), 기계공업(슬러스트윗셔, 피스톤링, 베어링, 단열기어), 자동차(엔진주의 부품, 호일), 항공기(스페이스셔틀의 보디플랩(body flap), 미사일 탄두, 엔진회전 부품), 원자력(초전도 자석코일의 절연체, 헤륨 용기, 코일 지지재)등 고기능 부품으로 많이 쓰인다.

2-27 페놀(PF/Phenol Formaldehyde)

가장 역사가 오래된 플라스틱이다. 페놀과 포름알데히드가 반응하여 만들어지며 석탄산 또는 베클라이트라고도 한다. 원래는 갈색이지만, 거의 검게 착색되어 통신기 부품, 배선기구 등 강도와 내열을 강하게 요구하는 전기 절연물의 성형품으로 많이 사용되고 있다. 물, 기름, 약품에 강하고, 기계적 성질도 강한 플라스틱이다. 각종 충전재, 보강재를 첨가해서 보다 응용 범위를 넓히고 있다. 도료, 접착제로서도 중요한 프라스틱이다.

2-28 우레아(UF/Urea Formaldehyde)

요소(尿素)와 포름알데히드와의 축합에 의해 얻어지는 플라스틱으로 원래는 무색투명하다. 그러나 아름답게 착색할 수 있기 때문에 착색성형품이 많다. UF도 전기 관계에 사용되지만, 그외에 칠기(漆器), 손잡이 등 일용 잡화품에도 많이 사용되고 있다. 이 외 적층판, 화장판, 섬유, 착색제로도 사용되고 있다.

2-29 멜라민(MF/Melamine Formaldehyde)

멜라민과 포름알데히드와의 축합으로 만들어지는 무색투명한 플라스틱이다. PF, UF와 함께 열경화성을 대표하는 플라스틱이다. 딱딱하고, 물, 기름, 약품에 강하고, 또 열에도 강하다. 위생적이고, 착색 광택도 좋아서 고급 식기류로 사용하고 있다. 이 외에 전기부품, 멜라민의 화장판도 대표적인 용도로 친숙하다. 결점은 약간 가격이 비싸다는 것이다.

2-30 불포화 폴리에스테르 (UP/Unsaturated Polyester)

다염기산과 다가(多價)알콜의 중축합으로 만들어진 에스테르화성물(化成物)을 주체로 한 플라스틱이다. UP는 내열성과 절연성이 우수한 특성을 나타낸다. UP에 유리 섬유를 넣은 FRP(강화 플라스틱)는 아주 강인하여, FRP의 자동차, 모터보트, 지붕재, 헬멧, 바스태브, 탱크 등 앞으로도 발전이 기대된다. 이 밖에 가구, 건재부분 각문 스포츠 용품 등에도 많이 쓰인다.

탄소 섬유와 보론 섬유와의 복합으로, 더욱 고도의 기능을 부여할 수 있다.

2-31 에폭시(EP/Epoxy Resin)

에폭크롤히드린과 비스페놀 또는 다가알콜과의 반응에 의해 만들어진다. 가장 특징적인 것은 기계적 특성이 우수한 점이다. 성형품으로도 사용되지만, 전기부품의 봉입주형성형(封入注型成形)과 도료, 접착제로 많이 사용된다. 특히 접착성은 만능에 가깝다.

2-32 디아릴프탈레이트(PDAP/Polydiallyl phthalate)

프탈산과 아릴알콜의 결합으로 만들어진다. 전기특성, 내약품성, 칫수 안정성, 성형성도 좋아서 열경화성 플라스틱의 대표적인 엔지니어링 플라스틱이다. 트랜지스터 저항기, 컴퓨터 부품, 베터리 케이스, 냉장고 부품 등 칫수 정밀도를 요구하는 전기부품, 또는 화장판으로써 가구, 책상, 장농, 천정재, 화재(畵材), 도어 등에도 사용된다.

2-33 실리콘(SI/Silicone)

실리콘은 다른 플라스틱과 달라, 골격에 시록산 결합(Si-O)을 갖고 있으며, 측쇄(側鎖)에 메틸기, 비닐기, 페닐기 등 일부 제한된 유기 그룹을 가진 폴리머(폴리올가노시록산)이다. 실리콘 오일은 다음과 같은 구조로 되어 있다.

$$\begin{array}{c c c c}
\text{R} & \text{R} & \text{R} & \text{R} \\
| & | & | & | \\
\text{R}-\text{Si}-\text{O}-\text{Si}- & \cdots\cdots & -\text{Si}-\text{O}-\text{Si}-\text{R} \\
| & | & | & | \\
\text{R} & \text{R} & \text{R} & \text{R}
\end{array}$$

(R은 유기기)

폴리올가노시록산의 크기와 형태(선상(線狀), 분기상(分岐狀), 망상(網狀)등), 또, 규소에 결합하는 유기기의 종류와 수(1관능, 2관능, 3관능) 등을 자유롭게 고를 수 있기 때문에, 오일 모양의 것 외에 고무 모양, 레진 모양의 것 등 여러 형상을 얻을 수 있다.

[용 도]

실리콘은 레진(바니스) ; 고무, 오일, 각종 오일 2차제품, 반응성 시란 등 다수의 제품군(製品群)으로 된 재료의 총칭이지만, 경화성 실리콘인 레진, 고무는 다음과 같은 용도가 있다.

실리콘레진 : 클로스·튜브처리용, 코일 함침용, 표면처리용, 적층판용, 감압접착용, 도료용, 고형(固形) 실리콘, 몰딩콘바운드 등.

열가류형(熱加硫型)실리콘 고무 : 일반 성형용, 난연용, 전선용, 투명품용, 내한용, 도전용, 내유용(함(含)프로로 실리콘 고무), 의료용(부가형), 스폰지용, 자기 융착용, 접착용 등.

액상 실리콘 고무 : 일반 공업용에서는, 각종 시일(seal)용, 코팅용, 포팅용, 금형캐비티용, UV경화용, 가스켓 성형용, 사출 성형용(LIM), 건축용 실링재 등.

2-34 기 타

이 밖에는 최근 다음과 같은 플라스틱이 개발되고 있다. (주로 성형재료).

① 가교 폴리프로필렌

시란기와 물을 사용해서 폴리프로필렌을 가교하는 플라스틱으로, 가교시키는 것에 의해, 폴리프로필렌의 성능이 개선되어, 특히 내열성이 30~50℃ 향상한다. 또, 기계적 성질도 전반적으로 상승하고 세미 엔플라적인 플라스틱이 된다. 가교하려면 성형품을 물에 적시기만 하면 된다. 가격은 보통 폴리프로필렌보다도 몇배 높다. 三麥油化(株)에서 개발되어 「링크론」이라는 상품명으로 판매되고 있다.

② 이미드화 폴리스티렌

폴리스티렌의 내열성을 높이기 위해 무수말레인산이 자주 사용된다. 그러나 이 방법에 의하면, 내열성은 좋아져도 열안정성에는 문제가 있고, 최근에는 무수말레인 산을 각종 아민으로 이미드화 시킨 이미드화유도체가 내열성을 향상시키는 것과 함께 열안정성에 유효한 공중합 모노머로 사용되고 있다. N-페닐 말레이미드모노머가 특히 이 목적에 유효하다.

電氣化學工業(株)에서는, 이 모노머를 사용해서 폴리카보네이트에 필적하는 내열성을 가진 폴리스티렌을 개발하여, 「마렛카」라는 상품명으로 판매하고 있다.

③ 폴리옥시벤디렌

방향족 폴리에스테르계 플라스틱에 속하는 이 플라스틱은 내열성 및 기계적 성질로 폴리이미드계의 성질을 갖고 있으며, 카본랜덤사(미국)의 개발로 몇 년전부터 住友化學工業(株)와 三井圧化學(株)에서 판매하고 있다.

호모폴리머는 결정성이 높고, 400℃이하의 온도에서는 유동성을 나타내지 않기 때문에 방향족 디칼본산과 디올로 공중합해서 가공성을 개량하고 있다.

사출 성형 그레이드의 연속 사용 온도는 280~300℃로, 열가소성 플라스틱으로 매우 높다. 상품명은 「EKONOL」.

④ 나일론 46

네델란드의 DSM사에 의해 세계 처음으로 개발한 것으로, 융점 약 300℃의 내열성을 갖고 있으며, 새로운 타입의 엔지니어링 플라스틱으로 용도 개발이 진행되고 있다. 넓은 온도 범위에서의 높은 강성, 내마모성, 내약품성, 가공성 등에, 66보다 우수한 특성을 갖고 있고, 종래의 나일론의 결점인 칫수 안정성도 우수하다. 자동차 부품, 전기·전자기기 부품을 비롯한 각종 공업용도에 적합한 플라스틱으로 기대된다. 상품명은 「파이다론」.

⑤ 아크릴니트릴계 폴리머

이 플라스틱은 소하이오·케미칼(미)에서 개발한 것으로, 특히 가스바리어성과 보향성(保香性)이 우수한 것이 특징이다. 직접 식품에 접촉할 포장재료에 사용 가능하고, 상품명 「BAREX」이다.

가스바리어성이 좋은 것으로, 폴리염화비닐리덴－염화비닐공중합 타입이 종래부터 사용되었지만, 단일 플라스틱으로는 이것을 상회하는 성능을 갖고 있다. 또 성형 가공성이 비교적 좋다.

내약품성도 비교적 좋고, 케톤류, 초산, 염기성의 일부에 침투되지만, 그 밖의 일반적인 약품에는 잘 견딘다.

[용 도]

가스바리어성·보향성을 살려서, 식품 포장관계의 포장(필름, 병, 용기 등)외에 내약품성이 필요한 의약·의료기구용, 농약용, 화장품용, 사무용, 약품용기 등에 사용된다.

⑥ 각종 에라스토머

에라스토머는 일반적으로 고무 상태의 탄성을 갖고 있는 플라스틱을 총칭하는 용어이다. 최근에는 보통 플라스틱과 같은 성형 가공 및 성형성을 갖고 있는 에라스토머가 광범위하게 사용되고 있다. 에라스토머가 종래 타입인 고무와 근본적으로 다른 점은, 가류(加硫)가 없고 가교 공정이 불필요한 점이다. 바로 이 점이 급속도로 에라스토머의 응용범위를 넓혀갔다. 우레탄, 폴리에스테르 등 고무와 같은 탄성을 가진 엔플라도 있다.

에라스토머는 다음과 같은 종류가 있다.

○ 폴리에스테르에라스토머
○ 올레핀계
○ 우레탄계
○ 스티렌계

○ 염화비닐계

○ 아크릴계

○ 니트릴계

○ 실리콘계

○ 부타디엔계

○ 에틸렌프로필렌계 등

에라스토머는 아주 소프트한 것부터 고도의 탄성을 가진 것까지 여러가지 특성의 것이 있어서, 필요한 용도와 특성을 따라 분류 사용할 수 있다. 특히, 고탄성을 갖고 있는 것은 우레탄계와 폴리에스테르계이고, 엔플라와 같은 용도로, 보다 탄성을 필요로 하는제품(예를 들면, 방음기어 등)에 쓰인다.

최근 스키화는 거의 우레탄과 폴리에스테르에라스토머로 전부 성형된 것이다. 자동차의 범퍼를 비롯하여 종래 고무와 피혁으로 만든 제품의 대부분은, 에라스토머화되어 있다.

[UL의 개요]

UL은 Underwriters' Laboratories, Inc의 약칭. 세계의 안전 규칙을 대표하는 하나의 민간 기관이다.

전기 관련 제품의 대미 수출에 즈음하여, UL규격 인정을 취득하는 것이 필수 불가결한 조건의 하나이다. UL인정 재료를 사용하면, 제품의 셋트 혹은 부품의 신청에 있어서, 신청부터 인정까지의 기간이 대폭으로 단축된다.

UL에서 플라스틱 재료에 관한 시험은 ① 연소성 시험(UL-94), ② 전기 에너지에 의한 발화시험 및 기타 전기, 기계적 성질의 시험(UL-746A), ③ 장기 연속 사용 인정 시험(UL-746B)을 비롯 대상별 규정이 있다.

UL-746A의 대표적 시험항목은 ① 열선 발화성, ② 대전류 아아크발화성, ③ 고전압 아아크 트랙킹성, ④ 내아아크성, ⑤ 트랙킹지수 등이 있다.

플라스틱 재료의 성능을 나타내는 하나의 표준으로 이용되고 있다.

---

3. 플라스틱 식별법

일반적으로 플라스틱은 복잡한 배합물이어서, 확실히 감정하거나 각 성분의 배합 등을 정량적으로 알기는 상당히 어려우며, 특수한 경우를 제외하고 성형 메이커 입장에서는 불가능에 가깝다.

특히 최근에 플라스틱은 여러가지 첨가제가 들어 있기도 하고, 폴리머얼로이에 의해 다른 폴리머도 들어 있는 것이 많아서, 단일 플라스틱 같이 간단하게 구분할 수가 없게 되었다. 또, 같은 계통의 플라스틱이면서, 다른 성질·상태를 나타내는 플라스틱도 많아서 매우 곤란하다. 여기에는, 비교적 간단히 구분할 수 있는 플라스틱을 위주로, 대충 짐작할 수 있는 방법을 서술한다.

3-1 식별의 순서
우선 플라스틱 감정법의 순서에 대해서 서술한다.
① 플라스틱 제품은 그 외관, 형상을 우선 알아야 한다.
② 기계적 성질 ; 예를 들면, 인장시켜보거나, 손끝으로 두드려 보는 테스트를 한다.
③ 가열해 본다. 용융하는지 어떤지, 또 가열하여 구부려 본다.
④ 연소시켜 본다. 타는 모양을 관찰한다. 또 냄새를 맡는다.
⑤ 용제에 용해하는지 어떤지를 시험한다.
⑥ 비중, 융해점을 조사한다. 비중을 알고 있는 수용액을 만들어 두고, 플라스틱 펠리트 (성형품)를 집어넣어 뜨는지, 가라앉는지를 살펴 보는 것도 하나의 방법이다. 이것은 물에 뜨는지 안 뜨는지만으로도 대개 짐작할 수 있다. 충전재를 넣은 것은 이 방법으로는 무리이다.

이와 같은 순서로 조사해 가면 플라스틱 재료의 재질을 대충 알 수가 있다.

3-1-1 외관·형상·성질로 구분하는 방법
이 방법에 의해서도 꽤 구분이 된다. 이하 간단히 정리해 본다.

열경화성 플라스틱은, 충전재를 포함한 경우가 많기 때문에 일반적으로 외관만으로는 구분하기 어렵다. 이것에 비해 열가소성 플라스틱은 종류도 많고 성질도 아주 달라서 외관, 색상, 성질로 구분하는 경우가 많다.

① PVC : 연질에서 경질까지 있지만, 데워보면 가장 간단하다. 여름과 겨울에 굳기가 다른 것처럼, 온도의 영향을 강하게 받는다. 50℃정도에서 경질은 부드럽게 되고 연질은 늘어져 버린다.
② PE : 물에 넣어 보는 것이 간편하다. 물에 뜨는 것은 PE, PP, EVA, TPX정도이다. 손톱으로 긁으면 EVA보다 딱딱하고, PP보다 잘 긁힌다. 또 PP보다 광택이 떨어진다.
③ PP : PE와 비슷하지만 PE보다 기계적 강도가 강해서 휘어도 부러지지 않는다. 또 저온에서는 PE, 고온에서는 PP가 우수하다.
④ PS : GPPS는 구부리면 부러지기 쉽고 두드리면 금속음이 난다. HIPS는 백화현상(다른것은 ABS)을 일으킨다.
⑤ ABS : 30~40%이상의 HIPS와 구분하기 힘들지만, 일반적으로 2mm두께 제품은 손끝으로 구부러진다. 인성이 있고, 휘어져도 절단되지는 않는다.
⑥ SAN : PS와 같이 취약하지 않고, 손가락으로 구부려도 딱딱하며 정도가 강하다.

⑦ PMMA : 외관이 특히 아름답다. 두드리면 둔탁한 소리가 나기 때문에 익숙해지면 외관과 타진(打診)으로 판정할 수 있다. 또 120℃정도로 가열하면 수가공성이 좋다.

⑧ PA : 가열법, 용제법이 가장 좋다. 어느 온도에서 급격하게 녹아서 조청과 같은 상태가 된다. 또 내츄럴로 사용되는 경우가 많다.

⑨ POM : 1mm두께 정도의 판을 구부리면, 스프링같은 탄성 재료의 느낌을 받는다.

⑩ PC : POM과 비슷해서 금속적인 느낌을 주고, 보다 경질이어서 구부렸을 때 저항도 크다. POM은 유백색(내츄럴)으로도 많이 사용되지만, PC는 투명 또는 착색품이 많다.

3-1-2 연소에 의한 구분법

시료를 3~5mm정도의 폭으로 절단하여 한 쪽 끝을 가스 버너로 가열하면, 플라스틱의 시료가 있는 종류는 용융하여 방울져 떨어진다. 또 어떤 것은 연소하여 불꽃을 내며 독특한 색을 낸다. 심하게 검은 연기를 내며 타는 것도 있으며, 가스 버너를 제거해도 계속 연소하는 경우도 있다. 이러한 연소 상태라든가 냄새에 의해서 플라스틱 재료를 판별한다.

가스 버너로 가열하면 연화 용융하는 것은 열가소성 플라스틱이고, 연소해도 녹지 않고 탄화흑변(炭化黑變)하는 것은 열경화성 플라스틱이다. 가열했을 때의 상태, 연소의 난이, 불꽃을 거두고 소화하는 것과 불꽃의 상태 또는 냄새 등 플라스틱 시료의 판별 기준이 되는 것을 표 2~6에 나타냈다.

3-1-3 용제에 의한 구분법

열경화성 플라스틱은 일반적으로 용제에 용해되지 않기 때문에, 용제를 사용해서 플라스틱 재료의 재질을 판별하는 것은 곤란하다. 열가소성 플라스틱에서는 플라스틱 재료에 따라, 용제의 종류에 의해서 용해하기도 하고 용해하지 않는 경우도 있어 복잡하다. 결국 이와 같은 플라스틱의 각종 용제에 대한 용해도를 검토하는 것으로 플라스틱의 재료를 알 수가 있는 경우가 있다.

3-1-4 기　타

기타 주위의 치공구를 사용해서 간단히 할 수 있는 실험 방법에는 다음과 같은 방법이 있다. 미리 품목이 확실한 테스트 피스로 연습하면, 비교적 간단히 익힐 수 있다.

○ NT컷터에 의한 절소성
○ 톱으로 잘 잘라지는가?
○ 드릴에 의한 공개성(孔開性)
○ 못을 박을 수 있는가?
○ 매직으로 쓸 수 있는가?

표 2-6 플라스틱 재료의 연소시험

종류	가열하여 구부려 본다.	태워본다	융해온도	연소의 난이	불꽃을 들리했을	불꽃의 상태	냄 세	비 고
페놀		연소한다.	—	난연	자기소화	황색불꽃	포르마린	면체품은 자기연소
요소		〃	—	〃	〃	황색, 단은 염청	요소냄새	
멜라민		〃	—	〃	〃	염황		
디아릴프탈레이트		〃	—	연소	—	황색 흑연	스티렌모노머	
폴리에스테르		〃	204	난연	탐			
에푹시		〃	—	난연	—	연기가 난다.		자외선에서 엷청색의 형광
폴리우레탄		〃	—	난연	—			청배색
폴리아미드	정점은 균일이 생긴다. 투명성을 잃는다.	녹는다.	150	〃	자기소화	황색불꽃, 탄다.	염산	전자재료 (실리카)
실리콘		〃	68~88	〃	〃	황색, 연기가 난다.	초산	자기연소성이 짓이 있다.
염화비닐		〃	174	연소	탐	청색의 상부는 황색, 뚝뚝떨어진다	부패한 연소냄새	
초산비닐		〃	—	〃	자기소화	황색, 연기가 난다.	염산	
폴리비닐/브티랄		〃	156	탐	탐	황색, 좌화근란탄다.	파라핀 냄새	
폴리비닐알코올	구부러 진다.	〃	105~120	〃	〃	뚝뚝 떨어지는 것은 연소 청색불꽃, 상부는 황색을 꽃 맨안해서 적하	단냄새	
폴리염화비닐리덴		〃	168	〃	〃	황색불꽃, 흑연기 적하	아크릴로니트릴냄새	
폴리에틸렌	균일이 생긴다.	〃	190	〃	〃	황색, 흑연기 적하	과실냄새	자외선에서 염청색의 형광
폴리프로필렌		〃	—	〃	〃	청색상부는 황색	탄 양모냄새	
폴리스티렌	균일되지 않고 휘어진다.	〃	131	난연	—	청색상부는 황색적하	초산냄새	
ABS		〃	190	〃	탐	황색, 섬광을 발한다.	포르마린냄새	
SAN		〃	254	—	—	황색, 섬광을 발한다.		
메타크릴산베틸		〃	213	연소	탐	분		
폴리아미드 6나일론		〃	300	〃	〃	무염상부는 황색, 융해		
폴리아미드 66나일론		〃	175	탐	탐	분		
폴리아세탈		〃	221	〃	〃	분		
폴리카보네이트		〃	181	난연	자기소화	녹색상부는 황색, 튀면서 흑연기를 낸다.	초산냄새	
염소화에테르		연소한다.	327	〃	〃	변	변	Q메타에서는 읽을 수 없는 정도 tomδ이 값이 낮다.
폴리4불소화1염화에틸렌		〃	195	〃	〃	병	병	
폴리3불소화1염화에틸렌								

64　제2장　플라스틱 성형재료

○ 연필 경도에 의한 비교
○ 줄에 의한 가공성
○ 접착제로 접착이 가능한가?
○ 니퍼로 끊기 쉬운가?
○ 버프연마가 가능한가?
○ 연마분으로 닦여지는가?
○ 기타

4. 플라스틱 재료의 성형 가공상의 특성

플라스틱 재료 중에서도, 열가소성 플라스틱은 열경화성과는 약간 다르다. 이것을 이해하지 못하면 품질이 좋은 사출 성형품을 얻을 수 없다. 특히, 성형품 품질에 큰 영향을 미치는 성형시 특성에 대하여 다음과 같이 요약해 보았다.

4-1　분자배향과 잔류변형

용융된 플라스틱 재료가 캐비티에 충전되는 것과 함께 냉각에 의한 점도가 높아진다. 이 때 전단력이 작용하면, 분자가 끌려가 힘의 방향으로, 직렬상으로 정렬한다(그림 2-12). 이 현상을 분자 배향이라고 하며, 성형품의 물성에 지대한 영향을 미친다. 분자 배향이란, 예를 들면 고무를 잡아당기는 상태에 가깝고 힘을 제거하면 곧 원래의 상태로 돌아가려 한다. 이 상태에서 냉각이 진행되고, 완전하게 고화(固化)하면 성형품 내부에 변형이 생긴다(잔류한다). 분자 배향의 대소는, 온도 즉 점도의 고저가 관계되고, 동일 온도에 있어서는, 전단력의 대소가 관계된다.

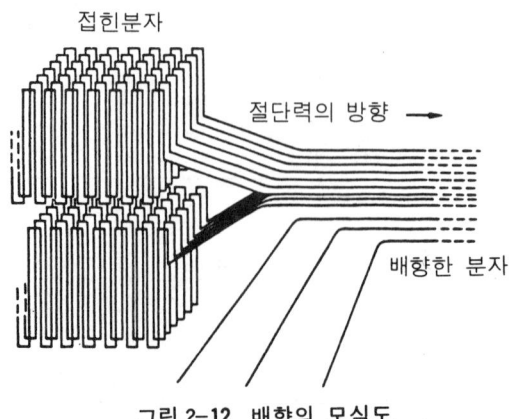

그림 2-12　배향의 모식도

4. 플라스틱 재료의 성형 가공상의 특성　65

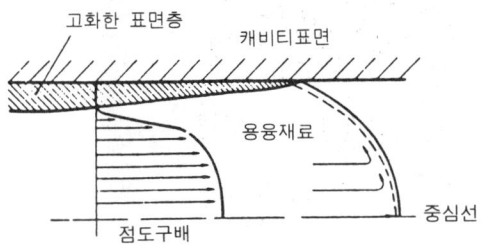

그림 2-13 캐비티에 닿는 용융 재료의 점도는 급속하게 상승하고, 계속 들어오는 재료에 밀려 캐비티 표면에 가까울수록 강하게 배향한다.

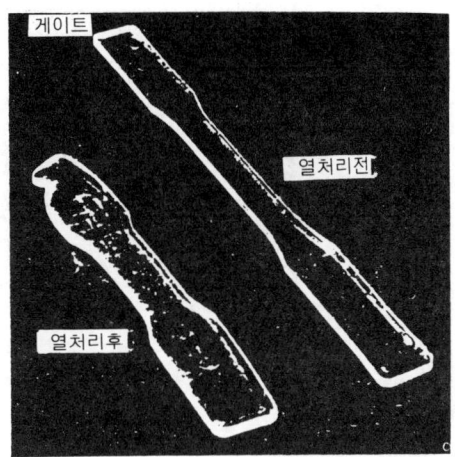

그림 2-15 PS의 시험편을 가열하면 힘이 제일 먼저 걸리는 게이트부의 변형이 완화되어 크게 변형하는 것을 알 수 있다.

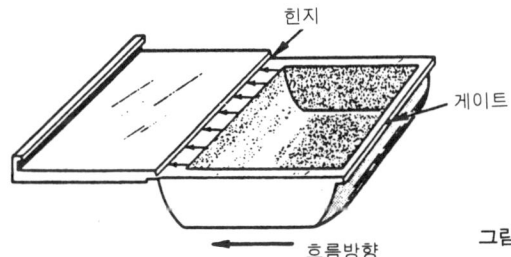

그림 2-14 분자 배향을 잘 이용한 일체(一體)힌지

　캐비티에 들어간 용융 재료는 우선 최초로 금형 내벽에 닿는 곳에서 고화하려고 하지만, 후속 재료에 밀리고, 여기에 전단력이 발생하여 분자배향을 일으킨다(그림 2-13).

　용융 재료의 온도가 낮을수록 강하게 발생하므로, 실린더 온도가 낮은 때와 얇은 성형품에서 냉각 효과가 강하게 작용할 때에 내부변형도 강하게 남는다.

　또, 압력이 가장 강하게 작용하는 부분에서 강하게 발생한다(그림 2-15).

　따라서 저온 금형에서 성형한 성형품을 성형 온도보다 높은 환경에서 사용하면, 내부변형의 완화에 의해 변형(휨, 수축, 꼬임 등)이 발생할 수 있기 때문에 주의해야 한다.

　이 분자배향을 좋은 방향에서 적극적으로 이용하는 방법으로 널리 알려져 있는 것으로 일체성형 힌지(hinge)가 있다(그림 2-14). 힌지 부분에 강하게 배향시키면 아주 튼튼한 힌지(경첩)를 만들 수가 있는 것을 이용한 것이다. 이 외에, 폴리에티렌과 폴리프로필렌 압출 성형품에서 포장용 밴드와 끈도 이것을 이용한 것이다.

　투명 성형품의 경우는, 편광판(偏光板)사이에 성형품을 두고 관찰하는 것으로, 그 발생 정도를 알 수가 있다(그림 2-16). 이것을 이용하여 불투명한 성형품을 성형하려는 금형에서 투명 재료에 의한 성형을 행하고 성형품에 나타나는 변형의 발생 정도를 간접적으로 알 수 있다. 그 결과에 의해, 게이트 위치의 적부(適否)의 검토에 이용할 수 있는 점 외에 기계강도의 부하에 의한 약점도 사전에 예측할 수 있다.

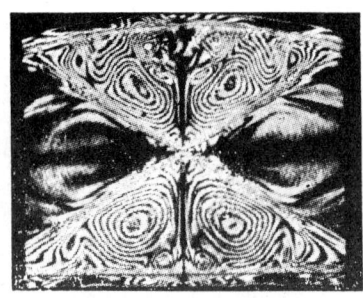
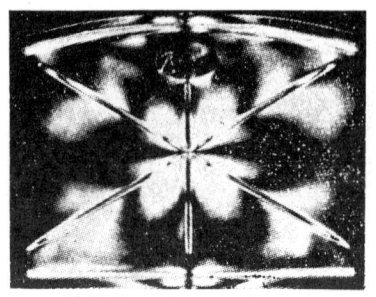

잔류변형이 크다..(배향크다)   잔류변형이 작다.(배향작다)

그림 2-16 편광판에 의한 변형의 관찰

잔류변형은 금형을 비교적 높은 온도로 설정해서 서서히 냉각시키는 것에 의해 경감(輕減)시킬 수가 있지만, 더욱 완전을 기하고 싶은 경우는 성형품에 소정의 어닐린을 실시한다.

4-2 플라스틱의 점도와 성형 특성

플라스틱은 제각기 고유의 점도가 있어 열을 가해서 용융했을 때, 어떻게 흐르는지는 성형성에 큰 영향을 준다.

열경화성 플라스틱으로 무충전된 것은(여기서는, 사출 성형 재료에 한정해서 기술하고, 형상으로서는 펠리트 상태가 없고 분말 상태로 제한한다) 대체로 성형 가공 온도 범위내에서는, 이 용융 특성은 어느 종류도 거의 일정하고 좋은 유동성을 나타낸다. 단지 함유된 충전재료의 양과 형상에 따라 다르게 흐른다.

열가소성 재료에서는 무충전해도 플라스틱 종류에 따라 용융 점도는 매우 다르다. 예를 들면, 그림 2-17과 같다.

이것은 그 플라스틱을 구성하는 기본분자의 구조와 분자량이 주로 영향을 미친다. 미리 사용하려는 성형 재료의 유동 특성을 아는 것은, 그 뒤 성형 조건의 설정에 유용하다. 용융 점도가 높은 재료는, 사출 압력도 비교적 높아야 하고, 또 금형 설계에 있어서 유동을 돕기 위해 게이트, 런너 시스템의 단면적도 고려해야 한다. 또 적당한 사출 압력을 사용하지 않으면, 플래시와 칫수의 변화에도 영향을 준다. 점도가 냉각에 의해 더 올라가기 전에, 빨리 충전하기 위해 고속 사출도 필요하다.

점도가 낮은 재료에 있어서는, 사출 압력, 게이트, 런너 시스템의 단면적은 이것과 반대의 고려가 필요한 동시에, 재료가 흐르기 쉬우므로 적절한 사출압을 선정하지 않으면 플래시와 칫수 정밀도 불량의 원인도 된다는 상반된 고려도 필요하다. 점도가 낮은 재료는 높은 형체 압력이 필요한 경우도 있다.

일반적으로 점도가 높은 성형 재료일수록, 점도는 온도에 크게 의존해서, 온도가 낮을수록 점도도 증대한다. 온도를 40℃로 내리면 다음과 같이 점도가 변하는 것이 실험으로 밝

4. 플라스틱 재료의 성형 가공상의 특성   67

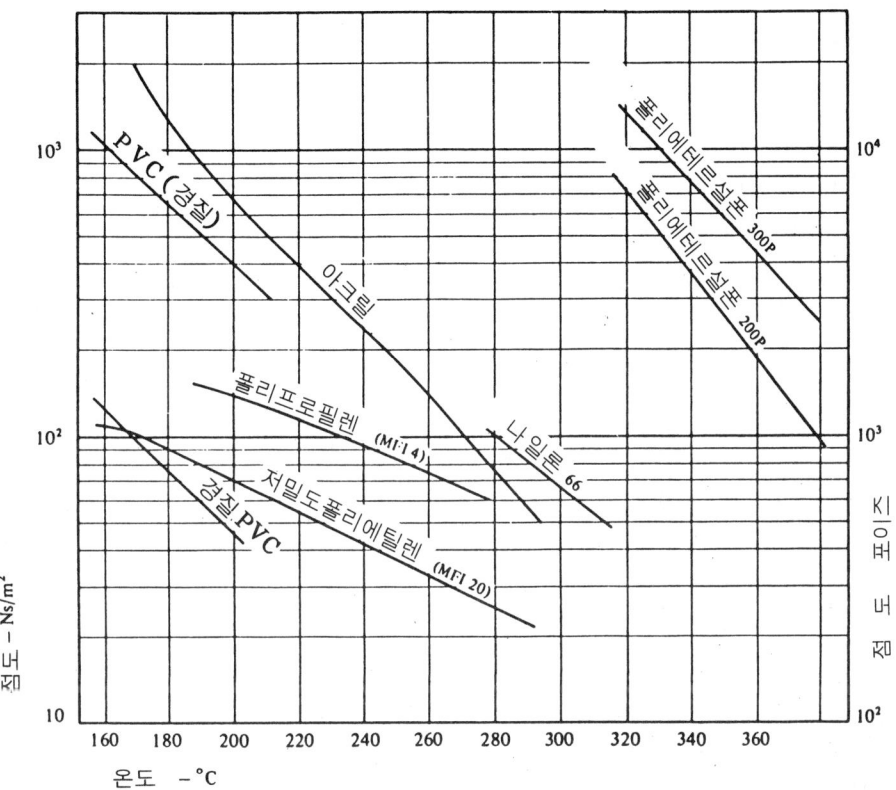

그림 2-17 플라스틱의 점도특성

혀졌다.

    PP 및 POM 당초의 2배

    PM 및 PA   3배

    PM MA   12배

    폴리스티렌   100배 이상

온도 의존성이 높은 재료일수록 성형시, 작은 온도 변화에 의해 성형 조건이 변화하기 때문에 그 콘트롤은 엄밀을 요한다.

점도는 또 압력에 의해서도 변화하며, 보통 압력 증가에 따라 점도도 상승한다. 490kg/cm²의 압력 상승에 의해 다음과 같이 점도가 변한다.

    POM 및 PA 당초의 1.5배

    폴리스티렌, PP, PE   2배

    PMMA   3배

성형 재료의 점도 기준을 다음에 나타낸다.

[고점도 재료]
- 경질염화비닐
- 폴리아릴레이트
- 폴리카보네이트
- 폴리설폰
- 셀룰로스계
- 불소계
- 폴리에테르설폰
- 변성 PPO
- BMC
- FRTP(각종)
- 폴리에테르이미드

[중점도 재료]
- MMA
- ABS
- EVA
- AS
- POM
- PPS
- 연질 PVC
- 폴리에테르·에테르·케톤

[저점도 재료]
- 폴리에틸렌
- 폴리스티렌
- 폴리프로필렌
- 폴리아미드계
- 폴리우레탄
- 폴리메틸펜텐
- 무충전 PBT

그래서 점도는 온도에 의해서도 변화한다. 대체로 온도를 올리면 점도도 낮아지는 경향이 있다. 특히, 결정성 플라스틱인 나일론, 폴리프로필렌, 폴리에틸렌, 폴리에틸렌테레프탈레이트, 폴리부틸렌테레프탈레이트, PPS등 외에, 비결정성인 폴리설폰, 폴리카보네이트, 폴리에테르설폰 등도 이와 같은 경향이다.
 이에 대해, 온도를 올려도 점도가 상대적으로 변화하지 않는 타입도 있다. 폴리아세탈, 경질 염화비닐 등이 이 타입이다.
 이와 같은 특성을 성형시에 고려하여, 조건 설정을 할 필요가 있다. 예를 들면 얇은 성형품의 사출 성형에서는 전자의 타입에서 실린더 온도 및 금형 온도를 높이면 성형하기 쉬운 것에 비해, 후자는 온도에 그다지 의존하지 않기 때문에 사출 압력과 사출 속도로 컨트롤한다.

제3장

플라스틱 성형 가공 개론

1. 성형 재료에 의한 성형 과정의 기본원리

플라스틱은 크게 나누어 열가소성과 열경화성의 두 가지가 있고, 어느 쪽도 성형가공 단계에 있어서는 ① 가열에 의한 가소화(필요에 의한 가압), ② 성형, ③ 냉각의 세가지 공정을 필요로 한다. 이 단계에 대해서 각각의 상태를 생각해 보면 다음과 같다.

단, 열경화성 플라스틱으로 액상 모노머인 채로 중력하에서 금형으로 흘려넣는 성형 가공에서는 ①의 공정은 포함하지 않는다.

이하에 열경화성 및 열가소성 성형 재료에 의해, 사출 또는 압축·트랜스퍼 성형에서의 가공 단계를 검토해 본다.

1-1 가소화 단계(Melting, Gelting)

플라스틱 성형 재료가 가열에 의해 용융 연화하여 유동성을 나타내는 상태의 단계이고, 이 단계에서 압력을 가하면 흘러서 캐비티 충전이 가능하게 된다.

열가소성과 열경화성의 차이는 그림 3-1과 같이 나타낼 수 있다.

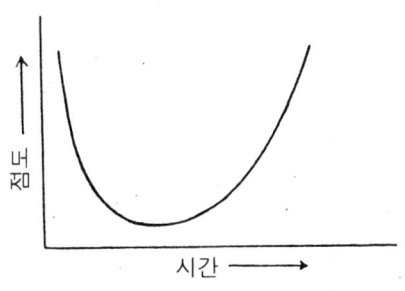 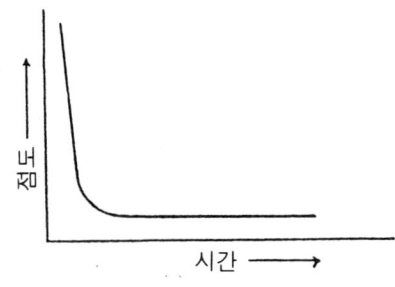

그림 3-1 ① 열경화성 플라스틱을 일정 온도로 유지했을 때의 점도의 시간적 변화 ② 열가소성 플라스틱을 일정 온도로 유지했을 때의 점도의 시간적 변화

1-2 성형 단계(Moulding, Forming)

다음에 유동성을 나타내는 용융 재료에 압력을 가하면 유동하고, 캐비티의 구석구석까지 채울 수가 있다.

1-3 냉각(Cooling)·고화(Curing)단계

금형 캐비티에 채워진 용융 재료가 냉각하여 고화(固化)하는 단계이고, 열경화성 플라스틱은 이때 화학 반응에 의해 딱딱하게 경화한다. 일단 경화한 뒤는 두번 다시 원래의 상태로 돌아오지 않는다. 열가소성은 냉각만으로도 경화하고, 가열에 의해 재차 용융 상태로 돌아갈 수가 있다. 이것이 열가소성과 열경화성의 근본적인 차이이다.

2. 성형가공법의 개요

다음으로 열경화성과 열가소성 플라스틱 성형 재료에 의한 성형 가공법의 개요에 대해 기술한다.

2-1 압축성형법(Compression Moulding)

열경화성 플라스틱의 성형은 가장 역사가 깊고, 또 가장 대표적인 성형법이다. 원리적으로 그림 3-2에서 나타나는 것과 같이 일정량의 주로 분말상태의 성형 재료를 온도조절된 캐비티 안에 장전(裝塡)해서 가열, 가압하여 성형한다. 성형 재료는 캐비티안에서 가열되고, 일단 유동 상태(겔화)가 되어 캐비티 안을 채운다. 동시에 화학 반응으로 경화하기 때문에 적당한 경화 시간을 두고, 그 뒤 금형을 열어 제품을 꺼낸다. 이 경화시의 화학 반응에 의해 암모니아 가스 등 휘발분이 발생하고, 이것을 배출시키기 위해 가스제거 (약간 형게한다)공정을 설치하는 경우도 있다.

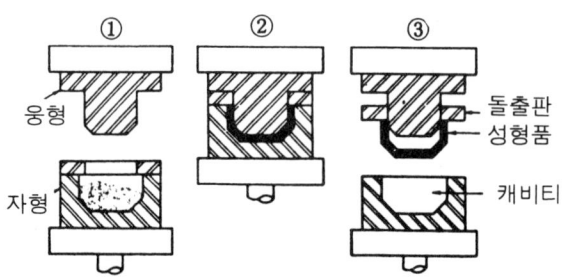

(1) 가열한 금형에 성형재료를 넣는다.
(2) 금형을 닫고 가열가압하여 재료를 경화시킨다.
(3) 성형품을 꺼낸다.

그림 3-2 압축성형의 요령

다음에 트랜스퍼 성형법과 비교한 장점을 몇 가지 기술한다.
① 성형기 및 부대 설비비가 싸다.
② 금형 구조가 간단하고 제작비가 저렴하다.
③ 충전재를 넣어도 배향이 적고, 따라서, "휨"도 적다.
④ 경화에 장시간을 필요로 하고, 또 사이클마다 금형내의 청소가 필요하여, 성형능률이 나쁘다.
⑤ 원리적으로 "플래시"의 발생은 피할 수 없고, 플래시 제거와 버프 등 사상이 필요하다.
⑥ 가압 방향의 칫수 정밀도를 확보하기 어렵고, 복잡한 형상과 인서트 성형에는 적합하지 않다.
⑦ 형상 변화에 의한 가압력의 불균일, 경화 속도의 불균일에 의해 변형이 발생하기 쉽다.

용도로는 일용 잡화품, 전기절연 부품 등 정밀도 요구가 비교적 적은 공업 부품에 적합하다. 그림 3-3에 압축 성형기를 나타낸다.

그림 3-3 전자동 4연식 압축성형기(Berges)

2-2 트랜스퍼 성형법(Transfer Moulding)

압축 성형법에 사출 성형법을 도입하여, 고능률과 고정밀도의 열경화성 플라스틱 재품을 얻는 성형법이다. 원리적으로는 그림 3-5에서 나타낸 것처럼, 압축성형용 금형에 스프루·런너·게이트를 설계하여, 별도로 설계된 챔버포오트(가열 예비실)에서 사이클마다 성형 재료를 보내서, 여기에서 가열 연화시키고 나서, 플런저로 닫힌 금형에 이송 충전시킨다. 충전시킨 연화 성형 재료를 금형 내에서 가열 경화시킨다. 당초는 일용 잡화가 위주였지만, 최

74 제3장 플라스틱 성형 가공 개론

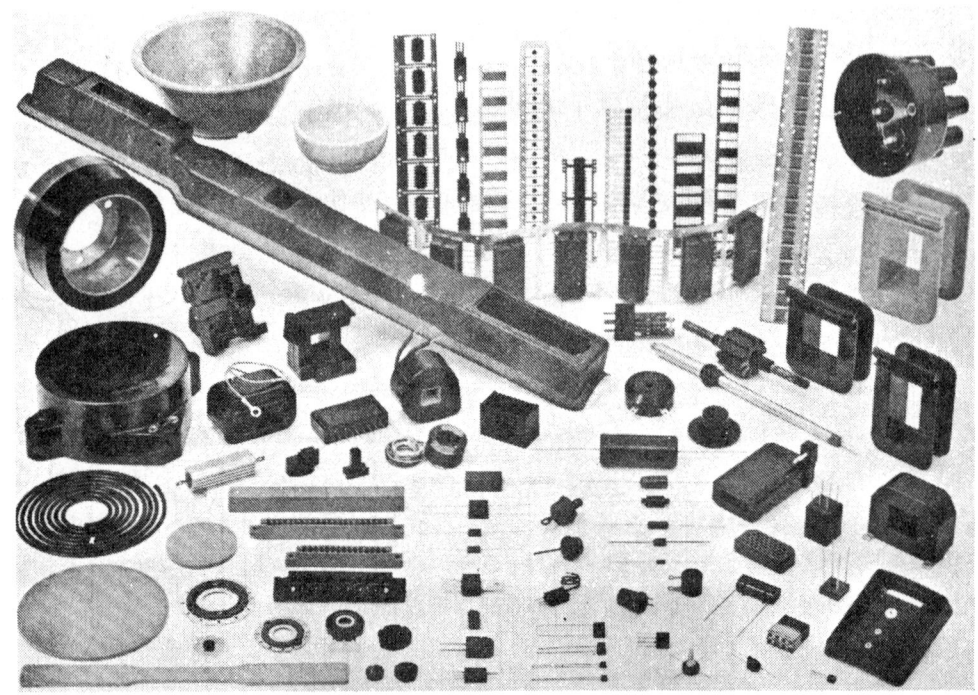

그림 3-4 트랜스퍼 성형에 의한 각종 전자기기 부품

근에는 전자 부품의 성형에 중요한 역할을 하고 있다.

다음으로 압축 성형법과 비교한 장단점을 알아 본다.

① 복잡한 형상도 용이하게 성형 가능하며, 또 높은 칫수 정밀도의 성형품을 얻을 수 있다.

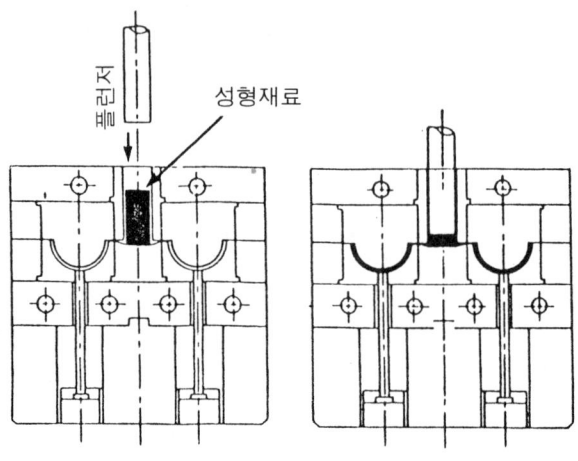

그림 3-5 보조램식 트랜스퍼 성형의 원리

② 닫혀진 금형에 충전하기 때문에 변형 발생이 없다.
③ 경화 시간이 짧고, 또 사이클마다 금형 청소가 불필요하기 때문에 성형 능률이 좋다.
④ 재료 손실이 크다. 스프루·런너·게이트는 재생할 수 없다.
⑤ 금형 구조가 복잡하고 설계도 어렵다.
⑥ 게이트를 중심으로 한 배향이 생기기 쉽다, .
⑦ 인서트 성형도 간단히 할 수 있다.
⑧ 금형 및 성형기 등 설비비가 비싸다.
용도는 인서트 성형품, 높은 치수 정밀도의 공업 부품 계통에 많이 이용되고 있다.

2-3 열경화성 사출 성형법 (Thermosetting Injection Moulding)

1962년경, 플랜저 및 스크류식 열경화성 플라스틱용 사출 성형기가 탄생하여, 열경화성 플라스틱의 성형법에 새 시대를 열었다. 그 구조와 원리는 그림 3-6과 같이 열가소성 플라스틱용과 거의 같다. 다른 점은 금형을 경화 온도로 유지하는 것, 가스제거 공정을 가미할 것, 가열원은 온수 재킷을 사용하는 것이 주된 점이다. 압축 성형 및 트랜스퍼와 비교한 장단점을 넷 가지 기록한다.

① 경화 시간이 짧고, 성형 사이클이 빠르다.
② 전자동 운전이 가능하고, 연속적인 고능률 성형이 가능하다.
③ 성형 수축율이 크다.
④ 기계 가격이 비싸다.

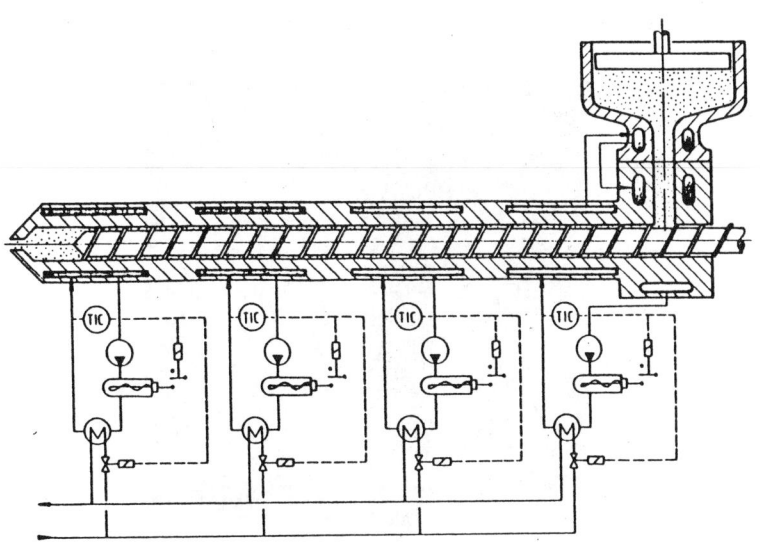

그림 3-6 열경화성 사출 성형기의 사출 실린더부 실린더 전반에 걸친 온도조절 재킷을 갖고 있다

용도는 양산의 제품에 적합하고 공업 부품·잡화품을 막론하고 어느 것이나 가능하다. 최근에는 재료적인 경화 시간을 늦추어서 열가소성용 범용 사출 성형기로 성형 가능한 것도 있다.

2-4 적층 성형법 (Laminating)

기재(基材)인 나무 박판·천·종이·유리클로스 등에 액상 수지를 침투시킨다. 이것을 층상태로 소망의 매수(枚數)만 겹쳐쌓아서, 촉매 또는 가열 가압해서 일체(一體)의 성형품을 얻는 방법으로, 주로 열경화성 플라스틱이 그 대상이 된다. 제조 공정에 의한 분류로 다음과 같은 방법이 있다.

① 건식법·습식법 ; 기재에 플라스틱액을 침투시킨 후 건조하는가 하지않는가.

② 고압법·저압법 ; 형상셋트시 압력의 대소로, 경화시에 축중합 반응을 하는 플라스틱과 다단(多段) 프레스가 필요한 경우는 고압법(100~200kg/cm²)이며, 부가 중합 반응을 하는 것은, 고압이 필요하지 않으므로 저압법(0~50kg/cm²)이다.

③ 연속법·비연속법 ; 라인화되어 있는가 아닌가.

고압법은 테이블 등의 멜라민 화장판과 PVC·페놀 등의 두꺼운 경질판과 얇은 프린트 기판 등이 많이 성형되고 있다. 저압법은 불포화 폴리에스테르와 에폭시를 중심으로 헬멧, 파판(波板), 보우트, 자동차 보디, 욕조, 탱크 등 FRP로도 다종다양한 제품을 성형하고 있다.

적층 성형법의 장단점을 몇 가지 열거하면 다음과 같다.

① 표면 경도가 높고, 광택이 있는 아름다운 제품을 만들 수 있다.

② 강도가 매우 강하고, 또 자유롭게 조절할 수 있다.

그림 3-7 다단 적층 프레스(호트프레스)
합판, 화장판용

③ 일반적으로 고강성 금형을 필요로 하지 않고, 또 초대형품의 성형이 용이하다.
④ 토탈 코스트가 비교적 저렴하다.
⑤ 성형 능률이 좋지않다.

2-5 강화 플라스틱 성형(Fiber Reinforced Plastics Moulding)

FRP는 최근 유리 섬유 외에 카본 섬유, 보론 섬유, 텅스텐카바이드 섬유, 폴리이미드 섬유 등과 복합시켜 매우 성능이 좋은 복합 재료로 이용되고 있다.

FRP성형에는, 각종 방법이 있지만, 그 중 주요한 것에 대해 개략적으로 요약한다.

① 핸드레이업법
② 스프레이업법
③ 매치드 다이법
  a. 프리폼매치드 다이
  b. 매트매치드 다이
  c. SMC
  d. 프리미스, BMC
④ 필라멘트 와인딩(FW)법
⑤ 콜드 프레스법
⑥ 연속취출법
⑦ 연속파넬 제조법
⑧ 레진 인젝션법
⑨ 사출성형법

(1) 핸드레이업(Hand lay up)법

오래전부터 채용했으며, FRP가 가장 기본적 성형 기술이다. 금형(나무 등)위에 기재를 두고, 촉매가 들어간 폴리에스테르액을 브러쉬와 로울러로 탈기(脫氣)시키면서 칠한다. 이것을 몇 회나 반복한(적층) 후 자연스럽게 경화시켜, 금형에서 취출하여 제품을 얻는 방법이다.

(2) 스프레이업(Spray Up)법

폴리에스테르, 촉매(촉진제), 기재 등을 각각 별개의 스프레이건으로 동시에 금형에 분무하여 자연 경화시킨 후 금형에서 취출하여 제품을 얻는 방법으로 핸드레이업법에 비해서 약간 능률이 좋다. 현재 욕조, 정화조, 크린타워 등에 사용되고 있다.

(3) 매치드 다이(Matched Die)법

FRP제품의 60%는 핸드레이업법 및 스프레이업법으로 성형하지만, 이 방법은 사람 손에 의한 비능률적인 작업을 압축 성형기, 또는 사출 성형기에 의한 전자동 방식으로 하는 것이다. 따라서 제품은 균일화되어 소형~대형 성형품까지 광범위한 성형품의 고정밀도 대량 생산이 가능하다.

(4) 필라멘트 와인딩(FW)법(Filament Winding)

권사상(券糸狀)의 기재(유리 섬유가 많다)를 폴리에스테르액 속을 통과시키면서 금형에 감고, 경화한 후 금형에서 빼내는 방법이다. 원리적으로 보아서 파이프 형태의 제품이 많다. FW법은 FRP 속에서 가장 강도가 높은 제품을 얻을 수 있다.

(5) 사출 성형법

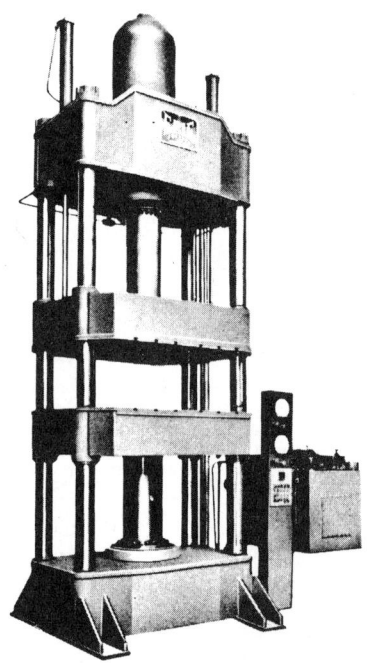

그림 3-8 매치드 다이 FRP 성형 프레스, 금형을 부착하여 압축 성형을 행한다.

그림 3-9 최근의 전자동 BMC 사출 성형기

FRP 사출 성형법의 대상이 되는 성형 재료는 BMC 또는 DMC라는 불포화 폴리에스테르에 유리 섬유와 비닐론 섬유, 각종 미네랄 충전재, 착색제 등을 배합한 성형 재료이다.

성형 재료는 습식이라는 벌크 형태의 것과, 보통 펠리트 형태를 한 두 가지이다. 습식은 그림 3-9에 나타난 전용기에 의해, 펠리트 형태는 보통의 열경화성 사출 성형기에 의해 성형 가능하다.

그림 3-10 매치드 다이(SMC)에 의한 자동차외장

그림 3-11 필라멘트 와인딩에 의한 대형 파이프(그림속의 사람과 대비할 것)

(6) 레진 인젝션(Resin Injection)

만들려는 형상을 한 금형 속에 먼저 유리섬유 매트 등을 셋트하고, 그 뒤 액상 재료(폴리에스테르, 경화제, 착색제 등)를 주입하여 성형하는 것으로, 프레스 성형과 SMC 성형과 같은 형상의 성형품을 얻을 수 있다. 주입압력은 저압이고, 금형은 플라스틱과 알루미늄 등의 재질로 좋은 특징이 있다.

자동차 외장부품, 보트, 스포츠용품 등 광범위한 제품 성형에 응용된다.

2-6 RIM성형(Reaction Injection Moulding)

폴리우레탄 원료인 폴리 올과 이소시아네이트 등의 두 액체를 따로따로 금형 속에 사출하여, 반응시키는 성형법이고, 성형 재료의 배합에 의해, 딱딱하거나 부드러운 여러가지 형태의 성형품을 얻을 수 있다.

보통 표면이 무발포의 스킨층으로, 가운데가 발포한 인테그랄 발포체가 된다.

유리 섬유 등의 강화 재료를 배합하면 대단히 강성이 있는 성형품도 얻을 수 있다. 응용 범위는 넓고, 자동차 범퍼 등 외장부품, 스키, 서핑보드 등의 스포츠 용품, 가전·약전 등의 캐비네트 하우징, 가구·인테리어 제품 등이다.

또, RIM 성형과 같이, 액상 재료를 사용하는 것부터 LIM(Liquid Injection Moulding)이라는 성형법도 있고, 실리콘고무, 에폭시, 폴리에스테르 등에 의한 LSI와 트랜지스터 혹은 고압 전기 부품 등의 성형에 이용되고 있다.

그림 3-12 RIM성형기

그림 3-13 유리 섬유 강화 RIM에 의한 리어엔드

2-7 압출 성형법(Extrusion Moulding)

주로 열가소성 플라스틱을 이용하여, 파이프와 봉상(棒狀)의 동일 단면을 가진 제품을 연속적으로 성형하는 방법으로, 상당히 능률적인 가공법이다. 원리적으로는 그림 3-14에 나타난 것처럼 플라스틱을 가열 실린더 안에 용융시켜, 스크류의 압출(이송)압으로, 가열 실린더 한쪽 끝에 장비된 다이(금형)에서 압출한다. 압출된 제품은 물 또는 공기에 의해 냉각 고

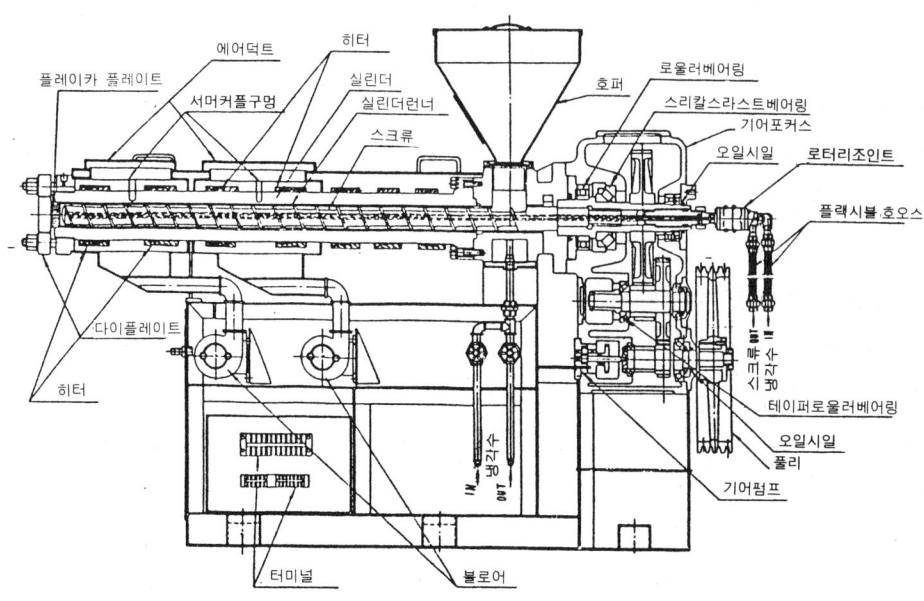

그림 3-14 압출성형에의 기본구조

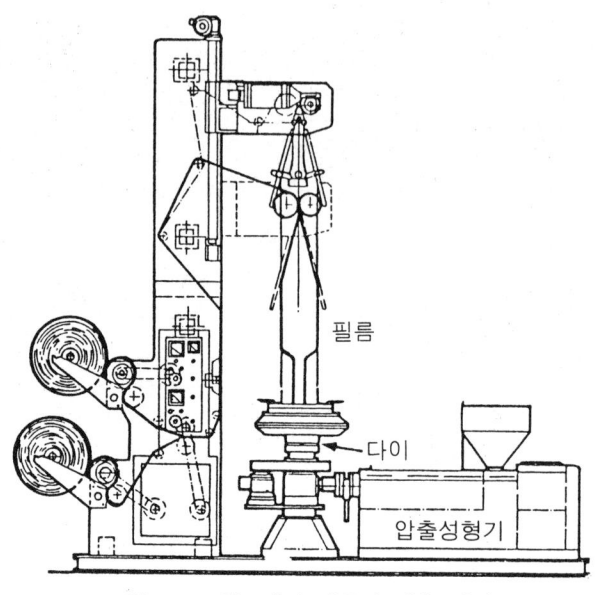

그림 3-15 인프레션 필름의 압축 성형

화되어 원하는 칫수로 절단된다.

다이(금형)의 형상을 바꾸는 것에 의해, 각종 단면 형상을 가진 제품을 얻을 수 있다. 또 복잡 단면 형상을 대상으로한 이형 압출법, 판상을 대상으로 한 T다이법(서로 붙어서 두꺼운 판도 된다), 공기로 부풀린 주머니와 시이트를 만드는 인플레이션법, 클래프트지·셀로판·금속박 등의 기재와 용착하는 라미네이션법, 전선을 피복하는 인발법(引拔法) 등의 응용 기술이 넓게 이용되고 있다. 또 시이트를 확대하여 긴 방향으로 절단한 것을 "스프리트 얀"이라고 하고, 포장용 끈과 직포한 포대(包袋)등도 있다.

압출 성형법은 그 높은 성형 능률과 응용 범위가 넓은 것이 특징이고, 긴 방향에 대해 단면 형상이 변하지않는 것이 약점이다. 그림 3-15에 인프레션 장치를 도시한다.

2-8 블로우 성형법(Blow Moulding)

플라스틱 병 등, 중공 성형품을 얻을 수 있는 대표적인 성형 방법이다. 원리적으로는 그림 3-16에 도시한 것처럼 압출기를 통해서 패리손(튜브 형상)을 성형하고, 이것을 즉시 금형에 끼우고 패리손내로 공기를 보낸다. 이것에 의해 패리손은 금형 내면에 밀착하는 형태가 되고, 이것을 냉각 고화시키고 나서, 형개하여 제품을 취출한다. 이 방법을 압출 블로우법이라고 하지만, 이 외에 사출 블로우법(소형 양산품), 사출 압출블로우법, 2장의 시이트를 끼워서 가열·공기 압송·냉각 고화시키는 시이트 블로우법, 냉각시킨 패리손을 다시 가열하는 몰드 블로우법 등이 있다.

2. 성형 가공법의 개요   83

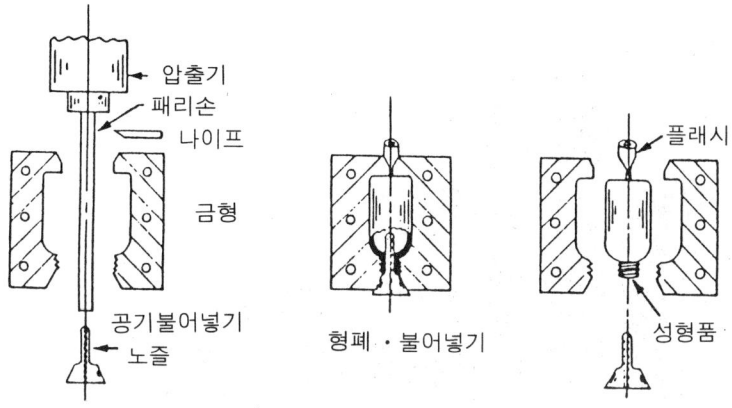

그림 3-16 블로우 성형의 원리

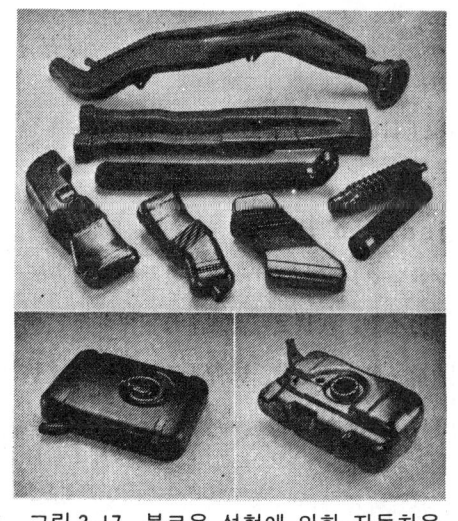

그림 3-17 블로우 성형에 의한 자동차용
가솔린 탱크와 자동차 부품

그림 3-18 블로우 성형기 예

패리손 양 끝의 불필요한 부분이 플래시 형태로 남기 때문에, 사출 블로우법 이외에는 사상(트리밍)을 필요로 한다. 또 원리적으로 편육(偏肉)하기 쉬운 것이 결점이다. 용도로는 병 외에 어업용 부표, 자동차·탱크를 비롯한 자동차 부품, 완구 등 중공품 전반에 많이 이용되고 있다. 그림 3-16에 블로우 성형의 원리와 공정도를 나타낸다.

(1) 2축연신(2軸延伸) 블로우 성형법(Stretch Blow Moulding)

최근 식용유, 코카콜라를 비롯한 각종 음료수, 주류, 맥주 등이 용기가 예쁘고 투명한 병으로 포장되어 있지만, 이것은 거의 PET(폴리에틸렌테레프탈레이트)를 사용한 2축연신 블로우 성형에 의한 것이다. 그림 3-19, 20에서 2축연신 블로우 성형의 참고도를 몇 가지 소개한다.

84 제3장 플라스틱 성형 가공 개론

그림 3-19 2축 연신 블로우 성형기

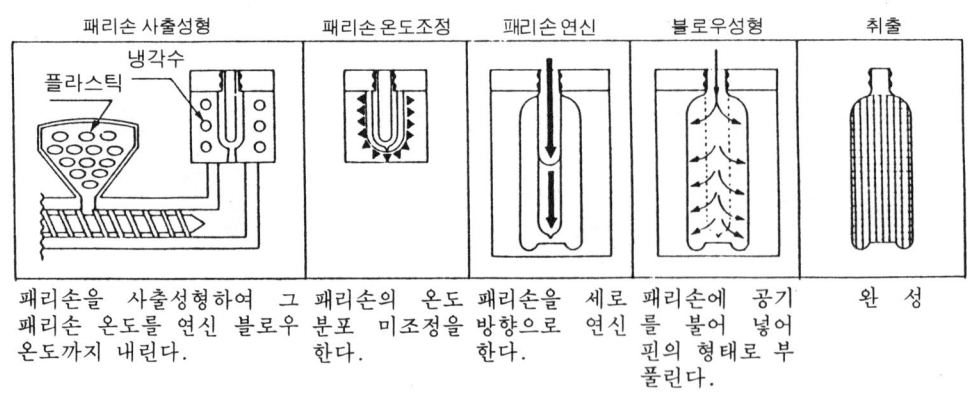

그림 3-20 2축 연신 블로우 성형의 공정

2-9 인젝션 블로우 성형법 (Injection Blow)

2축연신 블로우 성형법과 아주 비슷한 성형품으로, 인젝션 블로우 성형이라는 방법이 있다. 이것은 야쿠르트와 요구르트 혹은 소형의 액상 요구르트 등으로 친숙한 원웨이 용기의 성형에 사용된다. 2축연신 블로우 성형과 다른 점은, 연신을 거치지 않고 성형하는 것, 비교적 소용량의 용기에 한하는 것 등에 사용되는 성형 재료는 폴리스티렌계가 많다.

그림 3-21에 참고도를 나타낸다.

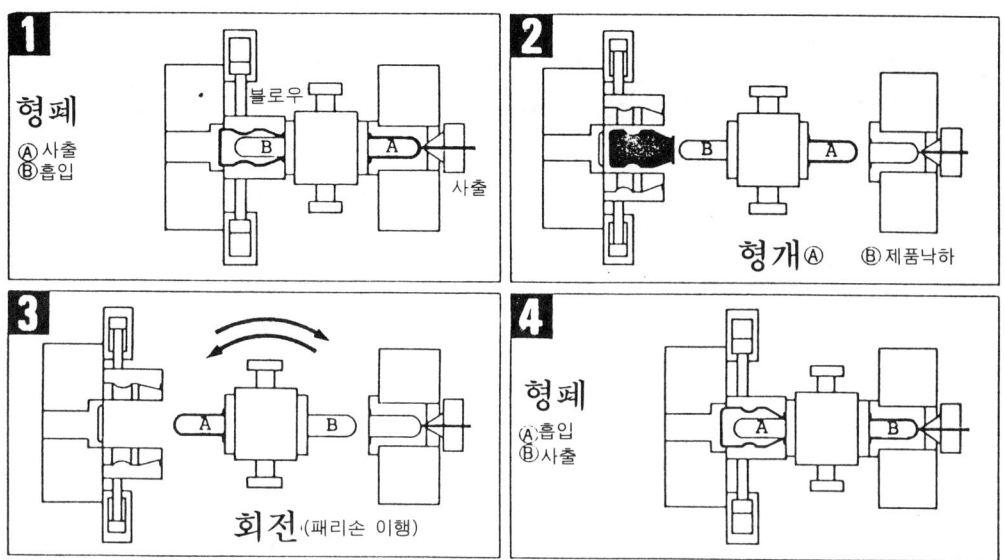

그림 3-21 인젝션 블로우 성형 공정

2-10 진공성형법(Vacuum Forming)

열성형법(Thermo Forming)이라고도 하고, PVC와 PS의 시이트·필름이 소재가 되는 2차성형 가공법이다. 원리적으로는 그림 3-22에서 보듯이 시이트를 금형 위에 가열연화시켜, 시이트와 금형 사이에 있는 공기를 진공 펌프 등으로 급속하게 제거하여, 연화한 시이트를 대기압에 의해 금형면에 흡착시켜, 냉각 고화한 후, 반대로 공기를 보내어 돌출시켜 제품을 얻는 방법이다. 금형에는 탈기(돌출)용 작은구멍이 무수히 뚫려 있다. 이 성형법의 장단점은 다음과 같다.

① 설비비가 저렴하고, 또 조작이 간단하다.
② 금형은 구조도 간단하고, 코어·캐비티 중 한 쪽만이면 된다.
③ 금형재료는 알루미늄, 나무, 석고, 플라스틱 금형이면 된다.
④ 소형품에서 대형품까지 제품의 범위가 넓고 비교적 저렴하게 만들 수 있다.
⑤ 미리 시이트에 인쇄해 두면, 한번에 다색의 입체 제품을 얻을 수 있다.
⑥ 불필요한 부분이 많아 재료의 제품에 대한 비율이 나쁘다.
⑦ 성형품부의 구멍뚫기와 트리밍 등 반드시 사상이 필요하다.

용도는 능률좋고 값싼 얇은 제품을 얻을 수 있어서 종이로 대체하는 각종 1회용 용기, 포장용기, 자동차 센터필러와 냉장고의 내장 등의 공업 부품, 가면 등의 완구, 입체 지도와 입체 간판 등에 많이 사용한다.

판계란용기, 요구르트, 프림 등의 식품 포장 분야에서 없어서는 안 될 중요한 성형법이다.

86 제3장 플라스틱 성형 가공 개론

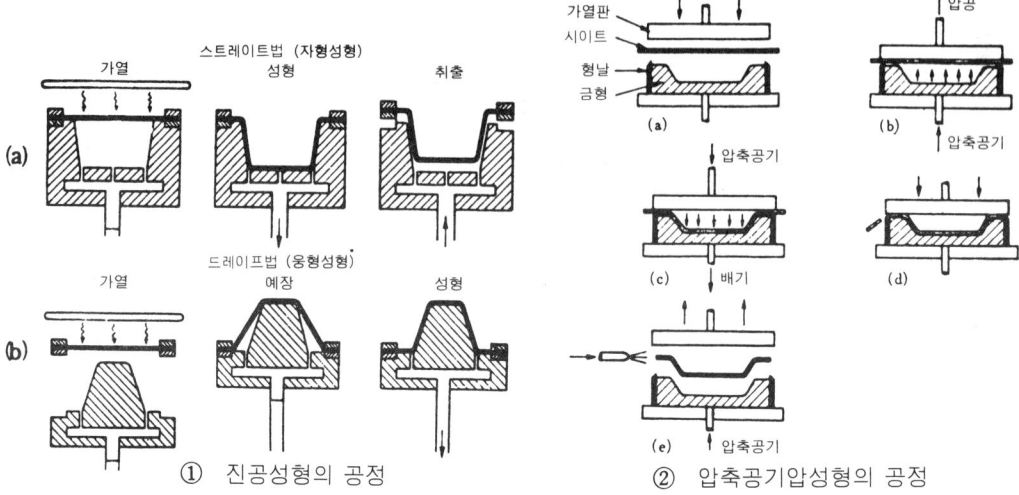

그림 3-22 진공성형법의 원리

그림 3-23 진공성형기와 이 성형기에 의해 만들어진 제품 예

그림 3-23에 최근의 성형기와 그 응용예를 들었다.

2-11 카렌더 가공법(Calendering)

PVC 등의 열가소성 플라스틱을, 그림 3-25와 같이 가열 회전 롤러 사이를 수회 통과시키는 것에 의해 시트와 필름을 연속적으로 만드는 방법으로, 필름 성형·시트 성형·카렌더 성형이라고도 한다. 롤러 가열원은 증기를 사용한다. 롤러의 종류에 따라 광택 또는 무늬를 낼 수 있다.

용도로서는 비닐 레인코트·핸드백·의자 등의 원단, 단열 테이프, 테이블 클로스 등도 이 방법으로 만들어진다. 장치는 복잡하지 않지만 꽤 크다. 그러나, 능률적으로 생산할 수 있는 것이 특징이다. 로울은 목적에 따라 여러가지 장치와 종류가 있다.

그림 3-24 카렌더 롤(Berstorff)

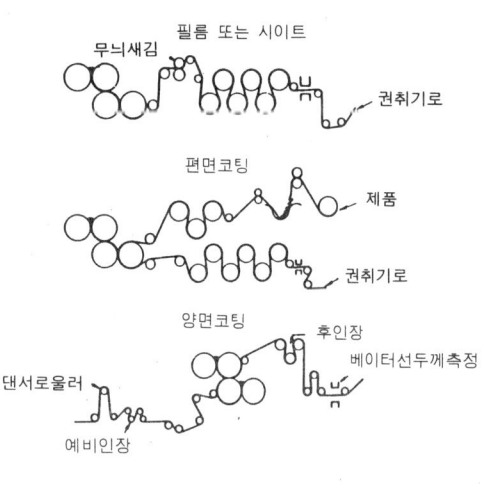

그림 3-25 롤배치와 목적

2-12 주형 성형법(Casting)

금형 속에 액상 플라스틱을 주입하고, 상압하에서 가열 또는 촉매·냉각 등의 작용에 의해 경화(고화)시킨 후 제품을 취출하는 성형 방법이다. 금형은 석고, 유리, 목재, 종이, 납, 실리콘 고무 등으로 만들고, 주로 페놀, 불포화 폴리에스테르아크릴, 폴리우레탄이 대상이 된다. 그림 3-26은 폴리우레탄의 성형 원리를 나타낸다.

이 외에 금형 내에 폴리스틱을 주입할 때에 식물·곤충·콘덴서 등 소형 전자부품을 봉입하면 아름다운 장신구와 표본 등을 만들 수가 있다. 또 주형 성형법의 변형으로 원심 주형

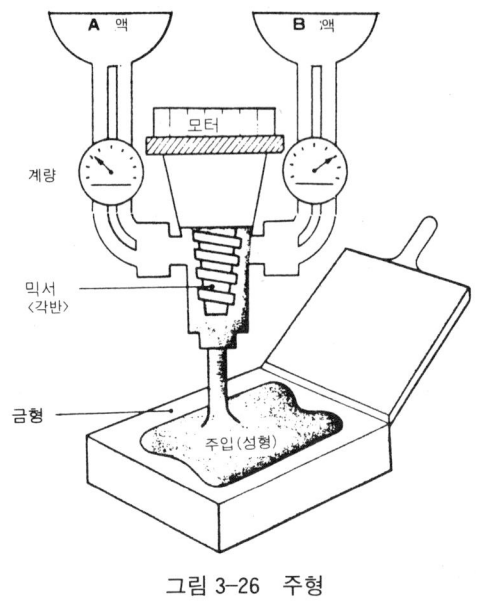

그림 3-26 주형

법이 있다. 이것은 금속 파이프에 액상의 플라스틱을 주입한 뒤 양끝에 뚜껑을 하여, 이것을 원주 방향으로 회전시키면서 중합·경화(고화)시키면 파이프 형태의 성형품을 만들 수 있다.

　주형 성형품은 일반적으로 두껍거나 대형품이라도 싱크마크와 변형의 발생이 적다. 그러나 생산성이 나쁜 것이 결점이다. 아크릴에 의한 인공 대리석과 불포화 폴리에스테르에 의한 레진콘크리트도 이 성형법에 의한다. 또, 나일론도 이 방법으로 일부 성형품이 만들어진다.

2-13 발포 성형법(Expandable Moulding)

　플라스틱 폼이라는 다공질을 가진 발포 제품을 성형하는 총칭이고, 제품의 발포 배율에 의해 하기의 3종류로 분류할 수 있다. 제법에서 공통된 점은, 플라스틱에 발포제를 첨가하면 일단 어느 성형법으로도 가능하다. 그러나 공업적 채산성을 고려하고, 제품의 응용 범위를 넓히기 위해 비이즈발포와 같이 특수한 성형법을 채용하거나, 전용기를 사용하는 경우가 많다. 발포 배율은 금형 캐비티 체적에 대한 플라스틱의 충전량에 의해 결정된다.

(1) 고발포 성형법

　여러가지 성형 재료를 이용할 수 있지만, 폴리스티렌이 가장 이용되는 대표적인 것이다. 폴리스티렌에는, 펠리트에 발포제를 함침(含浸)시키거나, 성형도중에 발포성 가스를 주입시키므로서 고발포 제품을 얻을 수 있다. 펠리트에 발포제를 함침시켜 성형하는 것을, 비이즈발포라고도 한다. 이 방법에서는 보통 가열증기열에 의해 발포시킨다. 그림 3-27이 그 기본

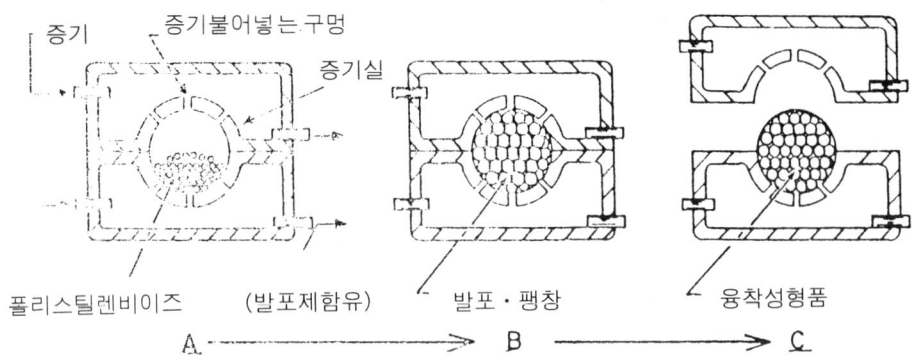

그림 3-27 폴리스티렌비이즈 융착 성형법의 공정

이다.

이 방법에 의한 발포 폴리스티렌에 의한 성형품은 컵라면 용기와 각종 식품용 트레이, 레저용 간이냉장고 등으로 일상 생활에서도 많이 사용되고 있는 외에 깔개 재료, 단열성이 우수한 점에서 건재로서도 매우 많은 용도가 있다.

또, 폴리에틸렌에서도 같은 고발포 제품을 얻을 수 있고, 이러한 방법에 의해 쿠션성이 우수하여 카메라, 현미경, TV 등의 가전제품의 포장용 쿠션재, 혹은 한냉지(寒冷地)등에 있어서의 수도파이프의 보온재료 등 광범위한 용도가 있다.

폴리스티렌, 폴리에티렌도 사출 성형, 압출 성형, 블로우 성형, 형물성형(型物成形) 등 여러가지 가공법이 가능하다.

폴리우레탄의 경우는, 재료의 화학 반응을 이용해서 발포시켜서, RIM성형과 같은 배합에 의한 성형 재료를 금형에 유입(流入)시켜서 희망하는 형태를 만들 수 있다.

그림 3-28 발포 폴리스틸렌의 비이즈 발포 성형기
(컵라면의 용기 등을 만든다)

90 제3장 플라스틱 성형 가공 개론

EVA는, 사출과 압출 성형에 의해 매우 탄성이 좋은 제품을 만들 수 있어서 3륜차의 타이어와 신발의 힐, 슬리퍼 등에 이용되고 있다.

(2) **저발포 성형**

고발포에 대해 발포 밀도를 더욱 낮춘 제품은 저발포 제품이라고 한다. 발포 밀도를 낮게 하므로써 강성이 높아지고, 고발포 성형품에서는 불가능한 공업용도에 사용된다. 그 때문에 일명 스트럭츄얼 폼(Stractual Form/구조발포체)이라 한다.

사용되는 성형 재료는 저발포와 같다. 폴리스티렌, 폴리우레탄 외에 ABS, 폴리카보네이트, 노릴, 나일론, 폴리프로필렌, 불포화 폴리에스테르, 에폭시 등 많이 있다. 성형 가공법은 사출 성형, 압출성형, RIM성형, 주형 등이다.

이 가운데 제일 많이 공업적으로 이용되는 것은 사출 성형과 RIM 성형이다. RIM 성형은 따로 설명이 있으므로 여기서는 사출 성형에 관한 것을 간단히 설명한다.

(2)-1 **저발포 사출 성형법**(Stractual Form Injection Moulding)

저발포 사출 성형은 기본적으로는, 열가소성 플라스틱에 의한 사출 성형과 전혀 다르지는 않지만, 발포제를 용융 프라스틱 속에 효과적으로 분산시키기 위한 연구를 하고 있는 점이 일반 사출 형성기와 약간 다르다. 보통 실린더 안에서 발포제를 균일하게 용융 플라스틱에 분산시켜, 압력을 유지하면서 캐비티에 사출하여 발포를 개시시킨다.

보통 성형품에서 거의 대형이 되면 싱크마크와 휨이 발생하여 그 방지에 힘이 들지만, SF

그림 3-29 소형물 양산용 저발포 성형기 /여러개의 금형을 장착하여 회전시키면서 성형한다.

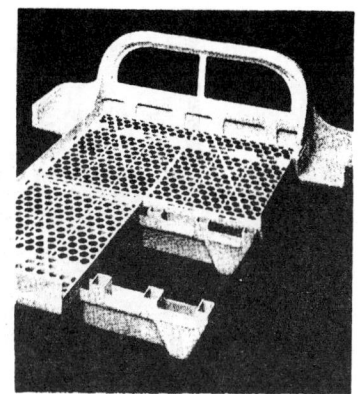

그림 3-30 저발포 사출 성형에 의한 응용 예(베드 플레임)

성형에서는 발포하는 관계상 상당히 두꺼운 제품이라도, 이것을 피할 수 있다. 최근에는 엔플라를 사용한 발포 성형품이 자주 사용된다.

2-14 분말 성형법(Powder Moulding)

분말상태 및 액상(페스트, 졸)플라스틱을 사용하여 성형하는 방법으로 분말은 주로 연가소성 플라스틱, 페스트와 졸은 열경화성 플라스틱에 해당된다. 이 방법에는 3종류가 있지만, 모두 양산성이 약간 결여되어 있어서 특수한 성형법에 속한다.

(1) 슬러슈 성형법(Slush Moulding)

연질 PVC로 널리 이용되고, 그림 3-31에서와 같이 자형내(雌型内)에 채워진 플라스틱을 예열시간, 온도에 의해 원하는 두께로 겔화시킨다. 그 뒤, 미겔화(未Gel化) 플라스틱을 배출하고 나서 다시 가열 경화 또는 가열 냉각 시켜서 블로우성형 제품을 만드는 방법이다. 용도로는 블로우성형인형 등의 완구로 많이 사용하고 있다.

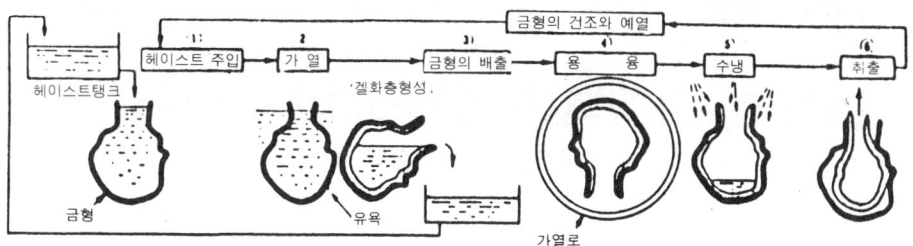

그림 3-31 염화비닐 페스트 플라스틱의 슬러슈성형(인형의 머리)

(2) 딥 성형법(Dip Moulding)

침지 가공이라고도 한다. 졸과 분말 플라스틱 탱크에 금형을 담그고, 가열하고 나서 들어 올리면 금형의 주변에 졸과 연화 플라스틱이 부착한다. 이것을 다시 가열 경화, 또는 가열

그림 3-32 회전 성형기

그림 3-33 회전성형품의 일예(가운데의 여성과 대비할 것)

냉각시킨 뒤 금형에서 제품을 빼내는 방법이다. 이것들은 전자동 방식으로 성형이 가능하다. 슬러슈성형법과 비슷하지만 금형은 웅형(雄型)을 사용한 점이 다르다. 용도는 마네킹 인형, 콘넥터커버, 장식물, 지구형상(地球形狀)등이 일체 또는 분할해서 만들어진다. 특수한 것으로는, 공구류의 손잡이와 금속망의 피복(막) 등을 직접 하는 방법도 있다.

2-15 회전 성형법(Rotational Moulding)

　회전 성형은 제품 중량과 같은 플라스틱을 금형에 장전하고, 금형을 폐쇄한 뒤 그림 3-32 같이 가열하면서 회전한다. 금형 내의 플라스틱은 가열에 의해 겔화하기 때문에, 금형 내면과 금형 내부에 균등하게 부착한다. 이것을 다시 가열 경화 또는 가열 냉각에 의해 형상을 굳히고, 그 뒤에 금형을 열고 제품을 빼내는 방법이다. 금형은 철과 알루미늄과 같이 열전도가 좋은 것이면 된다. 사출 성형법에서의 초대형품 성형은 막대한 형체력과 고강성의 금형을 필요로 하지만, 이 방법으로는 매우 간단하고, 저렴한 설비와 저강성의 금형이면 충분하고, 초대형이라도 쉽고 저렴하게 만들 수 있다. 그러나 양산성이 떨어지는 것이 결점이다. 용도로는 대형 밀폐 용기, 마네킹 인형, 장식품 등이 이것에 의해 만들어진다. 슬러슈 및 딥 성형법에서는 완전 밀폐품은 만들 수 없지만, 이 성형법으로는 금형의 파팅라인이 생기는 완전 밀폐제품이 가능하다.

　최후로 지금까지 종합해 본 각종 성형 프로세스에서 성형 가능한 형상의 표준을 표 3-1에 나타낸다.

표 3-1 개개의 프로세스에서 성형 가능한 형상의 표준

	형상 제한	복잡 형상	살두께의 콘트롤	개방 중공 형상	중공 형상	대용량	매 우 소형성형	3m²이상의 대형 성형	최대크기의 제한요소	인서트	성형 구멍	나사
[비강화재료]												
압축성형	대형	가능	가능	가능					성형기	가능	가능	가능
트랜스퍼성형	거의 가능	가능	가능	가능			가능		성형기	가능	가능	가능
사출성형	거의 가능	가능	가능	가능			가능		성형기	가능	가능	가능
압출성형	살두께일정	가능	가능						다이	가능		
회전성형	중공		가능		가능	가능		가능	성형기	가능	가능	가능
중공성형	중공앝은두께			가능	가능	가능		가능	금형		가능	가능
열성형	얇은 두께		가능	가능					금형			
주형	대형	가능	가능					가능	성형기	가능	가능	
발포성형	얇은 두께	가능	가능	가능				가능	성형기	가능	가능	
[섬유강화재료]												
사출성형	거의 가능	가능	가능	가능			가능		성형기	가능	가능	가능
핸드레이·스프레이업	대표면 살두께	가능		가능		접합에 의해 가능		가능	금형 또는 부품의 운반	가능	가능	
SMC·BMC	거의 가능	가능	가능	가능					성형기	가능	가능	가능
프리폼성형	〃	가능	가능	가능				가능	성형기	가능	가능	
콜드프레스	〃	가능	가능	가능				가능	성형기		가능	
필라멘트와인딩	회전표시		가능						성형기			
인발성형 (引拔成形)	단면일정	가능	가능						다이 1			

제4장

사출 성형법의 발전

1. 사출 성형의 시초

사출 성형의 기원은, 다이캐스트 성형으로 거슬러 올라간다. 다이캐스트 기계의 기원은 정설(定說)은 아니지만, 지금부터 148년전 Bruce가 미국 독립전쟁・멕시코 전쟁의 영향으로 탄환의 제조에 사용된 다이캐스트 기계를 발명한 것이 그 시초이다. 그 후, 1849년 J・Sturgiss 그리고 1856년 E・Peluze가 특허를 낸 다이캐스트 기계와 오늘날의 다이캐스트 기계와 조금도 다름없는 원리로 만들어졌다.

1863년에 미국의 페란・앤드・코렌더사는 당시 부족한 상아제 당구공의 재료로 대체재료를 개발하는 사람에게 일만달러의 상금을 준다고 발표했다. 뉴욕주 올바니의 인쇄업자 존 웨슬러 하이어트는 그 상금을 받으려고 「콜로지온」과 장뇌의 혼합물을 니커상태로 가열하면 연화하고, 압연, 압출, 구조 등의 수단으로, 여러가지 형태를 만드는 것이 가능한 새로운 물질을 개발하였다. 그는 이 물질을 「셀룰로이드」라고 이름을 붙였다. 이리하여 세계에서 처음으로 사출 성형에 적합한 재료가 출현하였다.

그러면서도, 이때의 셀로로이드는 딱딱하고 잘 깨어져서 유감스럽게도 당구공 재료로는 적합하지 않았다. 그 대신 블러시, 빗, 양복의 깃, 사진용 필름, 탁구공 등 많은 용도에 이용되었다.

뒤이어, 하이어트는 1872년 셀룰로이드를 성형하기 위한 사출 성형기를 발명했다. 그림 4-1은 그 성형기의 구조이다. 사출 플랜저의 작동 셀룰로이드의 가열은 중기를 이용한 것으로, 용융시킨 셀로로이드는 전환 콕크를 통해서 찬 물이 금형에 압입하는 구조이다. 이것이 사출 성형기의 전신이라고 할 수 있다.

그 뒤, 새로운 합성 물질이 차례차례 개발되는 것과 함께 성형기의 개발이 계속 추진되어, 1919년에 아서・에이히엔글란(독일)이 초산 섬유소(셀룰로우스 아세테이트)에 의한 사출 성형 재료의 특허를 출원, 1921년에 허먼・부프홀트와 협력하여 나사 프레스식으로 사출량 12 g정도의 사출 성형기를 만들었다.

96 제4장 사출 성형법의 발전

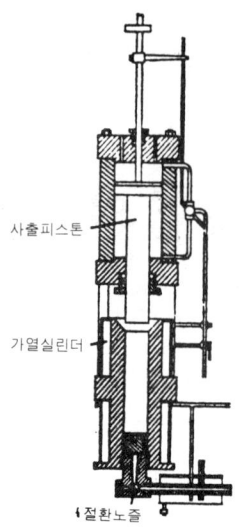

그림 4-1 하이엇트에 의한 세계 최초
의 사출 성형기

  1920년대에, 비로소 "플라스틱스"라는 용어가 쓰이기 시작했다. 이 말은 본래 "성형이 가능한 재료"를 가리켜 사용했지만, 현재에는 모든 고분자 물질을 총칭하는 용어가 되었다.
  1922~23년에 걸쳐서, 에켈트 & 티그러사(독일)가 다이캐스트 기계의 제조 기술을 살려서, 수동식의 수압 및 공압구동의 사출 능력 40g의 세로형 사출성형기를 발표하고, 계속해서 1926년 공압구동에 의한 사출능력 50g의 가로형 성형기, 1927년에는 최초로 가로형 자동 성형기를 이어서 발표했다.
  1929년에 미국에서는 그로테라이트사, 영국에서는 F·A·퓨게스사가 제작을 시작하는 등, 유럽에서는 활발한 움직임이 나타났다.

1. 사출 성형의 기초 97

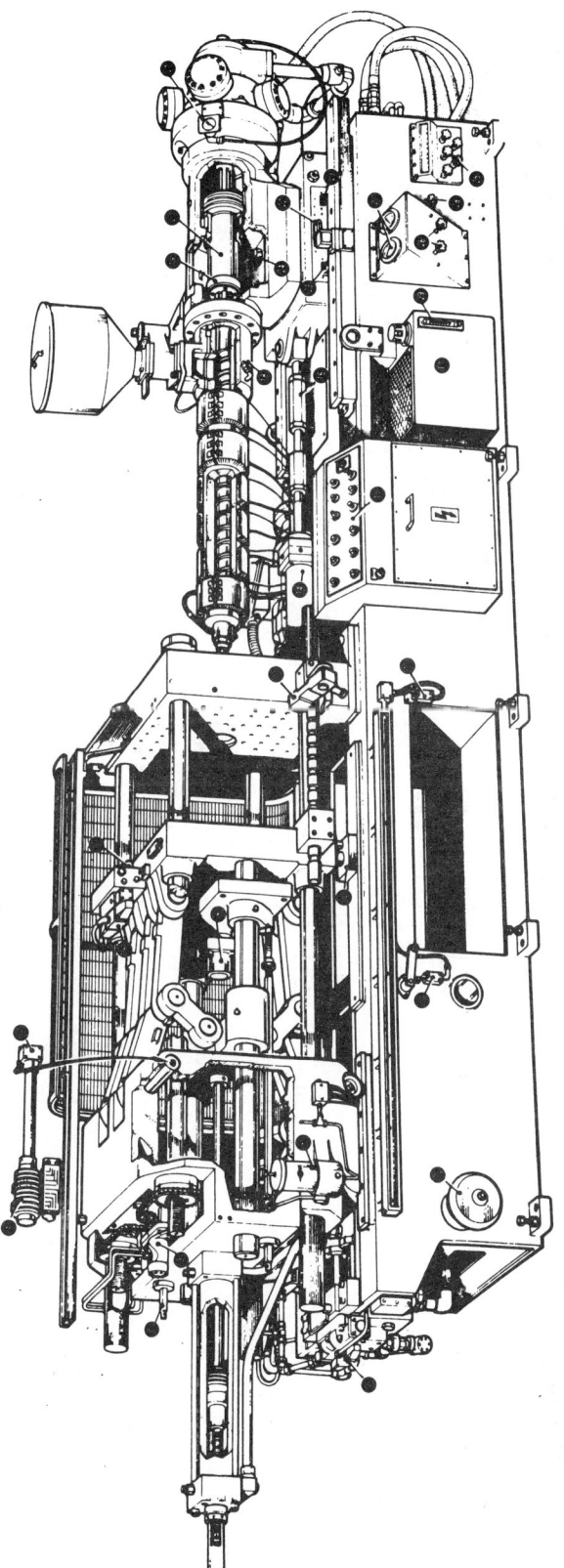

1. 이젝터스트로크 조정볼트
2. 형체유니트 4웨이 밸브
3. 금형두께조정모터
4. 형체유니트
5. 경보부저
6. 그리이스펌프
7. 베벨기어박스
8. 이젝터램
9. 코어풀러 밸브
10. 이젝터 4웨이 밸브
11. 안전 도어리미트 스위치
12. 조정기어펌프
13. 안전기구
14. 사출유니트 가동실린더
15. 수동콘트롤패널
16. 노즐 위치조정
17. 오일필터·탱크
18. 압력·사출량 슬리이브
19. 바렐고정실린더브
20. 스크류전진램
21. 타코미터
22. 스프루 체거리미트
23. 노즐 전후진리미트
24. 사출유니트선회지주
25. 수냉콘트롤러

부록A 사출 성형기의 구조예

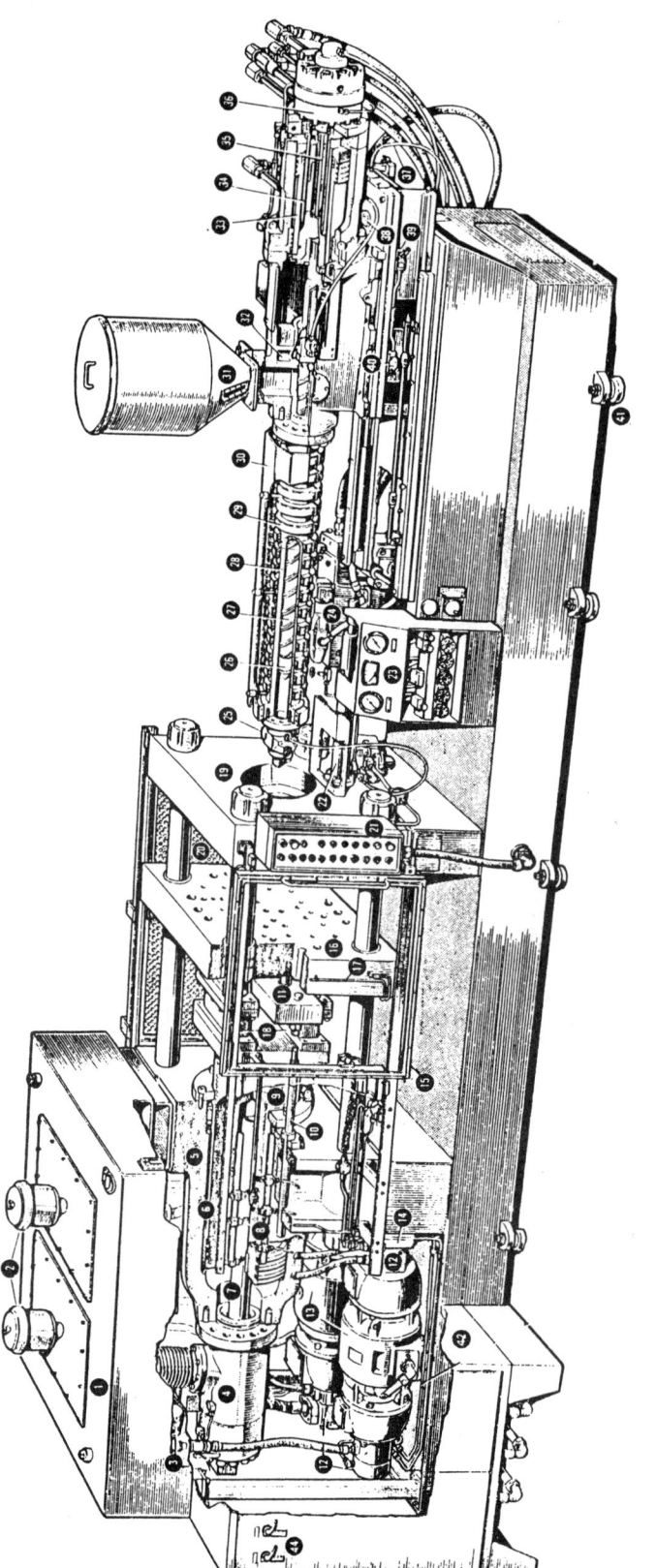

1. 오일탱크
2. 예어필터
3. 오일필터
4. 프리핑펌프
5. 형체실린더
6. 형체램
7. 부우스터·튜브
8. 리미트스윗치
9. 리미트스윗치 캠 로드
10. 이색터로드
11. 이색터 바
12. 유압펌프
13. 전동모터
14. 오일필터
15. 안전도어
16. 가동반
17. 운활그리스벨브
18. 램 스페이서
19. 고정반
20. 안전도어
21. 체어반
22. 사출유니트 가동실린더
23. 유압체어 벨브
24. 사출제어 벨브
25. 공압 셔트오프벨브
26. 스크류터브
27. 스크류
28. 사출 실린더
29. 밴드히터
30. 하티커버
31. 호퍼
32. 냉각구멍
33. 사출피스톤
34. 슬리이브
35. 스풀라인샤프트
36. 스크류용모터
37. 에어베어링군베다
38. 사출유니트선회용볼트
39. 스프루세거리미트스윗치
40. 사출유니트 스윗치
41. 레벨패드

부록B 사출성형기의 구조예 (직압형체방식)

제5장

사출 성형기의 구조

1. 사출 성형기의 구성

여기에서는 열가소성 플라스틱용 사출 성형기를 대상으로 하고, 또 전용기와 특수 기구로 생각되는 것은 간략하게 설명하고 일반적인 스크류 타입 열가소성 사출 성형기에 대해서 설명하기로 한다.

사출 성형기에 필요한 기본적 기능은 금형의 개폐, 플라스틱을 용융시켜 금형내에 압입시키는 것이다. 이러한 기능을 다하기 위해서, 사출 성형기는 어떠한 부분에 의해 구성되어 있는지를 현재 가장 넓게 사용되는 유압 구동식의 횡형 사출 성형기에 대해서 개략을 설명한다. 단, 개개의 구조에는 여러 형식이 있지만 여기에서는 가장 일반적인 인라인 스크류기에 한정된다.

① 프레임(frame) 또는 배드(bed)
② 형체기구(mold clamping mechanism)
③ 사출 기구(injection mechanism)
④ 유압 구동부(oilhydraulic power system)
⑤ 전기 제어부(electrical control system)

형체 기구와 사출 기구의 조합에 의해, 그림 5-1에서 몇 가지의 타입으로 분류할 수가 있다.

(a)의 배치에 의한 것이 일반적으로 가장 많다. 성형품은 열린 금형에서 자동 낙하시킬 수가 있기 때문에, 자동생산에 가장 적합하다.

(b)의 배치는 금형에 인서트물을 공급해야 하는 경우로, 금형이 옆으로 되어 있으면 편리해서 인서트용 전용기에 많다. 또, 특히 대형 성형기에서는, 큰 금형을 (a)타입으로 설치하면, 금형의 무게로 타이바가 휘고, 이것을 방지하기 위해 타이바를 두껍게하는 것이 가격적으로 맞지 않는 이유 등으로, 대형 성형기에서도 사용되는 형식이다. 이 형식은 설치 공간이 작아도 되는 잇점도 있다.

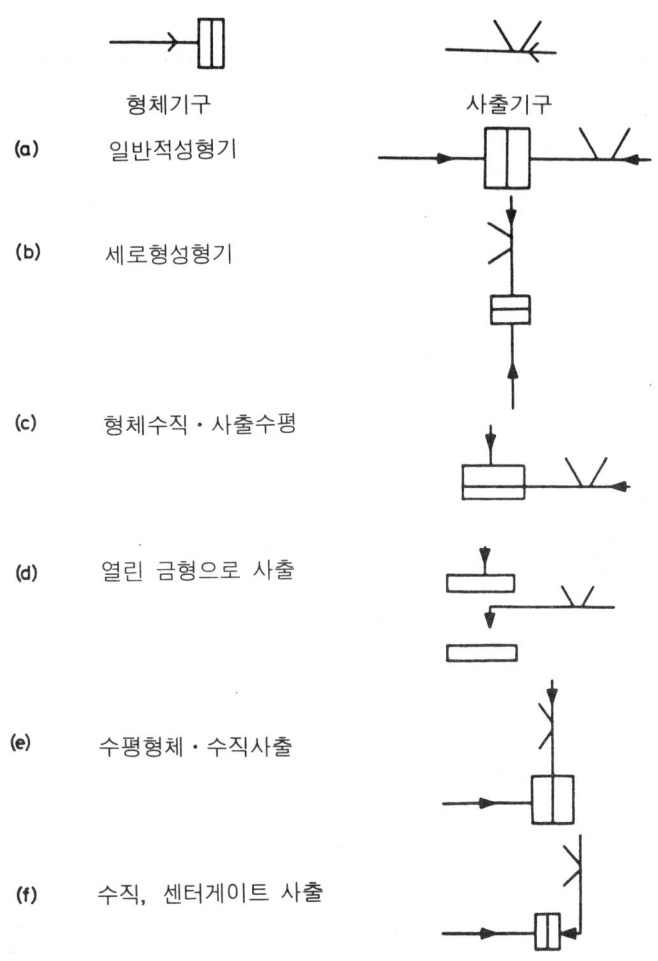

그림 5-1 사출 기구와 형체 기구의 배치에 의한 분류

(c)는 고무용 사출 성형기에서 볼 수 있는 형식이다. 열가소성 플라스틱은, 인서트용 성형기와 파팅 라인에서 사출하고 싶은 경우 등에도 적합하다.

또, 수평으로 회전하거나 왕복으로 움직이는 형체 기구를 여러개 가진 로터리식 사출 성형기에도 이 형식이 많이 사용된다.

(d)는 그다지 사용되는 형식은 아니지만, 열린 금형에 용융 재료를 공급하고 나서 형체하는 방식의 성형기에 쓰인다. 예를 들면, 열경화성 플라스틱의 사출 성형에서 스크류를 예열기로서 사용하고 반용융 재료를 캐비티에 공급하는 경우 등이다. 염화비닐에 의한 레코드 생산도 이 방식이 사용된다.

(e)는 소형 성형기에서, 사출 실린더의 위치를 (a)와 같은 표준 배치와 이같은 배치에 변환이 가능한 형식의 것에 많이 사용된다. 또, 콤팩트한 벤치 형식의 수동식 성형기에도 이 형식이 많다.

(f)도 (e)와 같고, 금형 중심에서 사출하는 방식이다. 역시 소형기에 이용된다.

1-1 프레임, 베드, 성형기대

형체 기구, 사출 기구, 유압 구동부 등을 설치하는 토대가 되는 것으로, 기계의 각부에서 발생하는 강대한 압력과 진동에 견디며, 각부의 정밀도를 유지하도록 충분한 강도와 강성을 갖고 있어야 한다. 주물 구조와 강판의 용접 구조의 것이 있지만, 경량으로 제작이 용이하기 때문에 후자가 거의 전부이다. 또, 내부는 일반적으로 기름 탱크로서 사용한다.

1-2 형체 기구

사출시 금형이 열리지 않도록 강대한 힘으로 금형을 폐쇄하여, 사출된 플라스틱이 냉각 고화하면 금형을 열고 제품을 빼내는 구조로, 다음과 같은 부분으로 되어 있다.

① 다이 플레이트(mould plate, mould platen)

금형을 취부하는 플레이트로 사출 방향의 고정 플레이트(금형취부판·사출 플레이트)와 금형의 개폐 동작을 하는 이동 플레이트(형체판·가동판)로 되어 있다. 이 밖에 플레이트로 칭하는 것으로는, 형체 실린더·타이바를 고정하는 실린더 플레이트, 금형두께 조정을 위해 금형두께 플레이트(터글식의 일부), 돌출 기구를 내장한 에젝터 플레이트 등이 있다.

② 타이바(tie-bar)또는 클램프 샤프트(clamp shaft)

스테이 샤프트라고도 한다. 다이 플레이트를 지탱하고, 금형 개폐 운동의 슬라이드 가이드가 되고, 직압식의 경우는, 형체력의 반력을 지탱하고, 터글식 혹은 쐐기식에서는 늘어나서 탄성 회복력에 의해 형체력을 발생시킨다.

③ 형체 실린더(clamping cylinder)

금형을 개폐하고, 형체력을 발생시키는 유압 실린더이다. 직압식에서는 피스톤이 직접 이동, 다이 플레이트에 결합되지만, 터글(toggle)식의 경우는 이 사이에 터글 링크 기구가 개재하여 힘을 확대 시킨다.

④ 금형두께 조정 장치(mould space adjust system)

직압식에는 불필요하다. 터글식 및 쐐기식의 작동 위치는 일정하기 때문에, 금형의 두께에 따라 터글 또는 웨지의 유효 작동이 가능하게 하는 장치이다.

⑤ 밀어내기 장치(ejector 또는 knock out system)

형개시 제품을 금형에서 밀어내는 운동을 하는 장치다.

⑥ 안전문(安全門)(safety door)

작업자의 손 등이 금형 사이에 끼는 것을 방지하는 장치로, 개방시는 형체 동작을 하지 않는다. 기종(機種)에 따라서는 형개 동작도 안전 도어를 닫아야 하는 것도 있다.

⑦ 급유 장치(lubrication system)

슬라이딩부분의 윤활유 공급 장치로 수동식과 자동식이 있다. 또 구리스 타입과 오일 타입이 있다. 터글식에서는 중요한 장치로, 최근에는 무급유 슬라이딩 타입도 많아졌다.

1-3 사출 기구

성형 재료의 계량·가소화 용융·사출 하는 기구로, 다음과 같은 부분들이 있다.

① 호퍼(hopper)

공급하기 전의 플라스틱 재료 저장용기(탱크)로, 가열 실린더의 낙하 통로에 셔터가 부착되어 있다.

② 재료 공급 장치(feeder system)

플랜저식에 필요하고, 스크류식에는 불필요하다. 용적식과 중량식의 두종류가 있다.

③ 가열 실린더(heating system)

안에 스크류(screw)를 내장하고, 성형 재료의 계량·가소화 용융·사출한다. 외주에 감겨진 히터에 의해 가열 된다. 프리플러식에는 2대의 가열 실린더가 있고 가소화 용융과 사출을 각각 다른 실린더에서 한다.

④ 노즐(nozzle)

가열 실린더의 선단에 있고, 금형 스프루 부시에 텃치하여 용융 플라스틱의 금형의 통로를 형성한다.

⑤ 사출 램·실린더(injection ram, cylinder)

스크류를 전진시키는 유압 실린더로 스크류에 사출 압력, 배압, 사출 속도를 준다.

⑥ 스크류 구동 장치(screw Rotating system)

스크류에 회전력을 주는 장치로, 구동원(유압 모터 또는 전동기)과 감속 장치로 되어 있다. 플랜져식에서는 불필요하다.

⑦ 사출대(injection unit)

호퍼, 가열 실린더, 사출 실린더, 스크류 구동 장치 등을 설치하는 사출 장치의 핵심이다. 대형기에는 선회시 회전장치가 붙어 있다.

⑧ 시프트 장치(sift system)

금형 스프루 부시와 노즐(사출대 전체)의 착탈(着脱)을 하는 장치로, 유압식과 수동식이 있다. 최근에는 거의 유압식이 사용되고 있다.

1-4 유압 구동부

형체 기구, 사출 기구의 기계적 동작은 유압 실린더에 의해 되지만, 그 유압 실린더에 파워 에너지를 공급하는 것이 유압 구동부이다.

전동기·펌프 등의 동력원(動力源), 압력 콘트롤 밸브·방향 절환 밸브·유동 제어 밸브 등의 제어 부품, 실린더·오일 모터 등의 출력 장치, 스트레이너·쿨러 등의 부속 부품 및 오일 탱크·유압 배관 등에 의해 구성되어 있다.

1-5 전기 제어부

다음 세 가지 부분에 의한다.
① 가열 실린더 및 노즐의 온도를 제어한다(히터 회로).
② 동작 제어부(제어 회로)
③ 동력 제어부(모터 회로)

절환 스윗치, 리미트 스윗치, 타이머, 릴레이 등으로 되어, 형체, 사출 등의 동작을 단독, 또는 연속적으로 한다. 또 직접 각 동작의 양과 시간을 결정하고, 유압 구동부의 솔레노이드를 통해 운동의 방향과 힘과 속도를 제어한다.

2. 형체 기구의 개요

2-1 구비해야 할 능력과 구조

형체 기구는 사출 기구와 함께 가장 중요한 성형기의 구성 요소이다. 형체 기구가 갖춰야 할 능력으로는,

① 사출 개시부터 제품이 고화하기 까지의 사이, 금형 내의 압력(이것을 캐비티내 유효 사출 압력이라고 한다)에 의해 금형이 열리려고 하는 것, 그것을 상회하는 힘으로 조일 것. 결국 금형이 폐쇄되고나서는 커다란 형체력이 필요하다.

② 제품 고화 후에는 제품 취출에 필요한 스트로크만, 빠르게 금형을 개폐할 것. 결국 금형의 개폐 동작에는 제품의 취출과 생산 능률의 점에서 충분한 스트로크와 속도가 요구된다.

③ 응용 면적에 적당한 금형 취부 스페이스(가로 세로 두께), 제품 돌출장치, 안전 보호 장치가 필요하다.

사출 성형기는, 최근 산업 디자인 면에서도 노력을 기울여 매우 우수한 외관을 갖는 것도 중요하지만, 그것은 어디까지나 2차적인 것이다. 일반 공작 기계와는 조금 다르며, 수 100톤 내지 수 1,000톤이라는 거대한 힘을 반복하여 받는 형체 기구에 있어서는 구조가 튼튼하고, 정밀도가 높은 것이 제일이다.

강도를 담당하는 부분은, 양단의 고정 플레이트와 그 사이를 잇는 타이바 또는 플레임이

며, 이 사이를 터글, 또는 직압램에 의해 소요 체형력을 전달할 수 있는 가동 플레이트가 설치되어 있다. 가동 플레이트는 소형기에서는 타이바로 스스로의 무게를 지탱할 수 있지만, 중형기 이상에서는 베드위의 정밀한 슬라이딩면 위를 슬라이딩하게 한다. 이 면에는 충분한 급유를 함과 동시에 부싱 등의 슬라이드를 설치, 또 마모에 견디며 그 높이를 조정 가능하게 한다.

또 로울러를 설치하여 마찰을 줄이는 것도 있다. 타이바는 강도와 인성이 큰 강철을 원활하게 사상한 것이 많지만, 표면 경화하여 연마시킨 후 도금을 하는 것이 보통이다. 4개의 타이바는 완전히 평행으로 설치되어야 한다. 이것은 대형기에서는 매우 주의를 요하는 작업이다.

최근에는 고압 사출 성형을 하는 경우가 많아서, 경우에 따라 노즐 부분의 고정다이플레이트 강성(특히 중앙부) 부족에 의해 휘어지며 정밀도 불량 원인이 되는 경우도 있어서, 고압 사출을 하는 성형기에는 다이플레이트 및 타이바는 특히 충분한 강도와 강성이 필요하다.

또, 각 플레이트의 평면도, 평행도도 매우 중요하다. 이것들은 대형기에서도 100분의 수 mm정도의 오차이다. 고정 플레이트도 타이바의 늘어남을 고려하여 약간의 슬라이딩을 허용하도록 설계된 기계도 있다. 타이바너트는 충분한 회전과 고정을 시켜 풀리는 일이 없도록 한다.

플레이트의 금형 설치면은 T홈 또는 탭(tap) 구멍(孔)을 만들지만, (탭 구멍에 의한 것이 많다) 금형 교환 작업성 면에서는 T홈이 바람직하다. 성형기 메이커에서 보통 옵션으로서 준비되어 있다. 플레이트 면에 비하여 작은 면적의 금형을 설치해도 플레이트 면은 허용 이상의 변형이 되지 않는 만큼의 강성은 유지하는 것이 일반적이지만, 너무 작은 금형은 바람직하지 않다. 또, 작은 금형면에 필요 이상의 형체력을 걸리게 하는 것은 내구성이 떨어질 뿐만 아니라 효과도 없다.

2-2 형체 기구의 종류

사출 성형기의 형체 기구는, 형체력 발생 방식을 중심으로 다음 3종류로 크게 나눌 수 있다.

직압식.

터글식.

쐐기식.

전동식(볼나사에 의한 이송 기구를 이용하여, 전동 모터에서 복동(復動)시킨다).

이것들을 변형 또는 조합시킨 형식은 많지만, 최종적으로는 이 중 하나에 속한다. 이하, 가장 대표적인 직압식과 터글식에 대하여, 기구와 특징을 설명한다.

| 탭홈 | T홈 |

그림 5-2 금형 설치면

3. 직압식 형체 기구

직압식 형체 기구는 다음 3종류로 크게 나눌 수 있다.
① 부스터(booster)램식…중형, 대형기에 현재 가장 많이 사용되는 표준 타입이다.
② 보조 실린더식…주로 대형기에 사용한다.
③ 증압 실린더식…소형기에 비교적 많이 사용된다.
④ 기타

여기에서, 가장 많이 사용되는 부스터램식에 대하여 설명한다.

직압식 형체 기구는 유압 실린더의 램(피스톤)에 이동 플레이트를 직접 연결하여, 액체 압력에 의해 직접 금형을 조이는 방식 즉, 기계적인 힘을 증대하는 장치를 설치하지 않고, 액체를 직접 이용하는 것으로 액압식이라고도 한다. 액체에는 극히 일부 예외를 제외하고는 오늘날 모두 유압을 사용하고 있다. 이 직압식을 이해하려면, 다음 액체의 기초적 성질을 이해할 필요가 있다.

3-1 기름(액체)의 성질

① 기름은 부정형이다.

고정은 일정한 형상을 가지고 있으나, 기름에는 외형이 없고 쉽게 용기의 형상으로 된다. 즉, 실린더, 펌프, 밸브 등의 용기에 의해 그 형태가 결정된다.

② 기름은 실용상 비압축체이다.

기름은 거의 고체보다 압축성이 작다. 밀폐된 기름은 실질적으로 강성 효과를 발휘한다. 힘을 제거하면 원래의 체적으로 되돌아 간다. $1cm^2$에 약 23톤이 걸리면 10%의 체적 압축이 되지만 이론적으로 유압 장치를 이해하고 나서는 비압축이라고 생각한다. 그러나 대용량 실

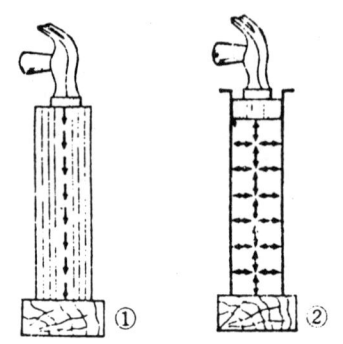

그림 5-3 고체와 기름의 힘의 전달

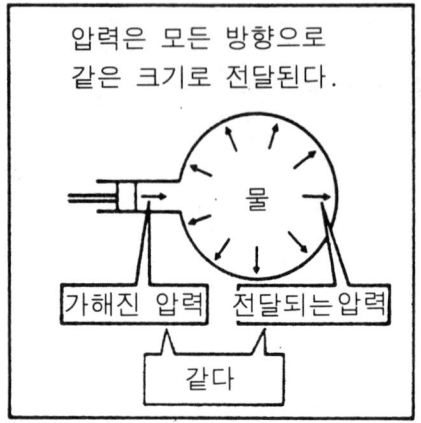

그림 5-4 파스칼 원리는 형상에 무관계

린더에서는 이 작은 압축과 압력 상승에 약간의 타임러그가 생기는 등 영향이 있다.

③ 기름에 의한 힘의 전달

그림 5-3①과 같이 철봉(鐵棒) 한 쪽 끝을 망치로 치면, 그 타격력은 철봉을 통해 타격 방향의 다른 끝으로 직진으로 전달된다. 이것은 철봉이 강체이기 때문이다. 강성이 강한 만큼 내부 손실이 적게 타격 방향에 전달된다. 역으로, 강성이 약하면 직각 방향으로도 약간 전달되고 손실이 된다. 그러나 ②와 같이 밀폐된 유주(油柱)의 한 끝을 망치로 때리면 다른 쪽 끝에 전달될 뿐만 아니라 유주 내부의 모든 방향(전후, 좌우, 상하)으로 용기 내벽을 향하여 같은 힘이 손실되는 일이 없이 전달되어 압력을 갖게 된다.

④ 파스칼의 원리(Pascal's law)

이같이 「정지 중의 압력은 모든 방향에 똑같이 작용하고, 또 용기 면에 직각으로 작용한다. 또 밀폐 용기 내의 기름 일부에 힘을 가하면, 그 압력은 모든 점에 같은 힘으로 전달된다.」라는 것이 파스칼의 원리이다. (그림 5-4).

⑤ 힘의 확대는 단면적에 비례한다(실린더 직경이 클수록 힘이 커진다).

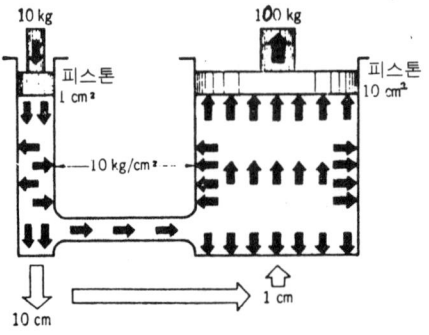

그림 5-5 힘의 확대와 감소

그림 5-5에서 입출력의 피스톤에 단면적 차이가 있으면, 입력(入力)은 10kg이고, 기름은 10kg/cm² 즉 단위당 10kg/cm²가 되고 출력은 10kg/cm²×10cm²(피스톤 단면적)= 100kg이 되어, 10배로 확대된다.

이 점에서, 파스칼 원리의 일반 법칙으로「유압 장치로 2개의 피스톤을 사용하면 각 피스톤에 작용하는 힘은 각각의 단면적에 비례하고, 그 힘(kg)은 면적(cm²)×단위당 압력(kg/cm²)이 된다.

⑥ 이동 거리는 단면적에 반비례한다(실린더 직경이 클수록 이동 거리는 작다).

기름은 비압축체이어서, 유입한 용적과 압출된 용적은 같다. 그림 5-5에서 피스톤을 10cm 내려 누르면, 출력 쪽의 피스톤은 1cm 밀려 올라간다. 결국 기름은 압축성이 없기 때문에 내려 누른 유량(1cm²×10cm = 10cm³)은 출력 쪽으로 올라가야 한다. 따라서 10cm³÷10cm² = 1cm 이다.

이와 같이「이동 거리는 단면적에 반비례한다」. 복식 피스톤도 같은 원리이다.

⑦ 이동 속도는 단면적에 반비례하고, 유량에 비례한다.(실린더의 직경이 좁고 유량이 많을수록 속도는 빠르다.

유량이 일정하면, 실린더의 직경이 클수록 피스톤 이동 속도는 늦고, 작을수록 빠르다. 한편, 실린더의 직경이 같으면, 실린더로 보내는 유량이 많을수록 이동 속도는 빠르고, 작을수록 늦다. 이것은 강(江)의 폭(幅)과 수량의 관계와 동일하다. 이 안에서 ②의 비압축성이 모든 기본이 된다. 이 외에도 여러가지 원리·정의는 있지만, 설계하는 것이 목적이 아니므로 생략한다.

3-2 유압 실린더의 계산식

유압 실린더에 관해서는, 다음 계산식을 기억해 두면 편리하다. 그림 5-6에서,

피스톤 전진 힘 $F_F(kg) = \dfrac{\pi D^2}{4} \cdot P$

피스톤 후퇴 힘 $F_R(kg) = (\dfrac{\pi D^2}{4} - \dfrac{\pi d^2}{4}) \times P = \dfrac{\pi}{4}(D^2 - d^2) \cdot P$

피스톤 전진 속도 $V_F(cm/min) = \dfrac{Q}{\dfrac{\pi D^2}{4}} = \dfrac{4Q}{\pi D^2}$

피스톤 후퇴 속도 $V_R(cm/min) = \dfrac{Q}{(\dfrac{\pi D^2}{4} - \dfrac{\pi d^2}{4})} = \dfrac{4Q}{\pi(D^2 - d^2)}$

피스톤 전진 소요 시간 $(min) = \dfrac{l-h}{\dfrac{4Q}{\pi D^2}} = \dfrac{\pi D^2 \cdot (l-h)}{4Q}$

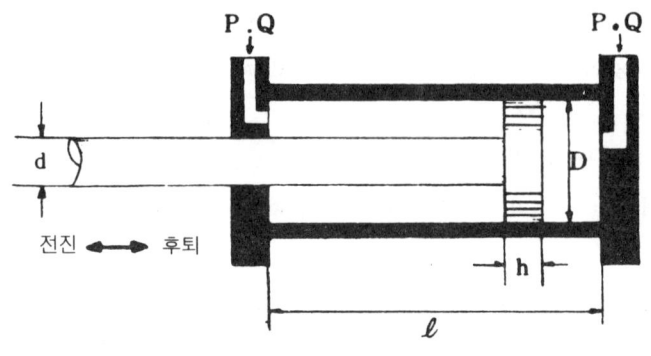

그림 5-6 유압 실린더

피스톤 후퇴 소요 시간(min) = $\dfrac{l-h}{\dfrac{4Q}{\pi(D^2-d^2)}} = \dfrac{\pi(D^2-d^2)\cdot(l-h)}{4Q}$

또 이 계산식에서는 단위를 통일하는 것이 중요하다.

유압 실린더의 힘(kg) = 실린더의 단면적(cm²)×단위당 유압력(kg/cm²)

이것을 실제 기계에서 형체력에 적응하면

$F = \dfrac{\pi}{4}D^2 \cdot P \cdot 10^{-3}$

여기서, F : 형체력(톤) 1톤 = 1,000kg
       Q : 형체 실린더에 들어간 유량(l/min)
       D : 형체 실린더 직경(cm)

그러므로 강력한 형체력을 얻으려면, 실린더의 직경을 크게 하든지 펌프 압력을 높인다.

유압 실린더의 이동 속도(cm/min) = $\dfrac{\text{펌프 토출량}(l/min)}{\text{실린더 단면적}(cm^2)}$

로 하면

이것을 형체 속도에 의하면,

$V = \dfrac{4Q}{\pi D^2}$

  V : 형체속도(cm/min)
  Q : 형체실린더에 들어간 유량(l/min)
  D : 형체실린더의 직경(cm)

그러므로 빠른 속도를 얻으려면, 실린더 직경을 작게 하거나, 유량을 많게 한다.

물론, 이 식은 유압 실린더 전부에 통용하는 계산식이다. 형체 기구가 구비해야 할 능력으로는 충분히 금형을 조이는 힘과 빠른 개폐가 필요하다. 그러나, 어느 것이나 실린더(피스톤도 같다)의 직경에 관계가 있고, 형체력을 늘이기 위해서는 아무래도 직경이 커진다. 그러나, 역으로 개폐 스피드가 떨어진다. 이 문제점을 해소하기 위해 여러 가지 방법이 고안되고 있다. 다행히 스피드와 조이는 힘이 동시에 요구되지 않고 시간적인 차가 있어서 가능하다.

3-3 유압형체 기구의 원리와 구조(부스터 램식)

그림 5-7에 도시된 구조이지만, 이 형체 기구는 고압 펌프를 사용해서 고속으로 형체하는 것을 목적으로 한 것이다.

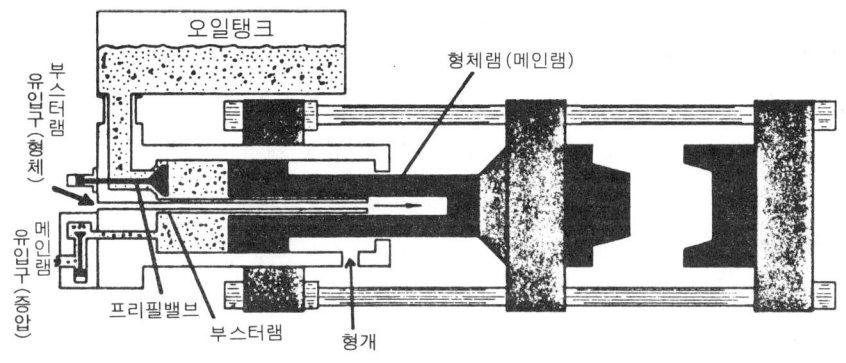

그림 5-7 부스터 램식 형체 기구

유압 실린더 중심부에 작은 직경의 부스터 램(추진 램)이 고정되어 있어 여기에 복동식 형체 램이 슬라이딩하게 되어 있다. 부스터 램 중앙에는 가는 관통 구멍이 있고, 이 구멍을 통해서 유압을 부스터 램 앞쪽으로 보내면, 형체 램은 부스터 램 외경과 같은 실린더 효과가 되어, 고속으로 전진한다. 이 때 프리필 밸브가 작동하여 오일 탱크 안의 기름이, 형체 램이 전진하여 생기는 형체 실린더의 공간부(진공부)에 흡입된다. 금형이 폐쇄되기 직전에 형체 실린더 안으로도 펌프에서 유압이 전달되도록 유압 회로를 절환하면, 형체 램은 고속 전진에서 저속 전진으로 변경되고 금형이 폐쇄되어, 형체 램의 전면적에 고압이 작용하여 금형은 강력하게 조여진다.

금형을 열 때에는 형체 램의 로트 쪽 소면적 공간부에 송유됨과 함께 플리필 밸브의 판을 열면 형체 실린더 안의 기름은, 오일 탱크에 돌아가고, 형체 램은 고속으로 후퇴한다. 단, 금형을 처음 열 때와 제품을 돌출을 하기 위해(기계식 돌출 기구의 경우, 유압식과 에어식에서도, 기계 쇼크를 방지하기 위해서이다) 금형이 다 열릴 때 까지는, 유량을 제어하여 저속으로 후퇴시킨다. 일반적으로 형개력(型開力)은 형체력의 10%정도이다.

3-4 직압식의 특징과 문제점

터글식과 비교해서

① 대형화되어 운전 코스트·배관 코스트가 높다.

일반적으로 큰 형체 실린더가 필요하여 기계 중량이 늘고, 대토출량 펌프를 사용하는 결과 작동유와 동력의 소비가 많다. 또 큰 형체력을 필요로 하기 때문에, 타이바 간격의 규제에서 작동 유압을 높인다. 현재, 일반적으로 소형기는 120~160kg/cm², 대형기는 210kg/cm²의 고압이 사용되고 있어서, 유압 배관 및 밸브 관계에 고도의 기술이 필요하게 되어 가격이 비싸다. 또, 펌프, 밸브, 패킹 및 작동유 등의 보수 점검을 소홀히 하면 고장 발생이 많다. 프리필 밸브는 특히 기름이 새는 것(리크)에 주의해야 한다.

② 시간 지연이 생기기 쉽다.

형체가 끝나고 나서 형체력 상승까지 시간이 걸리며, 사출중에도 형체력을 유지할 필요가 있기 때문에 전용 펌프가 필요하다. 또 안전상, 사출 작동 개시 때에는 형체압 상승을 확인하고 나서 사출하는 장치가 필요하다. 또 에어 혼입에 주의하고, 때때로 형체 실린더 안의 에어를 빼내야 한다.

③ 운전 특성이 나쁘다.

저압 고속 형체에서 저속 고압 형체로 절환, 슬로우 다운의 작동 범위가 넓고, 압력 상승 시간 등 기구상 운전 특성이 나쁘다. 따라서 형체·형개 스피드가 터글식보다 느리다.

④ 공운전(空運轉)은 피해야 한다.

속도 조정 장치의 밸브 관계도 복잡하며 대형화하고, 스토퍼(stoper)가 없어서 패킹, 패킹 워셔, 카바 등을 손상시키기 쉽다. 일반적으로는, 형체 램이 전진 한계에 도달하면 리미트 스윗치가 작동하여 형체회로를 차단하지만, 평상시 사용하지않는 안전 장치인 만큼 보수 점검도 소홀하기 쉽다. 따라서 각별히 주의해야 하고, 기계 사용상 허용된 최소형 이하의 얇은 금형 사용은 피해야 한다.

⑤ 형체력은 항상 일정하고 플래시가 발생해도 변화는 없다.

어느 정도 압축성이 있는 기름으로 금형을 조이고 있어서, 터글식 등에서 기계적으로 잠그는 방식과 비교하면, 금형이 열리려고 할 경우 저항이 약하다. 사출 압력이 상당히 커서, 형체력에 접근할 때, 순간적이라도 이것을 상회하면 금형이 열려 제품에 플래시가 발생한다. 그러나, 시작(試作) 금형의 시험용으로 매우 이상적이고, 설계상 필요한 안전 계수만 구비되어 있으면 터글식과 같이 플래시발생에 의한 형체 기구의 사고는 전혀 없다.

⑥ 형개 스트로크(stroke)가 길어서, 깊이가 깊은 제품성형에 적합하다.

형개(型開) 첫수를 크게 할 수가 있고, 또 금형 취부가 매우 간단(터글식에 비하여)해서 대형 기계에 적합하다.

⑦ 형체력을 정확하게 파악할 수 있다.

형체력을 게이지에 의해 정확하게 판정할 수 있다.

⑧ 실린더 패킹 관계 이외에는 보수가 용이하다.
  회전 부분이 없어 보수 관리(특히 급유)가 용이하다.

4. 터글식 형체 기구

터글식 형체 기구는 유압 실린더에서 발생한 힘을 기계적인 링크 기구를 개입해서 확대하고 큰 형체력을 얻는 방식이고, 원리적으로는 간단하지만 실제로는 까다로운 면이 많다. 터글식은 이론적인 것보다 취급상 포인트를 충분히 알아야 한다.

4-1 원리와 구조

4-1-1 터글식 원리

터글 기구에 있어서는 구성하는 링크 위치에 의해 힘의 확대율과 속도가 변화한다. 형체 개시시의 단계에서는, 속도는 빠르지만 확대율은 작다. 형체 완료가 됨에 따라 급격하게 속도가 감소하는 대신 힘의 확대율은 증대한다. 그리고 최종적으로 속도는 무한으로 작게 되지만, 힘의 확대율은 이론상(링크 기구가 강성체이고, 마찰 손실이 없다고 하면) 무한대가 된다. 이같이 일련의 형체 동작 중에 그 속도와 낼 수 있는 힘이 자동적으로 변해 가지만, 어떠한 변화를 하는지는 터글 구성 특성(링크의 수, 길이 등)에 의해 결정된다(그림 5-8).

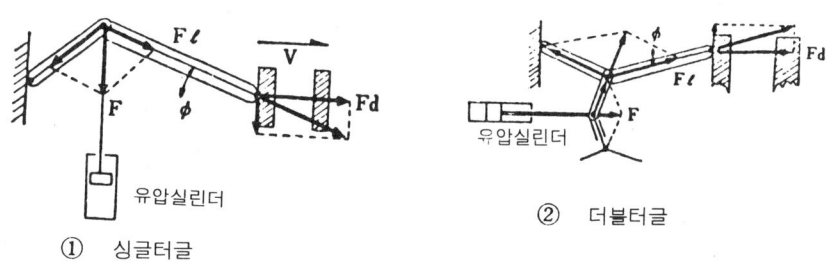

그림 5-8 터글의 벡터선도

여기에서 특히 주의해야 할 것은 형체력 발생의 양상이 직압식과 전혀 다른 것이다. 직압식에 있어서는 형체 실린더 유압에 의해 금형을 조이는 것이고, 타이바는 그 반력(反力)을 지탱하는 것에 지나지 않는다. 한편, 터글 식에 있어서는, 터글 링크가 완전히 늘어난 순간에 큰 형체력이 발생하는 것이고, 일단 완전히 늘어나 버리면 이미 그 이상 금형을 조일 수가 없다. 그래서, 금형을 일정한 힘으로 조이기 위해서는 터글 링크가 완전히 늘어난 위치보다 약간 앞에서 금형이 닫히고, 완전히 늘어난 때에는 그 부분만 타이바를 인장되도록 하여, 타이바가 늘어남으로써 발생한 탄성 회복력으로 금형이 조여지게 된다.

112 제5장 사출 성형기의 구조

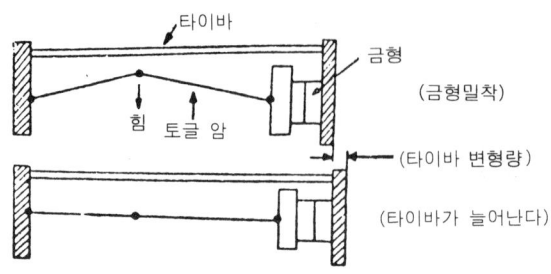

그림 5-9 형체력 반력선도

따라서 직압식인 경우에는, 형체력은 형체 실린더의 유압에 의해 유지되기 때문에 형체 기간 중 압력을 계속 유지시켜야 한다. 한편 터글식에서는 터글 링크가 완전히 늘어났을 때에 발생하는 힘으로 타이바를 늘이고, 늘어난 타이바가 복원하려는 탄성력으로 금형을 조이기 때문에 그 뒤에 있어서는, 이론 상 그 이상 형체 실린더에 압력을 줄 필요가 없다. 그러나, 실제로는 터글 링크를 형체완료까지로 완전히 늘어나게 하는 것은 기계의 조립 기술 상 무리이며(금형이 열리지 않는다) 어렵다. 그래서 완전히 늘어나기 조금 전(몇 분의 1정도)에 링크가 멈추도록 스톱퍼(stoper)로 조정한다. 그래서 실제로는 완전히 늘어나지 않기 때문에, 링크가 돌아와도 금형이 열리지 않으며 형체 기간중 형체 실린더 압력이 내려가지 않도록 유압을 주는 것이 보통이다.

4-1-2 형체력과 타이바의 신율(伸率)

전술한 대로 터글식은 타이바를 늘려서 형체력을 발생시키기 때문에 그 크기는 유압 실린더의 힘과 터글의 확대율, 실제로는 타이바의 신율로 결정된다. 그 관계식을 나타내면 다음과 같다.

터글 기구가 낼 수 있는 힘 F_t(ton)은,

$$F_t = \frac{\pi D^2}{4} \cdot P \cdot M \cdot 10^{-3}$$

F_t : 터글 기구가 낼 수 있는 힘(ton)

D : 유압 실린더의 직경(cm)

P : 유압 펌프 압력(kg/cm^2)

M : 터글 기구의 확대율(배)

M은 형체 스트로크의 각 위치에 의해 기하학적으로 결정되는 수치이다. 터글이 완전히 늘어나서 형체 스트로크가 θ일 때는 이론상 M은 무한대가 된다. 위의 식을 횡축으로 형체 스트로크를 하면 그림 5-10과 같다.

한편, 실제로 형체력으로써 금형에 작용하는 힘 F는, 조임값에 의해 늘어난 타이바의 신장량, 즉 타이바의 탄성 회복력이다. 따라서 형체력 F(ton)는 다음과 같은 관계식에 의해 나타낼 수 있다.

$$F = E \cdot A \cdot \frac{\Delta L}{L} \cdot 10^{-3}$$

$$A = \frac{\pi d^2}{4} \cdot n$$

n = 4라 하면

$$F = \pi d^2 \cdot E \cdot \frac{\Delta L}{L} \cdot 10^{-3}$$

  F : 형체력(ton)

  d : 타이바의 직경(cm)

  E : 타이바 재질의 종(縱)탄성계수 (영 율)(kg/cm²)

  A : 타이바의 전단면적(cm²)

  ΔL : 타이바의 신장량(cm)

  L : 타이바의 유효길이(cm)

  n : 타이바의 개수(보통 4개)

즉, 형체력은 타이바의 탄성 계수, 타이바의 단면적과 길이 및 신율로 결정되는 것이고, 재질과 첫수를 모두 알고 있는 경우에는 신율에 비례한다. 단 실제 형체에 있어서는 타이바가 늘어나는 한편 터글 링크와 금형이 수축하기 때문에, 타이바의 신율은 외관상으로는 이 실험식보다 크게 된다.

여기에서, 터글식의 장점으로 다음과 같은 점을 지적할 수 있다. 즉 사출을 하여 캐비티 안에 용융 플라스틱이 충만한 순간에 그 압력에 의해 금형을 열려고 하는 힘이 발생하지만, 형체력이 그 힘보다 상회하면 금형은 열리지 않는다. 그러나, 양자가 거의 같은 크기이거나, 형체력 쪽이 작은 경우에는, 금형이 조금 열리게 된다. 그 경우 직압식에서는 금형이 열려도 형체력이 항상 일정하지만, 터글식 경우에는 터글 링크가 완전히 늘어난 이상, 금형이 약간 열리는 것은 타이바의 신장량 ΔL이 그만큼 커지고 형체력F가 증가하게 된다. 즉 터글식은 사출 압력에 의해 금형이 열리기 시작하면 형체력은 자동적으로 증대하고, 그것을 막는 방향으로 작용하게 된다. 이것은 형체력에 무리가 되는 것이지만, 일정 이상이 되면 역으로 이상(異常) 형체력으로 된다.

4-1-3 힘의 확대율과 속도

타이바를 늘리는 힘은, 유압 실린더의 힘 또는 다른 기계적 힘을 터글 기구에서 확대한 것이다. 그 확대율은 형체 스트로크의 위치에 의해 변화하는 것은 이미 설명했다. 그러나 가장 기초적인 싱글 터글 기구에 대한 형체 스트로크 위치에 의한 형체력의 확대율을 구한 관계도는 그림 5-10과 같다. 그림에서 P가 관계 곡선이지만, 형체 속도는 이것과는 아주 역의 관계이고, 처음에는 빠르지만 전진함에 따라서 감소하고 마지막에는 무한히 작게 된다. 이같은 경향은 터글 기구가 가진 특징이고, 형체 기구에서는 바람직한 특성이다. 또 터글의 특성 곡선P는 링크의 구성과 핀의 마찰에 의해 변화한다.

4-1-4 조임값과 형체력과의 관계

이제까지 설명한 것처럼 터글 기구에서는 타이바를 늘어나게 해서 늘어난 타이바가 복원하려는 탄성력이 금형을 조이기 때문에, 앞의 식과 같이 형체력 F는 타이바의 신장량(조임값)ΔL의 함수로 나타내며 비례 관계이다. 결국, 그림 5-11의 직선 T_1 T_2 T_3와 같이 타이바의 조임값 ΔL을 크게 취하면 형체력F는 커진다. $\tan\theta$는 변형과 반력의 비율, 즉 스프링 상수(常數)이며 재질에 의해 결정된다. 한편, 타이바를 늘리는 힘은 유압 실린더의 힘을 터글 기구에서 확대한 것이고, 형체 스트로크의 위치에 의해 변화하며, P의 커브를 그린다. 따라서 T_1과 같이 타이바의 조임값ΔL_1을 조금밖에 취하지 않는 경우에는 터글 기구가 낼 수

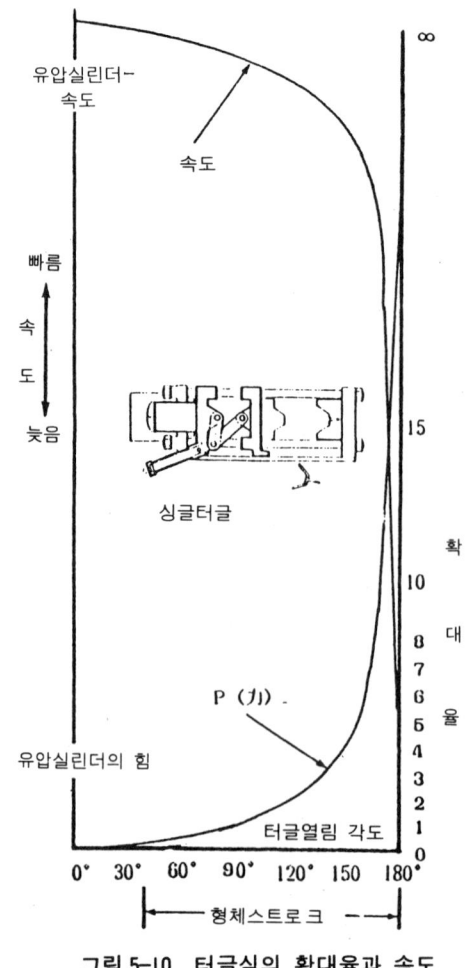

그림 5-10 터글식의 확대율과 속도

있는 힘(곡선 P)은 스트로크ΔL_1의 범위 내에서 항상 타이바를 늘리는 데 필요한 힘(직선T_1)을 상회하기 때문에, 타이바는 ΔL_1만 늘어나고 형체력 F_1을 발생한다. T_3와 같이 타이바의 조임값ΔL_3를 크게 취한 경우는 스트로크ΔL_3의 Q의 위치부터는, 터글기구가 낼 수 있는 힘(곡선 P)이 타이바를 늘리는 데 필요한 힘(직선 T_3)보다 상회하기 때문에, 터글 기구는 Q의 위치에서 정지하고 그 이상 금형은 조여지지 않는다(터글은 구부러진 상태) 따라서, 그 경우의 형체력은 F_3라는 작은 값밖에 얻을 수 없다.

최대 형체력을 얻으려면 타이바의 신장선도(伸張線図) T와 터글의 특성곡선P가 접하도록 타이바의 조이는 값을 정하는 것이다. 결국 이같이 해서 조이는 값은 ΔL_2로 한 경우는 ΔL_2의 스트로크 범위에 있어서, 항상 터글 기구가 낼 수 있는 힘(곡선 P)이 타이바를 늘이는 데 필요한 힘(직선 T_2)보다 하회하는 경우가 없기 때문에 타아바는 ΔL_2만 늘어나고 최대 형체력 F_2가 얻어진다.

4-1-5 형체 게이지 압력과 형체력과의 관계

실제 작업에 있어서 형체력을 설정하고, 또 형체력의 크기를 판정하는 경우는 전 항의 역으로 생각한다. 즉 그림 5-12에서 0점 조정 위치부터 증체(增締)하여 조임값 ΔL을 설정하고, 다음에 형체 압력을 내려서 「C압력」으로 형체한다. 이 때 터글의 특성 곡선은 P_2이며, 터글은 Q_2의 위치에서 구부려진 채 정지한다. 다음에 형체 압력을 서서히 올려서 「B압력」점

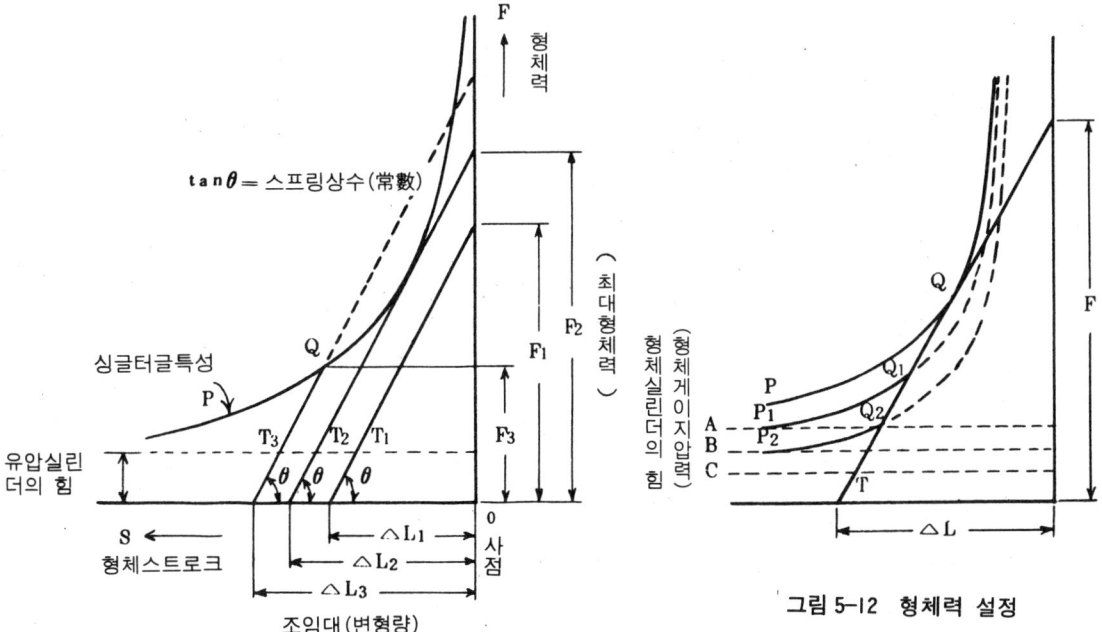

그림 5-11 조이는 값과 형체력의 관계

그림 5-12 형체력 설정

116 제5장 사출 성형기의 구조

에서는 터글의 특성 곡선은 P_1이 되고 터글 Q_1까지 가서 같이 정지한다. 또 형체 압력을 올려서「A압력」이 되면 터글의 특성 곡선은 P가 되고, 타이바가 늘어나는 데 필요한 힘T와 접하는 점을 약간 상회하고, 타이바는 ΔL만큼 늘어나서 형체 완료가 되며, 형체력F가 발생한다. 그리고 실제로 작업에 있어서는 이것을「A압력에서」의 형체력 설정이라고 한다. 이같이 예상했던 압력에서 터글이 완전히 늘어나게 설정한 것이다.

그러나, 이 A압력, 즉 형체 게이지 압력과 형체력F와의 관계는 실제에 있어서는 완전한 비례 관계는 아니고 그림 5-13과 같다. 이것은 미리 설정했던 타이바의 신장량이 금형과 기계 제품등이 압축되어 수축하면서 그대로 늘어나지 않기 때문이다. 주로 이 영향은 형체 게이지 압력에서 $30kg/cm^2$ 정도까지의 범위이고, 그 이상에 있어서는 거의 비례 관계라고 생각해도 무방하다.

또 형체증가량(조이는 값)과 형체력F와의 관계도 마찬가지로 비례 관계는 아니고, 그림 5-13처럼 중간 압력 설정에 있어 약간 하회한다.

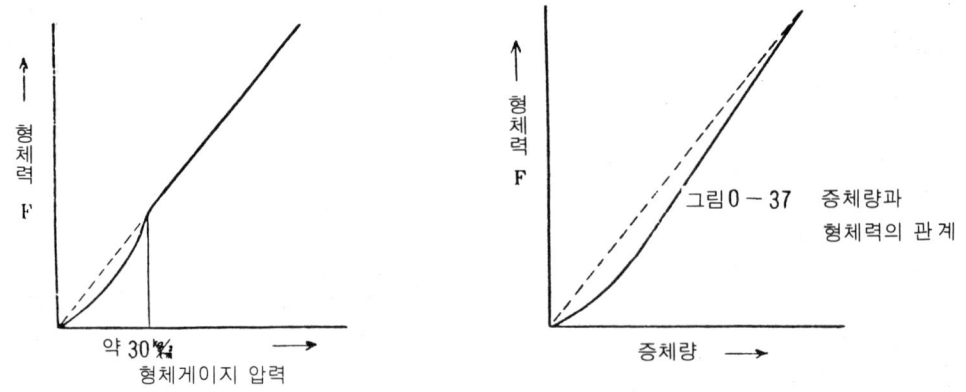

그림 5-13 형체력과 게이지압·형체증가량의 관계

4-2 금형두께 조정장치

터글 기구에서는 형체력 발생이 터글링크가 완전히 늘어난 위치에 한정된다. 그 때문에 금형의 두께가 변하는 경우에는, 그에 따라 그 위치를 조정해야 한다. 이 조정에는 타이바 너트를 필요량만큼 회전시켜서 실린더 플레이트를 이동시키는 것이 대부분이다. 형체용 유압 실린더가 설치되어 있는 실린더 플레이트(혹은 터글 플레이트라고도 한다)는 반대 쪽 면에 터글 링크의 지지점이 있기 때문에 이것을 이동시킴에 따라 기구 전체가 움직이고 이동·고정 양 다이플레이트의 간격, 결국 금형의 두께가 변한다.

여기에서 각 타이바 너트는 균일하게 조정해야 한다. 만약 조정이 균일하지 않으면 형체 정밀도가 나쁘고, 타이바에 걸리는 하중이 언밸런스가 되어, 극단적인 경우에는 타이바가 절

그림 5-14 타이바 너트식 금형두께 조정

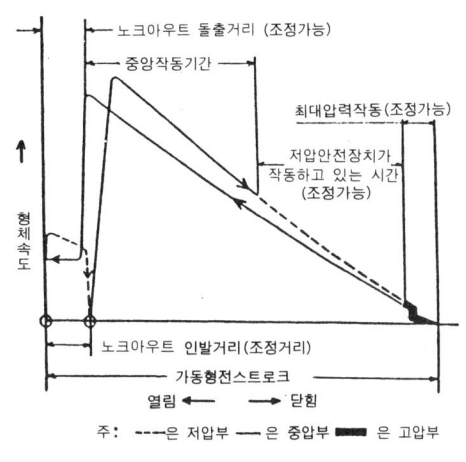

그림 5-15 형체 속도 곡선

단되는 경우도 있다. 따라서 너트를 하나하나 조정하면 불균일하게 되기 쉬우므로 최근에는 거의 4개의 타이바 너트를 기어와 스프로게트로 연동시켜서 동시에 같은 양만큼을 이동시킬 수 있는 연구가 진행되고 있다. 대형기는 타이바 너트를 돌리는 데 상당한 노력이 필요해서, 전용 전동기 또는 유압 모터에 의해 구동하는 방식을 채용하고 있다(그림 5-14).

이 외에, 센터 스크류식이라는 가동판을 큰 나사로 전후시키는 것에 의한 방법과 터글 링크의 길이를 변하게 하여 링크 조정식이라고 부르는 방법이 있지만, 현재는 거의 사용하지 않는다.

최근에는, 옵션에 의해서 금형 교환을 전자동으로 하는 경우 가능한 장치도 있다. 그림 5-16에 그 장치의 일예를 들었지만, 이 예에서는 형체 압력을 디지탈에서 원터치로 설정할 수 있다.

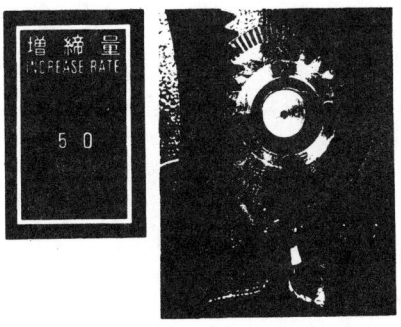

그림 5-16 금형 자동 조정장치의 일예

4-3 터글식의 종류와 특징

터글식에는 링크의 조립 방법에 의해 다음의 2가지가 있다.

① 싱글 터글식(single toggle).
② 더블 터글식(double toggle).

4-3-1 싱글 터글식

1조의 링크(여러개 겹쳐도 같은 역할을 하는 한 1조라고 부른다)로 구성된 터글 기구로 구조가 간단하기 때문에 소형기에 사용되는 경우가 많다. 또, 터글식의 결점인 형체·형개 스트로크를 직압식과 같은 정도로까지 크게 할 수 있다(그림 5-17).

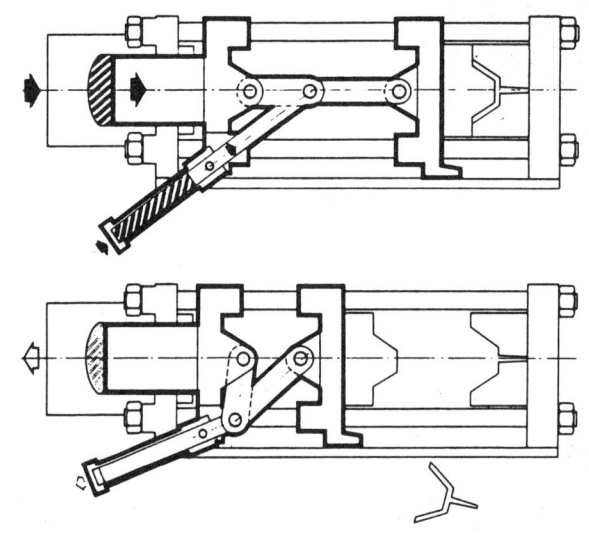

그림 5-17 싱글 터글식 형체 장치

① 구조가 간단하다.
② 형개 스트로크는 비교적 크게 취할 수 있지만, 터글 링크와 형체 실린더에 간섭 위치가 존재하기 때문에 한정된다.
③ 형체 반력(反力)을 프레임(베드)에서 받는 구조가 많고, 이 때문에 프레임의 강도를 필요로 한다.
④ 금형두께 조정은 링크의 길이를 가감하는 것으로도 가능하다. 단, 링크비가 변하고 터글 특성이 변하기 때문에 조정치에는 한도가 있다.

대칭적으로 움직이는 한 대의 링크로 구성되는 터글 기구로, 구조는 약간 복잡하지만 힘의 확대율과 운동 특성이 우수하다(그림 5-18).

① 싱글 2조의 조합 구조로 되기 때문에 운동특성, 힘의 확대율이 좋아서 이상적인 형체 기구라고 한다.
② 링크끼리 간섭하기 때문에, 형개 스트로크를 크게 취할 수 없다. 또 링크 길이 변경만으로는 형개 스트로크의 증대는 도모할 수 없다.

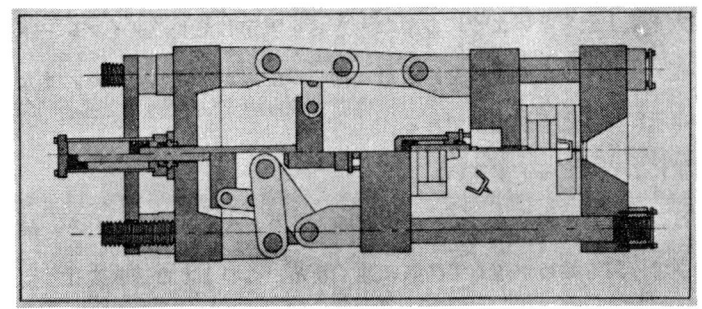

그림 5-18 더블 터글식 형체 장치

③ 가공 정밀도가 요구되므로 가공비가 많이 든다. 특히 대형기에서는 그 영향이 현저하다.
④ 가공·조립 정밀도에 의한 트러블을 피하기 위해, 형체 완료 위치에서 2조의 터글은 양자가 함께 직접 관계 할 수 없기 때문에 2조의 확대로는 되지 않는다.

4-4 터글식의 특징과 문제점

① 형체·형개 스트로크가 짧다.
터글의 기계적 제약을 받아, 형체 스트로크를 길게 하는 것이 곤란하다.
② 금형 두께 조정 장치가 필요하다.
터글 링크가 완전히 늘어난 상태에서 형체가 완료하기 때문에, 금형의 두께가 변하면 그에 따른 금형두께 조정이 필요하다.
③ 형체력을 정확하게 설정 및 판정하기 어렵다.

형체력은 타이바의 신장량에 의해 결정되지만, 이것을 정확하게 파악하면 계산으로 구할 수 있다. 그러나, 기계 부분과 금형도 압축되어 수축하기 때문에 미리 설정한 금형 조임값이 그대로 타이바의 신장량으로 나타난다고는 단정할 수 없다. 또 여러개의 타이바가 균등하게 힘을 받아 같은 양씩 늘어나게 하는 것도 실제로는 어렵기 때문에, 형체력은 정확하게 파악하기 어렵다. 따라서 일반적으로 형체력은 직압식과 같이 유압 게이지의 눈금에서 간단하고 정확하게 읽을 수가 없고, 경험적으로 판단하든지, 또는 특수한 장치를 이용해야만 한다(변형계 또는 텐션미터에 의해 측정한다. 또는 측정 실린더를 금형 대용으로 설치하고, 이 실린더에 압력을 주어 타이바를 늘려 역산한다).

④ 형체력에 무리가 있지만, 반면 이상(異常) 형체력이 되기 쉽다.
사출할 경우, 내압(유효 사출 압력)에 의해 금형을 열려는 힘이 발생한다. 형체력이 상회하는 경우는 문제가 없지만, 형체력 이상의 경우는 금형이 열러 플래시가 발생하는 것은 직압식과 다름이 없다. 그러나 그 경우 직압식은 형체력에 변화는 없지만 터글 링크가 사점(死

點)에 있기 때문에 금형이 열리는 것은 타이바가 늘어나고, 그 늘어난 몫만큼 형체력은 증가하기 때문에, 형체 기구의 안전율을 어디에 두는 가가 중요한 포인트이다. 또 형체 기구 고장의 대부분은 이 원인에 기초한다. 만일 형체력이 100톤인 경우, 신장을 0.9mm로 금형을 조여 성형으로 1mm의 플래시가 발생할 경우는 타아바는 다시 1mm늘어나고, 형체력은 200톤 이상이다. 이같이 플래시 발생의 경우, 형체력이 크게 상회하지 않도록 금형의 크기를 한정하거나, 다이 플레이트의 크기 및 타이바의 직경·길이·안전 장치에 특히 설계상 세심한 배려가 되어 있다. 또 형체력 설정 방법은 메이커의 지시에 따르는 것이 중요하다.

⑤ 운동 특성이 매우 좋고 스피드가 빠르다.

형체 속도는 최초는 빠르고 점차로 늦어져서, 최후에는 서서히 금형이 조여진다. 복귀의 형개행정(型開行程)에 있어서는 반대로 열리는 것이 느리다가 점차로 빨라진다. 이러한 속도 변화는 금형의 개폐 동작으로는 바람직하며 더구나 어떠한 제약도 받지않고 터글 기구 특성상 자동적으로 진행된다. 그러나 형개 공정(型開工程)의 끝, 즉 제품 돌출시에는 속도가 빠른 것이, 자주 성형품을 손상하는 등의 지장을 초래한다. 또 기계 쇼크도 크다. 이것을 방지하기 위해서는 이 시기만 형개 속도를 떨어뜨리도록 특별한 방법을 강구해야 한다는 것은 공정 중 속도의 변화는 각 링크 길이의 조합에 의한 그 기구의 특성이고, 부분적으로 어느 시기에 빠르게 하거나 느리게 하는 것은, 링크 기구 자체로는 가능하지 않기 때문이다. 속도를 감속시키는 것을 슬로우 다운이라고 한다.

⑥ 보수 관리에 세심한 주의가 필요하다.

터글 기구에는 회전 부분이 많고, 여기에 강대한 힘이 집중하기 때문에 핀과 부시가 마모하기 쉽다. 따라서, 급유장치가 절대 필요하지만, 그대로 만족하게 윤활되지 않고 마모를 촉진하는 경우가 있다. 최근에는 무급유성(오일레스)의 특수 합금이 이용되고 있다.

⑦ 소형 경량화 및 운전 코스트가 싸다.

직압식에 비교해서 중량·유량·사용 동력 등이 매우 적어 비용이 적게 들지만 전술의 형체 기구 고장 및 터글의 정밀도, 금형 취부 및 형체력 설정 방법이 까다로와서 형개 스트로크를 크게 하는 것이 불가능하는 등 결함은 있지만, 경제적이어서 중소형기에 많이 사용된다.

이상 직압식과 터글식의 대표적인 기구를 살펴 보았다. 이 양자의 형체력 전달 작용선 비교를 그림 5-19에서, 운동 특성의 비교도를 그림 5-20에서 또 기타 장치의 비교를 표 5-1에 나타낸다. 이 외에도 직압식·터글식의 응용 기구와 그 외의 형체 기구도 많이 있지만, 여기에서는 생략한다.

4. 터글식 형체 기구

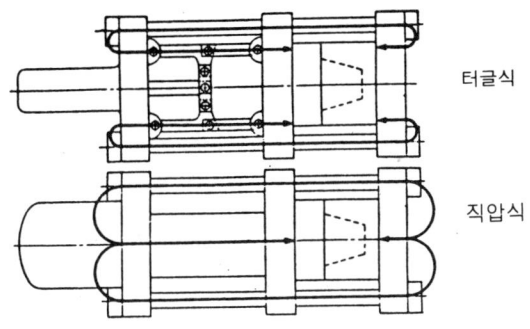

그림 5-19 형체력 전달의 작용선도

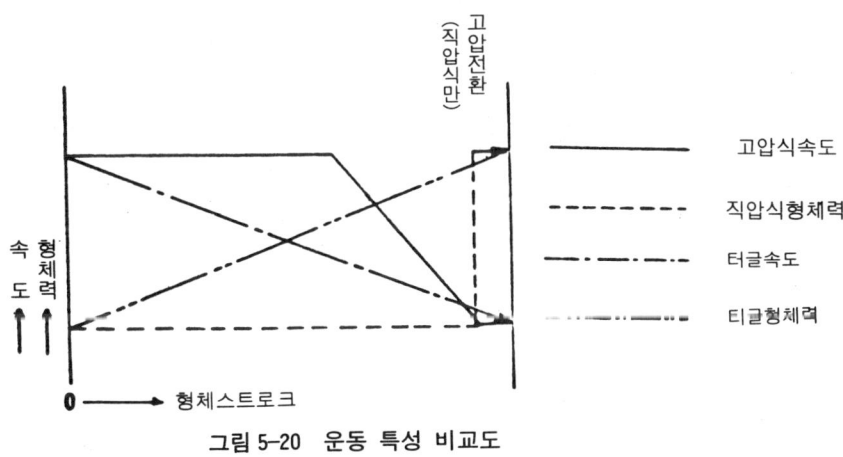

그림 5-20 운동 특성 비교도

표 5-1 형체 장치 기구표

항목 \ 형식	직압방식	터글방식
형체력 발생방법	유압실린더	유압실린더＋링크→타이바-회복력
형체력	단면적×펌프유압	타이바의 신장량
형체력 설정난이	간단, 유압조정	조금 성가심, 형체력증가량조절
형체력 판정	용이, 게이지	정확하게는 판정할 수 없다.
형체·형개 속도	늦다.	늦다.
형체·형개스트로크	크다.	작다.
스트로크 제어조정	귀찮음	간단, 일정
금형두께 조정	간단	귀찮음, 금형두께 조정장치가 필요
금형설치	간단	귀찮음
속도제어장치	복잡	간단
형개력	작다.	크다.
운동특성	나쁘다.	좋다.
내구성·보수성	좋다.	약간 나쁘다.
경제성	나쁘다.	좋다.
적용기	대형기	중·소형기

5. 사출 기구의 개요

5-1 갖추어야 할 능력과 구조

 사출 기구는 사출 성형기의 가장 중요한 장치이다. 특히 플라스틱을 가열 용융하는 가소화 기구는, 기계 메이커에서 가장 고심하고 있는 것이다. 이것은 설계상 단순한 계산만으로 해결되는 것이 아니고, 매우 복잡해서 정확하게 파악할 수 없는 요인이 많기 때문이다. 호퍼(hopper)에서 들어온 플라스틱이 가열 실린더·스크류와의 작동에 의해 최종적으로 가소화·용융되지만, 이 과정이 시간과 함께 형태가 변화하고, 또 점탄성 변화·열변화 등 상상과 가정적 부분이 많다. 또, 그저 단순하게 가소화 용융이라고 해도 설계자에 따라서 점도·온도 등의 평가가 가지각색이다. 또 최근에 새롭게 많은 플라스틱이 개발되어 같은 플라스틱이라도 가열 용융할 때에는 각각 다른 특성을 갖고 있기 때문에 획일적일 수 없다. 그러나, 실제로 성형 작업에 있어서 성형기를 충분히 이해하고, 실제적인 면에서 도움이 되게 하는 것이 필요하다.

 그런데, 사출 기구가 갖추어야 할 능력·작용으로는,

 ① 계량한다.

 각 쇼트(shot)때마다 필요량을 안정되게 공급한다.

 ② 가소화(가열)·용융한다.

 빠르고 균일하게, 체류가 없도록 엄격한 조건을 바탕으로, 원료를 성형 가능한 점탄성과 온도로 용융시킨다.

 ③ 사출한다.

 가소화 용융한 플라스틱을 닫힌 금형 캐비티에 높은 압력을 가해서 노즐에서 압입한다.

 이러한 작용을 하기 위한 장치는 사출 블럭 또는 사출 유니트라는 부분에 모아져, 또 금형 방향으로 슬라이딩해야 할 대(台)위에 설치하는 것이 보통이다. 사출 블럭은 금형에 대해서 좌우 및 상하로 조정 가능하게 되어 있고, 노즐과 금형 스프루 부시 중심을 맞출 수가 있다. 또 가열 실린더의 청소, 스크류 교환·보수 점검에는 사출 블럭을 약 25°전후 선회할 수 있다.

5-2 사출 기구의 종류

 사출 성형기의 사출 기구는, 가소화 방식을 중심으로 하여 다음의 4종류로 크게 나눌 수 있다.

 ① 플랜저 식

 ② 스크류 식

③ 플리플러 식
   (a) 플랜저 플리플러식
   (b) 스크류 플리플러식

사출 기구는 형체 기구의 역사적인 배경(다이 캐스트기의 응용)과 달라서, 천연 플라스틱(초산 셀룰로오스)시대의 독특한 형식이 고안되고 있다. 그러나, 플라스틱의 역사적인 발달 및 성형품의 변화, 생산 형태의 다양화 등에 따라 차례차례로 개량되고 있다. 따라서, 형체 기구와 같이 초기의 직압식·터글식이 현재에도 본질적으로 변함 없는 것과는 달리, 가소화 방식은 점점 새로운 방식으로 교체되었다. 상기(上記) 중에서도 플랜저식은 26년전까지는 사용되었지만, 현재에는 이미 과거의 산물로 취급되고 있다. 현시점에 있어서는 스크류식이 98% 이상을 차지하고 있다. 따라서 여기에서는 스크류식에 대하여 설명하기로 한다.

5-3 열안정성과 용융 점도의 해설

기구로 들어가기 전에, 전문적으로 사용되는 용어에 대해서 특별히 2가지를 설명한다. 이 용어는 가소화 기구를 이해하고 나서 필요한 것은 기본보다 실제면에 있어서 이 두 개의 수치의 비교를 이해하지 못하면 성형기의 가소화 원리 및 성형 조건의 조립이 곤란하다.

5-3-1 열안정성

열가소성 플라스틱은 온도에 의해 성질이 매우 변한다. 따라서 성형 이론을 알기 위해서는 아무래도 온도에 따른 성질의 변화를 생각해야 한다. 예를 들면 폴리스티렌은 상온(23℃) 또는 상온 이하에서는 딱딱하고 부서지기 쉬운 성질을 갖고 있어서, 망치로 두드리면 간단히 파손된다. 마치 유리와 같은 성질을 갖고 있으므로 이 상태를 유리화 상태라고 한다.

온도가 차츰 상승하여 140℃~180℃정도가 되면, 용융하여 유동체가 된다. 이 온도는 용융 온도 또는 일차 전이점이라고 한다. 이 유리화 온도 및 용융 온도는 플라스틱의 종류에 따라 다르지만, 이 온도는 플라스틱 성질과 성형 가공에 매우 중요한 의미를 갖는다.

연질의 폴리에틸렌이 상온에서 부드러운 것은 유리화 온도가 상온보다 낮아서 약 -45℃의 값을 갖고 있기 때문이다. 만일 폴리에틸렌을 -45℃정도로 냉각시키면 약하고 파손되기 쉬운 성질로 변한다. 폴리에틸렌을 용융 온도 115℃~150℃정도 이상으로 상승시키면 용융하여 유동성을 갖게 된다. 마찬가지로 폴리프로필렌의 유리화 온도는 약 -12℃이고, 상온에서 사용할 경우는 강하지만 -12℃정도에서 잘 부서지고, 160℃~170℃정도에서 용융한다. 가정에서 전기용 코드와 시이트로 사용되는 연질 염화 비닐 제품도 여름에는 부드럽고 겨울에는 잘 부서지고 깨지기 쉽다. 이것도 모두 같은 이유에 의한 것이다.

실제 사용되고 있는 플라스틱 사용온도 범위는 내열 온도 및 내냉온도로 나타내고 있다. 예를 들면 폴리에틸렌 용기는 내냉온도 -20℃, 내열온도 70℃로 표시된다. 플라스틱은 유리화 온도·용융 온도·분해 온도가 있지만, 성형 가공온도는 용융 온도와 분해 온도와의 중간이다. 이 용융 온도와 분해 온도와의 차이, 즉 온도 폭을 열안정성 범위로 생각하여, 이 온도 폭이 넓은 플라스틱을 열안정성이 좋다고 한다. 역으로 온도 폭이 좁아 열에 대해서 민감한 플라스틱은 분해되기 쉬워서 성형 가공이 어렵다. 이같은 플라스틱을 열안정성이 나쁘다고 한다. 실제로 성형 가공에 종사하는 사람은 이 온도 폭을 깊이 이해해야 한다.

① 열 안정성이 좋은 플라스틱

  PS, PE, PP, SAN(AS)등

② 열 안정성이 보통인 플라스틱

  ABS, EVA, CA 등

③ 열 안정성이 나쁜 플라스틱

  경질 PVC, PC, PMMA, POM, PA, PPO, 폴리설폰 등

5-3-2 용융 점도

사출 성형에 있어서, 높은 사출 압력을 필요로 하는 것은 플라스틱 자체의 열 전도율이 나쁘고 더구나 점도가 높은 점탄성체이기 때문이다. 시간의 경과 또는 온도의 고저에 의해 변화한다. 이와 같이 높은 점도를 가진 플라스틱 중에도 비교하면 높은 것(딱딱한 것)과 낮은 것(부드러운 것)이 있다. 전문적으로 비교하는 경우는, 분해하지 않는 범위에서 최고 온도로 하고, 일정 하중에서 일정 시간 규정의 오리피스(작은구멍)에서 유출하는 용적 또는 중량으로 측정한다. 이렇게 측정하는 장치로 플로우테스터 등이 있으며, MI(멜트 인덱스 주로 PE)라는 수치로 나타낸다. 또 C/S(센티 스톡스) 등 각종 호칭이 있다.

이 용융 점도는 플라스틱 유동 용이성으로 해석해도 무방하다. 성형 시 유동성이 좋은 플라스틱은 사출 압력을 내리고, 금형 온도를 낮출 수가 있다. 역으로 유동성이 나쁜 플라스틱은 스크류 회전시의 부하가 크고, 또 가열 온도·금형 온도·사출 압력도 필연적으로 높다. 그 외에 금형 스프루·런너·게이트시스템에도 고려할 점이 많아 성형이 까다롭다. 이같이 용융 점도에 관계가 있고, 실제 성형 작업에 있어서는 수치보다도 비교로 익히는 것을 권장하고 싶다. A플라스틱보다도 B플라스틱 쪽이 딱딱하다든가, 또 비교 온도에 대해서는 표준 성형 온도를 기준으로하는 것이 합리적이다.

① 고점도 플라스틱

  경질 PVC, PMMA, POM, PPO등

② 중점도 플라스틱

  ABS, CA, EVA, PETP 등

③ 저점도 플라스틱

  PS, PE, PP, 연질 PVC 등

여기에서 알아 두어야 할 것은 열안정성과 용융 점도에 관계하며, 다음과 같은 그룹으로 구분할 수 있다.

① 열안정성이 좋고, 용융 점도가 낮은 그룹

　PS, PE, PP, SAN 등

② 열안정성이 나쁘고, 용융 점도가 높은 그룹

　PVC, PC, PMMA, POM, PPO, 폴리설폰 등

폴리아미드가 성형 가공상 특수한 플라스틱이라고 하는 것은 열 안정성이 나쁘고, 더구나 용융 점도가 극단적으로 낮기 때문에, 이 중 어느 그룹에도 속할 수 없는 하나의 이유이다. 또 2차전이점(연화점)과 1차전이점(융점)이 근접해 있는 것도 그 원인이다(폴리아미드는 상품명이 나일론의 플라스틱이다).

6. 스크류식 사출 기구의 기본 구조와 최근의 발전

6-1 그 원리와 구조

가소화를 스크류에 의해 행하는 사출 성형기라고 하는 착상은 입출기의 존재를 알고 있는 사람이라면 누구나 생각할 수 있는 일이다. 원래 플라스틱의 가소화를 스크류로 하는 방식은 플랜저 방식보다 이전에 개발되었지만, 사출 기구에 스크류를 도입하는 자체, 플랜저기에 비하여 구조가 복잡해지고, 사출 성형기가 개발된 당초는 오로지 플랜저 타입에 관심이 높았기 때문에 토피드를 내장한 사출 장치가 대부분이었다.

그것이 과거 20년 동안 새로운 플라스틱 개발과 고점도이며 더구나 열안정성이 나쁜 플라스틱을 성형할 필요성이 높아짐에 따라, 균일하고 더욱 양호한 용융 상태를 얻을 수 있는 스크류에 의한 가소화의 우수성이 커져서 클로우즈업되었다. 사출 성형기보다 압출 성형기 쪽이 실용화 된지는 먼저이다. 사출 성형기는 1958년 서독의 하노버에서 개최된 국제 플라스틱 쇼에 에케르트 지글러(Eckert Ziegler 서독) 및 안켈 베르크(Ankerwerk 서독)양사가 처음으로 출품하여, 스크류식 시대의 개막을 고했다. 스크류의 특허는 1958년 압출기 및 사출 장치를 전문으로 제조하는 이건(Egan America)이 보유하고 있었다. 현재도 미국 국내 특허가 유효하기 때문에 압출기는 물론 사출 성형기도 미국에 수출하는 것은 전부 일정의 특허료를 지불하고 있다. 미국에서 제조된 사출 성형기의 사출 장치가 거의 같은 형태를 한 것은 동사(同社)의 특허가 유효하며, 이는 동사가 장치의 일부를 공급하고 있기 때문이다.

현재 스크류 타입의 일반적인 구조는 그림 5-21과 같다. 호퍼(hopper)안의 플라스틱은 자동으로 가열 실린더안으로 낙하하여, 스크류의 회전 이송 작용에 의해 스크류의 홈을 따라서 선단에 보내진다. 이 과정에서 플라스틱은 가열 실린더 외주에 감겨있는 히터와 스크류의 발열 작용으로 혼련(混錬)되면서 가소화한다. 스크류 선단에 보내진 플라스틱 압력으

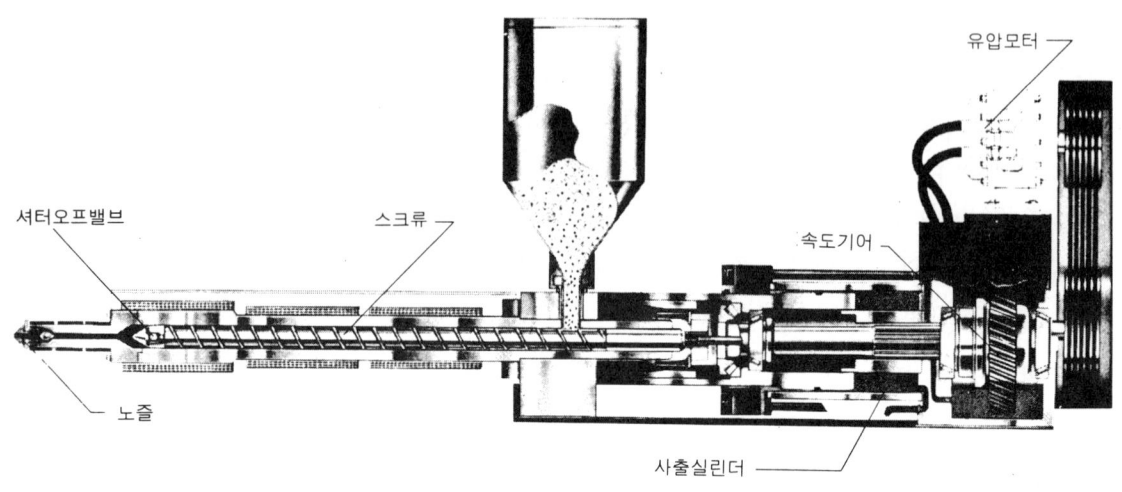

그림 5-21

로 스크류가 후퇴하는데 그 후퇴 거리를 전기적으로 검출하여 스크류의 회전을 정지시키면, 1쇼트 분의 용융 플라스틱이 가열 실린더 선단부에 축적된다. 계량된 플라스틱을 스크류 후부에 설치된 유압 실린더로 스크류를 전진시키고 노즐에서 금형 내부로 사출한다. 사출할 때 계량 플라스틱 일부가 스크류의 홈을 통하여 역류하기(백 플로우)때문에, 일반적으로 스크류의 선단부에는 역류방지 밸브가 설치되어 있다. 그러나, 이 역류 방지밸브는 유동성을 저해하고 체류에 의해 분해를 일으키기 쉽다. 경질 PVC · PC 등에는 역류 방지밸브를 붙이지 않는 것이 좋다. 사출할 때는 스크류가 전진해서 사출 플랜저의 역할을 하는 것을 인라인 · 스크류식이라고 한다.

6-2 스크류 디자인

스크류는 그림 5-24와 같이 호퍼 방향에서 공급부(feed-zone), 압축부(comp-ression-zone), 계량부 또는 용융부(metering-zone)의 3부분으로 되어 있다. 연경질 염화비닐용 이외의 일반 스크류는 공급부 및 계량부의 홈의 깊이가 일정하고 압축부만이 서서히 얕아진다. 이 홈의 깊이의 비율(엄밀하게는 1피치(pitch)의 체적량)이 압축비이다. 체적 압축은 이 외에도 피치의 변화, 꼬임 각도의 변화 등을 생각할 수 있지만, 스크류의 제작상 홈의 변화가 가장 간편하기 때문에 홈의 깊이 변화가 일반적으로 되어 있다.

스크류 디자인을 결정할 때는 플라스틱 특성(열 안정성 · 용융 점도)과 생산 능률(가소화 능력) 및 생산 능력(사출 용량, 사출 압력 사출율 등)에 따라 압축비 · 공급부 · 압축부 및 계량부의 비율, 스크류 피치, 나사의 홈깊이가 결정된다.

최초, 공급부에서는 플라스틱을 효율 좋게 스크류 실린더에 넣어 전방으로 보내면, 이와

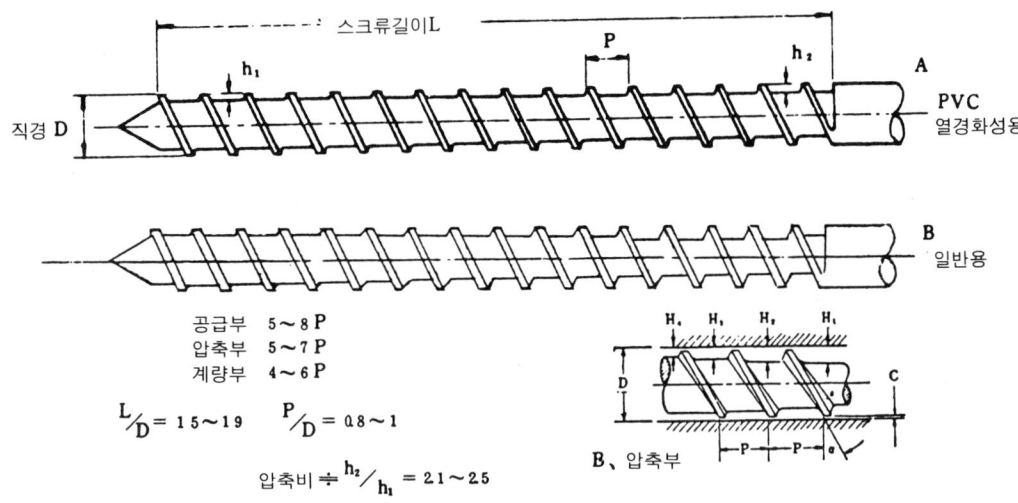

그림 5-22 스크류 디자인의 예(3~10온스)

동시에 스크류 전단 작용과 히터에 의해 용융을 시작하면서 다음 압축부로 보낸다. 공급 부분에서는 거의 미용융 상태로 이송되어, 서서히 열을 받아서 연화한다. 다음 압축부에서는 체적 압축을 받아 스크류 전단 작용과 외부 가열로 플라스틱을 용융시키고 혼련을 충분히 하면서 계량부로 보낸다. 이 중에서는 압축부가 가장 중요하고 압축부의 길이는 플라스틱의 종류(열 안정성과 용융 점도)에 따라 바꿀 필요가 있다. 즉, 경질 염화비닐 같은 열 안정성이 나쁜 플라스틱의 경우, 급격한 압축은 과열에 의해 열분해를 일으키므로 압축을 서서히 행하기 위해 압축 부분이 긴 편이 좋다. 또 나일론같이 용융 온도에 달하면 급속히 용융하는 플라스틱은 압축이 급속도로 이루어지도록 압축부가 짧아야 한다.

또 압출기에서는 대부분의 경우, 한 종류의 플라스틱을 장시간 연속하여 성형하므로 그 플라스틱에 가장 적합한 디자인의 전용 스크류를 사용하며, 플라스틱에 맞추어 교환하는 것이 보통이다. 그러나, 사출 성형기의 경우는 스크류에 의한 가소화 프로세스가 추가되기 때문에 압출기의 계량부에 상당하는 용융 플라스틱의 균일화를 도모하는 부분의 필요성이 적다. 사출 성형에 있어서 자주 플라스틱을 교환해야하므로, 기계를 사용하는 쪽에서는 하나의 스크류로 대부분의 플라스틱을 성형할 수 있는 것이 이상적이다. 결국 사출 성형기의 스크류의 중요성은 어느 특정의 플라스틱에 대하여 우수한 설계를 하는 것이 아니고, 가능한 한 많은 플라스틱의 가소화에 사용할 수 있는 융통성을 가진 범용 스크류이다.

스크류의 홈 깊이는 압출기와 같이 연속적으로 회전하지 않고 가소화 단계에서만 회전하고, 그 이외에는 정지하는 것이 보통이기 때문에, 홈이 깊으면 정지하고 있는 사이에 홈 안의 플라스틱의 온도분포 상태가 불안정하게 된다. 따라서 일반적으로는 압출기 스크류보다 홈의 깊이가 얕다. 또, 계량부 홈의 깊이가 얕을수록 가소화 능력은 떨어지지만, 혼련 효과는 향상한다.

6-3 스크류에 의한 성형 재료의 용융과 가소화

스크류의 작동 상태는 그림 5-23과 같이 「회전」(가소화와 계량), 「정지」(계량 완료후, 다음 사출까지), 「사출」(스크류가 피스톤이 되어, 플라스틱을 금형 캐비티 안으로 압입한다)의 3가지가 있다.

이 중에서 회전중의 계량·가소화·용융에 대해서는 전술한대로 이론적으로 해석하는 것은 매우 곤란하다. 가열 실린더 안의 흐름은 그림 5-23①과 같다. 호퍼 방향에서 노즐로 향하는 추진류(drag flow) f_1은 회전하는 스크류 이송 작용에 기초한 것이고, 가장 표준적인 흐름이다. 노즐 방향에서 호퍼 방향으로 역류하는 배압류(back pressure flow) f_2는 노즐부의 압력 발생으로 높은 압력으로 되며, 호퍼 부분은 거의 압력이 없어서, 이 압력 차이로 필연적으로 흐르게 된다. f_3의 가로 흐름은(transverse flow) 추진류와 배압류에 의해 발생하는 복합 작용이며, 2가지의 흐름으로 균형을 이루고 복잡한 유동 특성을 나타낸다. 이 흐름은 그림 5-23 ②~⑤에서 나타낸 것같이 나사산에 대하여 거의 직각에 가까운 상태(이 상태로 하기 위해서 스크류는 다지인적인 미묘한 설계를 하고 있다)가 된다고 생각할 수 있다. 이 흐름은 가장 중요한 흐름이고, 스크류의 기계적, 열적, 가소화, 혼련적인 면에 큰 영향을 미친다. 스크류와 가열 실린더의 사이를 흐르는 역류(leak flow) f_4는 역시 압력차이로 발생하지만, 가소화상, 성형상 그다지 중시할 필요는 없다.

이러한 흐름은 각각 별개로 생각할 수 없고 합성된 흐름으로서, 전체적으로 노즐 방향으로 흐르고 있다. 그림을 보거나 해설을 이해하는 경우도 이 점을 주의하기 바란다.

가열 실린더에 열을 가하는 것은, 외부에서 히터로 가열하는 외에 실린더 내부에서 발생하는 전단 작용이 있다. 플라스틱 사이 또는 플라스틱 층 사이의 순간적인 속도차이는 강한 전단력을 발생시킨다. 전단력은 가압하(加圧下)(스크류 이송 압력은 $200 \sim 300 kg/cm^2$)에서 일어나며, 상당한 열량이(전단열) 발생하여, 플라스틱은 고무 탄성 상태로 가소화 상태 즉 유동 상태로 진행된다. 이 효과는 스크류 전역에 미치지만, 가장 심한 것은 플라스틱이 고체에서 가소화 상태로 진행하는 중간 압축 부분이다. 플라스틱 흐름과 그 이송압은 스크류 회전에 의해 발생하기 때문에 플라스틱의 내부 가열은 기계적 회전 운동 에너지가 열로 변화하기 때문이라고 말할 수 있다. 스크류에 가해진 에너지는 대부분 손실없이 열로 변환하기 때문에 기계전반조건에 가장 적합하며, 플라스틱 마찰 계수가 큰 경우 그 작용은 단열적 현상에 가깝다.

경질 염화 비닐은 플랜저식에서는 고압을 가해도 유동성이 나빠서 두꺼운 것 밖에 성형할 수 없는 것에 비해, 스크류식 가열 실린더 안에서는 유동성이 좋아져 비교적 낮은 압력

6. 스크류식 사출 기구의 기본 구조와 최근의 발전

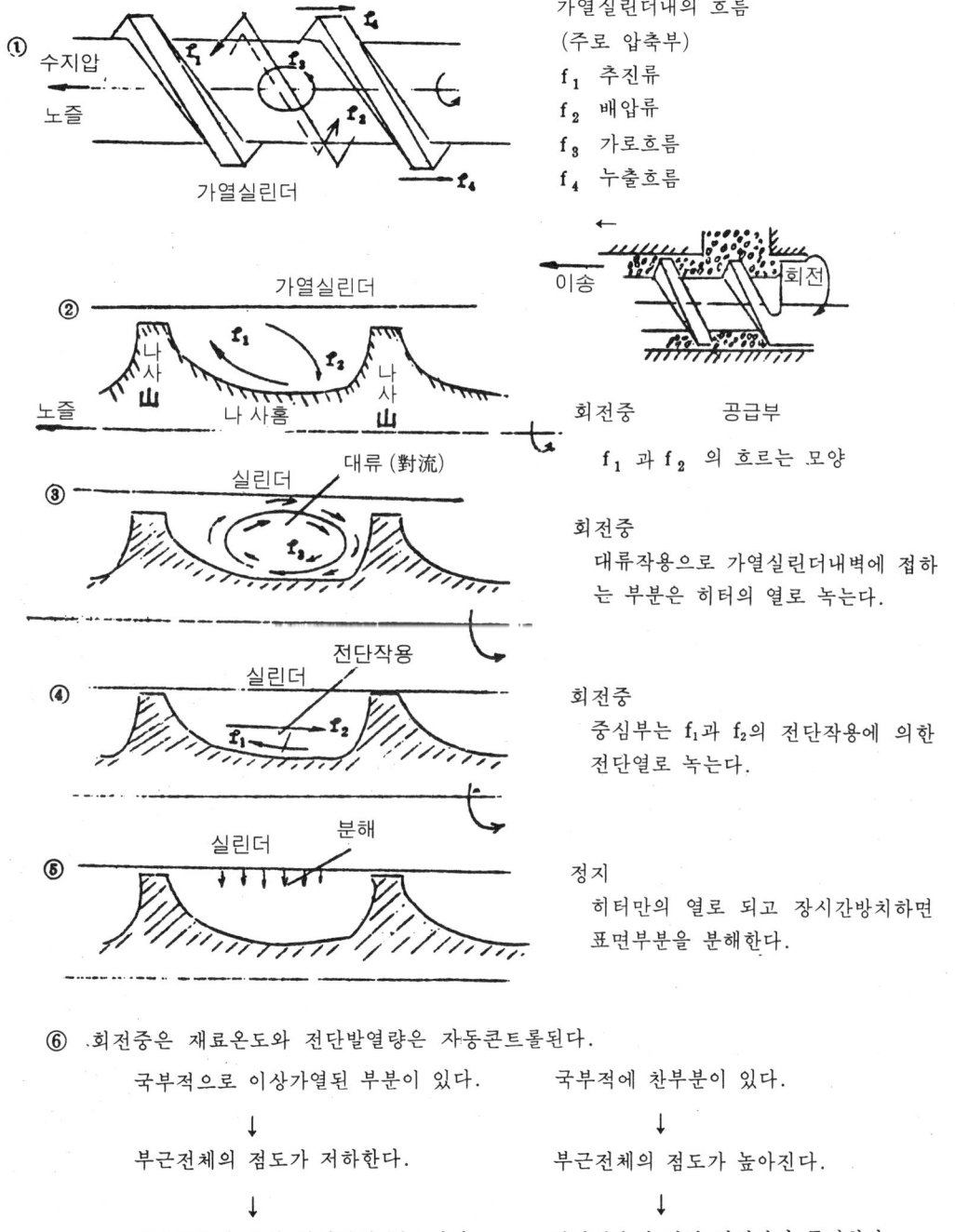

가열실린더내의 흐름
(주로 압축부)
f_1 추진류
f_2 배압류
f_3 가로흐름
f_4 누출흐름

회전중　　　공급부

f_1 과 f_2 의 흐르는 모양

회전중
대류작용으로 가열실린더내벽에 접하는 부분은 히터의 열로 녹는다.

회전중
중심부는 f_1과 f_2의 전단작용에 의한 전단열로 녹는다.

정지
히터만의 열로 되고 장시간방치하면 표면부분을 분해한다.

⑥ 회전중은 재료온도와 전단발열량은 자동콘트롤된다.

국부적으로 이상가열된 부분이 있다.　　　　국부적에 찬부분이 있다.
　　　↓　　　　　　　　　　　　　　　　　　　↓
부근전체의 점도가 저하한다.　　　　　　　부근전체의 점도가 높아진다.
　　　↓　　　　　　　　　　　　　　　　　　　↓
전단작용에 의한 발열량이 감소한다.　　　전단작용에 의한 발열량이 증가한다.
　　　↓　　　　　　　　　　　　　　　　　　　↓
전체의 온도가 내려간다.　　　　　　　　　전체의 온도가 상승한다.

그림 5-23 스크류식 가소화 응용원리

에서 고속도로 사출되므로 매우 얇은 것이라도 성형할 수 있는 이유가 여기에 있다.

그림 5-23에서 전단력에 의해 열이 발생하는 경우는, 국부적으로 온도가 올라가도 그에 따라 점도·전단력도 감소하므로 발열량은 저절로 억제된다. 따라서 스크류 전역에 있어서 외부로부터의 가열을 피하려고 주의하면, 예를 들면 경질 염화 비닐과 같이 열안정성이 매우 나쁜 경우에도, 가열에 의한 분해를 일으키지 않고 성형 작업이 가능하다. 또 기계적 운동 에너지에서 열 에너지의 변화가 심하고(단위 용적당 기계적 에너지는 보통 열전도에서 전해지는 것보다 크다), 또 열은 손실없이 플라스틱 속에 전달되어, 열응력을 받은 플라스틱은 전도에 의한 열전달 속도보다 빠른 속도로 이동하기 때문에 플라스틱이 유동화하는 속도는 플랜저식보다 훨씬 크다. 이 성질은 플라스틱 및 고무 탄성 상태에 있을 때의 내부 마찰 계수 및 가소화 상태에 있어서의 점도에 비례하여 변화한다.

내부 마찰로 가열된 반용융 펠리트는 스크류의 나사 홈을 따라 흐르지만, 열은 대부분 흐름 f_3에 의해 전달된다. 이 가로 흐름 f_3은 기계적 혼합 작용과 같은 방법으로 확산한다. 또 실린더 벽면으로도 열이 유입되지만, 벽면에 접한 플라스틱이라도 항상 바뀌므로 열 전도는 빠르게 진행된다. 이 흐름에 의한 열 이동 때문에, 외형의 열전도율은 플라스틱이 정지한 경우의 물리적 전도율의 100배나 된다고 한다. 따라서 가열 실린더에 있어서는, 큰 발열량을 얻을 수 있을 뿐만 아니라, 열의 균일한 분산을 용이하게 할 수 있다.

이러한 이유에서 히터에 의한 실린더 내부 가열은 플랜저식만큼 중요하지 않다. 외부 가열은 공급부에서 단지 플라스틱을 실린더 안으로 밀어넣어, 전방으로 이송해 가는 것에 필요한 펠리트와 실린더 벽과의 사이에서 마찰을 일으키면 충분하다. 이 마찰을 얻기 위해서는 어떤 종류의 플라스틱(예를 들면 미끄러지기 쉬운 폴리아미드)은 비교적 고온으로 높일 필요가 있지만, 일반적으로 낮은 온도에서도 충분하며, 역으로 온도를 너무 올리면 실린더 벽에 접촉한 플라스틱이 용융하여 마찰 효과를 감소시키는 경우도 있다. 압축 영역, 즉 가소화 상태로의 이행이 진행되는 영역은 이 외부 가열이 필요한 온도로 상승시키는 역할을 다하지만, 이것도 또 열 에너지 총량의 일부이다. 성형 온도가 높은 플라스틱, 예를 들면 폴리카보네이트는 이 외부 가열이 다른 플라스틱보다도 많이 필요하다. 또 내부 마찰이 비교적 작은 플라스틱, 예를 들면 폴리에틸렌은 대부분의 경우 외부 가열 필요성이 크고, 마찰 계수가 큰 플라스틱인 폴리에틸렌, 메타크릴 등은 필요성이 작다.

사출 성형기의 경우, 일반적으로 스크류의 회전이 연속적이 아니고 간헐적이어서 스크류 정지시에는 외부 가열만으로 실린더 내부의 열적 상태는 변화한다. 따라서 열 안정성이 나쁜 플라스틱을 장시간 실린더에 체류시키면, 실린더 내부에 접한 부분이 분해한다. 스크류는 사출후 회전을 시작하여 제품 냉각 기간중에 다음 사출량의 가소화를 완료하고 정지하는 것이 보통이다.

6-4 스크류 디자인에 의한 가소화 차이

가열 실린더 안의 유동·가소화·용융 원리는 전술한대로이지만, 스크류 디자인에 따라서도 정도의 차이가 있다. 우선, 그림 5-24에서 스크류 능력을 나타내는 수치는 여러가지 있지만, 가장 중요한 것은 L/D(엘 바이 디라고 한다)와 h_2/h_1-압축비이다. L/D가 크다고 하는 것은 스크류가 좋은 것이며, h_2/h_1이 강하다고 하는 것은 홈 깊이의 변화(압축부의 테이퍼)가 심하다는 것을 의미한다. 이 수치의 상관 계수는 다음의 2그룹으로 나눌 수가 있다.

L/D가 크고 h_2/h_1이 작다.

L/D가 작고 h_2/h_1이 크다.

지금 여기에 어떤 종류의 플라스틱을 가소화한다고 생각해 보자. 이 플라스틱을 가소화하는데에도, 긴 거리(L/D가 크다)를 서서히 (h_2/h_1이 작다) 가소화하는 방법, 또 짧은 거리(L/D가 작다)를 급격히(h_2/h_1이 크다) 가소화하는 경우 2가지로 생각할 수 있고, 둘 다 호퍼에서 투입시킨 플라스틱이 선단부에 축적되기까지 가소화하면 되는 것이다. 질과 양이라는 말로 나타내면 전자는 양보다 질, 즉 단시간내 전단열량은 작지만 시간이 걸려 가소화하는 것이고, 후자는 질보다 양, 즉 스크류가 짧아서 1회 회전에 보다 많은 전단열을 발생시켜 단시간에 가소화하는 방법이다.

이 차이를 플라스틱 별로 생각해 보면, 급속하게 마찰열과 전단열을 발생시키면 열 안정성이 나쁜 플라스틱은 분해와 연소를 일으킬 우려가 많다. 또 고점도 플라스틱은 h_2/h_1이 크면, 스크류 회전에 큰 동력이 필요하다. 이미 설명한 대로, 플라스틱 가소화 특성에 대해서는 크게 구분하여 열 안정성이 좋고, 용융 점도가 낮은 그룹과 열 안정성이 나쁘고, 용융 점도가 높은 그룹의 양단이 있고, 가소화시킬 때에는 이 점을 고려하여 스크류 L/D·h_2/h_1을 결정할 필요가 있다. 여기에서 압출기는 그 작업상 플라스틱 별로 전용 스크류의 사용이 가능하지만, 사출 성형기에 있어서는 재료 교환의 기회가 많기 때문에, 한대의 스크류로 가능한 한 많은 플라스틱에 적합한 스크류 디자인으로 고안되어 있다. 그러나, 역시 플라스틱 특성의 양단이 있는 이상 어느쪽이든지 중점을 두어야 한다.

6-5 스크류의 교환과 성형기의 능력

사출 성형기는 일반적으로 여러가지 특성을 가진 성형 재료에 대응할수 있도록, 각 메이커끼리 2~3대의 교환 스크류가 준비되어 있어서, 사용 플라스틱과 상품 특성에 맞추어 선택할 수 있다. 스크류를 교환하면 표 5-2에서와 같이 성능 수치도 변하지만, 그 근본 의의는 전술한 가소화 조건의 합리화에 있다.

교환 스크류와 가열 실린더는 일체이다. 이 교환 스크류에 있어서 L/D의 L, 즉 스크류의 길이를 일반적으로 변할 수 없다. 이 L을 바꾸면 기계의 전길이, 밸런스, 또 사출대 전체의

표 5-2 스크류의 직경 차이에 따른 가소화 능력의 변화 일예

항 목	단 위	형체력 110톤			형체력 240톤			형체력 440톤		
스크류 피스톤	mm	37	44	50	53	63	70	75	90	100
최대사출량	cm³	134	190	245	415	590	730	1235	1780	2200
사출압력	Kg/cm²	1720	1220	1000	1700	1200	1000	1750	1200	1000
사출율	cm³/sec	99	140	181	201	284	350	342	492	608
가소화능력	Kg/h	35	55	83	90	150	188	173	284	392

전후진 스트로크가 변화하기 때문이다. 따라서 h_2/h_1을 바꾸는 것이 보통이다. 굵은 스크류는 사출 용량이 커서 사출 압력은 저하하고 칫수 정밀도가 불필요(높은 칫수 정밀도는 일반적으로 사출 압력을 높인다)한 잡화품에 적용된다. 가는 스크류는 사출 용량은 작지만 사출 압력이 높아서, 공업 부품의 성형에 사용하면 효과적이다.

6-6 사출 용량과 가소화 조건의 관계

스크류식에서의 사출 용량은 스크류 직경과 스크류 스트로크 길이에 의해 결정된다. 한편 사출 압력은 힘의 발생원인 유압 실린더의 직경(면적)과 유압의 크기로 결정되며, 이에 대하여 스크류의 직경(면적)의 선택 방법에서 최고 사출 압력이 한정된다. 결국 특정한 크기의 유압 실린더에 대해서는, 스크류 직경을 작게 할수록 큰 사출 압력을 발생시킬 수가 있고, 직경이 클수록 작은 사출 압력밖에 발생하지 않는다. 스크류식에서는 사출 압력에 의해 스크류가 휘거나 절단될 우려가 있기 때문에 스크류 직경을 작게해서 사출 압력을 증대시키는 데는 한계가 있다. 또 강도 부족 경향은 L/D가 클수록 현저하며, 스크류의 D(직경)에 대해서 L(길이)을 가능한 한 짧게 해야 한다.

또 스크류식에서는 스크류가 회전하면서 후퇴하기 때문에, 호퍼 중심에서 나사부 선단까지 스크류의 유효 길이는 플라스틱 가소화가 진행함에 따라 짧아진다. 그래서 엄밀하게는 스트로크 위치로 유효한 L/D가 변하며, 플라스틱의 가소화 상태가 변동한다.

그림 5-24에서, 기계의 최대 사출 용량보다도 훨씬 작은 사출 용량으로 성형할 때는, 스크류의 스트로크는 아주 작아서, 스크류의 유효 길이의 변화가 가져오는 영향도 작다. 그러나, 스크류 직경에 대해 1쇼트마다 사출 용량이 너무 적으면, 스크류 스트로크 길이의 약간의 산포가 스트로크 길이에 대한 비율로서는 커진다. 즉 쇼트마다의 사출 용량 산포의 비율이 커진다. 또 각 쇼트마다 노즐에서 사출되는 양이 적기 때문에, 호퍼에서 가열 실린더로 들어간 플라스틱이 노즐에서 사출되기까지 가열 실린더 내에서 체류하는 시간이 길어서 경질 PVC와 폴리아세탈과 같이 열 안정성이 나쁜 플라스틱에는 특히 바람직하지 못하다.

한편, 기계의 최대 사출 용량 부근에서 성형할 경우에는 스크류 스트로크는 커지고, 스크

류가 후진할 때의 유효 길이는 매우 짧아서 영향도 크다. 즉 공급부의 피치수가 감소한 것과 같은 결과가 되며, 가소화 상태가 변화하여 품질에 있어서도 불안정하다. 이러한 이유로, 스크류의 후진과 함께 가열 실린더 각 구역(zone)에 대한 스크류의 공급·압축·계량 각부의 위치가 이동한다. 이 때문에 성형 조건을 결정할 때는 이 스크류 스트로크에 의한 변화와 영향을 충분히 고려할 필요가 있다.

이 피해를 조금이라도 감소하려면, 기종(機種) 선정의 경우에 사출 용량에 빠듯하게 금형을 취부하는 것은 피하고, 기계 사출용량에 대해서 30~60%안에서 하는 것이 가장 좋다. 앞에서 서술한 스크류능력 I과 II의 차이도 이 범위 안이라면, 그 정도로 큰 차이는 없다. 바꿔 말하면, 스크류는 약 45%를 기준으로 하여 설계되어 있기 때문이다. 장래, 스크류의 후퇴와 함께 호퍼(낙하구) 위치도 동시에 후퇴할 수 있는 것을 만들면 문제는 없다. 물론, 이것을 고려해서 스크류 스트로크는 외경의 3배 이내로 억제하고, 공급부의 피치 수를 늘린다.

또 1대의 기계에 대하여 직경이 다른 스크류를 여러종류 준비하여 적당하게 나누어 사용할 경우, 고려해야 할 것은 사출 압력 만은 아니다. 스크류의 전진 속도를 일정하게 하면 사출율은 직경이 클수록 커지고, 또 같은 사출량에 대하여 스크류 스트로크는 짧아져서, 이 영향도 생각할 필요가 있다.

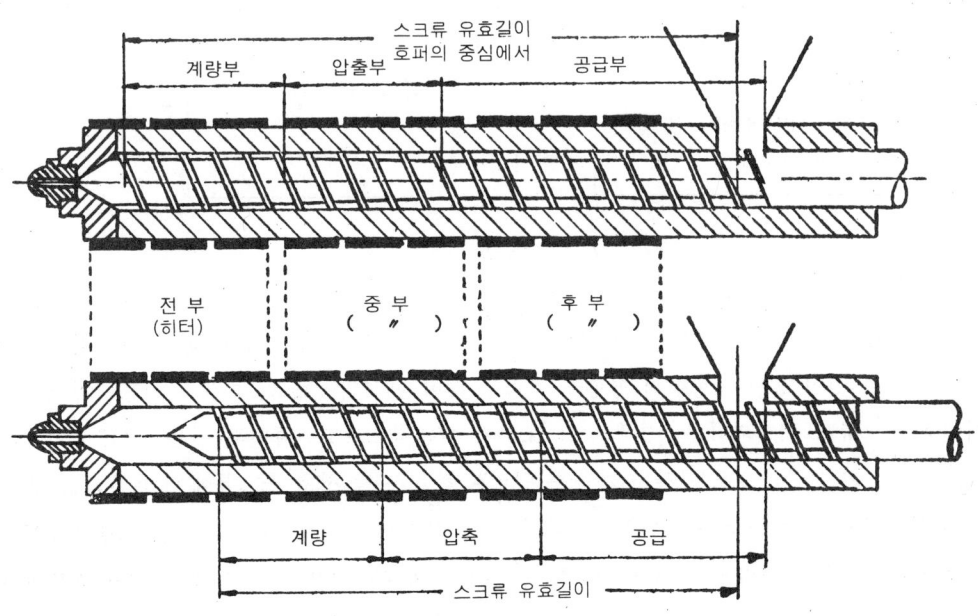

그림 5-24 스크류스트로크에 의한 스크류유효길이 및 각 존의 변화

6-7 최근의 스크류 디자인

현재까지 사출 성형기 스크류의 주류를 차지하고 있는 일반적인 스크류 디자인은 압출 성형기의 플프라이트 타입 단축 스크류 디자인을 계승한 것이다.

플프라이트 스크류는 스크류의 선단부까지 나사가 끊어지고, 얕은 홈 타입으로 가장 전진한 위치에서 거의 20D정도가 보통이다.

일반적인 성형 재료를 취급하는 경우에는 이 디자인으로 충분하지만, 점도가 높은 재료의 균일 혼련, 칼라 마스터 뱃치, 각종 필러의 균일 분산과 성형품의 품질이 더 한층 향상을 도모하려면 플프라이트 스크류의 디자인으로는 불충분하므로, 스크류 디자인이 미치는 혼련효과를 중요한 문제로 생각하게 되었다.

혼련이란 다음과 같은 의미를 가지고 있다.

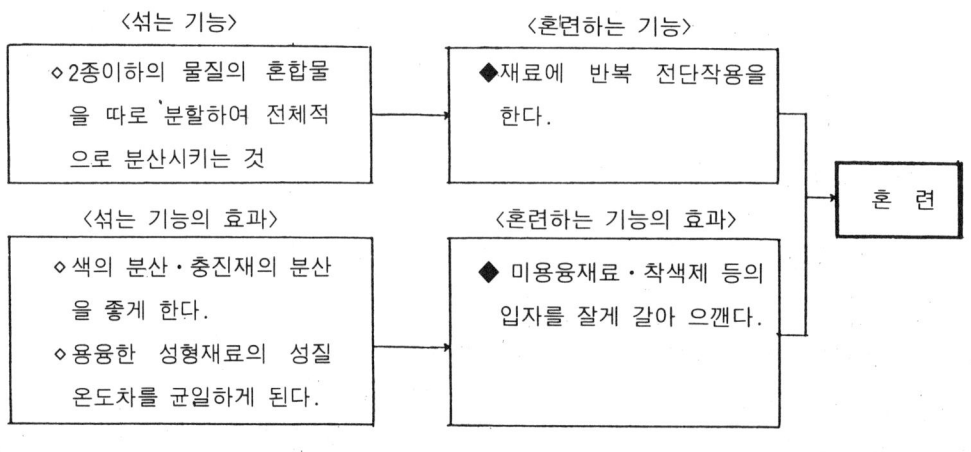

그림 5-25

그런데 압출 성형기의 경우는 일찌기 실린더 안의 성형 재료의 용융 균일성이 직접 성형품 품질이나 성형 능률의 향상에 영향을 미치는 것이 이해되어왔고, 그것을 반영하여 여러 디자인의 스크류가 개발되었다. 실제로 그 효과가 이론적으로도 확인된 것은 최근에 일이지만, 그 성과가 기본적으로는 같은 기능을 필요로 하는 사출 성형 스크류에도 파급되고 있다.

압출 스크류(사출 스크류도 마찬가지이지만)에 있어서의 성형 재료의 용융 모델은 1966년 TADMAR에 의해 그림 4-26(a)로 나타낼 수 있다. 고체부(소리트 베드)는 스크류 회전에 따라 전방으로 이동함에 따라 점점 용융하여, 결국에는 완전하게 용융한 멜트로 스크류 전방에 축적된다(그림 5-26(b)). 양호한 성형품을 얻으려면 이 소리트 베드가 완전히 없어져야 하지만, 스크류를 고속 회전시키면 이 소리트 베드가 잔존하는 위치가 점점 앞으로 엇갈려 가서, 경우에 따라 아직 남아 있는 채 사출되는 경우가 있다. 그래서, 소리트 베드를 가능한

한 빠르게 붕괴시키는 기능과 다소 남아 있는 소리트 베드를 스크류 선단으로 가지 못하도록 방지하는 기능을 스크류에 갖추게하면 좋으므로, 이러한 생각에서 메터링부에 우수한 혼련 기능을 가진 믹싱부를 설치한 사출 스크류가 개발되고 있다.

우수한 기능을 가진 스크류는 다음과 같은 효과를 기대할 수 있다. 단, 그 효과는 모든 성형 재료·성형품에 대하여 일률적으로 유효하지 않고, 성형 조건과의 중복도 생각해야 한다는 것은 말할 것도 없다.

예를 들면, AS와 같이 전단에 민감한 재료에서는 뚜렷한 효과는 없었던 예도 있다.

(1) 용융 재료의 온도 불균일성을 개선한다(칫수 정밀도, 휨, 강도, 중량의 산포, L/t비 등으로 영향을 준다)
(2) 착색제·필러의 균일 분산(Maddock 스크류 실험에서는 같은 농도의 착색제품을 얻으려면 필요한 착색제 양은 보통 스크류에 비하여 15% 적게 든다)
(3) 성형품 불량의 감소(광택, 실버스트리크, 플로우 마크, 웰드 라인, 칫수 불량 등)
(4) 저온성형(분해하기 쉬운 재료의 성형 온도 저하, 성형 온도 저하에 의한 성형 사이클 향상)등이다.

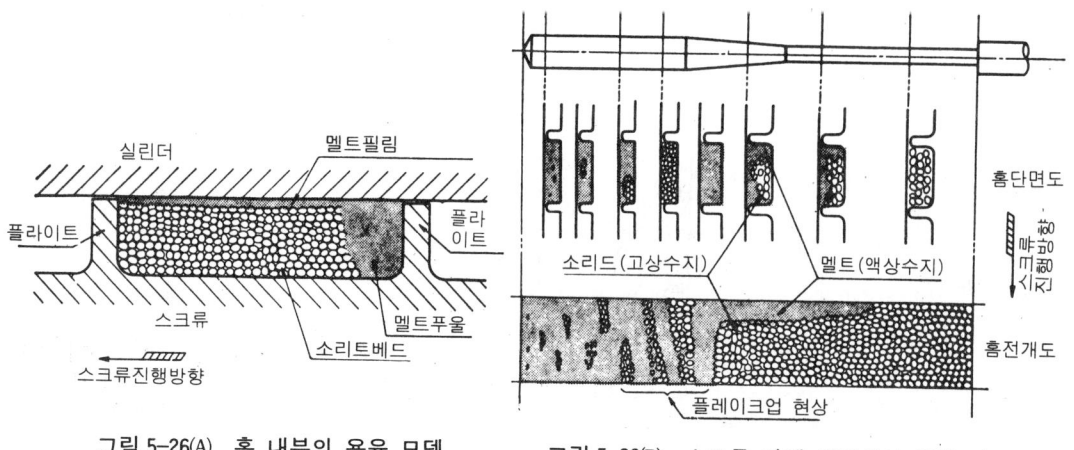

그림 5-26(A) 홈 내부의 용융 모델   그림 5-26(B) 스크류 안에 있어서의 성형 재료의 용융 과정

보통 옵션으로 구할 수 있는 여러 디자인의 믹싱 스크류의 일예를 그림 5-27~그림 5-33까지 나타낸다.

벤트 타입 스크류의 경우는 도중에 벤트를 위해 압력을 낮추어서는 안되므로 벤트가 없는 스크류와는 다른 디자인으로 되어 있다. 그림 5-33은 1단벤트의 경우에 있어서의 스크류 디자인의 예이다.

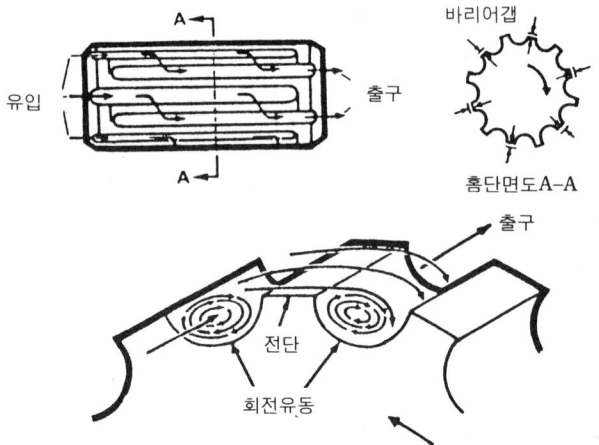

그림 5-27 UCC의 믹싱부(미용융 재료를 차단하고 용융된 재료만을 통과시킨다)

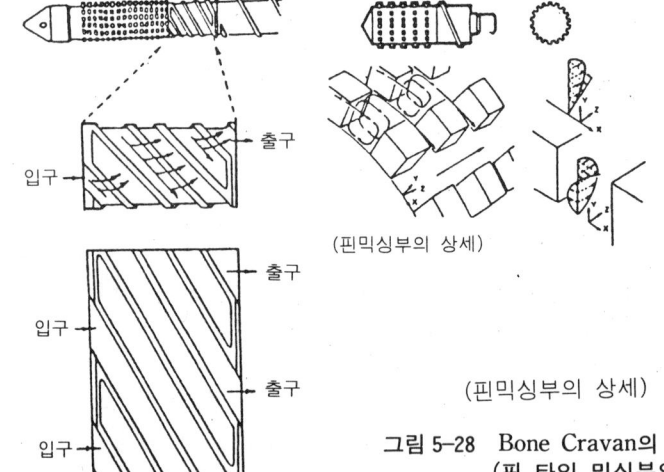

그림 5-28 Bone Cravan의 믹싱 스크류
(핀 타입 믹싱부와 UCC와 같은 믹싱부를 병용)

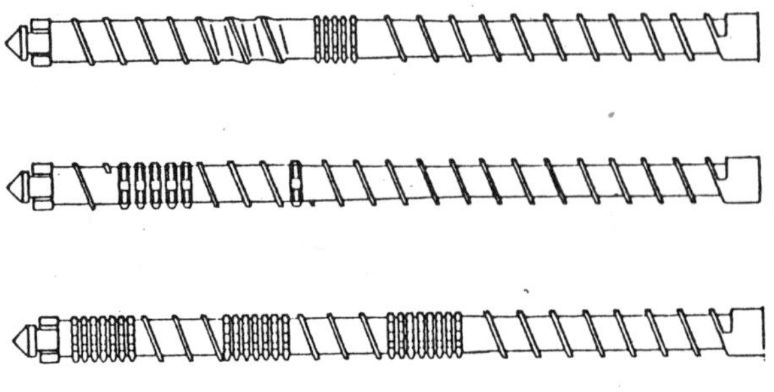

그림 5-29 각종 디자인 믹싱 스크류

6. 스크류식 사출 기구의 기본 구조와 최근의 발전   137

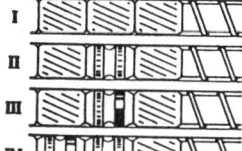
그림 5-30 호모 멜트 스크류, 믹싱부를 I~IV 와 같이 목적과 용도에 따라 조합시킨다.

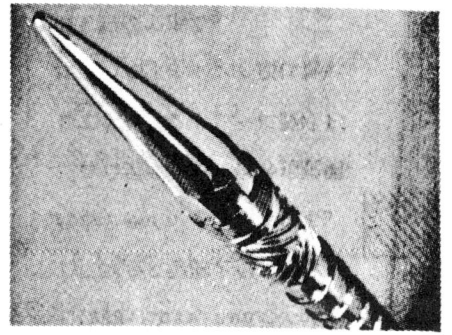
그림 5-32 하이멜터 스크류

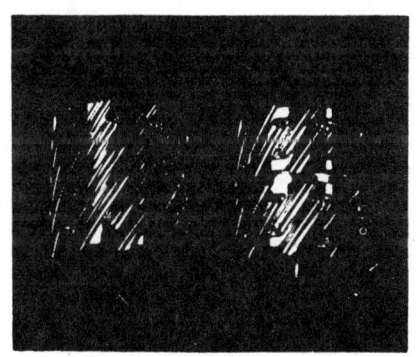
그림 5-31(a) 유니멜트 스크류의 믹싱부

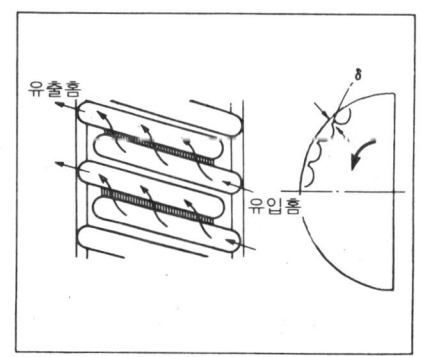
그림 5-31(b) 믹싱부의 원리(UCC와 같은 원리)

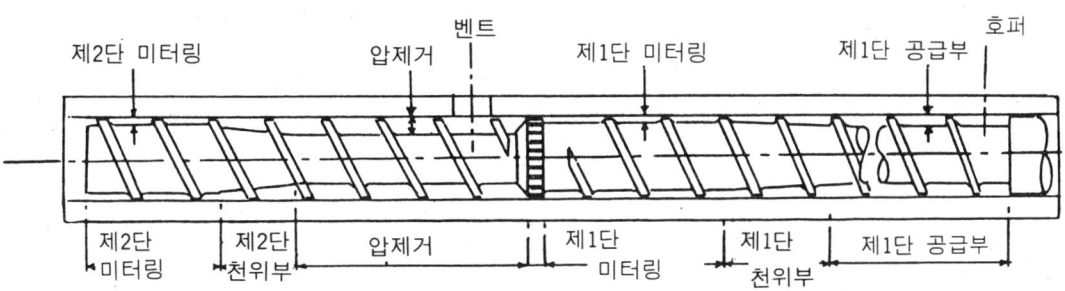
그림 5-33 1단 벤트 스크류 디자인의 예

6-8 홈이 붙은 공급부

사출 성형기의 가소화 능력은 지금까지 설명한 대로 스크류 디자인, 스크류 회전수, 스크류 배압 등으로 대강 결정된다. 가소화 능력을 더 올리려면 종래의 생각만으로는 한계가 있고, 각기 연구된 결과 고안된 것이 홈 부착 공급부(Crooved Feed Section)를 가진 실린더이다.

이 공급부는 그림 5-34에서 호퍼 바로 밑의 재료 공급부에 노즐 방향으로 향하여 얕게 되어 있는 세로 홈을 붙인 것으로 이 홈을 붙이므로서 재료가 먹혀 들어가는 것이 매우 좋게 되며, 적당한 스크류 디자인(예를 들면, 압축부가 없는 일정한 홈 깊이의 스크류)과 회전 조건에 의해 가소화 능력이 현저하게 향상한다(그림 5-35).

홈의 형상은 메이커에 의해 여러 가지로 강구되어 있고, 반드시 그림 5-36과 같은 디자인

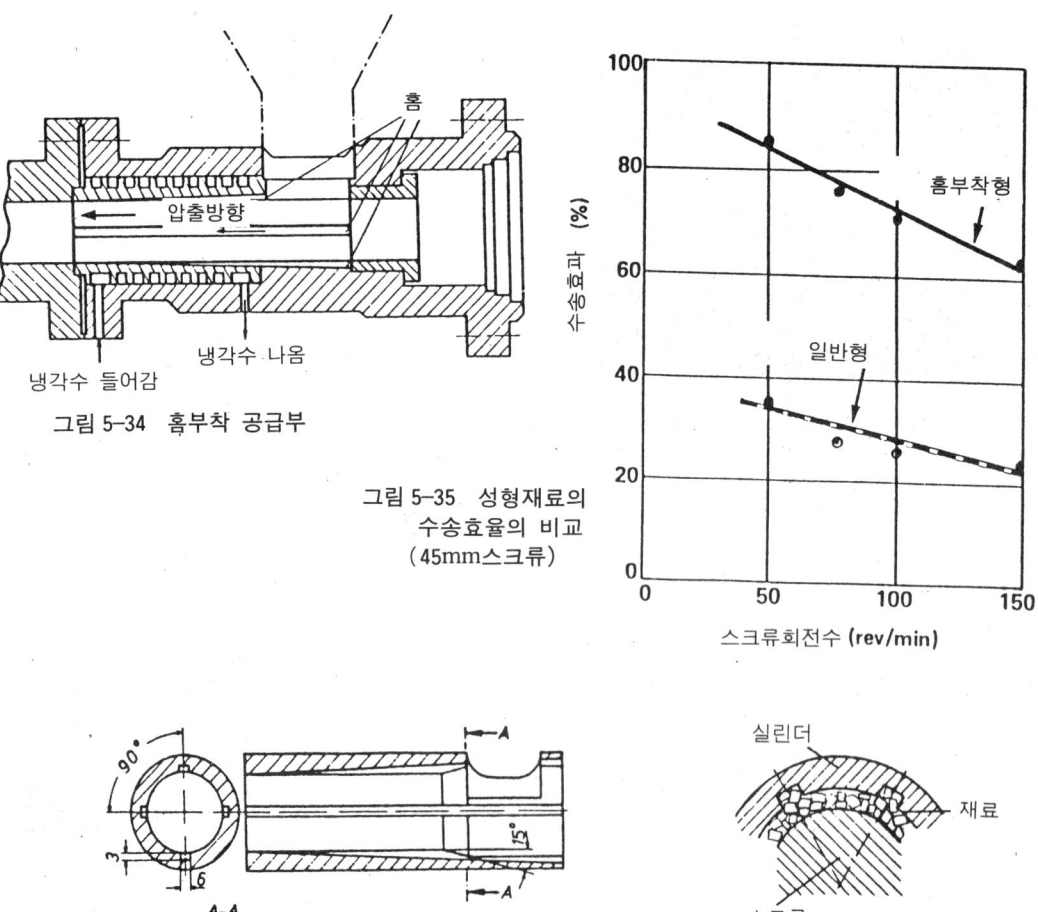

그림 5-34 홈부착 공급부

그림 5-35 성형재료의 수송효율의 비교 (45mm스크류)

그림 5-36 홈의 디자인 예

이라고는 한정할 수 없다. 당초는 압출 성형용으로 고안된 것이지만, 그 효과가 인정됨에 따라 보다 큰 가소화 능력을 필요로 하는 고속 사출 성형기에의 응용이 검토되고 있다.

이 공급부 부착 사출 성형기에서는 보통의 사출 성형기에 비해 다음과 같은 배려가 필요하다.

① 홈 부에 대단한 고압이 발생하기 때문에 기구상 보다 견고한 설계로 한다.
② 스크류 공급부의 마모가 보통보다도 커서 이 개소의 내마모 대책을 고려한다.
③ 홈 디자인과 밸런스를 취한 스크류 디자인이 필요.
④ 적절한 스크류 회전수와 공급부의 온도조절 등이다.

6-9 스크류 헤드와 백 플로우 방지

스크류 헤드는 일반적으로 원추형이다. 이 형상은 체류 개소가 없어서 편리하다. 같은 원추형이라도, 특히 열 안정성이 나쁜 경질 염화비닐용에서는 원추의 각도가 날카롭고 길다. 이것은 노즐부까지 돌출하여, 퍼징(purging) 시에 남는 것을 감소시킨다.

스크류를 사출 플랜저로 사용하면, 스크류 나사산과 실린더 사이, 스크류 나사홈을 따라 시용용 플라스틱이 역류된다. 이것을 백 플로우라고 한다. 이 현상은 경질 염화비닐과 같이 용융 점도가 높은 플라스틱의 경우는 적고, 실제 성형에는 거의 영향을 주지 않지만, 폴리아미드와 같은 용융 점도가 낮은 플라스틱이라든가 사출후 유지압 시간이 긴 성형의 경우는 쇼트마다 사출 용량이 변하고, 사출 압력이 금형에 충분히 전달되지 않는 등 영향이 커진다. 이것을 방지하려면 스크류 앞에 역류 방지밸브를 장착할 필요가 있다.

이 형식으로는 그림 5-38과 같은 볼첵크형식과 백플로우링 형식이 있다. 그림 5-38(c)에 있어서 계량·가소화 중 스크류 이송압에 의해 링은 노즐 방향으로 밀리고, 링과 스크류 헤드 홈사이를 자유롭게 흘러 축적된다. 정지 및 사출·보압은 캐비티압과 사출 압력에 의해 링은 스크류 방향으로 밀려서, 스크류의 홈부를 폐쇄한다. 백 플로우 링의 경우, 링 자체는 프리이고 회전 중 정지해 있을 때와 회전하고 있는(스크류 회전 속도와 다른 경우가 많다) 경우가 있다. 이러한 상태의 원인은 링과 스크류 헤드의 접촉면이 마모하거나 이상 마찰열이 발생하여 분해나 탄화가 발생한다. 이 결점을 방지하기 위해 그림 5-39와 같이 손톱모양의 링으로 링과 스크류가 함께 회전하는 구조로 된 것도 있다. 링이 마모하거나 파손되었을 때는 사출 중에 스크류가 역회전하는 것으로 판단할 수 있다.

백 플로우 링 부착 스크류 헤드는 폴리에티렌과 폴리스티렌같은 일반적인 플라스틱에 대해 널리 사용되지만, 경질 PVC같이 열안정성이 낮은 플라스틱의 경우라든가 성형품에 탄화물과 변색한 플라스틱이 혼입하거나, 플래시와 실버스트리크가 발생하는 것을 극도로 꺼리는 광학렌즈의 성형 등에는, 이러한 종류의 헤드를 사용하는 것은 피해야 한다.

140 제5장 사출 성형기의 구조

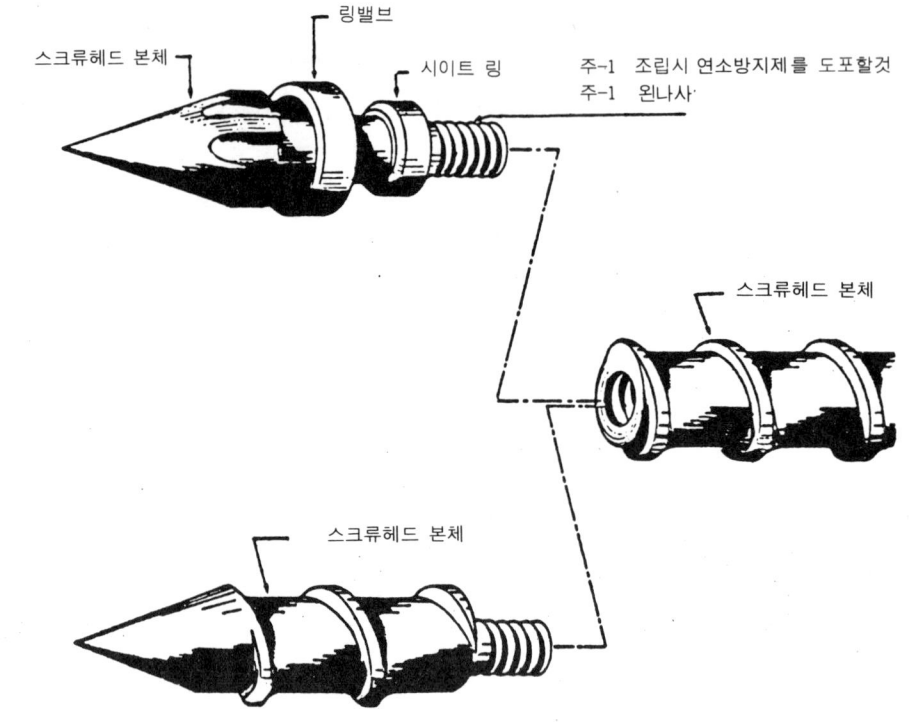

그림 5-37 스크류 헤드 교환도

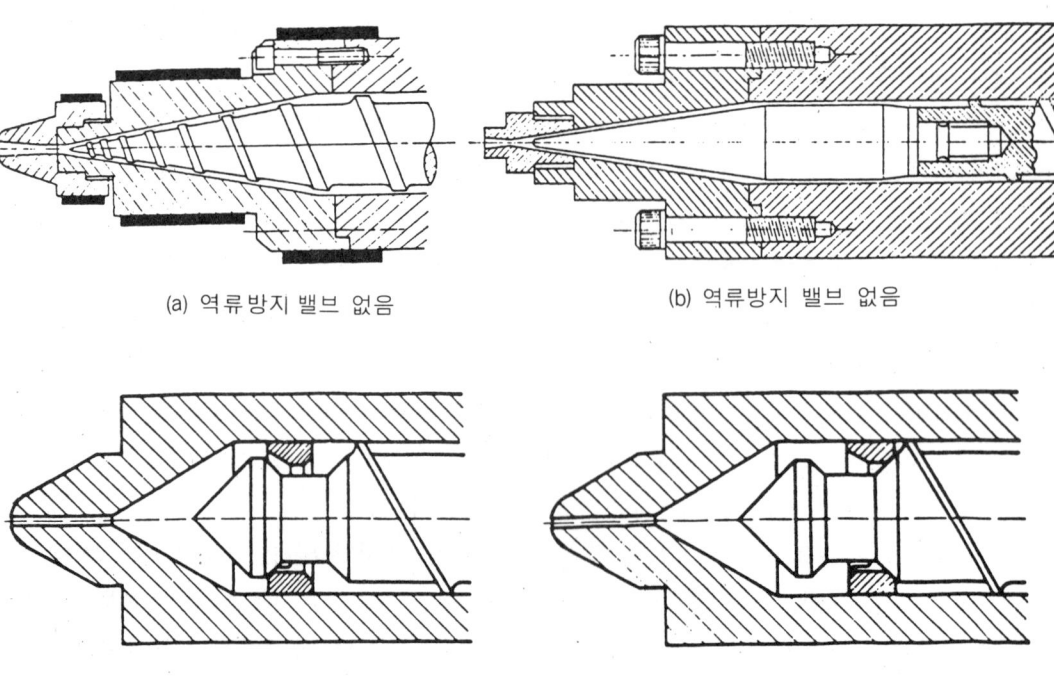

(a) 역류방지 밸브 없음 (b) 역류방지 밸브 없음

(c) 모양상 역류방지 밸브 부착(계량중) (c) 모양상 역류방지 밸브 부착(사출중)

6. 스크류식 사출 기구의 기본 구조와 최근의 발전 141

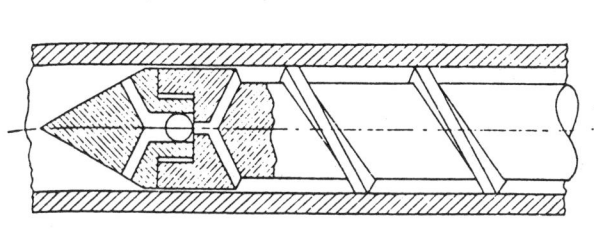

(d) 보올형태의 역류방지 밸브 부착

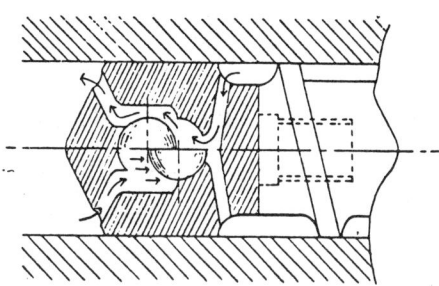

중심선보다 위에서 계량중, 아래는 사출 및 정지를 나타낸다.

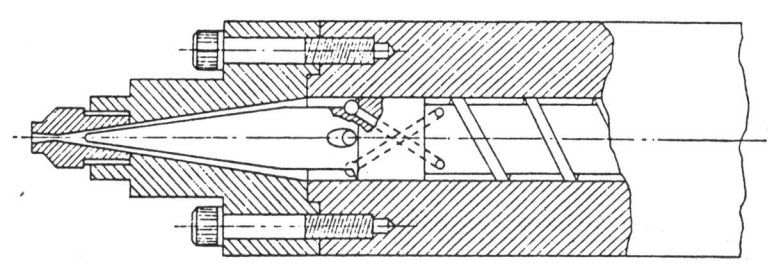

(e) 보올형태의 역류방지 밸브 부착

그림 5-38(a)~(e) 여러가지 스크류 헤드
(a) (b)는 역류 방지 밸브없이 PVC에 적합하다. (c)~(d)는 역류 방지 밸브가 있는 것으로 PVC이외의 성형에 적합하다.

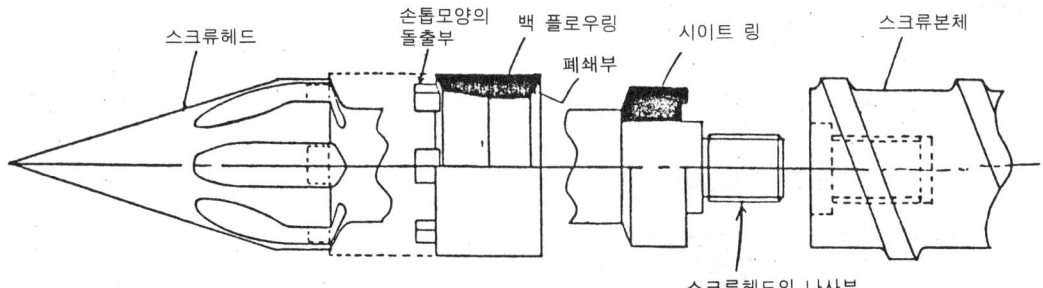

그림 5-39 손톱모양의 백블로우 방지링, 스크류 회전시에는 스크류 헤드에 손톱모양의 돌출부와 결합하여 함께 회전한다.

링을 붙이지 않은 헤드를 스트레이트 헤드라고 부른다.

스크류 헤드는 일반 백 플로우링 부착한 것과 스트레이트 헤드가 있고, 같은 스크류에 있어서 교환 가능하게 되어 있다. (스트레이트 형은 일체형도 있다). 이 형식에서 나사식은 스크류와 역나사로 되어 있다. 이것은 스크류가 회전할 때에 조여지도록 하기 위함이다. 보통은 왼쪽 나사이므로, 분해·조립시에는 주의해야 한다. 또 나사부에는 몰리브덴 구리스 등의 탄화 방지제를 소량(지나치면 성형중 새어 나온다)으로 바르는 것을 잊지 않도록 주의한다. 분해·조립은 전용 공구가 별도로 있으므로 다른 공구의 사용은 피한다.

6-10 스크류 실린더의 강도와 마모 대책

인라인·스크류식은 스크류 자체로 사출하기 때문에, 스크류·가열 실린더, 스크류의 슬러스트베어링 등이 높은 사출압($1000 \sim 3000 kg/cm^2$)에 견딜 수 있게 설계되어야 한다는 구조상 제약이 있다. 또 스크류가 회전하면서 후퇴할 수 있는 동력 전도를 해야 하므로, 스크류를 구동부와 함께 왕복 운동시키든지, 구동부와 스플라인축을 연결하여 슬라이딩 가능하게 하는 연구가 필요하여 구조는 복잡해진다.

재질적으로는 회전·슬라이딩·강도·내열 및 부식에 대해서도 충분히 고려한다.

스크류는 표면 열처리 후 경질 크롬도금을 한다. 또 가열 실린더는 일체형과 슬립형이 있지만 가공상·열전도에는 일체형, 손상시 손해나 재료 코스트 면에서는 슬립형이 좋다.

최근에는 유리 섬유가 들어간 플라스틱(FRTP 또는 GRTP) 성형도 많다. 이 성형에 있어서는 특히 스크류의 마모 문제가 발생한다. 스크류의 마모는 가열 실린더 안에 있어서, 펠리트가 반용융에서 전단 작용에 의한 가소화·용융되는 시점에 있어서 가장 마모 작용이 심하다. 펠리트 상태와 완전히 용융되어 유동성이 좋아지면 전단력자체도 저하하므로 마모 작용도 감소한다. 이것이 스크류 존(Zone)에 부착하면 공급 "죤"의 압축부로부터 압축 "죤"까지가 가장 마모되기 쉽다. 마모 시간은 사용 플라스틱과 섬유의 장단(長短), 성형 조건 등으로 큰 차이가 있지만, 폴리 카보네이트의 30%단섬유로 24시간 풀가동으로, 대체로 6개월 ~10개월 정도라고 생각된다. 마모는 평균적으로 진행되는 것이 아니고, 스크류 표면의 열처리층(침탄 등) Hr Cr도금층의 마모까지가 문제이며 이 층을 지나면 급격히 마모한다.

마모 대책으로는(실린더도 포함하여), 재질의 내마모화를 당연히 생각할 수 있다.

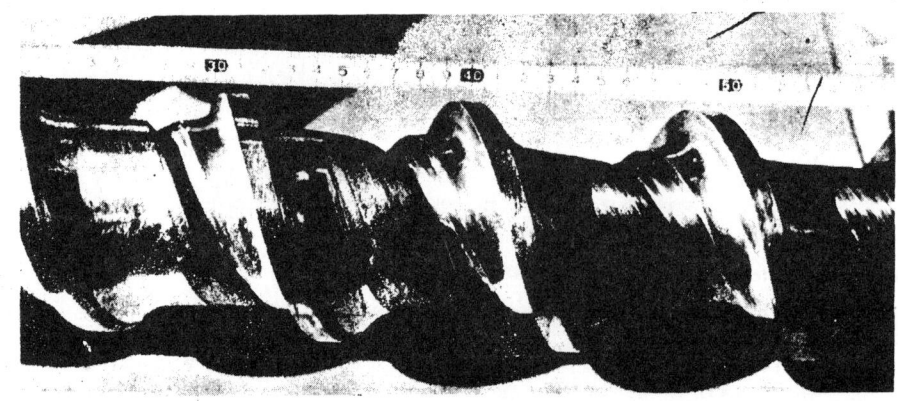

그림 5-40 FRTP에 의한 스크류 마모에 일예(압축 죤) 이 밖에 호퍼 방향의 홈부가 마모하는 경우도 많고, 나사산의 폭이 서서히 좁아져서 결국에는 나사산이 마모하는 경우도 있다.

내마모성 재질로는 H얼로이 스크류(日立금속), 하스테로이(三菱금속), N얼로이(日本 製鋼 新), YPT 스크류(日立금속), 하이메터릭 실린더(WEXCO 및 Tube Investment), 글래스 마스터 스크류(B& S·E), DE1(Bernex), X얼로이(X aloy) T얼로이 실린더(太平洋 금속), 마이 얼로이 실린더(石中鐵工所) 등 많은 재질 및 이 재질에 의한 바이메터릭 실린더와 스

표 5-3 〈YPT〉 스크류 성형 재료별 선정기준

플라스틱의 종류	스크류의 종류	경 도	특 성
필러함유 열가소성, 열경화성 플라스틱	YPT 1	HS 75~85	고내마모성
불소플라스틱	YPT 2	HS 30	불소가스대상 고내식성
난연제, 필러함유 열가소성, 열경화성 플라스틱	YPT 4	HS 75~85	고내마모성, 내식성
일반 열가소성, 열경화성 플라스틱	YPT 5	표면 HV 1,000 이상 내부 HS 40 이상	범용내마모성

표 5-4 〈YPT〉 스크류의 사용 실적예

성형재료	종래의 스크류 재질	종래의 스크류 결과	〈YPT〉스크류 재질	〈YPT〉스크류 結果
디아릴프탈레이트 (30%유리섬유함유)	SACM-645+질화처리	10~15일 사용으로 선단부 마모, 교환	YPT 1	6개월 사용함 마모량 0.08mm
나일론6-6 (유리섬유 함유)	SACM-645+질화처리 +Cr도금처리	성형량 50ton으로 재도금, 질화	YPT 1	성형량 300ton (계속중)
페놀	SCM-440+Cr도금	약 1년으로 선단2 나사산이 없어지면 교환	YPT 1	30개월 사용함 이상 없음
불소 (테프론)	SACM-635+질화처리 SCM-440+Cr도금	1주간에 부식으로 성형량 불안정	YPT 2	2년 사용함 이상 없음
ABS (30%유리 첨가)	SCM-435+Cr도금	1주간~1개월로 부식 마모로 폐기	YPT 4	13개월 사용함 이상 없음
폴리에틸렌 (유리섬유첨가)	SCM-435+Cr도금	2개월마다 살붙힘 보수	YPT 4	6개월 사용함 이상 없음
산화철(70%) 나일론	SCM-435+Cr도금	1개월로 마모폐기	YPT 4	2개월 사용함 이상 없음
ABS (30%유리섬유 첨가) 폴리카보네이트 (30%유리섬유첨가)	SACM-645 +질화처리	2~6개월로 마모폐기	YPT 4	12개월 사용함 이상 없음
ABS+PVC	SCM-435+Cr도금	4개월로 심한 부식	YPT 4	4개월 사용함 이상 없음

크류가 제작판매되고 있어서, 성형 메이커로서도 이들 메이커의 자료를 입수하여 검토하기 바란다.

최근에는 유리 섬유와 무기질 재료는 물론, 부식성 가스를 발생하는 각종 난연제가 다량으로 충전된 엔지니어링 플라스틱이 범용적으로 사용되게 되어, 종래와 같이 스크류의 마모는 특수한 플라스틱을 성형할 때만의 현상은 아니고, 일상적으로 대책을 생각해야 할 문제이다.

스크류와 실린더의 마모, 첵크 밸브의 마모는 단순히 코스트 문제만은 아니고, 성형품 품질과 정밀도에 직접 영향을 미친다. 이들 재질에 대한 연구는 수년간 꽤 급속도로 진행되었지만, 현재 만능 재질은 개발되지 않았다. 단순히, 고도의 재질 사용만으로는 완전한 해결이 되지 않으며, 실린더와 스크류에 사용되는 재질의 적당한 조합을 함께 생각해야 한다.

일부에서는 세라믹을 스크류·실린더에 코팅하는 등의 연구도 진행되고 있다. 표 5-3~5-4에서 일본 日效금속에 의한 YPT 스크류의 메이커 발표 데이터를 참고로 나타낸다.

6-11 스크류식의 특징과 문제점

플랜저식과 비교해서

① 가소화 능력이 크다.

스크류의 혼련 작용에 의해, 외부(가열 실린더)에서 열이 유효하게 전달됨과 동시에 혼련 작용에 의한 전단력과 마찰력에 의해 내부 발열이 일어나며, 균일하고 빠르게 가소화된다.

② 가소화가 까다로운 플라스틱 성형이 용이하게 된다.

항상, 플라스틱이 혼련되어 있어서 균일하게 가소화되고, 극부적인 과열이 발생하지 않고 열분해의 두려움이 적다. 이 때문에 용융 점도가 높고, 열적으로 민감한 플라스틱 성형이 용이하다.

③ 잔류 변형이 적은 성형품을 얻을 수 있다.

④ 비교적 저압·저온에서 성형 가능하다.

용융 플라스틱에 직접 사출 압력이 작용하기 때문에 압력 손실이 적고, 저압 혹은 저온에서의 성형이 가능하다.

⑤ 계량 조정이 용이하다.

스크류의 회전 후퇴량을 제한하면 간단히 할 수 있다.

⑥ 플라스틱 체류가 적다.

⑦ 재료 교환, 색 교환이 용이하다.

체류가 적으며, 충분히 혼련되어서 재료 교환, 색 교환이 신속하여 경제적이다. 또 착색제의 분산성도 좋다.

6. 스크류식 사출 기구의 기본 구조와 최근의 발전   145

⑧ 플랜저식에 비해 구조가 복잡하고, 기계 가격도 고가이다.
⑨ 특수한 경우 사이클이 느리다.

얇거나 소형품으로 냉각이 극히 짧을 때, 또는 사출 용량 100% 성형에 있어서는 가소화 능력이 부족한 경우가 있다. 이러한 때는 사이클이 늦어지는 결점이 있다.

6-12 스크류 플리플러식(2스테이지식)

인라인·스크류기가 가소화와 사출의 두 가지 일을 1대의 스크류로 하는 것에 대하여 스크류 플리플러식에서는, 스크류와 플랜저를 갖추어 스크류는 가소화를 플랜저(메이커에 따라 스크류로 사출하는 것도 있지만)는 사출을 하게끔 각각 분담시키는 것이 특징이다. 그림 5-41에 일예를 든다.

실린더(바렐)에서 용융된 플라스틱은 사출 실린더에 주입되어, 그 주입 압력으로 사출 플랜저는 후퇴한다. 사출 용량은 사출 플랜저의 후퇴 스트로크에 의해 제한되며, 계량이 완료되면 스크류는 정지한다. 사출 플랜저는 계량 완료후, 용융 플라스틱의 주입 압력에 의한 노즐에서의 흘러내림을 방지하기 위해 10~20mm 강제 후퇴한다. 사출은 플랜저의 전진에 의하지만, 그 때 스크류 실린더와 사출 실린더와의 연결부에 있는 회전 개폐 밸브(역류 방지 밸브)의 작동에 따라, 플라스틱 역류를 방지한다.

이 방법에서는 인라인·스크류 타입과 비교하여 사출 용량, 사출 압력을 증대할 수 있다. 또 종래 플랜저식 기구를 개조하는 경우에도 용이하다. 한편, 단점은 기계상 체류가 인라

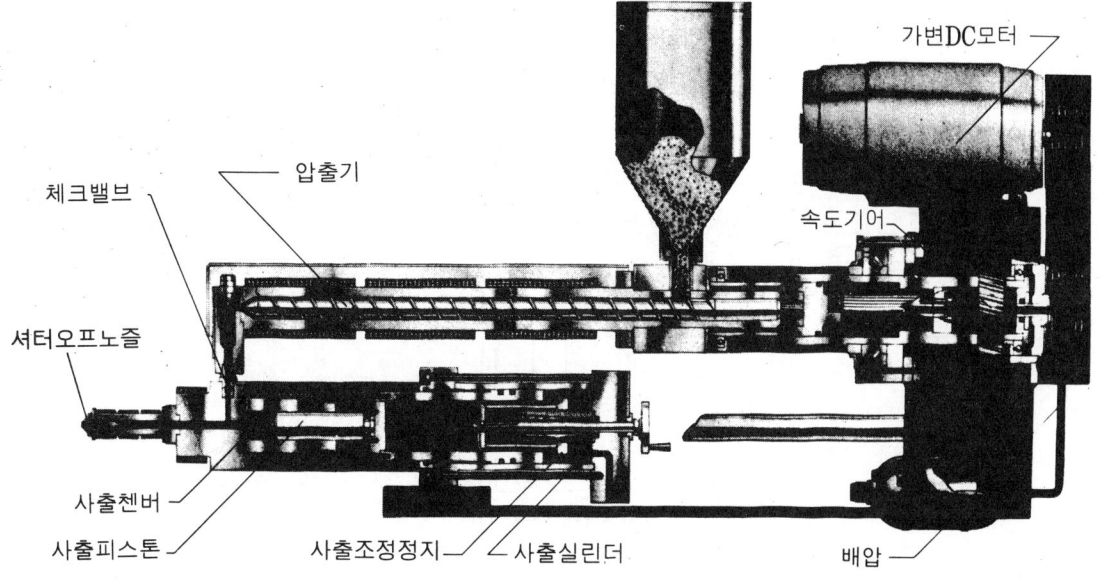

그림 5-41 스크류 플리플러식 사출 성형기의 일예(Husky)

인·스크류 타입에 비해서 약간 많고, 사출 실린더와 플랜저와의 클리어런스(간격)가 적당하지 않으면 새고, 백 플로우가 생기는 등 문제가 있다.

이러한 스크류 플리플러의 기구적 결점을 개량하고 그 장점을 살려서, 현재는 세계적으로 매우 우수한 성형기를 제작하는 메이커도 많다. 인라인·스크류보다도 훨씬 큰 사출 용량으로 하는 것이 매우 용이하며, 또 소용량 사출 성형도 용융 재료의 백 플로우를 엄격하게 억제할 수 있어서, 산포가 적은 정밀 성형이 가능하게 되었다.

최근에는 가소화가 곤란하며 열 안정성이 나쁜 새로운 플라스틱을 사출 성형할 필요가 많아짐에 따라서, 균일하고 양호한 용융 상태를 얻을 수 있는 스크류 플리플러방식의 우수성이 인식되어서 인라인·스크류식과 함께, 금후 널리 이 방식이 사용되리라고 생각된다.

SF(스트럭츄얼 폼)에 의한 대용량 사출 성형기는 이 기구가 자주 사용된다.

또 플리플러를 프리플라스티사이저(Preplasticizer·예비 가소화)라고도 한다.

6-13 전자 제어 사출 성형기

최근 컴퓨터 발전에 의해, 사출 성형기 유압 기구도 디지탈식으로 제어하는 것이 많아졌지만, 이것을 더욱 발전시켜 유압 기구를 사용하지 않고, 모두 전자 기구에서 제어하고 작동하는 전자 제어 사출 성형기가 최근에 등장하였다.

세계적으로 보아서 日精樹脂工業(株)이 이 형식의 성형기 개발에 앞장을 섰다. 전자식 사출 성형기 구동원은 서보모터(AC가 보통)이며, 기본적으로는 펄스 및 아나로그(아나로그 경우는 컴퓨터의 디지탈 신호를 일단 아나로그로 변환하여 행하지만, 최근 파낙사에 의해 다이렉트로 제어하는 것이 가능해졌다) 신호에 의해 회전하는 서보모터와 볼나사에 의한 직선 운동 등에 전자 클러치와의 조합 등으로 사출 성형 운동을 제어할 수 있다.

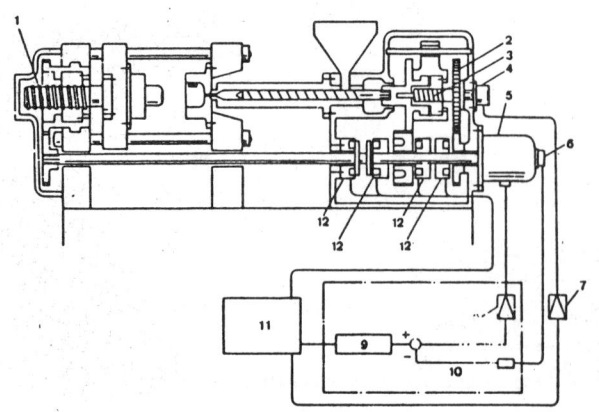

1. 볼나사 2. 기어 3. 볼나사 4. 배압브레이크
5. 서보모터 6. 타코미터
7. 배압앰프 8. 서보앰프 9. 마이컴 제어장치 10. 서보앰프 제어장치
11. 엔코더 12. 클러치와 브레이크

그림 5-42(A) 전자 제어식 사출 성형기의 기구예

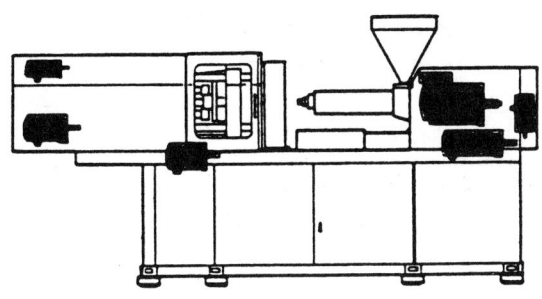

그림 5-42(B) 전자식 사출 성형기 검은 부분은
제어용 서보모터의 위치

그림 5-42(A)는 日精樹脂工業(株)에서 처음으로 개발된 전자식 성형기이다. 이 성형기의 경우는 한 개의 서보모터, 여러 개의 톱니바퀴 및 전자 클러치의 조합에 의해 보통 성형에 필요한 사이클 운동을 하는 구조로 되어 있다. 또 그 뒤, 파낙사에서 개발된 성형기는 형체용, 사출용, 스크류 회전용 3개의 서보 모터를 설치하여 클러치를 사용하지 않고 다이렉트로 구동하는 것이 가능한 기구이다(그림 5-42(B)참조). 이 외에 여러회사가 동일한 성형기의 제작을 개시하였다.

이러한 전자 제어 사출 성형기는 유압 밸브를 사용하지 않고 기름이 더러워짐에 따른 작업 환경의 오염 방지에 우수하며 이 외에 운전음이 조용하여 위치와 시간의 정밀한 제어가 우수하지만 대형 성형기용 서보모터의 개발과 성형기 작동 기구와 제어상 문제점이 아직 충분히 연구되었다고는 말할 수 없고, 종래 타입의 제어 방식처럼 소형에서 대형기종까지 전부 보급하기에는 당분간 시일이 필요하겠지만 장래에 매우 유망한 제어 방식이라 생각된다.

6-14 스크류 구동 장치

6-14-1 구동장치와 구동원

스크류 구동 기구에 필요한 주요 조건으로 하기의 4가지를 들 수 있다.

① 스크류 회전에 필요한 충분한 출력을 갖고 있어야 한다.

② 스크류 회전수가 용이하게 전환 가능해야 한다.

③ 각 엘레멘트가 고하중에도 견디어야 한다(특히 스크류 축 방향의 힘을 받는 슬러스트 베어링의 수명이 문제이다).

④ 스크류의 오버로드를 방지해야 한다. 또는 오버로드에 대해서 적당한 보호 장치를 설치한다.

스크류의 회전 구동원으로는 일반적으로는 삼상 유도 전동기 또는 유압 모터가 사용되고 있다.

표 5-5 스크류 구동원의 특성 비교

	유압모터	전기모터
출력특성	토크(kg/cm²) 일정 출력 = $\dfrac{2\pi NT}{6120}$ T: 토크 N: 회전수	출력(kW) 일정 토크 = $\dfrac{975W}{N}$ W: 전부하 N: 회전수
출력변환	저속회전小 고속회전大 } 따라서 모터자체로 변속하지 않고 기계적(기어박스)으로 변환한다.	저속회전大 고속회전小 } 성형에는 열안정성·점도의 관계에서 유효하다.
오버로드에 대한 안전보호장치	모터는 출력특성 밸브에 의해 자연정지한다.	힘이 들어 모터가 과열하므로 오버로드릴레이를 부착하든지 다른 안전장치가 반드시 필요하다.
속도변속	유량제어에 의해 간단하게 무단계로 가능하다. 신속히 원터치로 가능	변속장치가 필요하고, 유단(有段)으로 된다. 상당한 시간이 필요하다. 또한 고가이다.
부하에 의한 역전	일반적으로는 있을 수 없다.	가능성이 있다.
기동·정지특성	기동토크小(70~90%) 관성이 적으므로, 기동·정지가 많아도 무리가 없다.	기동토크大(200~300%) 기동전류가 커서 관성이 있으므로 기동정지에 무리가 있다.
효율	낮다(60~70%), 고속일수록 좋다.	높다(90~95%)
코스트	높다.	싸다.

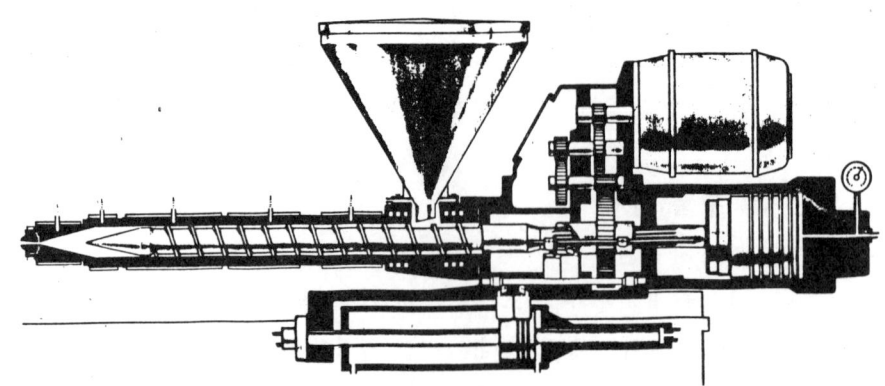

그림 5-43 회전 램식 사출 기구·구동장치예(슬러스트 베어링을 제어한 예)

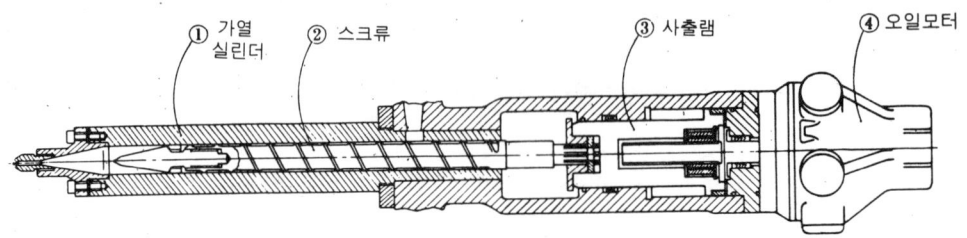

① 가열 실린더 ② 스크류 ③ 사출램 ④ 오일모터

그림 5-44 사출 램과 스크류가 동시에 회전하는 가소화 기구

유압 모터에 의한 구동의 잇점으로는 기름 유량이 변함에 따라 회전수를 무단 변속할 수 있다. 부하가 과대하면 회전은 늦어지고, 그래도 회전 토크가 감소하지 않는 경우에는 정지되므로 오버 로오드의 방지가 가능하다. 그러나, 가격은 높아진다.

삼상 유도 전동기의 경우는 사출 성형기 이외 부분의 작동과는 관계없이 스크류를 구동할 수 있는 잇점이 있지만, 회전수 변환은 별도의 기구로 해야 하는 번거로움이 있다. 즉 회전수는 전동기의 극수 변환(120×사이클/극수)에 의해도 2단 정도 밖에 변속할 수 없으며 그 이상은 감속 기구를 사용해야 한다. 교환 기어를 이용하면 무단계까지는 할 수 없으며, 무단 변속을 가능하게 하려면 대규모 장치가 필요하다. 또 스크류의 부하가 커지면 그에 따라 모터 출력도 커지므로 과부하에 대한 보호를 위해 안전핀을 설치하여 기구상 파손을 막으며, 동시에 전기회로 중에 과부하 계전기(오버 로오드 릴레이)를 사용하여 전기적 사고를 방지할 필요가 생긴다.

그림 5-43, 44에 구동 기구의 예를 나타낸다. 또 표 5-5에 전동기와 유압 모터의 비교표를 나타낸다.

6-14-2 구동 출력과 동력 배분

스크류 회전에 필요한 토크는 주로 스크류 직경과 스크류 홈 안의 용융 플라스틱을 전단할 때 필요한 힘으로 결정된다. 따라서, 플라스틱 및 회전수가 일정한 경우 스크류 직경, 홈의 깊이, 스크류의 길이와 소요 회전 토크의 사이에는 일정한 관계가 있다. 스크류의 직경이 커지면 스크류의 주속(周速)은 비례적으로 증가하므로, 스크류의 회전수를 줄이고, 주속을 일정하게 사용하는 것이 보통이다. 스크류의 회전에 필요한 동력은 플라스틱에 따라 다르지만, 폴리카보네이트와 폴리아미드의 경우에는 폴리스티렌의 약 2배의 힘이 필요하다.

또 동력 배분은 이송 작동에 45%, 스크류 전단 작용에 의한 열손실, 즉 가소화에 직접 사용되는 에너지로 45%, 남은 10%는 방열과 효율 손실이다.

7. 사출 성형기의 노즐

노즐은 가열 실린더 앞에 부착 되는 것의 명칭으로, 금형에 압입되는 용융 플라스틱의 통로를 형성하여 압력·속도·온도·혼련 효과를 최종적으로 결정하며, 필요에 따라서는 흐름을 차단하여 새는 것을 방지하는 등, 금형과의 관련에서 중요한 역할을 하고 있다. 따라서 노즐은 그 목적에 따라 선택되어야 하지만 사용상 다음과 같이 분류한다.

① 표준 노즐(standard nozzle)
② 연장 노즐(extension nozzle)
③ 웰 타입 노즐(Well-type nozzle)

④ 믹싱 노즐(Mixing nozzle)

⑤ 밸브 노즐(valve nozzle)

⑥ 호트 런너 노즐(hot runner nozzle) 등의 특수한 노즐

또, 금형과의 접촉면에 의한 구면(球面)노즐과 플래트(flat) 노즐이 있지만, 대부분이 구면 노즐이다.

7-1 표준 노즐

일반적으로 널리 사용되는 표준 노즐은 불필요한 유동 저항을 피해 용용 플라스틱의 온도를 균일하게 유지하도록 디자인된 것이다. 따라서 그림 5-45 ③의 테이퍼 노즐은, 유동 저항이 발생하므로 추천할 수 없다. 일반적으로 ①에 나타낸 프리플로우 노즐, 또는 ②의 역테이퍼 노즐이 사용된다.

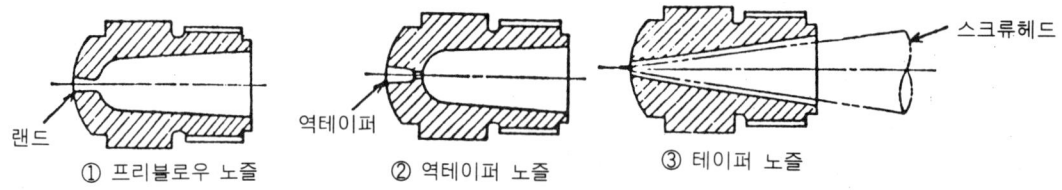

그림 5-45 표준 노즐

7-1-1 프리 플로우 노즐

프리 플로우 노즐은 선단부 랜드 길이를 가능한한 짧게 하고, 열처리 또는 표면 처리에 따른 선단 누출과 마모를 방지한다. 랜드가 길면 잘 식으며, 또 저항이 커져서 불리하다.

7-1-2 역테이퍼 노즐

역 테이퍼 노즐은 결정성 폴리머 성형에 사용된다. 예를 들면 결정성을 가진 폴리아미드와 고밀도 폴리에티렌은 일반적으로 온도 범위가 좁고 용융 온도도 높다. 이러한 플라스틱은 노즐부 온도가 높으면 수지가 노즐에서 흘러 내리는 경향이 있고, 또 스프루부시로의 열전도가 크면 식어서 굳어지기 쉽다. 역테이퍼 노즐은 선단의 역테이퍼부에 고이는 용융 플라스틱을 스프루와 함께 제거함에 따라서 이 트러블을 방지할 수 있다.

7-1-3 테이퍼 노즐

경질 염화비닐용 스크류 헤드는 선단이 날카롭게 돌출되어 있어서 노즐부에 체류를 방지하고 있다. 압력 손실은 다소 있지만, 구멍의 지름을 크게 하여 이를 보완하고 있다.

또, 이 타입은 색상교환, 재료 교환을 빠르게 할 수 있는 잇점이 있어서, 표준기에 사용하는 메이커도 있다.

7-2 연장 노즐(엑스텐션 노즐)

사출 성형기가 자동화되어도 성형품의 게이트를 사상하거나 스프루와 런너를 회수해야만 한다면, 완전한 자동화는 되지 않는다. 그래서 생각해 낸 것이 연장 노즐과 웰 타입 노즐이며, 스프루 런너에 상당하는 부분을 노즐이 대용하고 있다. 이것들은 폴리에티렌과 폴리프로필렌과 같이 열안정성이 좋고, 용융 점도가 낮은 플라스틱이 사용되고 있다.

폴리스티렌과 SAN(AS), 아크릴 등에 대해서도 사용할 수 없는 것은 아니지만, 노즐 선단부의 온도 콘트롤이 특히 까다롭다. 노즐 선단부가 새는 것을 방지하기 위해서는 노즐의 구경(口徑)과 선단부 온도를 엄밀하게 조정할 필요가 있다. 폴리에티렌의 경우 구경은 0.8~1.0mm, 선단부 온도는 90~100℃ 정도가 적당하다.

그림 5-46은 그 일예이다. 또 일반적으로는 표준 노즐이 길고, 모든 롱 노즐(Long-nozzle)을 연장 노즐이라고 하는 경우도 있다.

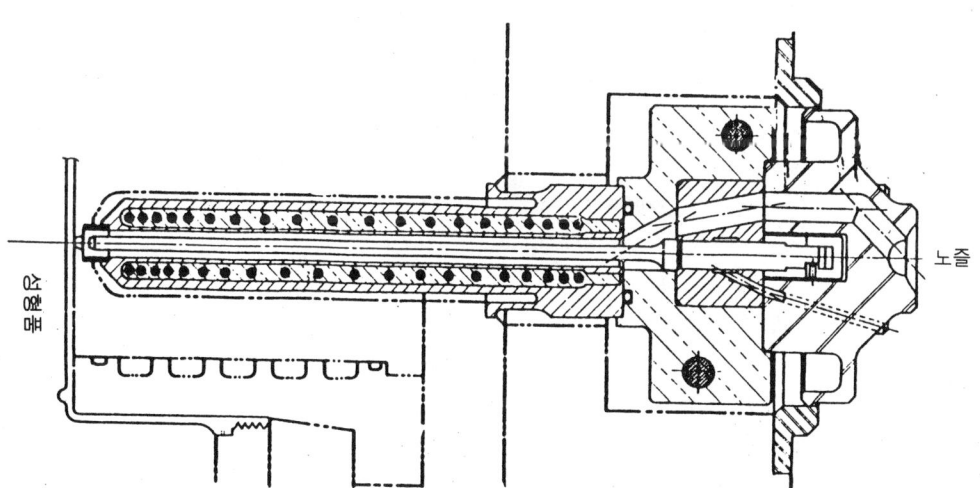

그림 5-46 연장 노즐 ① 열가소성(에어 구동 차단 밸브 내장)

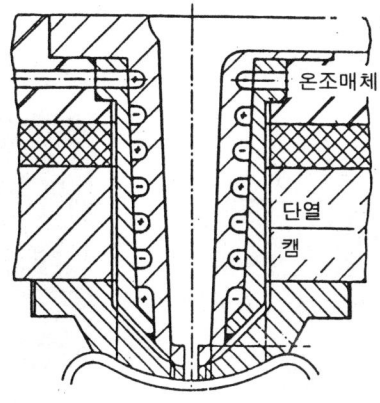

그림 5-47 연장 노즐 ② 열경화성용

7-3 웰 타입 노즐

그림 5-48에서, 노즐의 선단부에 용융 플라스틱이 고여 웰(전실)을 형성하는 것으로 일종의 런너레스 성형을 할 경우에 사용된다. 웰의 형상 칫수는 사용하는 플라스틱의 종류, 성형 사이클에 따라 적당히 선택할 필요가 있다. 웰의 플라스틱은 스프루 부시에 접촉하는 외면은 냉각 고화하고, 이것이 일종의 단열재가 되어 중앙 부분은 반용융 상태를 유지한다.

웰 타입은 1 캐비티 성형에 사용되며, 멀티캐비티에는 불가능한 결점도 있다.

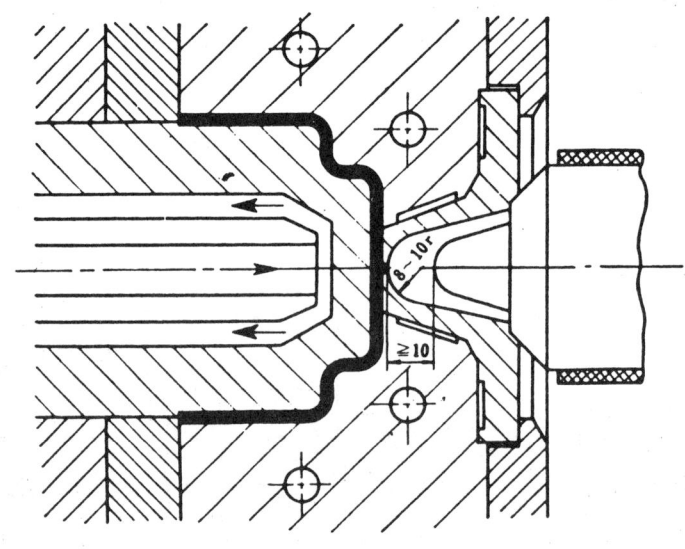

그림 5-48 웰 타입 노즐

7-4 믹싱 노즐

믹싱 노즐은 가열 실린더에서 보내질 프라스틱을 노즐부에서도 혼련시키므로서 착색제의 분산성이 향상되고, 용융 플라스틱의 온도·점도의 균일화를 도모하며 균일하고 안정한 제품을 성형하려는 것이다. 표준 스크류 성형기에 이 노즐을 병용하면 믹싱 스크류를 이용한 경우도 같은 효과를 기대할 수 있다. 대개는 정적 믹서를 노즐 내부에 장착한다.

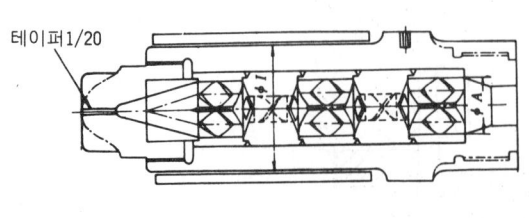

그림 5-49(A) 믹싱 노즐

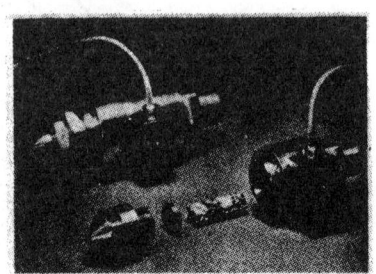

그림 5-49(B) 믹싱 헤드

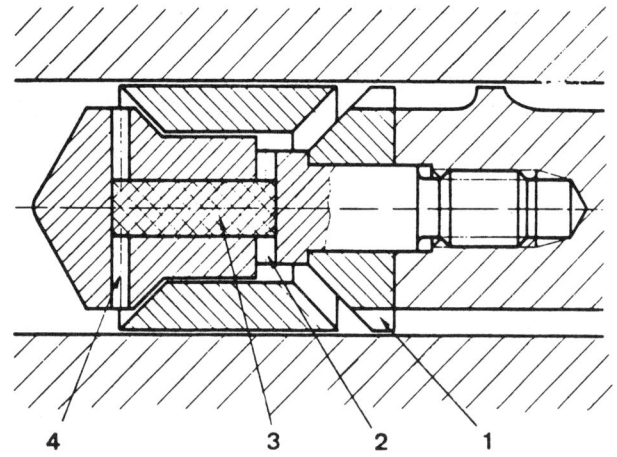

그림 5-50 스타틱믹서를 내장한 첵크밸브(네스탈사)
1. 링크 2. 4. 방사선홈 3. 믹서

그림 5-51 슈퍼노즐(KENICS)

또, 그림 5-50에서, 스타틱 믹서를 스크류·첵크 밸브 내에 장착한 것도 있고 매우 우수한 믹싱 기능을 발휘한다.

7-5 밸브 노즐

최근에는 성형 방식의 복잡화·결정성 플라스틱의 사용이 증가하고 또 얇은 제품과 저발포 성형 등에 밸브 노즐을 사용하는 기회가 늘고 있다. 이 밸브 노즐사용 목적을 확실히 이해하고, 적절한 형식을 선택할 필요가 있다. 밸브 노즐의 사용 목적은,

① 사출 완료 후, 다음 사출까지의 사이에 노즐에서 수지가 흘러내리는 것을 방지한다. 특히 폴리아미드와 같은 결정성이 높은 플라스틱 성형에는 필요하다. 사용하면 성형 조건을 선정하기 쉽고, 또 안정된다.

② 노즐 온도가 높으면 많이 새며, 낮게하면 노즐 구멍이 고화하여 다음 사출이 불가능한 경우, 온도 조절을 용이하게 하기 위해 사용한다. 특히, 폴리아미드·고밀도 폴리에틸렌에서는 유효하다.

③ 사출 완료 후 게이트가 고화하기 전에 가열 실린더 내의 압력을 내리면, 캐비티에서 역류하지만 이것을 방지한다. 또, 이것과 역으로 계량 가소화시의 배압이 너무 높아지면,

캐비티에 압력이 전달되어 얇은(GP 폴리스티렌 등에서는 특히)성형품 등은 깨질 염려가 있다. 이러할 때 사용한다.

④ 사출 개시시의 충전 속도를 빠르게 한다. 즉 사출 플랜저 혹은 스크류가 어느 정도 전진하여 실린더 안의 용융 플라스틱을 가압한 뒤에, 노즐 밸브를 여는 것에 의해 사출 개시시의 사출 속도를 빠르게(사출율을 높인다)하여, 충전완료까지의 시간을 단축한다. 따라서 얇고(냉각되기 쉬우므로)유동 거리가 긴 제품의 성형이 가능하다.

⑤ 저발포 성형의 사출 성형을 할 경우, 실린더 내의 발포를 억제하기 위해 반드시 필요하다). 또 ④와 같은 사출율의 향상도 목적이다.

밸브 노즐을 분류하면,
① 슬라이드 헤드식 밸브 노즐
② 니이들 개폐식 밸브 노즐
③ 셔트 오프식 밸브 노즐

7-5-1 슬라이드 헤드식 밸브 노즐

노즐이 금형에 닿으면 열리고, 금형에서 떨어지면 닫히는 자동 개폐 타입으로, 그림 5-52에 그 구조를 나타낸다. 이 타입의 노즐은 일단 금형에서 떨어지지 않으면 닫히지 않으므로, 노즐 터치한 채로 성형할 경우는 밸브 노즐로 사용할 수 없다. 또 재료 교환, 색상교환 등으로 퍼징(Purging)을 할 경우에는, 노즐 선단을 눌러서 슬라이드 헤드를 움직여 주지않으면 작동하지 않는 불편이 있다.

이 노즐은 금형에서 떨어진 상태로는 닫히지 않고, 가열 실린더 내의 압력이 증가하면 내압에 의해 닫히는 방식으로 구조가 간단해서 꽤 소형 노즐까지 제작이 가능하다. 그러나 소형이면, 밸브의 슬라이드 부분이 가늘게되며, 휨에 대한 강도가 저하하므로, 노즐의 중심 맞추기는 상당한 주의가 필요하다.(스프링으로 슬라이드를 되돌리는 형식도 있다).

분해하여 가스가 발생하는 타입의 성형 재료인 경우는, 위험 방지를 위해 이 종류의 노즐을 절대 사용해서는 안된다.

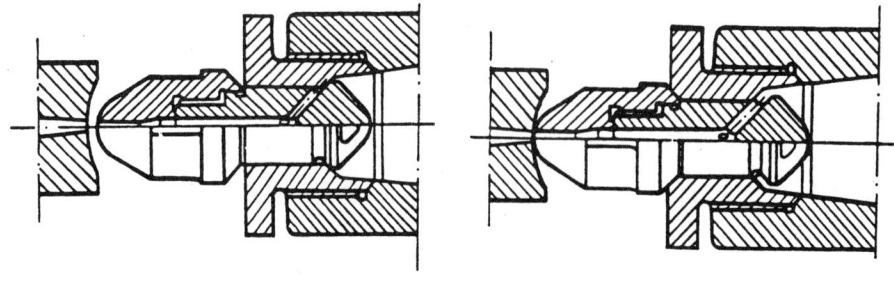

그림 5-52 슬라이드 헤드식 밸브 노즐(왼쪽은 닫혀 있는 상태, 오른쪽은 노즐 터치로 열린 상태)

7-5-2 니이들 개폐식 밸브 노즐

사출압으로 열리고, 사출이 완료하여 가열 실린더 내의 압력이 내려가면 닫히는 자동 개폐 타입으로, 그림 5-53에 그 구조를 나타냈다. 이 타입은 스프링의 힘으로 노즐 구멍을 니이들(바늘)로 봉쇄하고 있지만, 사출압이 가열 실린더 내에 발생하여, 그 압력이 폐쇄 스프링의 강도보다 높으면 스프링이 밀려 되돌아가서, 니들이 후퇴하여 사출이 된다.

니들 개폐식 밸브 노즐은 사출 압력이 스프링 유지압을 넘을 때까지는 사출이 되지 않는다. 그 때문에 사출 개시시의 순간 사출율이 커지고, 게이트에서 멀리 떨어진 곳까지 충전할 수가 있다. 그러나 구조가 복잡하고, 또 노즐 내의 비교적 저항에 의한 압력손실이 크기 때문에 살두께가 대용량인 제품은 적합하지 않다. 또 열안정성이 나쁜 경질 염화비닐 등에도 부적당하다.

이 종류의 형식에 사용되는 스프링은 고온 고압에서 사용되기 때문에 시간이 경과하면 스프링의 힘이 약해지기 쉬우므로 스프링 관리에 충분한 주의를 하여야 한다.

그림 5-53(a·b)과 같이 외부 스프링식과 내부 스프링식이 있다.

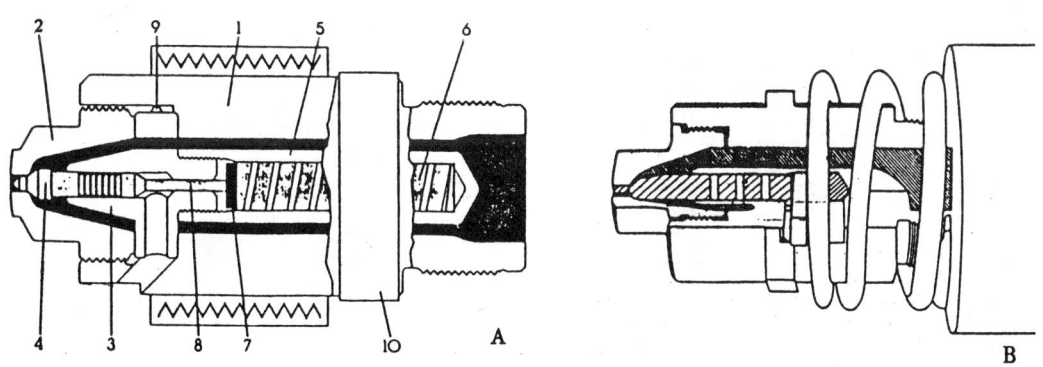

그림 5-53(a·b) 내부 스프링식(a)와 외부 스프링식(a)는 Belna AG사

7-5-3 셔트 오프식 밸브 노즐

성형기 사이클에 관련시켜서 외부에서 유압, 또는 공기압 등으로 전자 밸브와 실린더를 움직여서 그 회전, 혹은 왕복 운동에 의해 강제적으로 개폐하는 노즐이다. 이 노즐은 스프링이 없어서 수명이 길고, 또 가장 확실하고, 일반적으로 밸브 노즐이다.

보통은 옵션으로 기계 메이커 측에서 준비되어 있다. 용융 재료의 통로를 크게 취할 수 있으므로 사출시의 유동 저항이 적어서, 특히, 고속 사출로 성형하려고 할 때 적합하다.

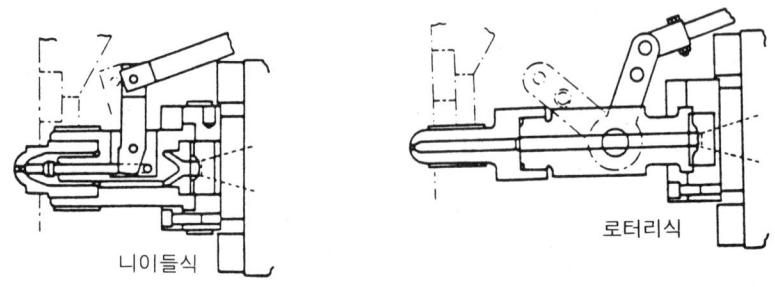

니이들식   로터리식

그림 5-54 셔트 오프식 밸브 노즐

7-6 호트 런너

노즐과 금형을 일체화하고, 금형 스프루·런너·게이트에 상당하는 부분까지 노즐을 연장한 것으로 전자동용 금형의 일부로 생각할 수도 있다. 이 방법은 노즐 각부의 온도 조절이 번거롭고 온도 조건 설정에 시간이 걸림과 동시에 코스트적으로도 높아져서 대량 성형품을 만드는 경우에 이용된다. 그림 5-55에 일예를 나타낸다.

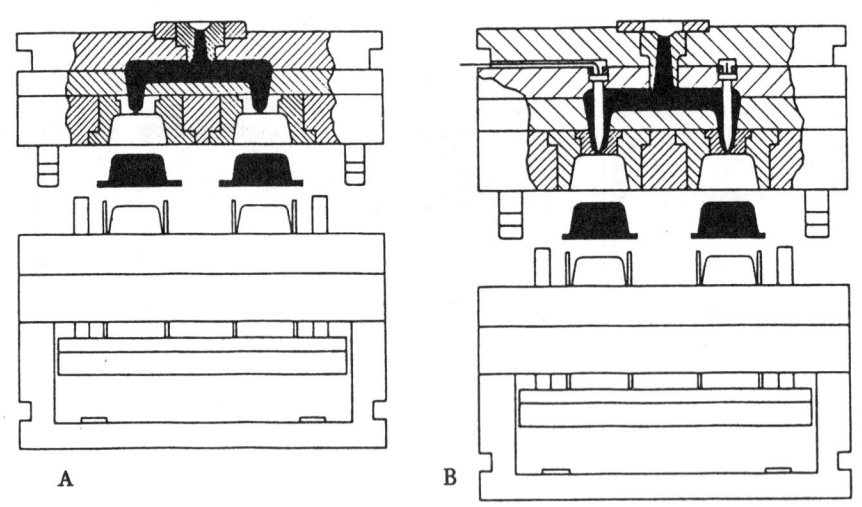

그림 5-55(A, B) 호트 런너 금형(A는 내부히터를 사용하지 않고 항상 용융 상태를 유지하는 단열 런너, B는 내부히터를 넣어서 용융하는 방식이다)

7-7 노즐 터치와 구멍의 직경

노즐과 스프루부시와의 접촉이 적정하지 않으면 사출시에 누출되거나 스프루의 제거가 곤란하거나, 노즐 선단에 냉각된 플라스틱이 남아 성형에 지장을 준다. 또, 구멍의 직경과 스프루 부시 구경(口徑)과의 관계도 중요하며, 이형 트러블의 원인이 된다. 그림 5-56은 일반적으로 널리 사용되는 구면(球面) 노즐의 노즐터치 상황을 나타낸다.

①은 스프루 부시의 凹구면 반경이 노즐 선단의 凸구면 반경보다도 작은 경우이며, 이것으로는 노즐과 스프루 부시와의 사이에 고인 플라스틱이 언더커트가 되어 스프루 빼내기가 어려워진다. 스프루를 강하게 빼내도, 노즐과 스프루 부시와의 사이에 고인 플라스틱은 남아 있어서, 다음 사출을 방해한다. 노즐 R이 너무 작으면 접촉 면적이 작아서 수지가 누출되거나 변형한다.

②는 스프루 부시의 凹구면 반경과 노즐 선단 구면 반경은 같지만, 스프루 부시의 구경이 노즐 구멍의 직경보다 작은 경우로 스프루를 빼내도 선단의 플라스틱이 노즐 랜드 내에 남아서 역테이퍼의 의의를 상실한다. 프리플로우 타입에서도 같다.

③은 스프루 부시의 凹구면 반경은 노즐 선단 반경과 같거나, 또는 약간 커서, 스프루 부시의 구경은 노즐 구멍 직경보다 약간 크게 한다. 이 때 노즐 선단의 역테이퍼부의 플라스틱은 스프루와 함께 제거된다. 프리플로우 타입도 같다.

노즐 구멍의 직경은 스프루 부시 구경에 맞추지만, 너무 작으면 유동 저항이 크고, 또 재가열량이 너무 많으면 탄화가 발생할 경우가 있다. 역으로 너무 크면 플라스틱 누출이 많다. 구멍 직경 수정 후는 열처리를 한다. 일반적으로는 SK새를 사용하고 얼치리·풀림을 용이하게 할 수 있다.

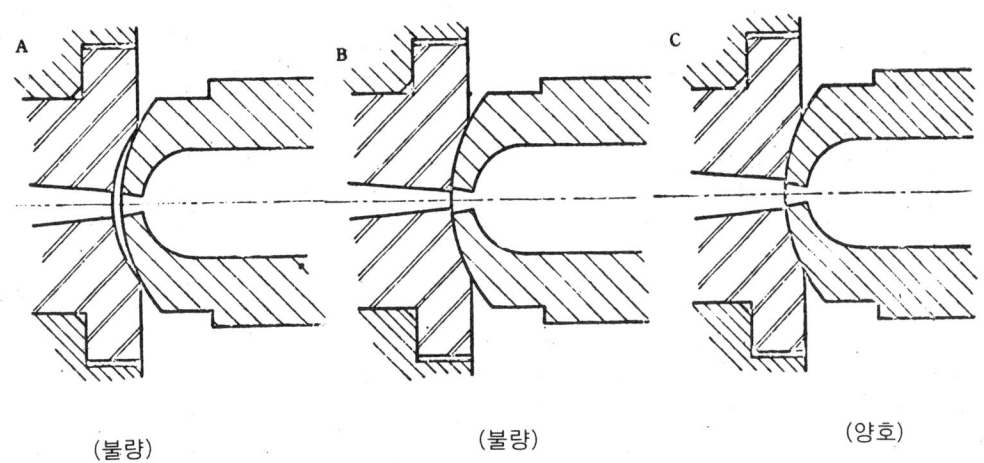

(불량)　　　　　　　　(불량)　　　　　　　　(양호)

그림 5-56　노즐 터치 상황과 구멍지름 관계

제6장

사출 성형 기술

1. 사출 성형기의 사양 보는 법

사출 성형기를 선정하는 데 있어서, 우선 먼저 고려해야 할 것은 성형하고자 하는 성형품에 어떠한 형식의 성형기가 적당한가 일 것이다.

성형품에도 여러 종류의 다양한 형상기능·크기·생산량·플라스틱의 재질 등이 있고, 이 모든 것에 일치하는 성형기는 없으므로 목적에 맞는 성형기를 검토하는 일이 우선 최초로 해야 할 일이다. 대략 목적에 맞는 성형기가 선정되면 다음에는 세밀한 사양 검토를 통하여 점차 대상 기종(機種)을 좁혀가야 한다.

2. 성형기의 형 검토

성형기에서 구조상 형은 제Ⅰ항 등에서 기술하고 있기 때문에 그곳을 참조하기 바란다. 목적별로는 다음과 같은 타입을 들 수 있다.

① 범용(汎用) 성형기

가장 일반적으로 사용되는 표준적인 성형기로, 소형~대형 성형품이나 잡화(雜貨)내지 공업 부품 등의 성형에 대응할 수 있다. 일반적으로 열가소성 플라스틱을 대상으로 한다.

② 다색(多色) 성형기

키톱, 자동차 테일 램프, 완구, 문방구 등을 2색 이상의 색 혹은 다른 재료로 성형한다. 성형중 금형(金型)은 적어도 한번 열리는 것이 ③과 다르다. 색의 경계(境界)는, 각각 분명히 구별할 수 있다.

③ 혼색(混色) 성형기

색이 다른 성형 재료에 따라, 대리석 무늬의 제품을 성형하기 위한 성형기이며, ②와는 달리 색의 경계는 분명하지 않고 혼합된 상태가 된다. 그 때문에 대리석 무늬 성형기라고도 한다. 성형중 금형은 열지 않는다.

④ 인서트용(Insert)

플러그 부착 코드, 드라이버 등 금속이나 다른 재질의 인서트를 집어넣거나 금형내에 다른 플라스틱을 결합시키는 등의 성형용. 인서트 작업을 쉽게 할 수 있는 타이바가 없는 성형기도 있다. 아웃서트 전용기로서도 사용된다.

⑤ 샌드(Sandwitch)위치 성형기

②와 약간 비슷한것 같지만, 성형품 단면에서 보면 중심부와 그 둘레를 다른 재료로 샌드위치 모양으로 성형하는 것으로, 전자파 실드 캐비널하우징의 성형이나 스피이커 박스 등의 성형에 응용된다. ②와 달리, 성형중 금형은 열지 않는다.

⑥ BMC 성형기

벌크 상의 BMC성형 재료를 효율적으로 공급할 수 있도록 한 열경화성 플라스틱용 성형기의 일종.

⑦ 열경화성

열경화성 플라스틱이나 고무용으로 디자인한 성형기.

⑧ 발포(發泡) 성형기

스트럭츄얼(Structural) 폼(foam) 성형품을 효율적으로 성형할 수 있도록 전용화(專用化)한 성형기.

⑨ 분할(分割) 금형용 성형기

복잡한 형상의 성형용으로 분할한 금형을 사용하는 성형기.

⑩ 양산용(量産用) 성형기

한 대의 사출 단위(unit)에 대해 형체(型締) 기구를 복수 설치하거나 소형의 사출성형기 여러 대를 통합하여 한 대의 사출 성형기를 만든다. 또는 금형을 다수(多數) 설치하여 회전시키거나, 슬라이드(Slide)시켜서 부속품의 대량 생산에 사용한다. 또 경화(硬化)하는데 시간이 걸리는 고무, 열경화성 플라스틱, 에라스토머 발포 플라스틱 등의 성형용에도 사용한다.

⑪ 벤트(vent) 성형기

흡습(吸湿)하기 쉬운 성형 재료나 가스가 발생하기 쉬운 성형 재료용.

⑫ 액상(液狀)재료용 성형기

실리콘(silicone) 고무 등의 액상재료(LIM이라고 한다)의 성형용.

⑬ 경량(輕量)용기의 전용 성형기

경량 용기를 고속으로 성형하기 위한 전용기(專用機).

⑭ PET 병 성형기

PET병이나 용기를 전문으로 성형하는 전용기.

⑮ 기타

이 외에 자동차 공장용으로 특정의 성형품을 능률적으로 성형할 수 있도록 디자인한 성형기・먼지나 티끌을 싫어하는 광(光)디스크(disc)・렌즈 성형기용으로 크린 부우스나 재료의 공급을 유니트화한 성형기, 또는 펠리트등의 성형 전문으로 디자인한 성형기 등 세밀하게 분류하면 끝이 없을 정도이다.

상기(上記)의 주요 전용기에 대해서는 Ⅷ항의 「사출 성형기술의 응용편」에서 설명하고 있으므로 참조할 것.

②~⑮까지의 특정 전용기에 대해서는, 메이커도 어느 정도 한정되어 있고, 사용 목적이 분명하기 때문에 선택에 그다지 혼란이 없을 것이다.

메이커가 많고 기종(機種)도 많은 ①의 범용기가 선택하는 데에 가장 힘들다. 이하는 ①의 범용기로 일반적인 스크류 타입의 성형기를 대상으로 해서, 기본적인 검토 사항과 선택 절차에 대해 서술하기로 한다.

3. 성형기의 선정과 항목별 사양

사출 성형기의 카탈로그를 보면 첫머리에 「사양」 또는 「주요 수치(主要數値)」라는 제목이 붙어있고 많은 수치가 쓰여있다. 이러한 수치는 그 기계의 성능과 크기를 나타내는 것이므로, 이 수치가 나타내는 내용을 충분히 이해하고 검토하는 것이 최적의 기계를 선정하는 데에 가장 중요한 일이다. 그중 특히 중요한 항목에 관해 「어떠한 것을 나타내는가?」 「어떻게 해서 결정지어지는가?」 「어떠한 경우에 필요한 것인가?」를 설명해 본다.

그러나 그 중에는 정의(定義)가 확실하지 않거나, 측정방법에 기준이 없거나 해서 메이커에 따라 표시하는 수치의 근거가 매우 다른 것도 있다. 이것에 관해서는 사양을 비교할 때에 충분한 여유를 가진 것인가, 최대 한도수치 인가를 주의할 필요가 있다.

카탈로그에 표시되어 있는 사양의 한 예를 표 6-1에 열거한다. 이 사양은 메이커에 따라 약간 다르다. 그러나 가장 중요한 기본적인 사항에 대해서는 단위가 다른 것이 있을지도 모르지만 동일하게 표시되어 있을 것이다.

사양 중에서 가장 중요한 항목에 대해서는 하기와 같이 설명해 나가기로 한다.

사양 수치는 크게 분류해서 다음과 같다.

① 사출관계(射出關係)
② 형체관계(型締關係)
③ 제어관계(制御關係)
④ 기타

표 6-1 사출 성형기의 사양의 실제예

사출 INJECTION UNIT	스크류직경 Screw Diameter	mm	25	28	32	36	32	36	40	45	40	45	45	50
	이론사출용량 Theoretical Inj. Volume	cm^3	55	69	116	147	116	147	226	286	226	286	406	500
	사출압력 Injection Pressure	kg/cm^2	2258	1800	2278	1800	2278	1800	2278	1800	2278	1800	2222	1800
	사출율 Injection Rate	cm^3/sec	150	188	150	188	197	250	197	250	271	344	271	344
	가소화용량 Plasticizing Capacity	kg/hr	28	37	45	60	45	60	54	73	70	95	69	90
	워킹캐퍼시티 Working Capacity		125		265		265		515		515		900	
	사출마력 Injection Power	hp	45		45		60		60		82		82	
	스크류회전수 Screw Speeds	rpm	300		260		260		180		235		170	
	스크류·스트로크 Screw Stroke	mm	112		144		144		180		180		255	
	노즐터치력 Nozzle Contact Force	ton	4.85		4.85		4.85		4.85		4.85		4.85	
형체 CLAMP UNIT	형체방식 Mold Clamping System		직 압 식				직 압 식				직 압 식			
	형체력 Mold Clamping Force	ton	75				100				150			
	형개력 Mold Opening Force		5.4				6.9				9.4			
	형개속도 Mold Closing Speeds	m/min	50				50				50			
	형개속도 Mold Opening Speeds		50				50				50			
	형반치수(H×V) Platen Size (H×V)		560×560				630×630				760×760			
	타이바간격(H×V) Clearance Between Rods(H×V)		380×380				430×430				530×530			
	형체스트로크 Clamp Stroke	mm	450				510				630			
	데일라이트 Daylight		630				710				850			
	최소금형두께 Min. Mold Thickness		180				200				220			
	유압이젝터 Hyd. Ejector / 압출력 Ejector Force	ton	2.5				2.5				4.5			
	유압이젝터 Hyd. Ejector / 스트로크 Ejector Stroke	mm	75				75				100			
一般 GENERAL	유압펌프용 모터 Electric Motor	kW	15				18.5				30			
	전기히터용량 Electric Heater		4.8		6.0		6.0		9.6		9.6		12.0	
	작동유량 Oil Resevoir Capacity	ℓ	230				300				400			
	기계치수 (W×L×H) Overall Dimension	m	1.33×4.43×1.82				1.46×5.16×1.87				1.69×5.63×2.00			
	개략기계중량 Shipping Weight	ton	4.0		4.2		5.0		5.4		7.5		8.0	

4. 사출관계

4-1 사출용량(Shot Capacity) ㎤ c.c., g. OZ

1쇼트(shot)의 최대사출용량을 나타내는 수치로, 통상 형체력과 함께 사출성형기의 성능을 대표하는 주요 기준 수치로서 이용된다.

여기에는「실수치」(實數値)와「이론치」(理論值)의 두 가지가 있고, 실수치에는「성형품 최대 중량」과「퍼어지(purge) 중량」이 있다. 참고치로서는 전자(前者)를 취하지만, 실제로 성형하는 경우에는「제품의 형상」「플라스틱의 종류」「플라스틱의 성형 온도」등 성형 조건이 다르기 때문에 그 수치대로 제품을 얻을 수는 없다. 한편, 이론치는 기계 칫수에서 산출한 수치이고, 또한 제품과의 중량은 산포가 커진다라고 생각해야 한다.

현재 일반적인 표시는 이론치이고 ㎤로 표시하는 경우가 많다. 이것은 비중, 효율을 고려할 것 없이 가장 합리적이다. 그러나 실제로 사출 용량을 산출하려면, 스크류와 가열 실린더 간격으로 역류 및 용적 효율(밀도와 비용적 등)에 의해 카탈로그 수치가 75~85%라고 생각하면 된다. 표준으로서는 용융점도가 높은 플라스틱은 85%에 가깝고, 반대로 점도가 낮은 플라스틱 및 비용적이 큰 물체는 75%에 가까우므로 평균 80%라고 생각하면 된다.

사출용량은 성형재료의 비중에 따라 변화한다. 비중 1.20의 폴리카보네이트는 비중 1.06의 폴리스티렌에 대해서, $1.06 \div 1.20 = 0.877$ 또는 87.8%의 비중의 차가 있다. 예를 들면 폴리스티렌으로 450g을 성형할 수 있어도, 폴리카보네이트 환산으로는 $450 \times 87.8\% = 395g$ 밖에 성형할 수 없게 된다.

반대로 비중 0.90의 폴리프로필렌에 대해서는 $1.06 \div 0.90 = 1.18$ 혹은 118%로 18%를 더 많이 성형할 수 있다.

따라서 사출능력을 너무나 빠듯하게 계산에 넣으면, 당초의 플라스틱에서는 성형이 가능했던 것이 다른 플리스틱에서는 능력 부족이 되어 성형이 불가능한 일이 있으므로 주의할 필요가 있다.

아래의 숫자는, 어느 메이커의 카탈로그에 표시되어 있는 수치이다.

이론사출용량 (㎤)		1120
최대 사출중량 (gr)	폴리스티렌	1030
	폴리에티렌	830

이론사출량은 1120㎤이다. 이것으로 폴리스티렌(비중은 1.05정도)과 폴리에티렌(비중 0.92 정도)의 각각의 최대사출중량을 산출하면 폴리스티렌: $1120 \times 1.05 = 1176g$ 폴리에티렌:

1120×0.92 = 1030g의 중량까지 성형할 수 있다는 계산이 나온다.

그런데 메이커측의 카탈로그에 표시되어 있는 실제로 성형 가능한 중량은, 각각 12.4%, 19.5% 정도 적게 표시되어 있다.

이것이, 이론치와 실제치의 차이이다. 이 카탈로그와 같이 명확히 실제치를 표시하면 실수는 없지만, 단순히 이론치만을 표시한 경우는 주의할 필요가 있는것을 알 수 있다.

또 사출 능력에 대해 너무 적은 용량의 성형을 하는 것도 문제이다. 특히 열에 대해 민감한 재료에는, 체류시간이 길어지기 때문에 열열화(熱劣化)를 일으킨다. 적어도 정격 사출 능력의 20% 이하에서 성형기를 사용하지 않는 것이 바람직하다.

사출 중량의 계산은 다음 식을 이용한다.

□ 체적(cm^3, cc)×비중(ρ) = 중량(g)

□ 1온스(OZ) = 28.35g

사출성형기의 사출용량의 계산은 다음과 같은 식을 이용해서도 계산할 수 있다.

□ Q = R×L

여기서,

Q = 사출 용량(cm^3), R = 사출 스크류의 단면적(cm^2), L = 스크류 스트로크(cm)

4-2 사출압력(Injection Pressure)

스크류 선단에 있어서, 용융플라스틱에 작용하는 최대 압력을 나타내고 있고, 스크류 전체에 작용하는 유압의 힘(사출력)을, 스크류의 단면적으로 나눈 값을 표시한다.

계산식은,

$$I_P = \frac{\frac{\pi d^2}{4} \cdot P(사출력)}{\frac{\pi D^2}{4}(스크류\ 단면적)}$$

$$I_P = \frac{d^2}{D^2} \cdot P$$

I_P : 사출압력(kg/cm^2)

D : 스크류 직경(cm)

d : 유압실린더 직경(cm)

P : 펌프유압(kg/cm^2)

유압 펌프에서 발생하는 최대 압력은 정해져 있으므로, 더욱 더 사출압력을 올리기 위해 보통 교환스크류 방식을 사용해서 표준 스크류 외에 지름이 작은 스크류를 교환할 수 있도록 한다. 지름이 작은 스크류를 표준 스크류로 바꿔서 사용하는 경우는, 당연히 「사출용량」「사출율」「가소화능력」의 감소가 있기 때문에, 이것을 미리 고려해 넣어야 한다. 교환스크류는 사출용량을 크게 하기 위해서 지름이 큰 것도 준비해 두는 것이 보통이다.

성형수축은 보통 사출압력에 비례해서 적어지고 칫수 정밀도, 싱크마크의 방지나 제품외관에 큰 영향을 끼친다. 또 캐비티충전공정의 최종 피크(pick)압과, 게이트 실로 시간의 보압도 성형품의 외관이나 칫수정밀도, 기계적강도등의 물성에 큰 영향을 주기 때문에 보통 한 사이클 속에, 사출 압력을 여러 단계로 전환할 수 있도록 되어 있다.

4-3 사출마력(射出馬力)

사출마력은 카탈로그에는 그다지 표시되어 있지 않는 수치이지만, 최근에는 점점 표시하는 메이커도 증가하고 있다.

이것은 높은 사출압력에서 단위시간의 사출량이 얼마만큼인가를 나타내는 것으로,

□사출 마력 = 사출 압력 × 단위 시간 사출량(율)으로 표시된다.

캐비티에 얼마나 빨리 충전할 수 있느냐는 단지 사출압력 및 사출속도에서 정해지는 것만은 아니고, 그 양자의 합, 즉 사출 마력에 의해 정해진다. 사출 압력이 높아도 사출 속도가 느리면 쇼트숏트(short shot)나, 충전 시간이 길어지는 것도 있다.

4-4 사출율(Injection Rate) ㎤/sec

단위시간당의 사출양을 나타내는 것으로 사출 속도라고도 한다. 그 수치가 클수록 캐비티에 빨리 충전하는 것을 나타내는 것이지만, 동시에 사출압력도 충분하지 않으면 그 효과가 나오지 않는 것은 위의 설명으로 알 수 있다. 사출마력과 사출율은 쇼트숏트, 성형품외관, 싱크마크, 플로우마크 등에 큰 영향을 끼친다.

성형품의 형상이나 두께 등에 맞춰 캐비티에 유입하는 용융재료 속도를 최적으로 콘트를 함에 따라서 제팅(jetting)이나 가스탄화 혹은 과대한 피크압의 과열 작동에 따른 오버 패킹(Over Packing)에 의한 크랙발생 등 여러 가지 성형불량을 방지할 수 있다. 그 때문에 보통 여러 단계의 속도 콘트롤이 가능하게 되었다.

이 콘트롤은 오픈 루프식과 클로즈드 루프식이라고 불리는 두 가지 방법이 있다. 오픈 루프식은 미리 정해진 조건에 맞추어 속도를 변경하는 것으로, 조건에 맞는지 어떤지를 체크하는 기능은 가지지 않는다. 프로그램 제어라고 부르는 것도 같은 의미이다.

클로즈드 루프식은, 미리 정해진 조건 대로 사출속도를 유지할 수 있도록 센서에서 스크류 위치를 검출해서 제어계에 신호를 보내 그 결과에 따라, 서브밸브나 서브펌프등에서 추종하는 피드백(feed back) 기능을 가지는 것이다.

클로즈드 루프식과 비슷한 기능을 가진 것으로, 아답티브(Adaptive) 콘트롤(Control)이라고 불리는 방식이 있지만, 이것은 클로즈드식 콘트롤을 더욱 정밀도 있게 한 것으로, 검출

한 스크류 위치에 오차가 있으면 다음 쇼트(shot)시에 자동수정하는 기능을 가지고 있는 것이다.

사출속도 콘트롤은 사출스트로크를 적어도 4정도, 많은 것에는 10정도로 분할하여 제어하고 있다.

이러한 것에 대해서, 종래 방식은 리미트 스위치와 타이머에 의해 여러 번 사출속도를 전환하는 방식은 시퀀스(Sequence) 제어라고 부르고, 성형기의 가격이 싸기 때문에 일용품 잡화라든지 특히 정밀도를 문제삼지 않는 성형에는 현재까지도 사용되고 있다.

전혀 정밀도를 요구하지 않는 성형에는 시퀀스제어방식, 어느 정도 정밀도를 요구하는 성형에는 오픈루프제어, 정밀도를 상당히 중요시하는 성형품에는 클로즈드 루프나 아답티브제어 방식에 의해 사출 성형기를 선택한다고 하는 견해도 있다.

또한 고속사출을 하려면 캐비티에서 가스가 신속하게 배출할 수 있도록 되어 있는 것이 전제조건이고, 이 대책을 시행하지 않는 금형에 고속사출을 하면 성형품에 가스탄화가 발생하는 일이 있다.

4-5 가소화 능력(plasticizing Capacity) kg/Hr

가열 실린더가 매시간마다 어느 정도의 양을 가소화하는(용해시키는) 능력이 있는가를 나타내는 수치로, 성형 사이클에 관계없이 최대한으로 발휘했을 때의 능력으로 표시한다.

일반적으로는 가열 실린더를 연속 사용했을 경우의 폴리스티렌의 최대치가 나타나므로 실제로 성형했을 경우 1시간당의 제품 중량은 이 수치보다 상당히 적은 것이 된다.

스크류기의 경우에는 주로 열원의 크기보다, 그 스크류의 회전 속도의 지속(遲速)에 의해 가소화 능력이 변화한다. 또 혼련작용으로 인해 플라스틱 자체의 전단열이 발생하기 때문에, PVC 등에서는 스크류 회전 속도를 제한할 필요가 있고, 스크류 무단(無段)변속이나, 유단(有段)변속이 가능하다.

가소화 능력은 기계의 생산성에 영향을 미치는 중요한 요소의 하나이며, 특히 사출량이 빠듯한 성형시 또는 하이사이클 경우에는 주의할 필요가 있다. 다음은 스크류식 계산식의 한 예로 실제로는 효과 85%라고 생각하면 된다.

$$P_c = \alpha \cdot N \cdot 10^{-3} (1피치의 홈체적 \times 매시 회전수)$$

단, $\alpha = \dfrac{j}{2}\pi D \cdot h(Po-e) \cdot \cos\theta$

P_c : 가소화 능력(kg/Hr)

N : 스크류 회전수

　(r.p.m. → 1Hr로 환산한다)

D : 스크류 직경(mm)

h : 계량부 홈깊이(mm)

P_0 : 피치(pitch) (mm)

e : 나사산폭(mm)

$\cos\theta$: 비틀림각(°)

이외 가소화 능력을 나타내는 방법에 리커버리 레이트(Recovery Rate)가 있으며, SPI를 중심으로 해서 사용되고 있다. 이것은 규정의 노즐, GPPS(216℃)를 사용 사출 용량의 50%에서 퍼징(purging)해서 다음과 같이 구한 값이다.

$$R_r = \frac{Pw}{Pt}$$

Rr : recovery rate(g/sec)

Pw : 10쇼트의 평균 중량(g)

Pt : 10쇼트의 평균회전(계량)시간 (sec)

4-6 사출력(Total Injection Pressure)ton

사출 실린더가 얻어 내는 힘이다. 사출압력과 혼동하기 쉬우므로 주의할 것.

계산식은

$$Fi = \frac{\pi}{4}d^2 \cdot P \cdot 10^{-3}$$

Fi : 사출력(ton)

d : 사출 실린더의 직경(cm)

P : 펌프압력(kg/cm²)

특수 사양에서 사출 압력 상승을 행할 때는, 일반적으로 사출 실린더의 직경을 크게 해서 해결하고 있다. 그러나 사출 실린더의 직경을 크게 하면, 사출 속도(사출율)가 저하하므로 주의한다.

4-7 사이클 타임(Cycle time)sec

sec/cycle로 표시하고, 1사이클의 운전시간을 나타낸다. 이것은 동시에 기계의 속도 성능도 나타내므로 사출 회수라고도 부르며, shot/h로 1시간당 사출 회수를 나타내는 경우도 있다. 사이클 타임의 표시 방법은, 보통 이론 드라이 사이클 타임, 실 드라이 사이클 타임, 성형 사이클 타임의 세 가지가 사용되고 있다.

이론 드라이 사이클 타임이란 계산상 구해진 1사이클의 최소 운전 시간으로 기계 동작의 변경 등으로 인한 타이밍 격차등은 일체 포함하지 않는다.

실 드라이 사이클 타임이란, 기계를 실제로 공운전 했을 경우 1사이클에 필요한 시간으로,

무부하(無負荷), 최고 속도에서 측정되고 있다. 이 경우 스크류기(프리플라기)에서는, 기계의 가소화 시간은 성형 조건에 따라 변하기 때문에 제외하는 것이 보통이다.)

성형 사이클 타임이란, 실제로 제품을 성형하는 데 필요한 1사이클의 시간을 나타내고 있고, 그 수치는 제품의 중량, 두께, 플라스틱 등에 따라 변하기 때문에 자사(自社) 제품의 참고로 하는 경우는 이러한 여러 원인을 충분히 검토하는 것이 중요하다.

이상의 사이클 타임은, 이론 드라이 사이클＜실 드라이 사이클＜성형 사이클로 된다.

4-8 기　타

스크류 회전수(r.p.m), 호퍼 용량(l), 스크류 스트로크(mm)가 있다. 스크류 회전수는 0～200 r.p.m 정도이고, 그 중에는 0이 될 수 없는 25～30 r.p.m이 최저인 기계도 있다. 스크류 스트로크는 스크류 직경의 약 3배가 보통이다. 또, 스크류 토오크 교환도 가능한 형식이 편리하다.

5. 형체 관계(型締關係)

5-1 형체력(Mold Clamping Force) ton

글자 그대로 금형을 조이는 힘의 최대치를 나타내는 것으로 사출 성형기의 능력을 대표하는 기준 수치의 하나이다. 사출되어 캐비티에 압출된 용융플라스틱은, 그 사출 압력에 의해 금형을 여는 힘이 되기 때문에, 기계로서는 그 이상의 조이는 힘을 필요로 한다. 따라서 평면적(투영 면적)이 큰 제품을 성형하기 위해서는 형체력이 큰 기계를 선택해야 한다.

형체 기구는 직압식(直圧式)과 터글식으로 크게 분류하지만 직압식의 경우는 액체 압력에 의해 형체가 되기 때문에 금형내의 압력에 의해 열리는 힘이 형체력을 조금이라도 상회하면 플래시가 발생한다. 한편, 터글식의 경우에는 터글링크에 의해 타이바(Tiebar)를 늘어나게 해서 형체를 시키기 때문에 금형내의 열리는 힘이 형체력을 상회해도 직압식과 같은 큰 플래시가

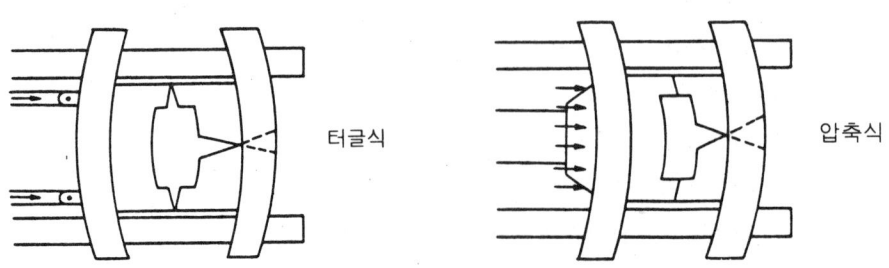

그림 6-1　터글과 직압식의 기계상의 특성(그림 5-19도 참조할 것)

발생하지 않는다. 공칭(公稱)형체력이 같은 경우, 터글식은 힘이 강하게 직압식은 힘이 약하게 느껴지는 것은, 이와 같은 기구의 차이에 의한 것이다.

또, 형체기구는 터글이 좋은가, 직압식이 좋은가 라는 문제점도 있다. 이것은 반드시 어느 쪽이 우수하다고는 말할 수 없는 문제이므로 매우 어렵다.

단, 어느 쪽도 그림6-1에 나타낸 것과 같은 구조상의 특성이 있어서 각각의 장·단점이 있다. 특히 정밀도를 엄밀하게 문제시 하지 않는 경우는 그 만큼 신경이 쓰여지는 문제는 아니지만, 그렇지 않는 경우는 검토할 가치가 있다.

터글식과 직압식을 비교해 보면, 다음과 같다.

[터글식과 직압식 형체 기구의 비교]

① 터글이 기계적인 제약을 받고, 형체 스트로크를 길게 하는 것이 까다롭다.

② 터글링크가 완전히 늘어난 상태에서 형체가 완료되기 때문에, 금형의 두께가 변하면 거기에 따른 형두께 조정 장치가 필요하다.

③ 형체력은 타이바가 늘어나는 양에 따라 결정되지만, 이것을 정확하게 파악하면 계산해 낼 수 있다. 그러나 기계 부분이나 금형도 압축되어 줄어들기 때문에, 미리 설정한 금형의 합계치가 그대로 타이바가 늘어나는 양으로 표시된다고는 말할 수 없다. 더우기 여러개의 타이바가 균등하게 힘을 받고, 같은 양씩 늘어나도록 하는것도 실제로는 어렵기 때문에 형체력을 정확하게 파악하기는 어렵다. 따라서 일반적으로 형체력은 직압식과 같이 유압게이지의 눈금으로 간단하고 정확하게 읽을 수 없고 경험적으로 판단하든지, 또는 특수한 장치를 이용해야 한다. 변형계기 혹은 텐션미터에 의해 측정하거나 또는 측정 실린더를 금형 대용으로 설치, 이 실린더에 압력을 가해 타이바를 늘려 역산(逆算)한다.

④ 사출이 행해진 경우 금형은 캐비되압(유효 사출 압력)에 의해 금형을 열려고 하는 힘이 발생한다. 형체력이 상회하고 있는 경우는 문제가 없지만, 형체력 이상의 경우는 금형을 열어 플래시가 발생하는 것은 직압식과 별차이가 없다. 그러나 이 경우, 직압식은 형체력에 변화는 없지만, 터글링크가 사점(死點)에 있기 때문에 금형이 열리는 것은 타이바가 늘어나는 것이고, 그 늘어나는 분량 만큼 형체력은 증가하므로, 형체 기구의 안전율을 어디에 두는가가 중요한 포인트가 되고, 또 형체 기구 고장의 대부분은 바로 이 원인에 의해서이다.

만약 형체력 100톤의 경우 타이바가 늘어나는 것을 0.9mm로 한 금형을 죄어 성형에 1mm의 플래시가 발생할 경우, 타아바는 다시 1mm 늘어나게 되므로 형체력은 200톤 이상이 된다. 이와 같이 플래시 발생의 경우, 형체력이 크게 상회하지 않도록 금형의 크기를 한정하든지, 다이플레이트의 크기 및 타이바의 지름, 길이의 안전 장치에 특히 설계상 세심한 배려가 필요하다. 또 형체력 설정 방법은 메이커의 지시에 따르는 것이 중요하다.
⑤ 터글의 형체 속도는 최초에는 빠르고 점차로 느려져 최후에는 아주 천천히 금형이 닫혀진다. 원상 복귀 형개 공정에 있어서도 그와 반대로 처음 개방할 때가 느리고, 점차로 빨라진다.

이와 같은 속도 변화는 금형의 개폐 동작으로서는 바람직하고, 더구나 어떠한 제어 수단을 강구하는 것 없이, 터글의 기구 특성상 자동적으로 행해진다. 그러나 형개(型開) 공정의 마지막, 즉 제품돌출시에 속도가 빠른 것은 자주 성형품을 손상하는 등의 지장을 초래하며 또한 기계의 쇼크도 크다. 이것을 방지하기 위해서는 이 시기만 형개 속도를 떨어뜨리도록 특별히 방법을 강구해야 한다. 왜냐하면 공정중에서의 속도 변화 상태는 각 링크(link)길이의 조립 방법에 의한 그 기구 특유의 것이며, 부분적으로 어느 시기를 빠르게 하거나 느리게 하는 것은 링크 기구 자체로는 불가능하기 때문이다.
⑥ 터글 기구에는 회전 부분이 많고, 여기에 강대한 힘이 집중하기 때문에 핀(pin)이나 부시(bush)가 마모되기 쉽다. 따라서 급유 장치가 절대적으로 필요하지만, 그래도 만족하게 윤활되지 않기 때문에 빨리 마모 되는 것이 있다(최근에는 무급유 타입의 부싱을 사용하여 관리가 용이한 타입도 있다).
⑦ 직압식과 비교해서 중량, 유량, 사용동력 등이 극히 적고 가격이 싸지만 전술한 형체 기구의 고장 및 터글의 정밀도, 금형 설치, 및 형체력 설정 방법이 어렵고 형개 스트로크를 크게 할 수 없는 등의 결점은 있지만, 경제적이기 때문에 중소형기에 많이 사용딘다.

그러나 최근에는 형개 스트로크를 크게 할수 있도록 터글 기구를 개량하고, 상당한 대형기에도 사용할 수 있도록 되었다.

직압식과 터글식을 비교하면 다음과 같다.

[직압식과 터글식 기구의 비교]

① 일반적으로 큰 형체 실린더가 필요하기 때문에 기계 중량이 늘고, 대토출량의 펌프를 사용한 결과, 작동유(作動油)나 동력의 소비가 많음과 동시에 형체력을 크게 하기 위해서 타이바 간격의 관계에서도 작동 유압을 높게 하고 있다. 현재 일반적으로 소형기에는 $120 \sim 160 kg/cm^2$, 대형기에는 $210 kg/cm^2$의 고압이 사용되고 있기 때문에 유압 배관 및 밸브 관계에 고도의 기술이 필요하고 가격도 비싸다. 또 펌프, 밸브, 패킹 및 작동유 등의 보수 점검을 충분히 하지 않으면 고장이 많이 발생한다. 프리필 밸브는 특히 누유(리크)에 주의한다.
② 형체가 끝나고 형체력 상승까지 시간이 걸림과 동시에 사출중에도 형체력을 유지할 필요가 있으므로 전용 펌프가 필요하고 사출 동작시에도 형체압 상승을 확인하고 사출하

는 장치가 필요하다. 또 공기 혼입에 주의하고, 가끔 형체 실린더 내의 공기 배출를 할 필요가 있다.
③ 속도 조정 장치인 밸브 관계도 복잡하고 대형화되어, 전진 방향에 스톱퍼(stopper)가 없으므로 패킹, 패킹워셔, 커버 등이 손상되기 쉽다. 일반적으로는 형체 램이 전진 한계에 달하면, 리미트 스윗치가 작동하고 형체 회로를 끊도록 되어 있지만, 항상 사용하지 않는 안전 장치인 만큼 보수 점검도 잊기 쉽다. 따라서 충분히 주의를 함과 동시에, 기계 사양상 허가된 최소형 이하의 얇은 금형은 사용하지 않아야 한다.
④ 어느 정도 압축성이 있는 기름에 의해 금형을 조이고 있으므로, 터글식 등 기계적으로 잠그는 방식에 비하면, 형개하는 경우가 저항이 약하다. 사출 압력이 상당히 커서 형체력에 접근하고 있을 때, 순간적으로나마 이것을 상회하면 형개되어 제품에 플래시가 발생한다. 그러나, 구조 설계가 용이하고, 조작성도 간단해서 설계상 필요한 안전 계수만 구비되어 있으면 터글식과 같이 플래시 발생에 의한 형체 기구의 사고는 전혀없다.
⑤ 형개 칫수를 크게 할 수 있고, 또 금형 설치가 지극히 간단해서(터글식에 비해)대형 기계에 적당하다.
⑥ 형체력이 게이지에 의해 정확히 판정될 수 있다.
⑦ 보수 관리(특히 급유)가 용이하다.

이상과 같은 장·단점이 있다. 그림 6-1에서 보는 것 처럼 직압식은 금형에 형체력이 균일하게 미치기 쉬운것, 터글식은 터글의 기계 강성상(剛性上), 사출 압력에 의한 성형품 치수 변화율이 적은 것으로 인해, 정밀 성형에 적당하다고 하는 메이커측의 견해가 있는 것을 첨가해 둔다.

정밀 성형에는 어떤 방식일지라도 견고한 강성이 필요하고, 굵은 타이바를 견고한 금형 취부판에 설치하여 강성이 있는 금형이 필요 불가결한 조건이다. 최근의 엔지니어링 플라스틱에는 용융점도가 굉장히 높은 것이 많아져, 또 정밀사출성형에는 종래 생각해 왔던 것 이상의 고압 사출을 하는 경우가 늘고 있으므로, 그 만큼 형체 압력도 높게 할 필요가 있다. 가능한 한 여유있는 형체력을 가진 성형기를 선택하기 바란다.

5-2 형개력 (Mold Opening Force) ton

성형이 끝나서 제품을 꺼낼 때 금형을 열기 위해 낼 수 있는 최대의 힘을 말한다. 실제로 형개에 필요한 힘은 플라스틱 성질, 금형 표면의 사상 정도, 성형품의 고화 상태, 제품의 형태 등에 따라 변하지만, 성형기의 개방력이 이것을 상회하지 않으면 금형을 열 수가 없다. 또 이것과 별도로 돌출력에 이용하는 경우도 있다.

특히 심물(深物)성형에서 빼기 테이퍼가 적은 경우에는 형개력이 부족한 문제가 있으므로 주의를 요한다. 직압식의 형개력은 형체력의 1/10~1/15이다. 또 터글식에서는 개방 초기에는 강하지만 후퇴함에 따라 약하게 된다. 형개 초기는 천천히 열리고 그 후 고속으로 최종시에는 조용히 정지하게끔 하는 방법도 필요하다.

5-3 돌출력(Ejecting Force) ton

형개력을 이용해서 돌출하는 기계방식에서는, 직압식의 경우는 형개력과 같지만, 터글식의 경우는 스트로크에 의해 변한다. 일반적으로는 돌출스트로크도 명기되어 있다.

돌출력도 개방시의 힘과 같이 플라스틱의 밀착성, 빼기 테이퍼 등에 의해 변화한다. 유압식의 경우는 돌출력, 속도, 스트로크, 작동 시간 등이 임의로 설정되어 있기 때문에 편리하다.

5-4 형체 스트로크(Mold Clamping Storke) mm, cm

금형을 개폐하는 이동 플레이트의 이동 거리를 말한다. 이것은 성형품 깊이를 결정하는 기본 수치가 된다. 보통 성형품 최대 깊이는 스트로크의 1/2이하이지만, 이것은 금형의 구조나 스프루의 길이, 성형품의 취출방법 등에 의해 변한다.

기계로서는, 직압식은 비교적 긴 스트로크를 가지며, 터글식은 구조상 짧은 스트로크가 된다. 그러나, 싱글터글식에서는 긴 스트로크로 하는 것도 비교적 용이하다.

5-5 금형 칫수(Mold size) mm, cm

다이플레이트에 설치 가능한 최대 금형 칫수를 나타내며, 형체력과 마찬가지로 성형품의 최대 투영 면적(넓이)의 한계를 결정짓는 요소가 된다.

타이바내에 들어가는 금형 칫수를 원칙으로 하지만, 극단적으로 가로나 세로가 긴 칫수의 금형을 어쩔 수 없이 타이바에서 돌출해서 사용해야 할 때라든지, 중자(中子)를 빼내기 위해 취출장치를 금형에 설치할 때가 있다.

이와 같은 경우는 사전에 안전도어나 커버의 위치 관계에 충분히 주의하는 것이외에, 사출 압력이 충분하게 캐비티 내에 골고루 미치는 가를 확인한 뒤에 작업에 착수할 필요가 있다.

또는 반대로 극히 작은 금형을 설치하는 일은, 금형에 무리가 가서 변형을 일으킬 우려가 있으므로, 바람직하지 않다.

5-6 타이바 간격(Space Between Tiebars) mm, cm

금형 칫수와 관계가 있고, 타이바와 타이바의 안칫수의 사이간격을 나타낸다. 최근의 경향으로서는, 다이플레이트는 정방형이 많고, 따라서 타이바 간격도 가로 세로 같은 것이 많다.

타이바 수는 보통 4개이지만, 소형기에서는 2개인 것도 있다. 또한 타이바의 지름은 같은 사출 용량을 가진 성형기라도 메이커에 따라 다르다. 타이바는 무거운 금형을 지탱하는 것이기 때문에, 견고한 강성을 가진 굵은 타이바가 좋다.

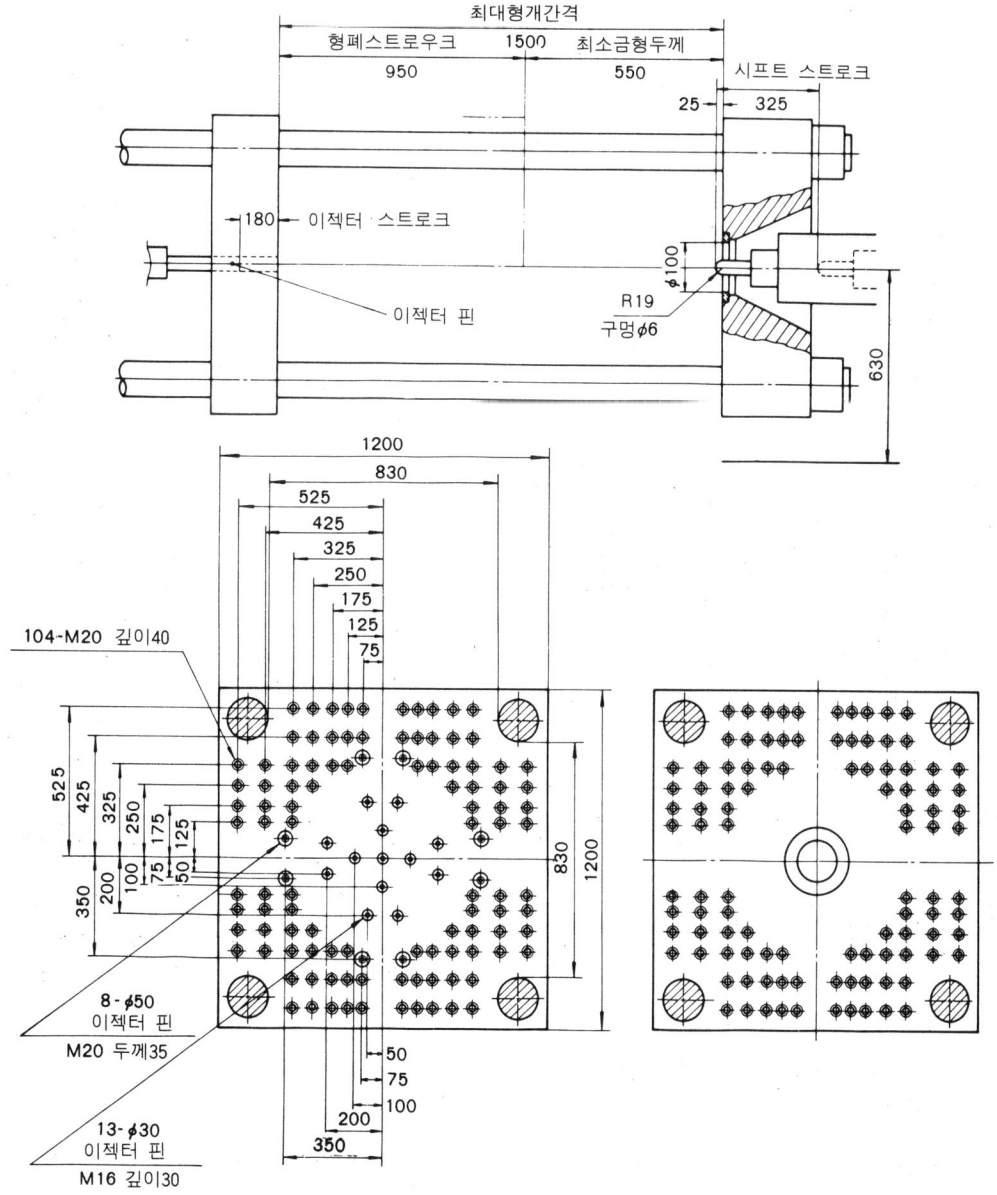

그림 6-2 금형 설치칫수의 실예(직압식)

5-7 사용 금형 두께(Mould Thickness)mm

기계에 설치 가능한 금형의 두께를 가리키는 수치이다. 또 성형품의 최대 깊이를 규제한다.

일반적으로 지정된 형두께보다 큰 금형은 사용할 수 없지만, 얇은 금형의 경우는 스페이서(spacer)라 칭하는 보조판을 사용해서 기계의 최소 금형두께를 작게 한다. 또 금형적으로는 금형두께를 늘리면 좋다. 그러나 이와 같은 때에는, 시프트 스트로크, 돌출 스트로크가 부족한 경우가 있으므로 주의한다.

5-8 최대 형개 거리(Daylight Opening)mm

데이라이트(Daylight)는 고정 플레이트와 이동 플레이트의 최대 거리, 즉 최대 다이플레이트 간격을 말한다. 이 경우는 스페이서의 두께를 뺀다. 또 금형두께 조정의 조절가능한 길이를 더한 것이다.

기계에 설치 가능한 금형의 두께를 직접 혹은 간접적으로 나타내는 수치로 형체 방식에 따라 표현 방식이 다르다.

직압식은

    데이라이트-제거 스트로크 = 최대 금형두께

    데이라이트-최대 형체 스트로크 = 최소 금형두께

터글 식은

    데이라이트-형체 스트로크 = 최대 금형두께

    데이라이트-형체 스트로크 = 금형두께 조정대 = 최소 금형두께

그림 6-2에 금형 설치 방법의 한 예를 들어 둔다.

6. 제어 관계

6-1 총 전력량(Total Electric Power)kw

글자그대로 기계 운전에 필요한 전력의 총 용량을 말하며 다음과 같다.

모터 관계+히터 관계+기타(제어관계 등)

그러나 실제로는 히터의 ON-OFF, 모터의 실가동-공운전 등이 있고, 카탈로그 수치의 60~65% 정도가 연속운동시 항상 사용하는 전력이라고 생각하면 된다.

새로 기계를 설비할 때에는, 전력 회사와 상담하지 않으면 변압기의 용량 등의 관계로 변전(變電) 설비를 하지 않으면 사용할 수 없는 경우도 있다.

표 6-2 표준부속과 옵션장비의 일예

● ⋯ 표준 부속
○ ⋯ option 장치

(유압식 형체 Type의 경우)

형체	가동반(盤) 가이드슈	–	사출측	프리콘 노즐	○
	유압식 금형 보호장치	●		노즐 셔트 오프밸브	○
	금형보호 압력 디지탈 조절장치	●		내마모·내부식용가열실린더·스크류	○
	크로스바 이젝터	●		연장노즐	○
	유압식 이젝더(속도조절붙임)	●		호퍼마그넷	○
	유압 돌출유지 장치	●		시간에 의한 사출 2차압 절환장치	○
	형개 제한 장치	●		유압에 의한 사출 2차압 절환장치 (클로우즈드 루프)	○
	금형냉각수 매니홀드(인디케이터부착)	●		어큐므레이터에 의한 고속사출장치	○
	형개폐 고저속 디지탈 조절장치	●		서보밸브에 의한 사출제어 장치	○
	형체 2차압 전환장치	●		TS 밸브	–
	성형가스 빼기장치	–		압력호퍼	–
	금형온도 조절장치(히터식)	○		고무공급장치	–
	단열판	○	제어 및 감시 기타	가변(可變) 토출량 펌프	●
	다이스페이서	○		커트리지 밸브	●
	공기 제트 이젝터	○		자동유온조절장치	●
	유압 공압식 코어장치	○		스크류 현재치 표시 0.1mm	●
	낙하 확인 장치	○		리밋트 스위치 작동표시	●
	집중윤활 장치(수동, 자동)	○		솔레노이드 밸브 작동표시	●
	랙크모우터 회로	○		사이클 카운터	●
	안전바(기계식 안전장치)	○		티치인식 경보장치	●
	플래시 크리너	–		스크류 냉간 기동방지 장치	●
	형개폐 위치 디지탈 조정장치	○		계량보호 커버	●
	형체압력 디지탈 조절장치	○		누전 브레이커	●
	금형탈착 장치	○		반조작측 비상정지 누름 버튼	●
사출측	삼점지지(支持) 사출장치	●		마이크로 세파레이터(마그넷필터)	●
	스크류 토크 2단 절환장치	●		필터막힘 경보 장치	●
	호퍼 선회장치	●		특수분해공구	●
	사출속도다단절환 디지탈장치 (클로우즈드루프)	●		냄새방지장치	–
	사출압력다단절환 디지탈장치 (오픈 루프)	●		프리히터(preheater) 타이머	○
	스크류회전다단절환 디지탈장치 (클로우즈드루프)	●		100V(10A) 콘센트(2개)	○
	스크루위치 0.1㎜ 디지탈 설정	●		200V(30A) 콘센트·(2개)	○
	멜트 디콤프레이션(위치방식)	●		생산수 프리세트 카운터	○
	수지체유방지 타이머(차지개시)	●		유량 경보장치	○
	노즐후퇴 개시 타이머	●		유온 경보장치	○
	스크류 강제 후퇴 회로	●		가열실린더 히터 단선표시장치	○
	히-터 커버	●		내진(耐振)블록마운트	○
	스크류 보올 체크 밸브	●			
	유매체(油媒體) 온도조절기	–			

그 외, 펌프 압력(kg/㎠), 펌프용 모터(KW, HP), 스크류 구동용 모터(전동 혹은 유압, kg/㎠, HP), 작동 유량(l), 히터 용량(KW), 펌프 토출량(l), 냉각수유량(l)등도 반드시 점검할 필요가 있다.

또, 성형기의 칫수(mm, cm), 성형기 중량(t)등도 검토해 둔다.

7. 사출 성형기의 장비품

다음은 사양과는 별도이지만, 사출 성형기의 부속장비품에 관해 약간 서술한다.

최근에는 사출 성형기의 기능이 향상되고 있기 때문에, 생산 현장에서의 사용법을 고려한 여러 가지 장비품이 있다. 보통 성형에 필요한 것은, 표준 장비가 갖추어져 있는 것이 보통이고, 그 외는 옵션(고객의 선택)으로서, 사용자의 선택에 맡기는 형식으로 되어 있다.

그러나 그 중에서는, 가격 관계로 최소한의 필요 장비밖에 부속하지 않는 것도 있으므로, 이것에 관해서도 사전에 충분히 검토할 필요가 있다.

다음의 표는 표준 장비와 옵션 장비의 한 예이지만, 무엇을 표준 장비로 하고 무엇을 옵션으로 하느냐는 기계 메이커에 따라 다르므로 일률적이지 않고 같은 메이커라 할지라도 기종에 따라 다르다.

필요한 장비가 기계 가격으로 인해 전환될 수 없으므로 가능한 한 많은 표준 장치가 갖추어져 있는 것이 사용자에 있어서는 가장 기대하는 부분일 것이다.

8. 성형품과 기종 선정 절차

전항(前項)에서 카탈로그 등에 기재되어 있는 주요 수치의 견해를 서술했지만, 사출 성형기의 생산성은 이 수치에 의해서 결정되는 것이다. 그러나 이 수치는 서로 관련을 가지고 있기 때문에, 특정 항목만이 크더라도 반드시 좋다고는 할 수 없다. 특히 전용기 외에는 기계 전체 균형이 잡힌 것이 필요하기 때문에, 기계를 선택할 경우에는 전항목을 총합적으로 검토해서 판단하는 일이 중요하다.

여기에서 좋은 기계니 나쁜 기계(일반평가로)니 하는 근거는 무엇인가. 엄밀한 비교 기준은 없지만, 우선 기준으로 각 기종의 사양을 검토한다. 카탈로그에 표시한 수치는 어느 정도 성능의 차를 나타낸다고 생각할 수 있다. 또, 카탈로그 보는 방법도 다음의 구분에 따라 보는 것이 옳다고 말할 수 있다.

① 성형 가부를 결정하는 요인
② 품질적으로 좋은 물건이 될지 어떨지의 요인

③ 조작상, 보수 관리상의 문제
④ 경제 성능을 좌우하는 요인
⑤ 영업 정책상의 요인

이 중에서 특히 ①에 관해서는, 성형기술상 대단히 중요한 항목이다. 성형 가공자는 물론 공정 관리자, 영업 담당자, 성형품 및 금형 설계자 등 그 대상은 플라스틱 관련 업종 전부에게 고루 미친다.

8-1 성형 가부를 결정하는 요인

아무리 우수하고 비싼 상품이라도, 예정하고 있는 상품을 성형할 수 없으면 사용할 수는 없다. 이 성형 가부를 결정하는 것이 형체력, 사출 용량, 형체·형개 스트로크로 3대 성능 사양 수치이다. 성형품은 3차원의 물체이며, 넓이·용적·높이의 3면으로 구성되어 있으며 이것이 3대 수치와 합치하고 있다.

8-1-1 투영 면적(형체력)

투영 면적은, 노즐측에서 본 스프루·런너·게이트를 포함한 전면적을 cm²로 나타낸다. 관계식은,

$$F > S \cdot \overline{P} \cdot 10^{-3}$$

  F : 필요 최저 형체력 (ton)

  S : 투영 면적 (cm²)

  $\overline{P}$: 형내 유효 평균 사출 압력 (kg/cm²)

사출 압력은 노즐, 스프루, 런너, 게이트를 통과할 때의 유동(流動)저항, 마찰저항, 및 점탄성(粘彈性)저항 등에 의해 큰 압력 손실을 일으킨다. 이 손실을 극복해서 캐비티 내부에서 실제로 작용하는 평균 사출 압력이 $\overline{P}$이다. $\overline{P}$는, 금형내에서 모두 외벽을 향해 작용한다.

$\overline{P}$는 플라스틱의 용융점도 온도, 칫수 정밀도, 성형품이나 금형의 디자인 등의 요인에 의해 변화하지만, 대상이 액체가 아니고 점탄성체이므로, 정확하고 간편하게 측정하는 방법은 없다. 이 때문에 경험적으로 결정하는 경우가 많다. 그림 6-3에 하나의 기준을 나타낸다. 따라서 $\overline{P}$는 250~500kg/cm²내에 있다고 생각하면 된다.

일반적으로는 고점도 플라스틱에서 칫수정밀도가 요구되는 공업 부품 계통의 성형에서는 조금 높게 되고, 반대로 잡화품 계통의 경우에는 낮은 수치가 좋다.

분할형관계에 있어서, 수압(受圧)을 형체력에 의존하는 경우는, 이 수압부도 투영 면적에 추가한다.

178   제6장 사출 성형 기술

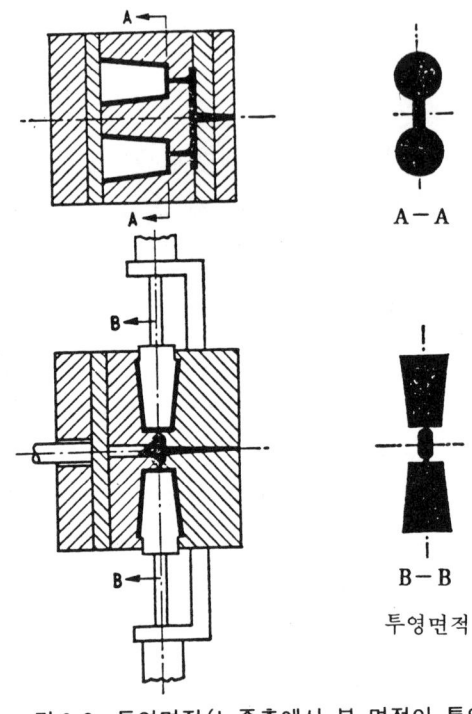

그림 6-3 투영면적(노즐측에서 본 면적이 투영면적이다)

또한 성형 조건이나 기종 선택에 있어서는 안전성 있는 이 $F > S \cdot \overline{P} \cdot 10^{-3}$의 수치로 2할 늘린 형체력을 미리 계산에 넣는 것이 바람직하다.

8-1-2 성형품의 체적, 용적, 중량(사출용량)

스프루, 런너, 게이트를 포함한 전용량이며, 모델보다 실측·도면에서의 계산 등에 의해 산출한다.

□cm³(cc)×플라스틱의 비중 = g

□1oz(온스)≒28.35g

여기서 주의할 것은, 카탈로그 수치는 일반적으로 이론치로 표시하기 때문에, 실질 사출 용량은 75~85%로 저하한다. 이 정도는 플라스틱 점도·플라스틱 자체의 수축의 대소, 용적 밀도 등에 의해 선정한다. 따라서, 기종 선정시에는 이 감소량을 체크해 둘 필요가 있다. <성형기의 선정과 사양의 보는 법도 참고 할 것>.

품질(특히 물성)이 엄격한 것에 대해서는 전항의 성형기 사양보는 방법에서 서술한 것 처럼, 카탈로그 수치의 30~60%이내가 가장 좋은 조건이다.

8-1-3 성형품의 높이, 깊이(형체, 형개 스트로크)

형개했을 때에 금형에서 성형품을 취출할수있는 수치로, 성형 부품의 실지 2배 이상으로 개방된다면 가능하다. 그러나 스프루, 런너, 게이트, 시스템이나 3단 구성 (런너를 취출하는 스트로크를 추가한다). 이나 분할형의 경우, 및 돌출 방식에 의해서는 단지 2배만으로는 취출이 불가능한 경우도 있다. 따라서, 심물 성형에는 금형의 구조를 충분히 검토하고 나서 이 수치에 의해 판단한다.

이상이 성형 가부를 결정하는 수치이고, 이 3대 수치가 전부 만족하는 최소 기계가 선정하는 기종의 제1조건이 된다. 따라서 평판상(平板狀)의 것은 형체력이 필요하고, 두께의 것은 사출 용량에 문제가 있다. 또 심물품에는 형체·형개 스트로크가 필요하다.

더우기, 3대 수치를 만족해도 금형이 기계에 맞을지 어떨지가 문제가 된다. 이 해답을 나타내는 것이 금형 칫수 (타이바 간격, 플레이트 칫수)와 사용금형 두께이다. 이것을 포함해서 5대 성능 사양 수치라 칭한다.

따라서, 단지 몇 온스기, 및 톤기라 부르는 것은 편파적이며 실제면에 있어서는 이 5대 수치를 신중히 검토할 필요가 있다.

복잡한 경우에는 방안지에 쓰든지 모델을 측정하든지 혹은 좀 많게 어림잡아 계산한다. 성형품에는 각종의 것이 있지만, 3요소 중에서 가장 염려 되는 항목에 초점을 맞추면 필연적으로 기종이 결정된다. 다시 말하면, 그 때마다 이와 같은 계산을 전부 할 필요는 없고, 능력 한계의 경우에 이 요인만을 계산하면 된다.

8-2 품질적인 요인

8-1에서 성형 가능한 결론에 도달 했으면 다음에는 "좋은 물건이 만들어질까?"라는 의문점에 달하게 된다. 이것에 관해서는 전문가라도 판정할 수 없지만 (스크류 디자인 등 공표되지 않은 요소도 있다) 카탈로그상의 수치만으로 판단하면 사출 압력 높은 칫수 정밀도 가능, 싱크마크 방지 등 특히 고점도 플라스틱 성형에 필요하다), 사출율(분자 배향변형의 감소, 하이사이클 성형, 얇은 두께 성형 등에 필요), 가소화 능력(하이사이클에서 대용량 성형의 경우 필요), 스크류 회전수(가소화 능력, 전단열 발생 등에 필요), 스크류 구동마력(저온 성형, 고점도 플라스틱 성형에 필요), 히터 용량(하이 사이클 성형에 필요)등이 비교적 검토하기 쉽다. 사출압력, 사출율, 가소화 능력 등은 적당하게 높은 수치가 바람직하다.

이상은 사출 기구에 관한 것이지만, 그 만큼 사출 기구의 양부(良否)가 성형품의 성과를 좌우한다는 것을 알 수 있다.

8-3 조작상·보수 관리상의 요인

형체 기구, 사출 기구, 제어 방식 등에 의한 장·단점 및 돌출 방식(기계식 유압식인가).

형개·돌출력·노즐R, 로케트 링 외경, 급유 방식(자동인가 수동인가), 전기 제어 상자(별도설치식인가, 조작식인가). 또는 제어의 부대성(금형 보호 장치, 낙하 확인, 사이클스타트 등의 응용 조작)사용 부품의 좋고나쁨, 재질 등 많은 비교 부분이 있다. 이러한 것은 성능보다 기계 가격 및 조작성(부속이 많으면 조작·보수성은 뒤떨어진다)에 크게 영향을 준다.

8-4 경제 성능을 좌우하는 요인

이 비교는 성형상의 스피드·생산성(가소화 능력, 드라이 사이클 등)과 운전 경비(펌프 압력, 토출량, 작동유량, 냉각 수량, 전기 용량 등)로 대별된다.

사출 성형기의 생산성은, 다음 요인에 따라 결정된다.

① 플라스틱을 가소화·용융하는 속도→가소화 능력(리커버리 레이트)
② 형내(型內)에서 플라스틱을 냉각 고화하는 속도→성형품 디자인, 금형, 플라스틱 등 성형기 이외의 요소.
③ 성형기의 작동 속도→사이클 타임(드라이 사이클).

처음에 서술한 것처럼, 마력이나 압력이 높을수록 성형상에서는 유리하지만, 운전 경비나 기계 구조·재질상의 문제가 있다. 여기에 "기계 균형"의 필요성이 생긴다.

8-5 영업 정책상의 요인

지금까지의 것을 종합적으로 판단한 다음에 성형기 가격을 비교하게 된다. 또, 아프터 서

표 6-3 캐비티 압력의 기준(kg/cm^2)

성형재료(내츄럴)	점도의 정도	평균압력
PS、PP、PE、SPVC、EVA PA、TPX、	낮다	250~350
ABS、SAN、AS、CA、PETP、PBTP、POM、PPS、섬유소계	중간	350~400
HPVC、PC、변성PPO、PMMA、불소 PEEK、PSF、폴리아릴레이트	높다	400~500

※ 어디까지나 기준이고, 성형품 형상이나 성형재료에 충전되어 있는 충전재료의 종류와 함량에 의해 이 보다도 꽤 높게 된다.
또 치수정밀도를 엄밀히 해야 할 때는 상당한 고압이 적용된다.

비스의 체제, 기술적 원조, 경제적 원조, 업계에서의 평가등도 가미하게 된다.

8-5-1 기종 결정을 위한 계산 예

주로, 성형 능력에서 본 기종 결정을 위한 계산을 다음의 과제에서 생각해 보자.

[과제]

그림 6-4에 나타낸 성형품에 관해, 아래의 계산을 하여 사출 성형기를 선정 하시오.

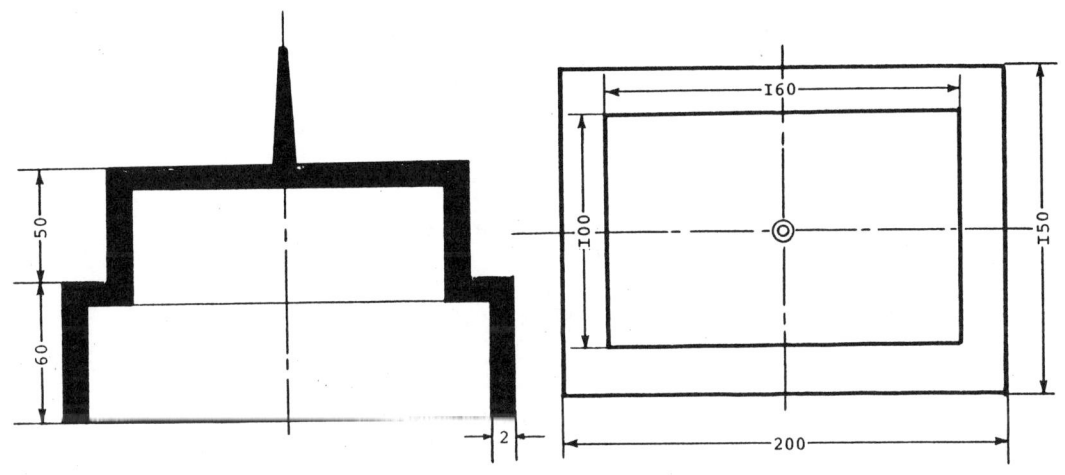

그림 6-4 과제 성형품(PS)

□조건 : 사용 재료는 폴리스티렌으로 비중은 1.05로 한다.

용도는 잡화적 용도, 빼기 개수(個數)는 1개 빼기·돌출방식은, 스트립퍼플레이트 방식.

금형 치수(H×V) = 380×310mm, 금형 두께 280mm

[투영 면적(S)은 몇 cm²인가]

20×15cm = 300cm²

[형체력을 최저 몇 톤 필요한가]

F(ton) > S(cm²) × $\overline{P}$(kg/cm²) × 10^{-3}의 관계에 있어서,

S = 300cm²

P = 조건에서 저점도, 칫수 정밀도 불필요, 유동성은 단이진 각형(角型)으로 조금 나쁘다고 생각되어지므로 표 6-3에서 $\overline{P}$ = 350kg/cm²로 한다. 따라서 F > (ton) 300cm² × 350kg/cm² × 10^{-3} F = 105ton

[설정 형체력은 몇 ton 필요한가]

105톤×1.2(2할 증가) = 126ton

[성형품의 용적은 몇 cm³인가. 단, 스프루 분은 제외]

구하는 용적 = 전체 체적 - 중공부(中空部)의 체적

$2,600cm^3 - 3,378.576cm^3 = 22.1.42 ≒ 222cm^3$

[몇 g인가, 또 몇 OZ인가, 스프루 분은 제외]

$222cm^3 × 1.05 = 233.1g / 233.1g ÷ 28.35g = 8.2 OZ$

[카탈로그상에서는 몇 cm 이상의 성형기가 필요한가? 단, 스프루 분은 제외]

$222cm^3 ÷ 0.8(효율) = 277.5cm^3$

[성형품을 꺼낼 때에는 최저 몇 mm의 형개 스트로크가 필요한가?]

성형품 높이+코어형 높이+스프루길이 = 120+118+45 = 283mm

[상기의 조건에 맞는 성형기의 사양을 완성하시오.]

이상의 계산을 기초로 하여, 하기사양을 만족시키는 가장 작은 성형기가 된다.

형체력 = 126톤 이상

사출 용량 = 카탈로그 수치의 60%로, 222cm³ 이상의 용량을 가진 것

형체 스트로크 = 283mm이상

금형 칫수 = 380×310mm가 설치되는 것.

금형 두께 = 280mm이상이 설치되는 것.

사출 압력 = 잡화 성형품이므로, 1000kg/cm² 이상이면 된다.

 이상 성형기의 비교나 기종 선정을 하는 경우는 전기(前記)와 같은 복잡한 요인이 있기 때문에 우선 "어떠한 성형품을 성형할 것인가?", "특히 어느 능력이 필요한가?" 등을 고려하여 우선 순위를 결정한 다음 종합적으로 판단하는 것이 바람직하다.

 또 이러한 판단을 보다 정확히 하려면 성형기의 구조를 숙지하고 그 다음에 금형, 성형 조건, 원료 등 폭 넓은 지식을 배양하는 것이 중요하다.

9. 기계의 기초 공사와 설치

 사출 성형 공장의 신설이나 기계의 증설에 있어서는 당연히 공장의 규모, 형태, 제품 목적 등에 따라 공장 전체의 입지 조건 레이아웃(layout) 등이 고려되어야 한다.

9-1 기계의 레이아웃(layout)

 성형 기계를 가장 효율적으로 운전하고, 또 부속 설비 기계를 포함한 이상, 가장 생산성이 높아지는 레이아웃을 충분히 검토해야 한다. 레이아웃이라고 하면 자동화 공장에서의 일이라고 생각하기 쉽지만, 그 이전의 단계에서도 역시 중요한 요소이다. 특히, 기계를 좁은 장소에 집중시켜, 작업자가 몸을 움직이기에 불편을 느끼거나, 먼지가 많은 장소라면 곤란하다. 레이아웃 요점을 요약하면,

① 라인(Line)의 구성을 정한다.

연속화를 위한 원재료의 반입→성형→2차 가공→포장→반출을 어떻게 하느냐를 결정한다(그림 6-5). ② 통로 확보를 최우선으로 한다.

레이아웃에서 가장 기본이 되므로 공장의 규모·외적 환경·라인의 구성이 결정된다면, 기계 배치보다 먼저 결정할 것을 강조하고 싶다.

③ 바닥 면적의 유효 이용을 꾀한다.

1층 혹은 2층 이상에 한하지 않고 가능한 한 여러모로 궁리하여 콘베어·급배수관·전기 케이블, 에어라인 등은 바닥 면적에서 매설(埋設)하여 플로어를 폭넓고 유효하게 사용한다. 이 경우 매설 기기는 보수 관리가 용이한 방법을 고려해야 한다.

④ 공간 유효 이용을 노린다.

바닥면이 천정 제한이나 플로어 강도의 관계상 설비의 매설을 할 수 없을 때는 입체적인 레이아웃을 생각한다. 금형 교환이 빈번한 작업 내용에서는 역시 체인블럭이나 호이스트만을 유효하게 살리도록 한다. 이 때문에 가운데 2층 방식의 사용이 유효하다.

⑤ 작업(관리)자의 동선을 최소한으로 줄이는 고안을 한다.

이것은 성력화(省力化)와 능률화의 목적에서 생각하면 당연한 일이다. 이 때문에 외관보다 실질 작업성에 중점을 두어야 한다.

⑥ 여유있는 공간은 능률을 올린다.

기계와 기계와의 간격은 최소한 800mm, 일반적으로는 1300mm가 좋다. 또 부대 설비가 있으면 이 폭을 추가한다. 이것은 생산 관리의 용이·안전성·기구 보수 관리상 필요하다.

⑦ 체인블럭의 작업 범위를 많게 한다.

금형 공장·성형기에는 물론 필요하지만, 가능한 한 넓은 범위에 사용할 수 있게 설치한

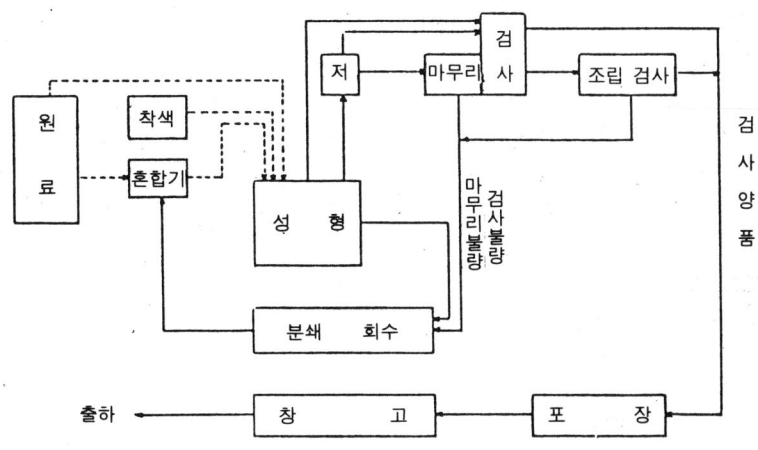

그림 6-5 사출 성형 공장의 플로우 시트

다. 당초 예상보다 의외로 여러 가지로 이용되는 율이 높다. 또 달아올리는 데에 충분히 여유를 가질 것.

많은 성형기를 배치할 경우, 작업 효율을 높이기 위해서 다음과 같은 성형기 관리법을 생각할 수 있다.

- 기계 크기별…형체력, 사출량에 따라 배치한다.
- 원료별…원료 투입 잘못, 스크랩 처리(sprue, Runner) 등 관리상의 문제.
- 거래선 별…공정 관리상, 규격 Box 등의 공통성
- 성형품 별…정밀 성형품, 잡화품 등 성형품의 목적별 라인으로 배치한다.

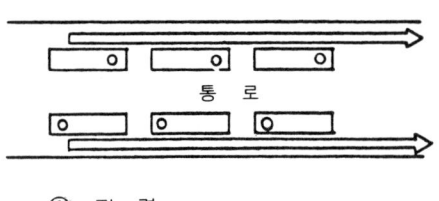

① 직렬

(장점)
ο 대형기에 유리한 경우가 많다.
ο 원료 공급 용이…자동, 수동이 용이
ο 자동 취출 → 수동 전환 용이
(단점)
ο 설치대 수가 적다…기계 점유 면적 크다.
ο 콘베어라인이 길어 불리하다.

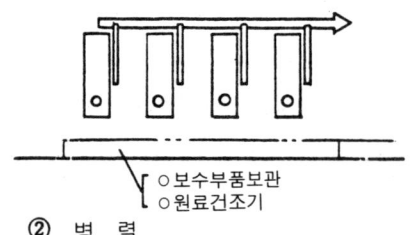

② 병렬

(장점)
ο 기계 점유 면적이 적다.
ο 콘베어라인이 짧아 유리하다.
ο 보수와 사상 작업의 분리가 가능하다.
(단점)
ο 자동 ↔ 수동전환 제약이 많다.

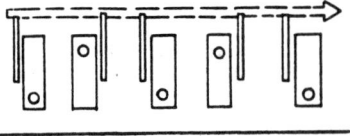

③ 병렬대향

(장점)
ο 조작측 공간이 크기 때문에, 수동전환을 해도 한 사람이 2대의 기계 조작 가능
(단점)
ο 원료 투입의 작업성이 나쁘다.
ο 모든 라인을 집합하는 것은 작업 성질상 곤란.

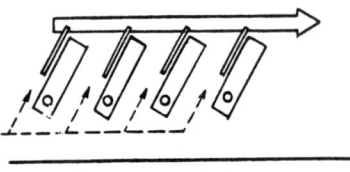

④ 경사배치

(장점)
ο 공장의 넓이가 좁을 때, 공장내의 기둥 등 장해가 있을 때 유리.
ο 수동전환시 작업성이 좋다.
(단점)
ο 금형 탈착(脫着)의 크레인(crane) 조작이 조금 어렵다.

그림 6-6 레이아웃의 여러가지

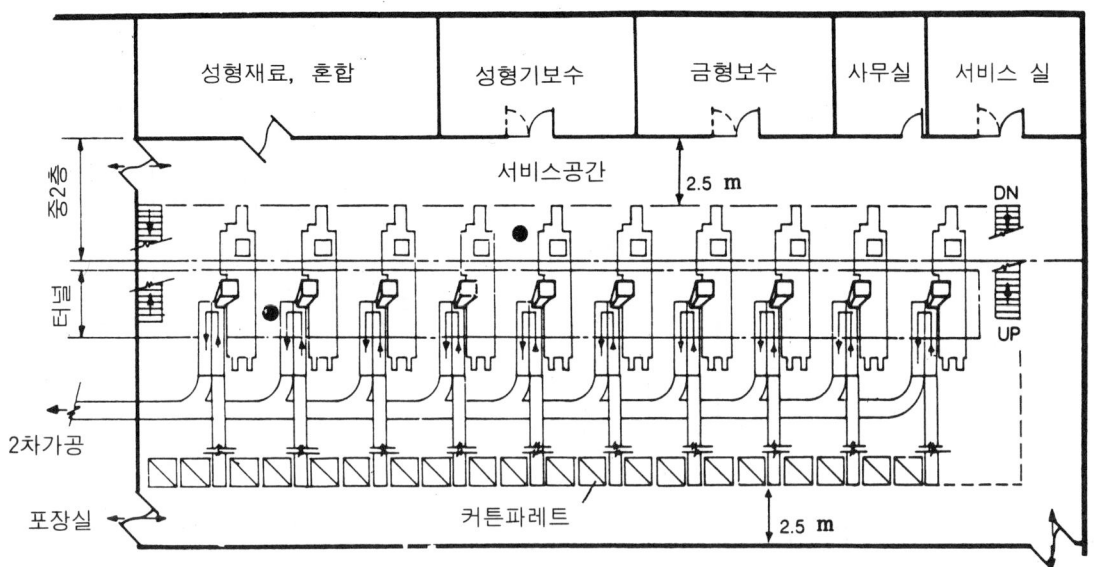

그림 6-7 최초부터 전자동화를 고려해서 레이아우트한 공장의 한예

사출 성형 공장의 규모가 어떠한 형태일지라도 새로 건설할 경우는, 작업의 흐름을 충분히 연구하여 가능한 한 합리적인 배치 및 성력화(省力化)를 예측하여 계획한다.

단, 여러 가지 성력화 기계를 많이 사용하는 것이 합리적이라고는 반드시 말할 수 없다. 필수 불가결한 최소한의 합리화에서 시작하는 것이 좋다. 처음부터 너무 많이 도입해도, 실제로 가동을 시작해 보면, 처음 생각했던 것 만큼 효과를 얻을 수 없는 경우가 있다.

평소의 작업 상태나 흐름을 충분히 연구하면서, 점차로 발전시켜 가는 방향이 가장 좋은 방법이다. 대규모 공장의 경우의 레이아우트를 참고로해서 합리화기기 메이커가 생각한 합리화 방식을 그림 6-9에 나타낸다. 또, 그림 6-8에 자동화 성력화(省力化)의 시스템 예를 정리해 보기로 한다.

기계 기초 깊이는 지내력(地耐力)에 의해 상당히 달라지지만, 대략의 내용을 표 6-4에 나타낸다. 성형기 메이커에 상담해서 기초 그림을 정하면 좋다.

기계의 고정에는 종래 앵커 볼트를 사용하고 있지만, 최근 레벨패드의 사용이 증가하고 있다. 이것은 설치의 간소화와 함께, 직접 설치와 비교해서 탄성 지지(支持)의 경우는 기계 진동의 진폭은 크지만 장치 전체가 흔들리게 되고, 각부의 상대적 변위(變位)는, 종래와 변함 없이 기계 정밀도를 유지, 수평을 유지하기 쉽기 때문이다.

9-2 반송(搬送)방법과 짐풀기

기계가 반송되어 졌으면, 짐을 풀어 수송 중에 파손이 없는가를 검사한다. 또, 기계에 부속되는 공구 및 예비품 내용을 리스트 표와 비교 확인하여, 부족품이나 불량품의 유무를 체

186 제6장 사출 성형 기술

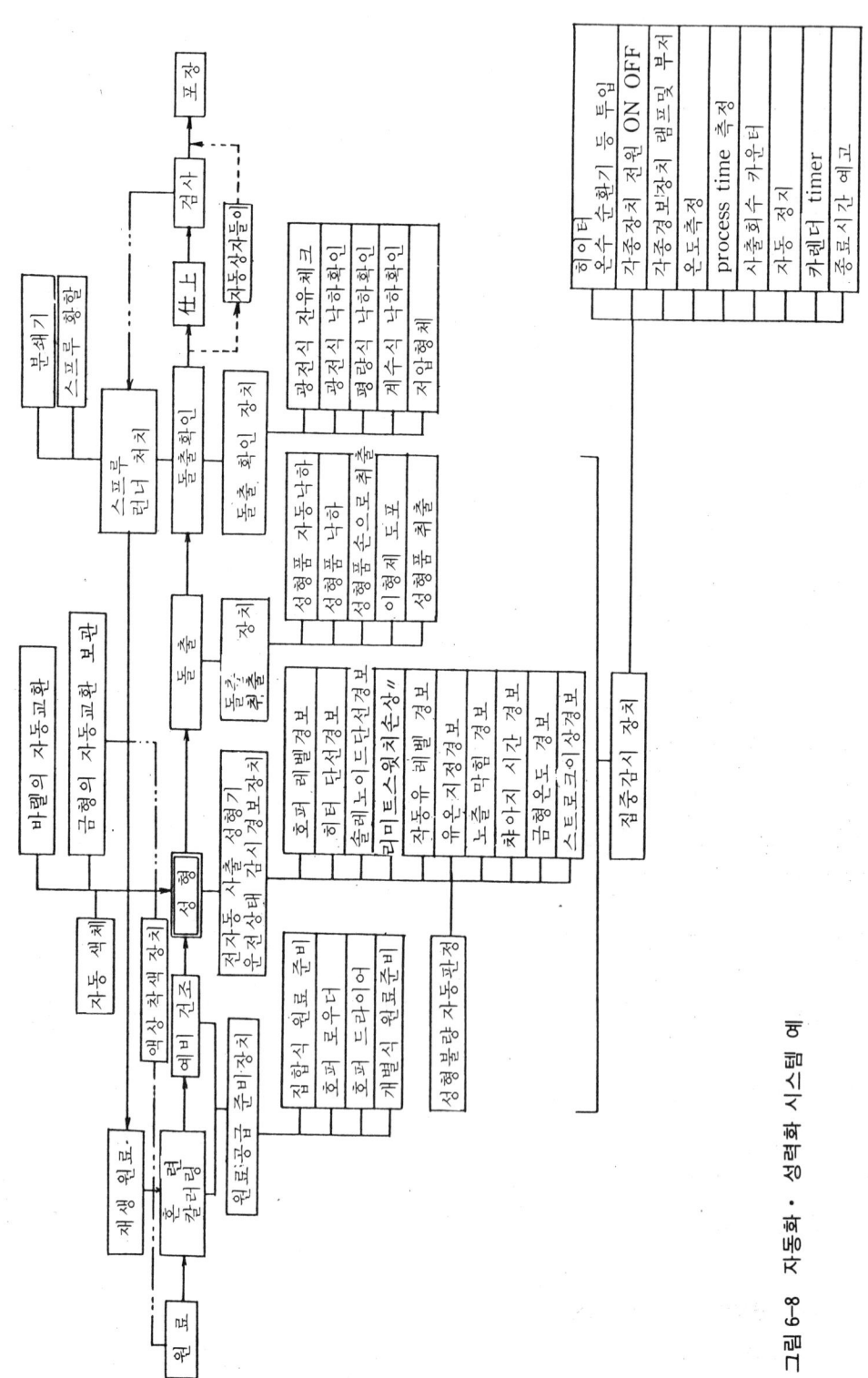

그림 6-8 자동화 · 성력화 시스템 예

9. 기계의 기초 공사와 설치 187

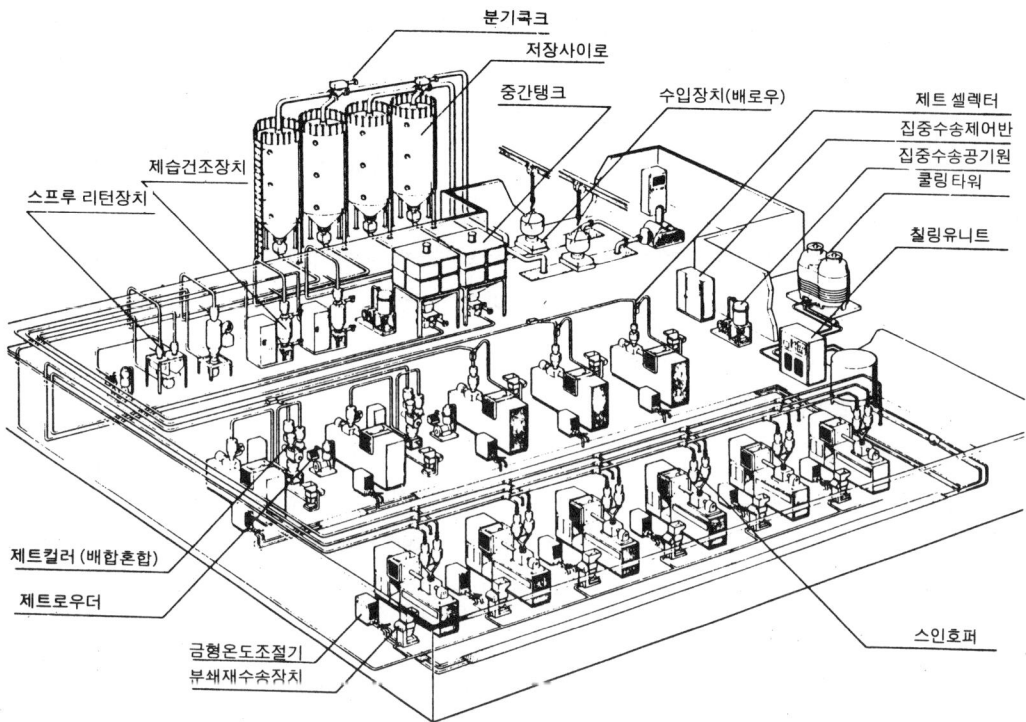

그림 6-9 대규모·성형공장의 경우의 레이아웃 예

표 6-4 지반과 지내력

지반		허용지내력도 ton/m²
경암반	화강암, 선록암, 편마암, 안삼암과 같은 화성암 및 고화한 수성암	400
연암반	판암, 편암과 같은 수성암, 이관암, 토단반 및 깨어져 부서진 기반	250 100
자갈	알맹이가 빽빽한 것 알맹이가 빽빽하지 않은 것	60 30
자갈 및 모래와의 혼합물	알맹이가 빽빽한 것 알맹이가 빽빽하지 않은 것	50 20
모래	입자가 굵고 알맹이가 빽빽한 것 입자가 미세하고 알맹이가 빽빽한 것	40 10
모래혼합점토및	경질이고 알맹이가 빽빽한 것 연질이고 알맹이가 빽빽하지 않은 것	30 15
점토	경질인 것 연질인 것	30 10
진흙		0
특수토양	매토, 성토 및 특수한 것은 실상에 따라서 정한다.	

그림 6-10 레벨 패드 1개로 최대 4,000 kg/cm²의 내하중이고, 방진 고무화 겹쳐 사용가능하다

크한다. 기계의 반입(搬入)은 공장에 설비되어 있는 크레인으로 처리한다. 크레인 설비가 없는 경우, 혹은 크레인으로 기계를 들어올리는 하중이 부족할 경우는, 굴림대 등에 의해 설치 장소까지 기계를 이동한다. 크레인으로 기계를 들어 올린 경우에는 지정장소 이외에는 와이어 로우프를 걸지말 것. 또, 방청제(防錆劑)는 용제(溶劑)로 닦아 내든지 나무 조각으로 닦아낸다.

또 능률적으로 기계를 설치하기 위해서는, 미리 기계 메이커에 공장의 배치도 층계나 하수구 출입구의 크기, 조작측의 방향 등을 알려 두는 것이 좋다.

9-3 운전 준비 공사
9-3-1 전기 배선

전기 관계는 대별해서 모터 회로, 히터 회로, 제어 회로로 나눈다. 배선 공사에 있어서는 성형기의 타입이나 크기에 따라 여러 가지 방법과 주의 사항이 있으므로 메이커의 지정 사항에 충분히 유의해야 한다. 일반적으로 주의와 방법을 다음에 서술한다.

① 전원 설비

보통, 공장에 송전되는 전력의 분배 방식은 다음의 두 가지 종류가 있다.

ⓐ 변전소에서 송전된 전력은 공장 가까이에 있는 전주위의 트랜스에 의해 200V, 혹은 220 V로 변압되어 공장으로 보내진다.

ⓑ 변전소에서 각 주요 공장으로 보내진 전력은 공장내의 변압기에 의해 필요한 전압으로 변압된다.

이 경우 각 쌍방의 불균형을 가능한 한 줄이도록 유의해야 한다.

주파수는 경우에 따라 차이가 있고, 보통 50 사이클과 60 사이클로 두 가지 종류이다. 사출 성형기의 경우, 전원은 보통 200/220V, 50/60 사이클(Hz)이 사용되는 경우가 많지만, 이 전압이 너무 높거나 낮아도 고장의 원인이 되므로, 전압 변동은 정격 전압의 5% 이내로 유지해야 한다.

배선 방식은 3상(相) 3선식(線式)이 일반적이지만, 송배전(送配電)에 있어서 주의해야 할 것은 설비하는 기계의 전부하용량(全負荷容量)이 어느 정도인가를 검토한다. 이것에 의해 배선의 굵기, 송전 기기의 용량이 결정된다. 또, 퓨즈도 규정된 용량을 반드시 사용한다. 퓨즈 용량의 산출 방식은,

$$i = \frac{W}{E \cdot \sqrt{3} \cdot \cos\theta}$$

 i : 전류(A)

 E : 전압(V)

W : 전부하(W)

$\cos\theta$: 역율(力率) (보통 80%정도)

단, 퓨즈는 1, 2, 3, 5, 10, 15, 30, 50, 100, 120A…과 같이 규격이 정해져 있기 때문에 가장 가까운 퓨즈를 사용한다.

사출 성형기의 제어반(전기 상자)은 기계 본체에 조립되어 있는 경우와 별도로 위치해 있는 경우가 있지만, 어쨌든 전원에서의 결선(結線)은 간단하게 할 수 있으므로, 메이커에서 제출된 배선도나 설명서를 기초로 해서 접속하면 된다. 제어반과 기계 본체와의 접속(제어반이 기계 본체와 따로 위치해 있는 경우)은, 전선과 제어반의 단자대(端子台)에 설치되어 있는 부호 혹은 콘넥터를 접속하는 것만으로 결선(結線)되도록 되어 있다. 또 정밀 기계인 자동 온도 조정기 타이머(timer)류는 운반시의 파손 방지를 위해 분해하여 발송하는 경우가 있으므로 제어반에 조립한 후 배선을 한다.

또 접지(어스)는 반드시 할 것 또는 제어 전원은 단상(單相)이 많지만, 이 배선은 한 선을 공통으로 한 배선 방식이 많다. 이 경우는 공통선을 반드시 어스선에 접속한다. 어스선에 접속하지 않으면, 누전 사고의 경우에 고장 부분을 발견하는 데에 시간이 걸린다.

또한, 전기값 산출의 기초가 되는 성형기의 평균 부하율은 60~65%가 보통이다.

9-3-2 냉각수 배관

냉각수는 금형, 오일 냉각기, 호퍼 재료 공급구 냉각을 위해서 필요하고, 각 기계의 설치 기초도 또는 취급 설명서의 지시 부분에 급수관, 배수관을 각각 접속한다. 냉각수 선정 및 배관공사에서 주의할 것은

① 수질이 좋은 것을 이용할 것

수도, 자가 수도(우물물)등을 이용하지만, 물때를 막기 위해 철분이 적은 연질수(軟質水)가 좋다. 저수 순환식(貯水循環式)의 경우에는 아연 부스러기를 정화조에 투입하면 좋다. 아연은 동이나 철보다도 녹슬기 쉽고, 물의 청능력(錆能力)을 감소시킨다. 냉각기에도 아연봉이 사용되고 있지만 이유는 같다.

② 수량이 많고 저온의 물이 좋다.

냉각수의 필요량은 수온·수압·계절·사용 조건에 따라 다르지만, 일반적으로 펌프 토출량의 1/3~1/2이 기준이 된다. 수온에 관해서는 냉각 효과를 고려하여 쿨링 타워(냉각 장치)를 설치 한다. 물탱크 의 크기는 매분 사용량의 최저 100배, 일반적으로는 120~150배로 한다.

③ 지정한 관경(管徑)을 사용할 것.

급수는 각각의 접속구에 지정한 파이프로 한다. 또 배수관은 저항(배압)을 막기 위해서 급수관보다 파이프 지름을 크게 하는 것이 일반적이다. 배수관이 좁으면 냉각기의 고장 원인이 되기 쉽다. 배수구를 설치하는 것도 좋은 방법이다.

④ 급수부에는 스톱밸브를 부착한다.

⑤ 상하(수직)에 급배구가 있는 냉각기는 상부가 배수, 하부가 급수이다.

⑥ 여유를 예상해서 한 두 군데의 장소에 증설이 가능 하도록 한다.

금형 온도 조절기등을 사용할 경우에 편리하다.

9-3-3 작동유·윤활유·그리스

사출 성형기에 사용하는 작동유는 성형기의 혈액이다. 혈액이 불순하거나 혹은 적당한 농도, 즉 점성을 가지고 있지 않는 경우는 아무리 우수한 성형기라도 100%의 성능을 발휘하기는 어렵다. 동력의 전달모체로서 혹은 윤활제, 방청체(防錆劑)로서 운전을 원활하게 하고, 또 그 성능을 충분히 발휘시키기 위해 작동유의 선정은 매우 중요하므로, 반드시 메이커가 추천하는 작동유를 충전하는 것이 가장 중요하다. 작동유는 반드시 오일 레벨을 주시하고, 충분히 넣는 것이 중요하다. 만약 충전량이 부족하면 석션 스트레이너(suction strainer)에서 공기를 빨아 들여 펌프 파손 원인이 된다. 작동유에 필요한 성질은

① 지정 점성이 있는 것, 또 온도 변화에 대해 점도 변화가 적은 것이 좋다.

② 산화 안정성이 좋은 것.

③ 소포성 방청 윤활성이 좋은 것.

작동유는 연간 1~2회 검사를 받고, 좀 빨리(보통 1~1년 6개월) 교환하는 것이 바람직하다. 또, 충전이나 보급할 때, 메이커가 다른 작동유를 혼입시키지 않을 것.

사출 성형기의 슬라이딩부, 회전부에는 급유장치가 장비되어 있다. 운전하기 전에, 급유 펌프의 기름 탱크 혹은 톱니 바퀴 상자 등에 메이커가 권장하는 윤활유를 넣어, 그리스 급유장소에 그리스를 주유한다.

10. 기계의 운전과 여러 가지 주의

10-1 시운전

전기 배선, 작동유의 충전, 윤활유의 충전이 완료되었으면, 전동기의 회전 방향시험을 반드시 해야 한다. 전동기의 장비수는 기계에 따라 다르지만, 많은 경우 유압 펌프용 전동기와 스크류 회전용 전동기 2종류이다(단, 스크류 구동용에 유압 모터를 사용하는 기계도 많다). 회전 방향 시험은, 전동기에 가능한 한 부하를 주지 않은 상태(무부하 상태)에서 먼저 유압 펌프용 전동기, 다음에 스크류 회전용 전동기에 실시하지만 보통의 경우 유압 펌프용 전동기와 스크류 회전용 전동기와는 관련이 있으므로, 유압 펌프용 전동기가 정상회전시에는 스크류 회전용 전동기도 같은 방향으로 회전하도록 결선(結線)되어 있다.

주의할 것은 우선 유압 펌프용 스위치를 넣어 전동기가 정상 방향으로 회전하는 가를 확

인한다. 이 때 전동기는 극히 가볍고, 단시간에 회전하도록 스위치 조작에 주의해야 한다. 만약 전동기가 반대방향으로 회전할 경우는 결선 방법, 예를 들면 전원에서 제어반에 직결하고 있는 R-S-T 배선의 R-T(2선)를 교환해도 된다. 휴일 다음 날은 전기 공사(공장 내외) 때문에 역회전하는 경우가 있을 수 있으므로 주의한다. 역회전으로 오래 회전하면 소손되거나 펌프가 파손된다.

역시 정규의 운전 방향은 전동기 또는 유압 펌프의 케이싱에 의해 지시된다. 또, 압력계로 유압의 상승 유무를 확인할 수 있는 기계도 있다. 회전 방향은 →표시(화살 표시), R(右), L(左)로 표시되지만, R(右) L(左)란 축측(軸側)에서 보고 말한다.

10-2 작업전의 점검

상세한 점검 정비에 관해서는 III권「성형기의 보수 관리」에서 설명하고 있지만 여기에서는 특별히 안전 장치(안전 문)의 확인을 서술한다.

안전 도어는 작업자가 안심하고 작업을 할 수 있도록 한 것으로 유압식, 전기식 기계식의 장치가 2중이 아니고 3중으로 장비되어 있다. 여기에서는 가장 일반적인 유압·전기의 2중식을 예로서 설명한다.

10-2-2 매일 점검

① 수동으로 안전 도어를 개방하면 즉시 형체 동작이 정지하는가.(조작측과 반조작측)
② 반(전)자동으로, 안전 도어를 개방하면 즉시 형체 동작이 정지하는가.(조작측과 반조작측)

10-2-2 주 1회의 점검

① 수동으로, 유압식의 안전 장치는 단독으로도 작동하는가.(조작측과 반조작측)
② 수동으로, 전기식의 안전 장치는 단독으로도 작동하는가.(조작측과 반조작측)
③ 반(전)자동으로, 전기식의 안전 장치는 단독으로도 작동하는가.(조작측과 반조작측)

이 밖에, 비상 정지(긴급 정지)는 작동하는가, 수동과 반(전) 자동의 양조작을 조사한다. 성형시에는 이 밖에 다음과 같은 점을 주의한다.

10-3 성형중의 주의

① 전동기의 회전 방향, 전압은 좋은가
② 가열 실린더 온도는 규정까지 상승하고 있는가(상승 후 5분 정도는 스크류를 회전시키지 말것). 또 히터의 단선 유무와 온도계 체크를 한다.
③ 작동유의 온도는 적당한가(일반적으로는 최저 20℃, 최고 60℃, 가장 좋은 것이 35~45℃)
④ 음(音), 진동(振動), 발열(發熱)에는 이상이 없는가(운전 중에도 주의).

⑤ 누유는 없는가, 작동 유량은 좋은가
⑥ 윤활유의 급유, 그리스 급유는 좋은가.
⑦ 리미트 스윗치, 캠등의 조정은 좋은가.
⑧ 볼트, 비스, 너트 등이 느슨하지는 않는가.
⑨ 스크류의 공전 및 가열 실린더내의 금속조각 이물질은 즉각 처리한다.
그 외에 취급 설명서에 기재된 내용을 주의할 것.

10-4 작업 종료 후의 주의

① 플라스틱의 교환(交換)은 필요한가.
② 금형의 방청재(防錆劑) 도포(塗包)는 좋은가.
③ 기계의 정지 위치는, 사출 장치는 후퇴 완료, 스크류는 전진완료(플랜저식은 후퇴 완료)이며 형체는 터글식의 터글이 완전히 펴진 상태에서 파팅면이 밀착되어 있을 것, 직압식은 후퇴완료(밸브의 보수를 고려해서)로 한다.
④ 냉각수의 급수 콕크는 잠겨있지 않은가, 냉각기의 냉각은 추운 지방에서 동결할 우려가 있으므로 배수(排水)해 둔다. 동결하면 냉각기가 터져버리기 때문이다.
⑤ 형체 압력만을 최저압까지 내려 둔다(안전성).
⑥ 스윗치류의 중립 위치 확인과 전원의 개방은 좋은가.
⑦ 누유나 누수의 점검 및 기타 점검.
⑧ 정리, 청소는 좋은가.
이상과 같이 취급 설명서를 잘 읽고 지시한 대로 한다.

10-5 정지·정전시의 처리와 주의

연속 성형중에 정전 혹은 금형의 사고, 기계 고장 등에서 기계를 일시 정지하는 경우가 있다. 정지의 경우, 가열 실린더는 용융 성형 재료를 가득 넣고 유압 기구를 중지해도 좋지만, 정전에 의한 정지 이외는 가능한 한 수동 조작으로 전환하여 형개하고, 사출 장치는 후퇴시켜 작업을 해야 한다. 단, 그 사이에 분해될 것 같은 플라스틱은 다른 플라스틱으로 바꾸든가 또는 호퍼의 셔터를 닫고, 퍼징에 의해 전부 밀어 내도록 한다.
그러나 가장 곤란한 것은 정전 사고가 일어난 경우이다. 다음에 몇 가지 주의를 서술 한다.
① 전동기관계의 동력 스윗치를 확실하게 끊고 수동 조작으로 각 절환 스윗치를 중립으로 한다. 또 급수를 정지시켜 대기한다.
② 단시간 정전에서 동력원이 회복했을 경우는 가열 실린더 온도도 그다지 저하하지 않으

므로, 각 부의 온도가 평균 상태가 되는 것을 기다려 작동을 개시하면 된다.
③ 장시간(30분 이상)의 정전으로 동력원은 회복했지만, 실린더 온도가 100℃ 이하로 저하했을 경우 운전 재개(再開)에 신중을 기해야 한다. 용융 성형 재료는 실린더내에 가득 들어있는 채로 냉각 고화 한다고 간주해야 하며 가열 연화(軟化)시키기 위해서는 한개의 환봉(丸棒)을 연화하는 것과 같은 조건이다. 그 때문에 외부에서 가열하여 중심까지 연화시키는 것은 매우 장시간을 필요로 한다. 따라서 소정의 온도에 달해도 곧 바로 스크류 회전은 피하도록 주의한다. 분해할 염려가 있는 용융 성형 재료를 사용하여 성형하는 경우는 다른 실린더와 교환하는 것도 좋은 방안중의 하나이다.
④ 통전(通電)하여 각부(各部)의 온도가 평균 상태로 되고 나서 40분 이상을 그 온도로 유지하도록 주의한다(5~7온스기).
⑤ 수동으로 용융 성형 재료를 압출(押出)한다. 이 때에 스크류의 전후진 및 회전에 무리가 없는지 신중히 검토해서 조작한다.
⑥ 무리가 없는지를 확인하고 정규(正規) 조건으로 설정한다.
⑦ 그 외의 방법으로서, 정전 때 가소화 축적된 용융 성형 재료를 밸브의 교체로 인해, 사출 실린더에 압유 봄베(accumulator라도 좋다)에서 수동으로 보내는 방법도 생각할 수 있다. 또 수동 펌프를 사용하는 부분도 있다. 이러한 것은 일예이지만 좋은방안이라고 말할 수 있다.

또한 단상(單相) 운전이 되면 모터가 이상음(異常音)을 내고, 압력이나 스피이드도 저하된다. 이 경우도 곧 전원을 끊어 처리한다. 단상 운전에서 시동은 걸 수 없지만, 운전중의 단상은 그대로 회전을 계속한다. 그러나, 단상 운전시는 과대 전류가 흘러, 모터를 소손(燒損)할 우려가 있다. 이것을 방지하는 것이 서머릴레이 과부하 계전기(過負荷 繼電器)이지만, 모든 성형기에 부착되어 있다고는 할 수 없으므로 주의를 요한다.

11. 금형 교환의 기본 순서

금형 교환 절차는 사용 기종·금형에 따라 각종의 구조가 있고, 일률적으로 서술하는 것은 곤란하지만, 직압식도 터글식도 구조상·조작상의 차이는 있어도 기본적으로는 같다. 일반적으로 터글식의 조작이 어렵다. 직압식과 터글식의 금형 교환 순서에 관한 주된 차이점은,
① 금형 두께 조정 장치(직압식에는 없다. 터글식에 필요)
② 형체력 설정(직압식은 압력만, 터글식은 증체량에 의함)
③ 마이크로 스윗치, 캠의 조정(직압식은 필요, 터글식은 일반적으로 조정 불필요)

④ 고압 절환 조정(직압식에 필요, 터글식은 불필요)

금형 교환 절차를 대별하면 다음과 같다.

① 취부전의 준비

② 취부작업

③ 형체력의 실정

④ 노즐 터치의 조정

⑤ 냉가각 호스의 연결

여기에 서술하는 순서는 수동작업에 의한 금형 교환이 가장 기본적인 조작 절차의 방법이고, 이 기본적인 요인을 충분히 파악한 상태에서 바리에이션은 상관없다. 그러나 테스트 금형·신규금형 및 기능 점검 시험 등의 경우에는, 이 기본 절차를 실시하는 것을 권장한다.

이 금형 교환 순서에서 가장 중요한 것은 작업자·기계·금형에 대한 평소의 안전성을 최우선으로 하는 데 있다. 작업 능률이 빠르고 늦는 것은 개인의 능력·경험 등에 의해 양성되는 것이다.

작업중 자세가 나빠지므로 금형 교환중, 기계를 작동시킬 때 이외는 제어전원, 또는 펌프 구동용 모터를 반드시 정지시킨다. 한편, 작동시킬 때도 지시 이외는 저압 저속 동작을 항상 조심한다. 이 두 가지는 자연스럽게 습관이 되도록 한다.

11-1 취부 전의 준비

11-1-1 금형의 각종 확인

교환하는 금형이 기계에 부착되었는지를 확인한다.

① 도면상에서 판단하여 형체력·사출용량·형개 스트로크의 성형 가부를 결정하는 성능 사양의 3대 포인트가 기계에서 가능한가?

② 금형 칫수($H \times V$)는 어떤가.

타이바 간격·플레이트 칫수와의 관계에서

③ 금형 두께는 괜찮은가.

최소·최대 및 스페이서(보조판)의 유무

④ 형개 스트로크는 있는가

금형 플레이트 구성 단위 및 성형품 방법과의 관계에서

⑤ 돌출 스트로크와 돌출 핀의 피치는 맞는가. 금형 구조로 판단한다. 기계의 핏치는 일반적으로 100mm단위로 되어 있다.

⑥ 로케트링 외경은 얼마인가.

스페이서링의 유무. 어떤 방법으로도 맞지 않을 경우는 떼어낸다. 기계의 로케트 링 구멍보다 소경(小徑)의 것은 그대로 한다. 큰 경우는 금형과 고정 플레이트 사이에 로케트링 두께보다 2~3mm 정도 두꺼운 스페이서를 삽입한다.

⑦ 스프루 부시 R은 어떤가

노즐R과의 관련에서 노즐 R>스프루 R은 불가능(수정한다). 노즐 R<스프루 R은 가능.

⑧ 금형취부판에 고정 구멍이 있는 경우는 플레이트의 볼트 구멍 핏치와 합치하는가를 확인한다. 합치 하지 않는 경우는 크램프 방식을 사용한다.

⑨ 금형 가이드핀이 짧거나, 스프링이 내장되어 있어, 금형을 매달아올릴 때 금형이 열릴 우려가 있는 경우는 개방 방지 장치를 설치한다.

11-1-2 돌출 볼트의 조정

단 공기, 체인 돌출의 경우는 불필요하다.

① 기계 돌출 스트로크가 최대가 되도록 기계를 조정한다.

② 금형 구조를 검토하고, 구조상에서 최대 돌출 스트로크를 측정한다(그림 6-11).

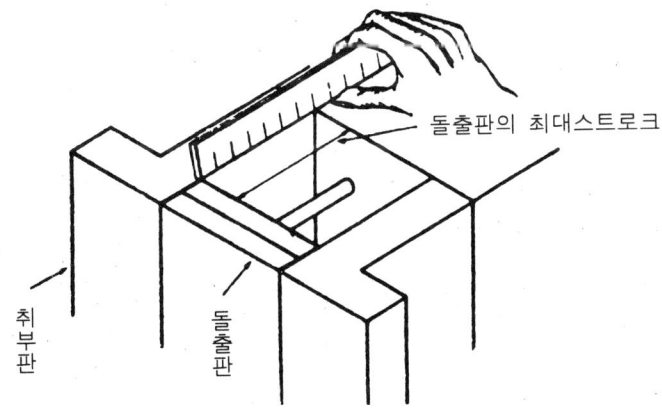

그림 6-11 돌출 스트로크의 측정

③ ②에 의해 측정한 최대 돌출 스트로크보다 2~3mm 정도 짧은 거리가 이동 플레이트 면에서 돌출하는 데 적당한 볼트를 선정한다. 기계에 따라서는 핀방식도 있다.

④ 록크너트를 반드시 이용, 2개의 취부 공구(스패너)로 고정한다. 또, 2개 이상 돌출 볼트를 삽입하는 경우는, 플레이트 면에서 돌출 볼트의 길이는 반드시 일치시킬 것. 불일치나, 록크가 느슨할 때는 금형 파손의 원인이 된다(그림 6-12).

11-1-3 취부 순서예

① 돌출 볼트의 조정이 완료되면, 형개시에 금형 최대 돌출 스트로크의 1/3정도까지 돌출스트로크가 가감하도록 돌출 바아(유압식의 경우는 제어MS)를 조정한다. 이 경우는 어느 정도 형개 속도를 빨리해서 조정한다.

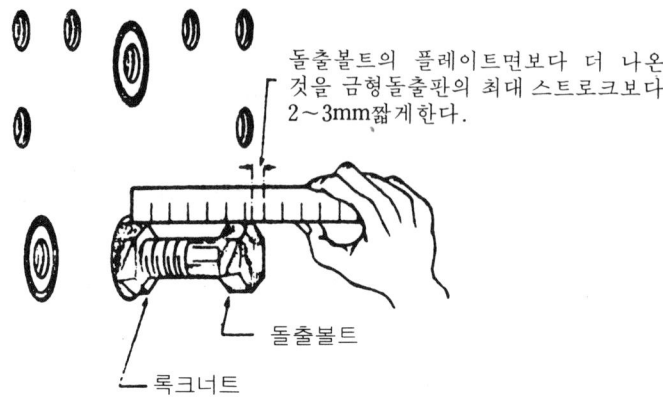

그림 6-12 돌출 볼트의 길이

② 마이크로 스위치, 캠 등이 파손하지 않도록 느슨하게 해둔다(직압식만).

③ 플레이트 간격을 조정한다.

형체 동작을 하는 터글이 완전히 늘어난 상태에서 플레이트 간격이 금형두께 보다 20~25mm 정도 넓도록 기계의 금형두께 조정을 한다. (금형두께를 조정하는 것은 터글식 뿐).

단, 예외로서 돌출 볼트가 매우 길고, 위와같은 상태에서 볼트가 플레이트면에서 돌출한 경우는 이 돌출분을 추가하여 넓게 한다.

11-2 금형 취부 작업

11-2-1 금형을 매달아 올리는 방법

① 고정 방법·냉각수 호스 닙플방향과의 관계에 의해, 아이볼트의 나사 조임 면을 확인한다.

② 금형 아이 볼트가 느슨하지 않은가를 확인한다. 아이 볼트 나사부가 핏치나사를 조일수 없는 경우는 워셔 등을 끼워 아이 볼트가 느슨하지 않도록 한다.

③ 체인블럭은 매달것을 고려해서 적당한 와이어 로우프를 준비한다.

V벨트·마줄은 추천할 수 없다.

④ 아이 볼트링에 와이어 로우프를 통해, 와이어 로우프에 체인블럭의 훅을 걸친다. 이 경우 아이 볼트링에 와이어 로우프가 통하지 않는 경우는 기준에 적당한 방법을 채용한다.

⑤ 주의할 점은

ⓐ 아이 볼트링에 직접 훅을 거는 일은 피한다. 체인블럭의 부하(負荷)에 이상이 생길경우, 아이 볼트 나사부가 갑자기 파손되어 끊어진다. 와이어 로우프를 사용하면,

로우프가 늘어져(와이어가 풀린다) 위험을 사전에 감지할 수 있다.

ⓑ 아이 볼트링의 일부가 제거된 것은 절대로 피한다. 이유는 ⓐ와 같고 링이 늘어나 금형은 떨어진다.

ⓒ 매달아 올리는 순간·이동 순간 및 정지 순간은, 특히 부하가 가해져 낙하의 위험이 있으므로 주의한다.

11-2-2 기계로의 삽입 방법

① 체인블럭으로 금형을 매달아 올리면, 기계 위치까지는 가능한 한 지면과의 거리는 낮게, 물론 신체가 금형 바로 밑 부분에 들어가지 않도록 세심한 주의를 한다.

② 기계 플레이트 사이의 직상(直上)으로 매달아 올려 이동 플레이트의 가장자리에 금형을 미끄러지도록해서 서서히 삽입한다. 본체나 호스 닙플에서 타이바 및 플레이트가 파손하지 않도록 주의한다.

(그림 6-13-① ② ③)

③ 금형 로케트링과 기계 로케트링 구멍을 합치시킨다.(그림 6-13-④) 로케트링이 없는 경우는, 특수 조작으로서 노즐을 고정 플레이트면에서 5mm정도 내어서, 이 노즐에 금형의 스프루, 부시를 합친다. 단 0점 고정후(터글식민, 직입식은 금형의 밀착후)는 노즐을 후퇴시킨다. 또, 이 경우도 반드시 노즐 터치 조정을 실시한다.

④ 저압·저속으로 금형두께 조정방법에 의한 형두께를 작게하고(터글식), 플레이트 간격을 좁힌다. 이때, 금형과 플레이트의 평행·수직 조정도 한다. 또, 로케트링 합치후는 체인 블럭을 약간 느슨하게, 로우프의 팽팽함을 풀면 무리가 가지 않고 안전하다.(그림 6-13-⑤ ⑥)

⑤ 이 시점에서 형체력 설정의 0점 조정을 한다. (터글식) 금형 밀착 후, 중체량 조정의 기준점을 결정한다. 이것을 0점이라 칭한다.

11-2-3 고정 방법과 주의

금형 취부판에 고정용 구멍이 있는 경우는 직접 평 워셔와 스프링 워셔를 병용해서 세게 조이면 되지만, 그 외의 경우는 크램프방식(그림 6-14)을 채용하고 다음 요령으로 설치한다. 이 시점에서 금형 개방 방지 장치를 제거한다.

① 볼트의 선정을 한다.

볼트의 지름은 기계의 탭 구멍지름에 맞추지만, 나사가 들어가는 깊이는 주물(鑄物) 플레이트에서 볼트 지름의 1.5배(철판은 1.3배)를 최소로하고 일반적으로 1.7배(철판은 1.5배)정도면 된다. 나사산이 망가진 것은 사용하지 말것. 길이는 취부판 두께 크램프두께·크램프 조임 두께로 결정한다.

② 크램프·크램프 조임을 선정한다.

198 제6장 사출 성형 기술

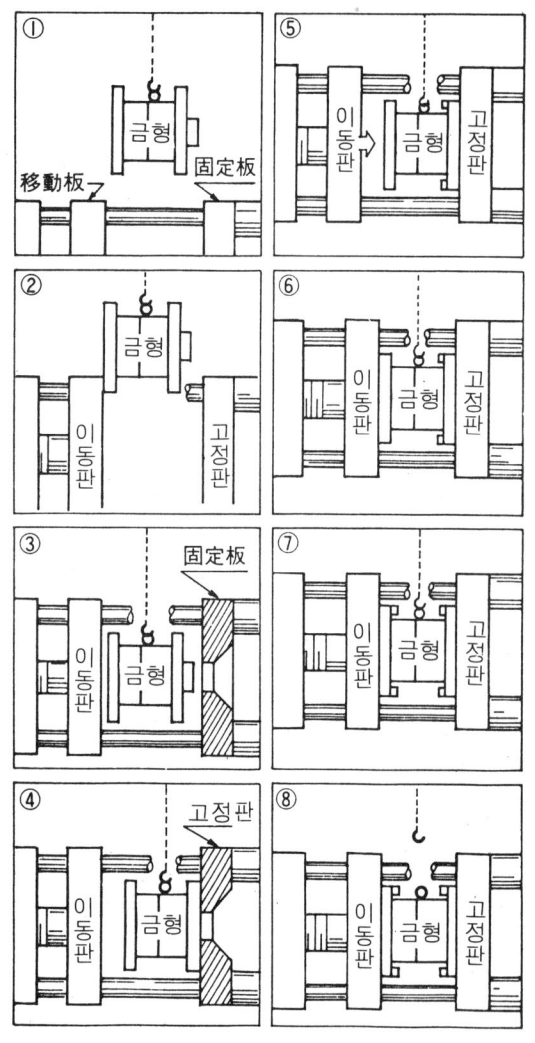

그림 6-13 금형의 삽입~고정순서

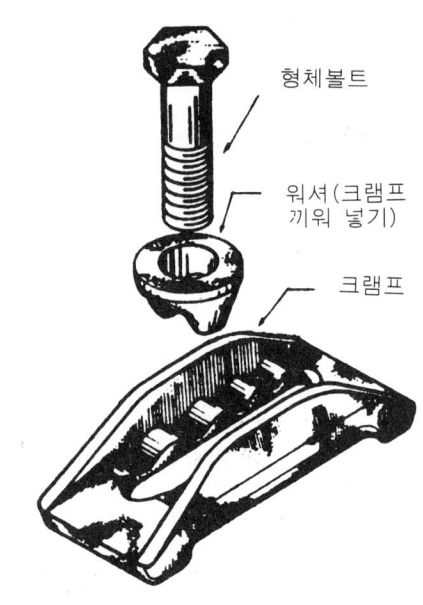

그림 6-14 크램프방식

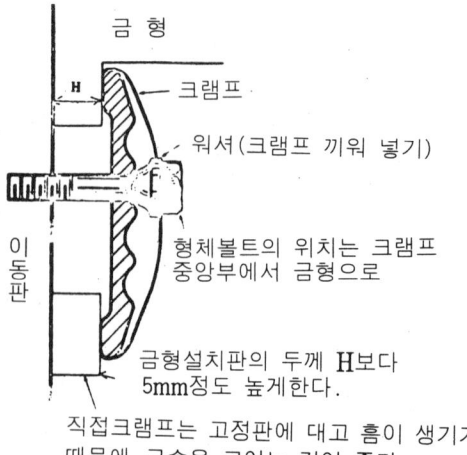

그림 6-15 크램프에 의한 고정방법

크램프는 취부판과 워셔위에 걸치는 것이지만, 볼트를 조일 경우에 다소 늘어나므로 여유있는 워셔를 사용하여 취부하도록 주의한다. 크램프에 볼트를 끼워 워셔 대용으로 하는 것은 취부판의 두께에 따라 볼트를 조정한다. 그러나, 이 조정 볼트머리는 접촉 면적이 큰 것을 사용한다. 작으면 플레이트에 홈이 생길 우려가 있기 때문이다. 크램프에 홈이 있는 경우(짧은 방향)는 그 홈으로 크램프를 눌러 맞춘다(미끄러짐을 방지하기 위해서이다). 짧은 방향에 홈이 없는 경우는 크램프를 누를 필요는 없지만, 원칙으로 평 워셔·크램프 스프링 워셔를 병용한다. U자형 크램프는 늘어나면 볼트가 풀릴 염려가 있으므로 바람직하지 않다.

③ 크램프 플레이트는 접촉 면적이 큰 것이 좋다.

표면이 평활(平滑)하고 접촉 면적이 넓은 블럭피스가 좋다. 또는 너트를 전용(轉用)하는 것도 편리하다. 플레이트 높이는 취부판의 두께와 같고, 또는 그림 6-15에서 처럼 5mm정도의 높이가 가장 좋다. 사용중에 볼트가 헐거워지거나 크램프가 늘어나는 등의 요인에 의해, 크램프의 위치가 이동하지만 플레이트가 높으면 금형 방향에 힘이 작용하므로 안전한다.

④ 볼트의 취부 위치는 크램프의 중앙부가 가장 좋고, 다음으로 금형측이 좋다. 그러나, 플레이트 구멍 핏치와의 관계에서 생각대로는 되지 않는다. 이 때문에도 크램프 플레이트를 높게 할 필요가 있다.

⑤ 크램프 고정 위치는 금형 구조에 따라 한정되는 경우가 많지만, 수평 방향보다도 수직 방향을 사용하는 편이 작업은 어렵지만 안전하다.

⑥ 크램프의 취부개수는 변형·비틀림을 방지하기 위해 최소 단면 4군데로 한다.

⑦ 크램프 고정에서 주의할 것은,

　고정측…3단 구성이나 핀게이트 금형의 경우에는 고정측 형판으로 이동하는 플레이트가 있으므로, 이 플레이트에 크램프가 접촉하지 않도록 주의한다.

　이동측…이동하기 때문에 크램프가 타이바에 접촉하지 않도록 주의하고, 또 돌출 플레이트 등에도 접촉하지 않도록 금형 구조에 주의한다.

⑧ 볼트의 조임 토크는 3~7 온스기에서는 750~850kg-cm정도이다. 표준으로 보통 힘을 가진사람이 스패너만으로 꽉 조인후, 파이프 등의 공구를 사용해서 볼트가 반주(半周)(180℃)할 정도로 한다. 이에 적당한 힘으로 조이지 않으면 볼트가 풀어지거나 볼트·플레이트 나사산이 손상한다.

⑨ 최후의 조임을 원칙으로 대각선상에서 조이면 금형의 변형이 적어 진다.

⑩ 고정측·이동측의 금형 설계 작업이 끝나면 체인블럭을 뗀다. 체인블럭의 훅은 지면에서 2000mm 이상을 매달아 올려 두는 것이 원칙이다.

11-3 형체력의 설정 방법

11-3-1 0점 조정(터글식만)

① 금형 취부 작업을 할 경우 플레이트 사이에 금형을 삽입한 후에 조정한다.
② 반드시 터글이 완전히 펴진 상태에서 조정할 것.
③ 주의할 것은,
　ⓐ 취부전 기계 조정에서 플레이트 간격을 조정할 경우도 조작 방법은 같다. 형두께를 크게 하기 위해서는 핸들의 회전 방향, 또는 전환 밸브를 「금형두께가 큰」쪽으로 하면 된다.
　ⓑ 이 조작을 하기 전에 반드시 록크너트, 또는 록크 볼트를 푼다.
　ⓒ 형체력을 최대로 가깝게 설정할 때는, 금형이 작업에 필요한 따뜻한 온도 상태에서 한다.

11-3-2 형체력 설정 순서(터글식만)

① 금형 취부 작업 완료후, 저압·저속으로 형체·형개를 반복하여, 이상이 없는지를 확인한다.
② 연속 성형시에 예상되는 형체 압력으로 조정하는 한편 형체·형개 속도도 조정한다.
③ 돌출 스트로크를 조정하고 돌출 바아의 유효 길이가 좌우 균일한지 자등으로 확인한다. 유압식 경우는 MS의 전환점을 조정한다. 테스트 쇼트에서 미세한 조정이 있기 때문에 돌출 스트로크 조정 록크는 테스트 쇼트 완료 시점에서 한다.
④ 형체 압력은 최저압까지 내려 놓는다.
⑤ 미리 지면상, 혹은 금형 캐비티 디자인을 검토해서 필요한 형체력을 추정한다. 이것을 역산(逆算)해서 터글을 펴서 형체 압력을 결정해 둔다. 이 경우 압력을 설정할 필요는 없다.
⑥ 금형 사이에 약간 간격이 생길 정도로 형개를 하고, 증체(增締)를 한다. 조작 방법은 0점 조정과 같은 요령이다. 단, 형개량 만큼 터글은 수축한다.
　형체량은 기계의 사용 정도·금형 구조·기계 금형 재질 ⑤에서 결정한 압력의 고저에 따라 다르므로 단순하게 판단할 수 없다. 이 필요량에 대해서는 어느 정도의 경험과 데이터적으로 근사치를 아는 것은 가능하다고 할 수 있다.
⑦ 증체가 끝나면 즉시 형체 동작을 실시한다. 이 때 터글은 저압때문에 거의 펴지지 않는다. 이 상태에서 형체 압력을 가하여, 서서히 형체 압력을 상승시켜 간다.
⑧ 곧 증체량이 적당해지면 ⑤에서 결정한 형체 압력으로 터글이 완전히 늘어난다. ⑤의 설정치 보다 낮은 압력에서 터글이 늘어난 경우는 증체량이 적기 때문에 재조정해서 증체량을 많게 한다. ⑤의 설정치보다 높은 압력에서 터글이 펴지거나, 혹은 펴지지 않

은 경우는 증체량이 매우 많으므로 재조정해서 증체량을 감소한다. 여기에서 주의할 것은,
　ⓐ 관성(慣性)은 절대 사용하지 말것. 반드시 정확한 형체를 행한다.
　ⓑ 형체 압력은 조정할때 마다 최저압에서 서서히 상승시킨다.
⑨ 이 조작을 반복하면 정확한 형체력을 설정할수 있다. 여기서 적정 증체량을 빨리 선정하는 요령으로,
　ⓐ 0점 조정시의 눈금 혹은 핸들 위치를 기억해 둔다.
　ⓑ 증체량은 처음에는 매우 크게 하고, 터글이 펴지는 것을 보면서, 다음은 그 절반, 그 다음에는 전회의 반으로 서서히 범위를 좁혀가면 능률적이다.
⑩ 형체력 설정이 완료되면 금형두께 조정 장치를 잠근다.
⑪ 형체 압력 조정 밸브를 힘껏 조인다. (기종에 따라 다른 경우가 있다).
　[주의] 직압식은 압력계를 보면서 설정치까지 형체 압력을 상승시킨다.

11-4 노즐 터치의 조정 방법

　금형 스프루 부시의 노즐 선단부의 중심을 맞추는 것이지만, 로게드링이 없는 경우는 물론, 로케이트링이 있어도 반드시 노즐 터치 조정을 한다. 이 작업을 게을리하면 시프트 실린더 롯트·가열 실린더·스크류 등에 부하가 반복작용하여 파손하거나 변형이 발생한다.
① 좌우 조정용 고정 볼트를 느슨하게 한다. 사출대를 선회하는(실린더 청소·스크류 교환시 등) 경우는 볼트를 빼지만, 노즐 터치 조정의 경우는 느슨하게 하는 것이 좋다.
② 높이 조정용 록크 볼트를 느슨하게 한다.
③ 저압으로 사출대를 전진시켜 노즐 터치하기 직전에 일단 정지시킨다. 스프루 부시 구면부(球面部)와 노즐 선단부의 위치가 크게 어긋난 경우에는 눈대중으로도 대강 중심 합치할 정도로 수정한다.
④ 저압 상태로 노즐 터치를 해서 좌우를 조정한다. 스프루 부시, 노즐은 모두 접촉면은 구면이기 때문에, 자동으로 중심을 조정하고 여기서 좌우 조정은 대강 완료한다.
⑤ 저압으로 노즐 터치를 반복하면서 터치하는 순간 또는 떨어지는 순간에 노즐이 상하로 움직이는가를 확인하여, 높이 조정 볼트(쟈키 볼트)를 늦추든지 조이든지해서 조정한다. 이 경우 수정하는 방법에도 두 가지가 있고, 전부 볼트를 조종해도 후부(後部) 볼트를 조정해도 좋다. 이 판정은 기계 밸런스 (가능한 한 사출대 전체가 수평이 되도록)를 고려해서 최선의 선택을 한다.
⑥ 이러한 조작을 반복하여 좌우·상하 중심맞추기가 완료되면 전진(前進) 압력을 최고로 설정하여 다시한번 확인한다.

⑦ 고압에서 이상이 없으면, 고압 노즐 터치의 상태로 처음에 풀린 볼트를 전부꽉 조인다.
⑧ 다시한번 확인한다.

확인 방법으로 스프루 부시와 노즐 사이에 종이를 삽입하여 터치를 하고, 원의 변형 정도를 보고 판단하는 방법이 일반적 이지만 이 방법은 수동 노즐터치 기구 경우에 적용한다. 자동식 경우는 위험이 따르므로 피해야 한다.

11-5 냉각 호스의 연결

금형 냉각수, 또는 온조기(溫調機)의 호스 연결을 금형 취부 작업 완료 후에 해도 좋다. 금형 온도를 고온 또는 온조기를 사용해서 균일 온도를 목표로 하는 경우는 승온(昇溫)시간·열교환 시간 단축을 위해, 금형 취부 작업 완료 후에 실시하는 편이 좋다. 냉각수만의 경우는, 작업의 연속화에서 노즐 터치 조정 후에 한다. 히터류·공기 돌출류의 연결 등도 같은 식으로 생각하면 된다.

11-5-1 호스 연결 전의 준비

① 금형과 기계 또는 온조기의 호스 닙플이 합치한 가를 확인한다.
② 호스 닙플의 취부를 한다.

금형을 매달아 올리기 전에 설치하는 편이 작업 하기 쉽지만 금형 삽입·취부시 등에 손상(호스 닙플 또는 기계)되거나 삽입이 불가능 하는 경우도 있을 수 있으므로 원칙으로 이 시점에서 설치한다.

③ 호스 준비, 호수 밴드를 선정한다.

냉각수만을 고온으로 하거나 압력이 고처 등에 의해, 호스의 품질및 호스 밴드를 선정한다. 특히 고온 고압 하에서는 호스가 터지거나, 빠질 위험성이 따르기 때문에 세심한 주의가 필요하다. 퀵 커플링 밸브부착 호스를 사용하면 더욱 더 능률적으로 작업할 수 있다.

11-5-2 호스 연결의 주의

① 한 번 사용한 호스의 끝은 굳어서 빠질 염려가 있으므로 잘라 버린다.
② 급배수의 위치를 틀리지 않도록 한다. 냉각구가 수평 방향의 경우는 어느 쪽을 급배수로 해도 좋지만, 수직 방향의 경우는 반드시 하부를 급수, 상부를 배수 라인으로 접속한다. 반대로 하면 냉각수는 중력에 의해 냉각구를 그냥 통과하기 때문에, 열교환의 효율이 현저히 저하한다. U턴 방식도 이와같이 주의가 필요하다.
③ 취부 완료 후, 누수의 유무를 확인한다.
④ 형체·형개를 하여, 호스가 이상하게 팽팽하거나 금형 파팅사이에 끼워 있지 않는지 확인한다.

11-6 금형 떼어내는 순서

원칙으로 금형 취부순서의 역 작업이지만, 안전에 관한 여러 가지 주의사항은 금형 교환 순서와 같이 특히 주의한다.

① 금형 캐비티는 린넬포 등으로 깨끗이 닦아, 그 후에 방청제를 도포한다. 이때 구리스는 필요하지 않다.
② 냉각 호스, 호스 닙플의 분해를 한다. 냉각 호스는 반드시 금형 하부에서 떼어내, 금형에 물이 튀지 않도록 한다.
③ 터글이 완전히 펴지기 직전에 기계를 조정하고, 체인 블럭으로 금형을 매단다.
④ 크램프를 떼어 낸다. 개방 방지 장치를 조정한다.
⑤ 정확한 형개를 한다. 이 때 플레이트 간격은 취부 경우와 같은 20~25mm 정도로 하여, 필요 이상 열지 않는다.
⑥ 로케트링을 플레이트에서 압출하여 주의를 하면서 금형을 취출 정한 장소에 보관한다. 장기 보관의 경우는 금형 외면(外面)에도 방청제를 도포한다.
⑦ 기계는 형체 완료, 사출 후퇴 완료, 돌출 바아는 후퇴완료, 계량은 최소의 위치에 정지시킨다.

11-7 최근의 금형 취부 방식

지금까지 기술한 금형 교환 작업은, 어디까지나 수동작업에 의한 교환 작업 기본을 나타내는 것이다. 금형 교환 작업은 사출 성형 작업에 있어서 비생산적인 시간중에서 가장 시간을 소비하는 것이고, 이 시간은 될 수 있는 한 단축하는 것이 생산성 향상에 도움이 된다. 또, 작업자 측에서 보더라도 금형 교환작업은, 안전성 면이나 심리면에서도 매우 불안한 작업이다.

그 때문 최근에는 금형 교환의 자동방식이 급속히 진전하고, 매우 편리한 장치가 개발되게 되었다.

아직 옵션이 많은 것 같지만, 종래 볼트로 처리하던 금형의 취부를 유압 크램프로 하는 자동 방식이 계속 보급되고 있고 이것만으로도 작업자의 안전과 노력의 경감 및 시간 단축에 매우 큰 개선이 된다.

이와 같은 장치에 의한 하나의 예로서, 그림 6-16에 나타내는 유니트 방식에 따라 취부 순서를 나타내면 다음과 같다.

① 취부판 간격을 취부하려고 하는 금형두께보다 20mm 정도 크게 연다.
② 금형 취부 장치 밸브의 핸들을 "OFF"의 위치로 한다("ON"에서 "OFF"으로 할때는 핸들이 잠겨 있기 때문에 잠근 것을 연다).

그림 6-16 훅 유니트방식에 의한 자동 금형 취부 장치

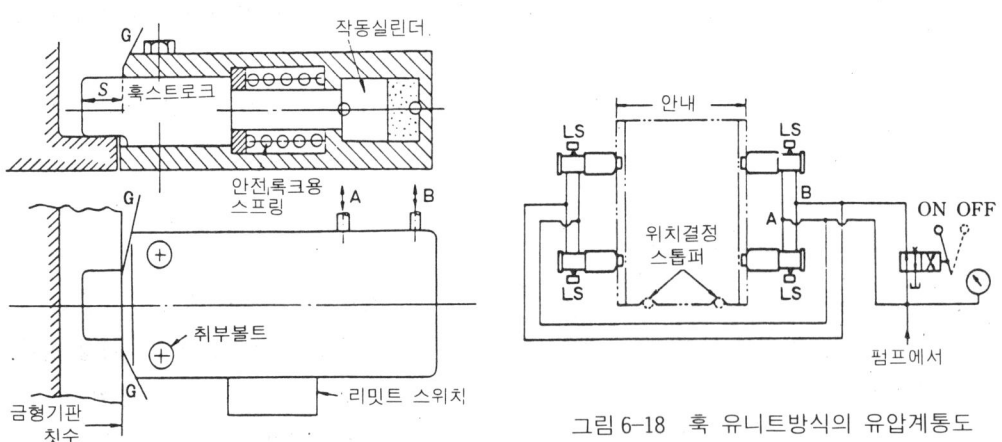

그림 6-17 훅 유니트의 구조

그림 6-18 훅 유니트방식의 유압계통도

③ 금형을 윗쪽에서 가이드를 이용해서 내리고 스톱퍼에 싣는다(금형의 중심 맞춤은 자동적으로 이루어진다).

④ 형체한다.

⑤ 밸브의 핸들을 "ON"의 위치로 한다.

⑥ 리밋트 스윗치에 의해 지시 램프가 켜지면, 훅이 완전히 고정된 것을 나타내며 금형 설치는 완료된다.

⑦ 다음에 필요한 형체 압력을 설정한다.

이 방식에 의한 유압 회로는 그림 6-18과 같고, 수동에 의한 전환 밸브에 의해 작업자 각자가 자신의 손으로 확인하면서 작동할 수 있는 일종의 안전밸브 방식으로 되어 있다.

11. 금형 교환의 기본 순서 205

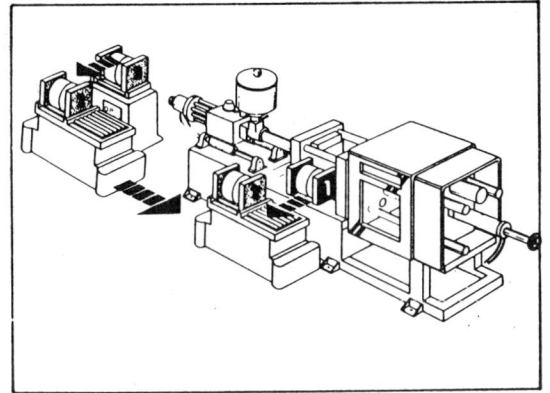

그림 6-19(A) 금형탑재대, 예열장치반송의 유니트 시스템

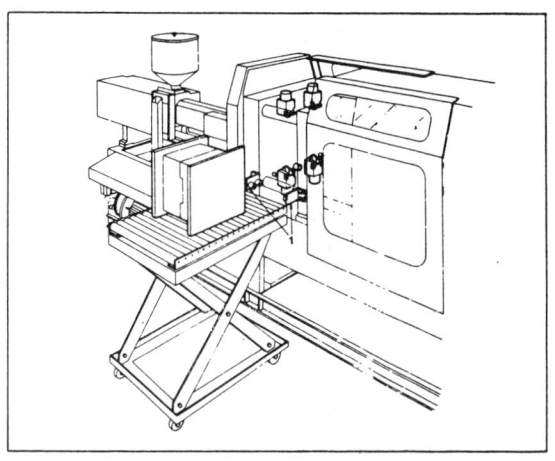

그림 6-19(B) 同 수평넣기

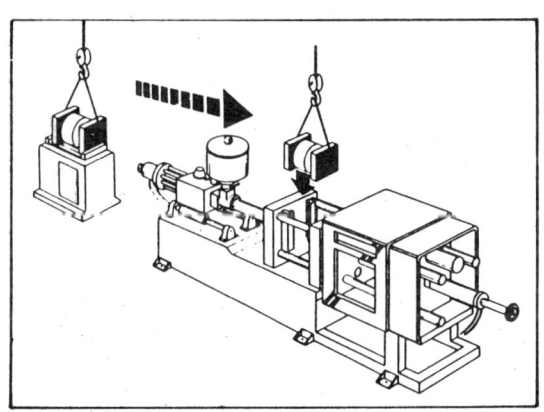

그림 6-19(C) 同 수직넣기
다이얼눈금과 형체력의 관계

그림 6-20 금형두께조정, 형체력 설정장치예, 유압모터로 필요한 양을 구동 시킨 후, 다이얼과 그래프에 의해 미조정

다이얼눈금과 형체력 관계

또 핸들을 노치(notch) 핀으로 잠겨 있어서, 무언가가 핸들에 걸려도 움직이지 않는 것과 같은 안전성을 배려하고 있다.

금형 설치 후의 형체 압력 설정도, 전동식이나 유압식으로 형반(型盤)을 자동적으로 이동시켜, 표시된 그래프와 다이얼 등에 의해, 개인차가 없는 확실한 설정이 되도록 한 것이 최근 성형기이다.

또, 더욱 진보한 성형기로는 취부된 금형의 두께를 자동적으로 감지하고 그 두께에 따라 형체 압력을 자동 설정하는 것도 개발되었다.

그림 6~19~그림 6-20 및 그림 5-15에 이러한 참고 그림을 제시한다.

또, 이것에 관련하여 금형 교환 작업은 물론, 금형의 예비 가열이나 반송을 합해서 보다 합리적으로 할려고 하는 생각에서, 더욱 더 자동화한 장치도 생각할 수 있다.

그 하나로서, 금형 탑재대차(塔載台車), 금형적재대, 예열(豫熱) 장치 부착 금형 보관대, 이러한 것을 일체화시키기 위한 유니트를 구성하며 일체 수동을 필요로 하지 않고 모두 금형 교환을 할 수 있는 장치도 개발되고 있다(그림 6-19).

12. 성형 준비와 성형 조건의 설정

12-1 성형 가공의 기초 기술

외관적으로나 기술적으로나 생각대로의 성형품을 얻기 위해서는 많은 기술의 집적(集積)이 아니면 달성되지 않는다. 특히 사출 성형은 "한 공정에서 완성품"이라고 불리는 최대의 장점이 자칫하면「간단하다」라고 생각하기 쉽다. 사실, 성형기 전에 자동적(혹은 반자동적)으로 계속 성형돠는 작업을 보면 실로 간단하고 단순한 것 같다. 그러나, 일단 "원료는 어떻게 해서 만들어 지며 종류, 성질 용도는 무엇인가?"라고 의문을 가지면, 이것만을 아는 데에도 상당한 시간을 필요로 한다. 하물며 금형(성형품의 디자인 설계는? 금형 구조는? 가공법은?…), 기계(동작과 구조는? 취급은? 보수 대책은?…)를 포함하면 매우 어렵고 단순한 이론이나 짧은 기간으로는 습득할 수 없다.

성형품을 얻기 위해서는 그림 6-21 처럼 이러한 원료(플라스틱), 금형, 기계 및 성형 가공 기술의 어느 것이 결핍 되어도 안된다. 특히 성형 가공 기술은 원료·금형·기계의 총합적 관리 기술도 있다. 이 4가지 요인을 항상 잘 기억하여 상호 관계를 확인하면서 일에 대처할 필요가 있다.

그만큼 성형 가공에 종사하는 사람은 가장 고도(高度)인 동시에 종합기술이 필요하다. 기술이란, 이론과 실천을 토대로 한후에 비로소 자신의 것이된다. 그렇게 하려면 우선 기본부터 올바르게 배워야 한다.

12. 성형 준비와 성형 조건의 설정 207

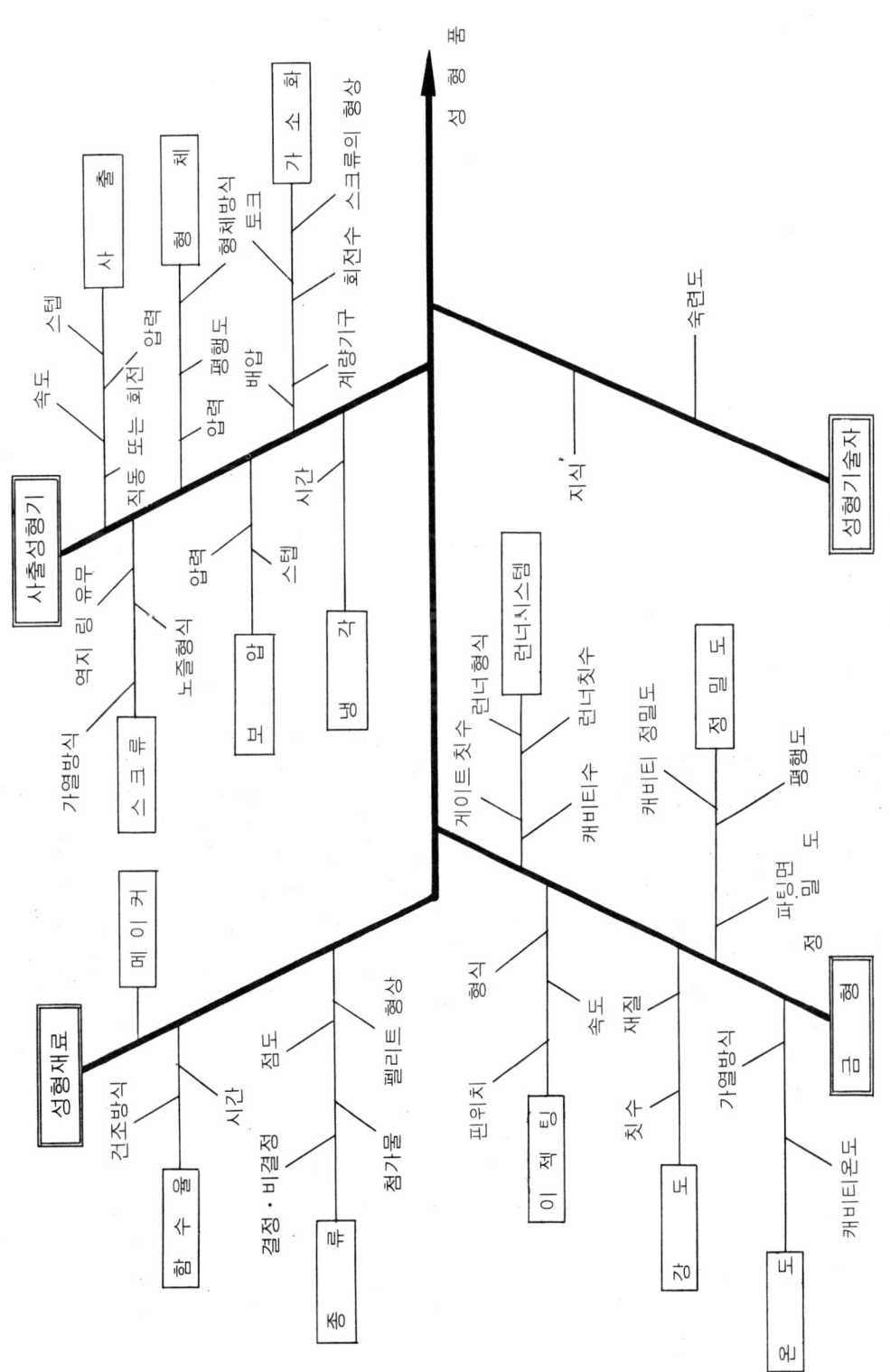

그림 6-21 성형가공의 요인

12-1-1 성형 개시전의 준비

(1) 4가지 요인에 대한 각각의 검토

① 사용할 플라스틱의 성형 특성을 잘 이해해 둔다. 특히 성형 온도 범위(열안정성), 유동성, 용융점도에 관해 조사해 둔다. 또 흡습성의 유무를 사전에 조사, 필요한 것은 건조를 충분히 해둔다.

② 금형의 구조나 강도에 관해 숙지할 것. 특히 언더컷(under cut)이나 인서트 성형품 금형에는, 여러 가지 작동 순위와 주의점이 있으므로 충분히 검토 한다.

③ 성형기의 구조나 장·단점을 충분히 이해하여 자유롭게 취급할 것. 또 노즐등도 금형에 맞추어서 이형 트러블을 사전에 방지할 것. 스프루 부시와 노즐의 관계는 곡율반경(曲率半徑)·구멍지름도 노즐이 약간 작다.

④ 성형품에 대해서는 요구된 항목에 우선 순위를 붙인다. 또 성형상 문제가 되기 쉬운 점, 예를 들면 살 두께, 형상으로 인한 불량 발생의 예측과 대책을 생각해 둔다.

이러한 것을 고려하면서, 취부한 금형의 상태나 성형기를 점검 하기 위해, 드라이 운전을 한다.

(2) 드라이 운전과 퍼징

사출 성형기의 조작 방식은 수동·반자동·전자동으로 구분된다. 드라이 운전시에는「수동」으로 각 조작을 점검한다. 또 안전 장치의 확인도 겸해「반자동」으로도 점검한다.

드라이 운전이 완료되었으면 퍼징을 해서 잔류(殘留) 플라스틱의 축출과 재료 온도의 상승과 스크류 회전상태 등을 본다. 퍼징의 불량 판정은, 양호하면 광택을 가지며, 연속된 환봉상(丸棒狀)으로 탄성이 있다. 온도가 높을 경우는, 변색되거나 악취(분해 가스)를 발하거나 심한 경우는 분해하여 비산(飛散)한다. 반대로 낮을 때는, 펠리트의 흔적이 보이거나 울퉁 불퉁한 상태가 되며, 광택이 없고 사출 상태도 좋지 않다.

이와 같이 드라이 운전과 퍼징 작업은 어디까지나 성형 조건 설정의 전(前) 준비인 것을 염두에 두고, 다음에 서술한 내용을 토대로 하는 것이 가장 효과적이다.

12-1-2 성형 개시(開始)의 순서

(1) 성형 작업상의 5대 요소

성형시에 다음의 내용을 항상 염두에 둔다.

① 원하는 성형품이 가능할 것.

　상품으로서 만족하는 성형품을 의미하므로 상품 요구 특성을 반드시 파악해 둘 것.

② 플라스틱의 분해나 변색에 주의 한다.

　분해시키는 일은 성형 작업자에 있어서 가장 부끄러운 일이다. 왜냐하면 어떠한 플라스틱이라도 급격하게 예비 징후 없이 분해하지 않고, 반드시 사전에 냄새나 변색이 따른다. 즉, 기술이나 경험을 불문하고, 주의하면 반드시 방지할 수 있기 때문이다. 분해시키면 유독 가스나 부식 가스를 발하는 것이 많고, 주위의 작업자나 기기에 미치는 영향이 크다. 또 POM 등에서는 연쇄 반응적으로 분해하고, 더구나 대량 가스로 인해 폭발 현상을 초래하는 경우도 있어 위험하다. 작업자가 "가스 누출"를 일으키는 것이므로 작업의 끝맺음이 나쁘다.

③ 금형을 파손하지 않도록 최대의 안전을 기한다.

대체로 금형에는 여유분이 없기 때문에, 사고로 인한 보수 시일과 많은 비용이 필요하다. "금형은 성형의 생명이다"라는 인식을 깊이 하여 생산 중단을 방지하기 바란다.

④ 성형기는 능력에 여유를 가지고 사용한다. 내구성은 물론이고 성형품이나 금형에 대해서도 만족할 만한 상품이 가능한 범위내에서 온도, 압력, 시간은 낮고, 느린 것이 바람직하다.

⑤ 성형 사이클 단축에 주의한다.

성형이란 초단위(秒單位)의 일이다. 초단위의 일이란 1초가 갖는 의미가 크고, 생산성이나 가격에 영향을 준다. 사이클업의 요인은 매우 많고, 그 만큼 여러 가지 고안이나 연구에 의해 향상되는 여지가 많다.

(2) 성형 착수시의 성형 조건

이러한 조건을 고려하면서 조건 설정을 하지만, 구체적으로는 다음과 같다.

온도(성형 재료, 금형 등) → 약간 낮게(분해를 방지, 사이클업에 관련된다)

압력(사출, 배압 등) → 약간 낮게(금형의 파손을 방지, 성형기의 내구성을 증가한다).

시간(사출, 냉각 등) → 약간 짧게(사이클업, 냉각 속도의 판정이 가능하다).

속도(사출, 형체형개, 회전 등) → 약간 늦게(금형, 성형기의 파손을 방지한다)

스트로크(계량, 돌출 등) → 약간 적게 (금형의 파손을 방지, 사이클업에 관련된다).

그 중 계량(計量)은 원칙으로 약간 적지만 특예로서 부속품·여러개 빼기·핀 돌출의 경우는 쇼트 숏트(short shot)이면 이형(離型)이 곤란하게 되므로 좀 많게해서 개시한다. 그러나 이 경우도 사출 압력·사출 속도는 매우 낮고 느리게 하는 것을 잊지 않도록 한다. 상기의 좀 낮게 좀 높게…는 예상한 것보다 조금 더 낮게 더 높게…라는 의미이다.

12-1-3 성형중·완료의 순서

12-1-2의 순서에 의해 조건 설정을 하지만, 최초에는 「수동」 조작으로 조정한다. 계량이 어느 정도 결정되었다면, 타이머·리미트스윗치 등을 조정해서 「자동」(반자동·전자동)으로 교환한다.

성형중은 작동유온(35℃~45℃가 최적(最適))이나 그 외에 변동 가능성이 있는 조건에 주의한다. 유온(油溫)이 변화하는 것은, 성형기의 압력 관계와 속도 관계가 변동하는 것이 되고 특히 성형 조건상 중요한 항목인 사출 압력과 사출 속도가 변동하여 안정된 성형기가 될 수 없다. 이 밖에 온습도(溫濕度)에 의해 전기 저항이 바뀌고, 타이바 관계의 일부에 오차가 발생하는 일도 있다.

성형 작업이 거의 완료되면 히터 회로 스위치를 끈다. 여러개를 쇼트 하기 전에 호퍼 셔터를 닫고 완료후에 퍼징을 하여 완전히 실리더내에서 플라스틱을 꺼낸다. 금형은 자주 닦고 방청 처리를 한다. 성형기는 미리 정한 위치(금형은 폐쇄하고 터글은 펴지지 않을 것. 사출 전진완료, 사출대 후퇴완료)에 정지시켜 냉각수와 전원을 끊어, 형체 압력을 내린다. 또한 특히 분해하기 쉬운 플라스틱이나 고점도 플라스틱은 PS나 PE로 반드시 교환시킨다.

*반드시 교환(交換)할 플라스틱

PC, POM, PPO, CA, EVA, PETP, PVC, FEP, PMMA, PA, PBT, PSU, PEEK

*가능한 한 교환(交換)할 플라스틱

ASS(내열용), SAN

12-1-4 정지, 정전시의 주의

연속 성형중에 정전 혹은 금형 사고, 조작 변경 등으로 기계를 일시 정지할 경우, 가열 실린더는 플라스틱을 가득채운 채로 유압 기구를 정지시켜도 되지만, 정전으로 인한 정지 이외는 가능한 한 수동 조작으로 전환하여 형개하고 사출 장치는 후퇴시켜 작업을 해야한다. 단, 그 사이에 분해를 일으킬 듯한 플라스틱은 다른 플라스틱으로 바꿔 놓든지 또는 호퍼의 셔터를 닫아, 전부 밀어 내도록 한다.

그러나, 매우 곤란한 것은 정전 사고가 일어난 경우이다. 아래에 몇 가지 주의점을 서술한다.

① 전동기관계의 동력 스위치를 확실하게 끄는 것과 동시에 각 절환 스위치를 중립(中立)시키거나 끈다.

② 단시간의 정전에서 동력원이 회복된 경우는, 실린더 온도도 그다지 저하하지 않기 때문에, 각 부(部)의 온도가 평형 상태가 되는 것을 기다려 작업을 개시하면 된다.

③ 장시간 (30분 이상)정전으로 동력원은 회복되지만 실린더 온도가 100℃ 이하로 저하한 경우의 운전 재개는 신중을 요한다. 플라스틱은 실린더내에 가득 채워진 채로 냉각 고화한다고 보아야 하며 가열 연화시키기 위해서는 1대의 환봉(丸棒)을 연화하는 것과 같은 조건이다. 그 때문에 외부에서 가열하여, 중심까지 연화시키는 것은 어렵기 때문에, 정해진 온도에 달해도 곧 스크류 회전은 피하도록 주의한다. 분해할 염려가 있는 플라스틱을 이용하여 성형하는 경우는, 가열 실린더·스크류를 분해해서 청소한후 작업을 개시하는 것이 좋은 방법이다.

④ 통전(通電)하고 각 부 온도가 평형 상태가 되고 나서 40분 이상 경과한 후 작업을 개시하도록 항상 주의한다(5~7온스기).
⑤ 수동으로 플라스틱을 밀어 낸다. 이 때 스크류의 전후진(前後進) 및 회전에 무리가 없는지 신중히 검토하면서 조작한다.
⑥ 무리가 없는 것을 확인하여 정규 조건으로 설정한다.

12-1-5 플라스틱의 색상교환과 재료교환

재료교환이나 색상교환은 퍼징 작업으로 처리하지만 다음과 같은 것을 고려한다.
① 실린더 온도는 약간 낮게한다. 용융점도가 높은 편이 빨리 교체된다. 온도는 다음에 성형할 플라스틱을 기준으로 한다.
② 스크류 회전수는 약간 느리게 한다. 너무 빠르면 점도가 다른 플라스틱이 잘 혼련(混練)되지 않는다. 요령있게 가끔 빠르게 해서 혼련 타이밍을 바꾸어 준다,.
③ 스크류 배압은 약간 높게 한다. 전단 작용(剪斷作用)이 충분히 행해질 수 있도록.
④ 성형을 되풀이 하면서 퍼징을 반복한다. 계량시(計量時) 실린더 내로 압력 전달을 효과적으로 하여, 혼련과 전단작용을 조장시킨다. 따라서 작업 시간과의 균형으로, 금형을 떼어내기 전이나 성형 직전에 하는 것이 좋다.

이러한 순서의 일예를 다음에 서술하지만, 성형 재료의 색상교환 및 교환의 경우는 "수동조작"으로 처리한다.

① 우선 호퍼의 셔터를 닫고, 스크류가 후퇴하여 없어질 때까지 퍼징을 반복한다.
② 호퍼를 떼어내어 호퍼에 부착한 성형재료를 깨끗하게 제거하고, 공급구(供給口)는 압축공기로 불어낸다. 또한 이것과 다른 방법으로 완전히 청소한다.
③ 호퍼를 취부하여 새로운 플라스틱을 공급한다. 온도는 약간 낮게, 스크류는 저속 회전으로 스타트시켜 여러번 사출과 계량을 반복하면 플라스틱 교체가 완료된다.

(1) 재료교환의 주의

폴리카보네이트, 경질 염화비닐, 폴리아릴레이트, 변성 PPO등의 고점도 플라스틱은 냉각 고화하면 강한 부착력을 나타내며, 이것을 무리하게(성형 온도가 너무 낮으면) 회전시키면 스크류나 가열 실린더 도금·질화층(窒化層)이 벗겨질 염려가 있으므로, 먼저 아크릴로 일단 밀어낸 다음에 PS나 PE로 바꾸고 사용할 원료를 넣어 퍼징한다.

전용 가열 실린더 세정제도 판매되고 있지만, 취급상 주의해야 할 것이 많다.

(2) 색상교환의 주의

색상교환은 먼저 투명도를 우선으로 하는데 있고 색의 농담(濃淡)은 2번 째로 생각한다. 투명한 것 끼리, 혹은 무색끼리에서는 농(濃)⇌담(淡)이지만, 투명→불투명에 반해 불투명→투명은 대강 5~6배의 양과 그에 상당한 시간이 걸린다.

특히 극단적인 경우는 세정제를 사용하든지, 스크류를 빼서 청소를 하는편이 빠르다. 또 퍼징만으로 처리하는 경우는 노즐을 떼는 편이 빠르다. 더구나 테이퍼노즐은 그대로 한다.

12-1-6 예비 건조(豫備 乾燥)

건조의 기본적인 생각은 배압(효과적인 시간내)으로 인해 증발되지 않는 수분을 미리 건조하는 것이다. 예비 건조에 대해서는 흡수성이 적은 것은 필요하지 않다고 하지만, 습도가 높은 나라에서는 성형 재료의 표면에 수분이 응축하는 경향이 있고, 그로 인해 투명한 성형품에 얼룩이나 은줄(銀狀) 등 외관 불량을 발생시키는 것도 있으므로, 어떠한 플라스틱이라도 일단 예비 건조하는 것이 좋다.

표 6-5 예비 건조시간의 표준

성형재료명	건조시간(H)	온도(℃)	적요
PBT	3~5	120~130	수분율 0.05%이하까지
PET	4~7	120~140	건조후 30분까지 재흡습, 수분율 0.02%이하까지
아이오노머	8	60	개봉직후는 특히 필요없음
변성PPO	2~3	80~110	
PPO코폴리머	3~4	80~90	개봉직후는 필요없음
나일론6/66	12~24	75	수분율 0.03%이하까지
나일론12	3~4	80	
ABS	2~4	80~85	수분율 0.1%이하까지
ABS+PC	3~4	90~110	
PC	5~	120	수분율 002%이하까지
PC+MMA	6~	120	
폴리아미드	1	130	
내열용 PS	3	90~100	
폴리설폰	2~4	145~160	수분율 0.1%이하까지
아크릴+염화 비닐	2~4	65~70	
PEEK	3~	150	
PES	3~	160	
메타크릴	4~6	65~90	
니트릴계	2~4	66	-285에서 제습한 열풍
폴리에스텔계 엘라스토머	2~4	80~120	수분율 0.1%이하까지
폴리아릴레이트	6~8	80~140	
PPS	2~4	120~140	

그러나 예비 건조의 최대 효과는 작업의 안정성을 얻을 수 있는 것이며, 플라스틱의 저장 온도, 습도가 변화하면 성형성도 균일을 잃게 되므로 가열 실린더 온도나 사출압력을 조절해야 하지만, 미리 플라스틱을 일정 온도로 가열해 두면 전기와 같은 불균일한 변동을 피할 수 있다. 또 하나의 의의(意義)는 예비 건조를 한 재료가 예열됨에 따라 사이클을 단축시키거나, 혹은 가열 실린더 온도를 낮게 할 수 있다.

표 6-5에 건조 온도와 시간을 나타내지만, 이것은 어디까지나 참고이며 계절(건조기나 장마기간)이나 제작 년월 등에 따라 변동한다. 건조기에는 상자형·진공형·호퍼드라이어식 등이 있다.

12-1-7 플라스틱의 착색(着色)

열가소성 플라스틱은 거의 원하는 색으로 착색하는 것이 가능하고 이점이 플라스틱 성형품의 우수한 특징의 하나이다. 착색제는 플라스틱 안에 염료·안료가 균일하게 분산되고, 또한 화학적으로 활성이 없는 것, 내열·내후성이 뛰어난 것 등의 성질이 필요하다. 대체로 염료·안료는 그 자체로는 분산 능력이 없기 때문에 특수한 분산 조제로 처리한다.

플라스틱 착색에는 다음 5가지 방법이 있다.

① 드라이 컬러링(Dry coloring) 방식
② 페이스트(paste)상 착색제 방식
③ 윤습성(潤濕性) 착색제 방식
④ 마스터 배치(master batch) 방식
⑤ 펠레타이저 방식
⑥ 액상 착색 방식

이 중② ③은, 열가소성 플라스틱으로는 연질 PVC이외는 그다지 사용하지 않는다. 그 이유는, 끈적끈적해서 작업성이나 취급성이 떨어지기 때문이다. 기타 액체상이나 로울 상의 착색법도 있다.

(1) 드라이컬러링(Dry coloring) 방식

펠리트에 분말상 착색제를 사용하는 드라이컬러링 방식이다. 연질 PVC 이외의 일반 플라스틱에 사용된다. 이것은 텀블러(tumbler)라고 칭하는 원통형 혼합기를 사용해서 펠리트 표면에 착색제를 부착시킨다. 착색제를 텀블링하기 전에 플라스틱과 표면 습윤제(웨이팅 에젠트 또는 블랜드이즈)만으로 텀블링하여, 그 후에 착색제를 넣어 다시 텀블링하면 얼룩을 방지를 할 수 있다.

가장 간편하고 저렴한 가격으로, 열열화(熱劣化)의 걱정도 없기 때문에 넓게 사용되지만, 비산성(飛散性)이 있는 것이 결점이다. 일반적으로 플라스틱 양은 텀블러 체적의 60% 이하, 속도는 20~40r.p.m.시간은 10~20분이 좋다.

(2) 마스터(master) 배치(batch) 방식

착색제, 안정제 등 첨가물을 고농도(5~50배)에 혼입한 컬러콘센트레이트를 펠리트, 또는 플레이크 상(狀)·판자 모양으로 한 것을 마스터배치라 칭한다. 이것을 같은 종류의 내츄럴 플라스틱에 혼합해서 희석한다. 마스터배치는 작업성·(침투·분산성)은 매우 좋지만, 가격이 비싼것이 결점이다. 최근에는 200배 가까운 것도 있어서 가격 절감을 목표로 하고 있다.

(3) 펠레타이저(Pelletizer) 방식

드라이컬러한 플라스틱을 압출기로 통과시켜 착색한다. 압출기를 나오는 것은 수중(水中) 냉각되어, 펠레타이저에 의해 소정의 형상(形狀)으로 커팅된다.

보통은 착색과 혼합(버진 대 재생 플라스틱)을 동시에 하는 경우와 착색하기 어려운 것, 색상이 엄격하게 요구되는 경우로 구분짓는다. 그러나 열이력(熱履歷)에 인해 열화하기 쉽지만, 비산성이 없으므로 취급하기 쉽고 컬러드펠리트 컬러콤파운드로서 넓게 이용된다. 플라스틱 메이커나 대형 성형 공장에서 사용되는 착색법이다.

(4) 액상(液狀) 착색 방법

고착색력(20~80%의 안료 함유)의 액상 착색제를 공급 정밀도가 높은 자동 공급장치로, 사출 성형기의 실린더에 직접 공급하는 방식이다.

드라이컬러나 마스터배치방식과 같이 예비 혼합의 필요가 없고, 분말로 인한 성형 현장의 환경오염도 없으므로 최근에 꽤 보급된 방식이다. 이 방식에서는, 착색제가 호퍼를 경유하지 않고 직접 스크류에 공급하므로, 호퍼부의 오염이 매우 적다. 가격은 드라이컬러 방식과 거의 같은 수준이다.

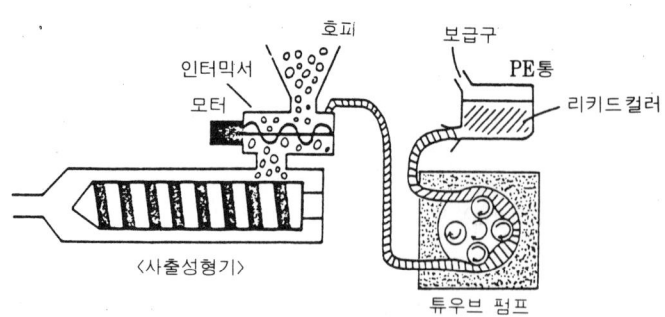

그림 6-22 액상 착색방지(비케미컬)

12-2 성형 조건의 설정 기준과 영향

성형 조건이란 상품(성형품)에 요구되는 품질을 최대한 만족시켜, 더구나 생산 능률을 향상시키는 여러 가지 연구를 하는가에 있다. 이 목적 때문에 성형 재료·금형·성형기를 종합적으로 총괄하고, 이러한 요인에 대해「온도」·「압력」·「시간」의 3요소를 효과적으로 조합시키는 것에 있다.

성형 조건을 결정한다고 하더라도, 각종 요인이 복잡하게 서로 작용하기 때문에 여러 가지 방법이 있을 수 있다. 그러나, 전체 성형품을 보면 거기에는 역시 일정한 기준이 있는 것을 알게 된다. 이러한 기준에 따라서 성형 조건의 선정과 영향에 관해 생각해 본다.

12-2-1 상품에 요구되는 3요소

어떠한 상품이라도 외관이 좋고, 튼튼한 고품질의 것이 좋다. 그러나 사출 성형법에도 한계가 있고, 동시에 모든 요구 조건을 만족시키는 것은 어렵다. 이러한 요구되는 여러 가지 조건을 집약하면 3가지로 크게 분류할 수 있다.

그림 6-23과 같이 외관상을 중시하는 것, 물성(강도·내열 등 플라스틱 본래의 물성적 특징을 살린다)을 중시하는 것, 칫수 정밀도를 최우선으로 하는 것 등으로 생각할 수 있다. 이러한 것은 일반적인 생각이고 외관상을 중시하는 것은 잡화품 계통이며, 물성과 칫수 정밀도를 요구하는 것이 공업 부품 계통이다.

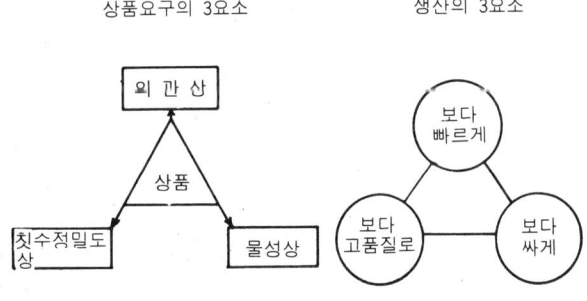

그림 6-23 상품요구와 생산의 3요소

성형 조건을 선정하기 이전에 이러한 요구 조건을 파악할 필요가 있다. 결국 이 요구 조건에 의해, 성형 조건의 구성 방법도 달라지는 중요한 요인이 된다.

12-2-2 성형 기본 방식

일반적으로 성형 조건이라고 하는 것으로, 작업자가 직접 조작할 수 있는 것은 매우 적다. 성형 조건이란 기본적으로 「온도」, 「압력」, 「시간」을 나타내며 이것을 성형 조건의 3요소라고 부른다. 실제 조작에서는 시간을 세분화하고, 거기에 양을 첨가한 온도·압력·시간·속도·양(스트로크)으로 된다.

온도→성형 재료·금형·기름·건조·어닐린 등
압력→사출, 유지, 형체력, 배압, 회전, 돌출, 형개 등
시간→사출, 유지, 냉각, 중간, 계량, 건조, 어닐린 등
속도→사출, 회전, 형체, 형개, 돌출 등

양→계량, 예비 후퇴, 노즐 반복, 돌출, 형개 등

이러한 것은 상호 연관이 있어, 단순히 "이와 같이 설정하면 된다"라고 할 수는 없다. 그러나, 플라스틱 특성이나 성형 기본 원리, 및 용도특성 등에 의해, 다음의 두가지를 기본 방식으로 생각해 본다. 「온도」란 재료 온도(가열 실린더)를 말하며 「압력」이란 사출 압력을 말한다.

A방식 : 고온 저압식→유동성 양호·외관상→양호→치수 정밀도상 불량→사이클 빠름→(강도적으로 약하다)→(저점도·양열(良熱)안정성 플라스틱용)→잡화품 계통에 적합하다.

B방식 : 저온 고압식→유동성 불량→외관상 불량→칫수 정밀도상 양호→사이클 느림→(강도적으로 약하다)→고점도, 나쁜열 안정성 플라스틱용→공업 부품 계통에 적합하다.

성형이란「가장 유동성 있는 상태에서 가소화된 플라스틱을 재빨리 금형 내에 사출하여, 필요량 만큼 압축실을 한 뒤 냉각하여 꺼낸다」는 것이지만, 이 근본이 되는 것은 유동성으로 좁혀진다. 유동성을 늘리기 위해서는 용융 플라스틱의 온도를 조금 높여 점도를 저하시킨다. 이 상태로 하면 당연히 사출 압력은 내려가 좋은 상태로 된다. 그러나, 플라스틱 특성에서 보면 온도가 충분히 올릴 수 있는 것도, 올리면 분해할 염려가 있는 것이 있고, 또한 온도 변화에 대한 점도 변화가 심한 것도, 차이가 적은 것도 있다. 따라서 온도와 점도의 플라스틱 특성에서 고려하여 성형하기 위해서는 A방식과 B방식 두 가지가 있다.

A방식에서는 형체력·배압·금형 온도는 낮고, 또 회전 속도·사출 속도는 빠르게 할 수 있다. B방식은 이 반대로 된다.

다음에 제품 요구의 3요인으로 구분하여 생각하면, 우선 외관상의 문제이지만, 이것은 일반적으로 성형 온도가 높을 수록 외관 불량 요인이 적고 또 표면광택도 좋다. 물론 배압이나 금형 온도도 영향을 미치지만, 이것은 성형 온도에 의해 좌우되는 이차적인 설정 조건이다. 따라서 A방식 쪽이 우수하다.

물성상에 관해서는 변형이나 잔류 응력 중에서도 높은 사출 압력은 가장 물성에 악영향을 미친다. 압력변형은 과도한 사출 압력에 기인하는 경우가 많다. 이와 같은 것에서 보면 사출 압력은 낮은 편이 바람직하다. 또 냉각 수축변형·분자 배향(配向) 변형의 경우 해결법으로서의 결론은, 고속도 사출이 가장 합리적이다. 이 고속도 사출을 하는 데도 역시 성형 온도가 높아질 수 있고, 또한 고속 사출로 인해 분해할 염려가 없는 플라스틱 또 점도적으로 부드러운 것일수록 유리하다. 그러므로 A방식 쪽이 우수하다. B방식으로는 유동성이 나쁘므로, 이것을 조금이라도 증가시키기 위해 압력을 높여야 한다. 그러나, 이것도 역시 유동성이 나쁜 것이 많고, 이 때문에 보좌적(補佐的)인 의미에서 금형온도를 올려 주는 것이다. 금형 온도를 올리면 사이클은 길어지므로 저온→고온으로 서서히 올린다.

다음으로 칫수 정밀도 문제이지만, 성형 원칙에서 생각하면 칫수 정밀도를 늘리려면 충전량을 많게 함과 동시에 고압으로 장시간 압축하여 보충한다. 즉 과충전 경향으로 체적 수축의 영향을 최대한 줄이는 데에 있다. 따라서 금형 온도(재료 온도와의 차가 적은 만큼 수축은 적다)와의 관계로 인해 B방식이 우수하다.

사이클은 재료 온도는 높지만 금형 온도가 낮고 또 고속 사출의 이점을 살린 A방식이 결과적으로 빠르다.

이와 같은 것을 총합적으로 판단하면, A방식의 고온 저압법으로 가능성 있는 플라스틱은 대체로 저점도(低粘度) 열안정성이 좋은 플라스틱 그룹의 성형에 적당하고, B방식은 반대의 플라스틱 그룹에 적합한 것이라고 생각할 수 있다. 따라서 응용면을 생각하더라도, A방식은 칫수 정밀도가 요구되지 않는 잡화품 계통에, B방식은 공업 부품 계통에 적합하다. 한편, 반대로 생각하면 A방식은 강도적으로 강한 성형품을 얻을 수 있고, B방식은 같은 플라스틱을 사용한 경우에도 강도는 저하한다. 그러나 칫수 정밀도상은 우수하다. 이것은, A방식 성형법을 적용하면 잡화품에는 "원래 강도적으로 약한 플라스틱을 사용할 수 있다"는 것이다. 한편, 공업 부품은 치수 정밀도를 제일 조건으로 생각하면, 성형법(B방식)에서는 반대로 강도는 저하해 버린다. 이 때문에 성형법에 따라 강도가 저하하더라도 역시 사용 (고물성(高物性))에 견딜 수 있도록 본래 강도적으로 강한 플라스틱을 사용한다. 이것은 실제의 성형품과 사용 플라스틱을 검토하면 분명하다. 또 플라스틱 선정에 있어서 하나의 기준으로도 된다. 이러한 성형법에 의해 성형품의 디자인·금형 설계·성형기의 선택 등에 있어서 주의점 등을 파악할 수 있다고 생각한다.

이상이 성형의 기본 방식이지만 이것은 어디까지나 표준적인 성형품이 전제 조건이고, 형상이나 살두께 및 사용 플라스틱·제품 요구 정도에 따라 다소의 차이가 있는 것은 당연하다.

그러나 이러한 것을 이해하는 것이 성형 조건 설정의 제일보이다.

12-3 주요 항목별 성형 조건의 설정

스크류식 사출 기구의 가소화 용융이론과 본문중에서 지금까지 서술해 온것에서 실제로 성형 조건을 설정하여 항목별로 간추려 보자. 이것은 어디까지나 상호 관계상에서 성립되는 것으로, 단독으로 끄집어 내는 것은 약간 무리라고 생각되지만 각 설정 항목의 기본적인 사고(思考)를 이해하는 것이 필요하다.

12-3-1 가열 실린더 온도의 설정

가열 실린더 온도는 노즐과 전부(前部)·중간부(中間部)·후부(後部)로 크게 분류 할 수

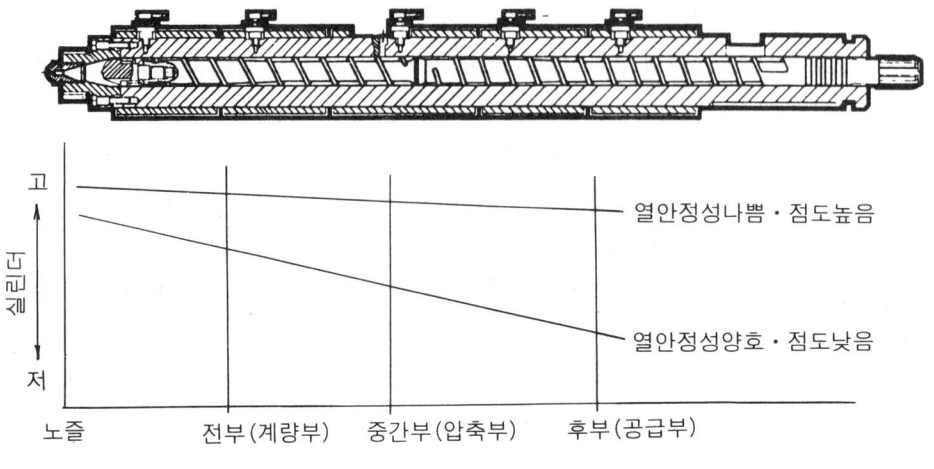

그림 6-24 실린더 온도구배의 원칙예

있다. 노즐은 사이클이나 다른 재료 온도 및 노즐터치 성형이냐 자동 반복이냐에 따라 결정된다. 따라서 직접 가소화하고는 관계가 없다. 전부(前部)보다 높게 되느냐 낮게 되느냐는 전기(前記) 조건에 따라 결정되지만, 일반적으로는 열안정성이 좋고, 용융점도가 낮은 플라스틱의 경우는 낮게, 고점도 플라스틱의 경우는 높게한다.

후부 온도는 스크류 공급부를 담당하고, 플라스틱의 연화·반용융을 시키는 역활을 한다. 설정이 너무 높으면 마찰이 없어 지고 침투가 나빠진다. 그러므로 가장 저온으로 한다. 그러나 필요한 때에 즉시 공급할 수 있도록 히터의 용량은 가장 강한 것을 사용하는 것이 보통이다. 중간부(中間部)는 압력부에 해당하지만, 기계적인 전단 작용으로 인해 발열하기 때문에는 가소화에서 가장 중요한 부분임에도 불구하고, 중간정도의 온도로도 충분하다. 전부 온도는 계량부를 담당하고 있지만, 여기서는 가소화보다 혼련과 균일화가 목적이고, 내부 발열량도 적은 것 및 보온의 의미에서 가장 고온이 된다.

온도 구배는 이와 같지만, 이 구배의 정도도 플라스틱에 따라 다르고 최대 40~50℃까지 올릴 수 있다. 일반적으로 그림 6-24와 같다. 이 차이는 열안정성이 나쁜 플라스틱은 온도차가 좁고 큰 차이가 나지 않기 때문이다.

한편, 점도-온도 특성과의 문제도 있다. 본래 성형 온도를 높이는 것은「가장 유동성 있는 상태」, 즉 점도를 저하시키는 것이 목적이다. 그러나 무엇이든 높게 설정하면 된다는 뜻은 아니며, 성형 온도를 높이고 점도를 낮추는 비율(온도 효율·온도 의존성)에 따라 다르다. 또 효율(사이클)도 고려해야 한다.

그림 6-25와 같이 그룹화 할 수 있지만, 점도-온도 특성의 설명과 온도 설정(주로 전부(前部))의 표준은 다음과 같이 생각할 수 있다.

A : 일반적인 경향으로, 온도 의존성은 높다고는 할 수 없다. 따라서 온도 설정은 사출 압력

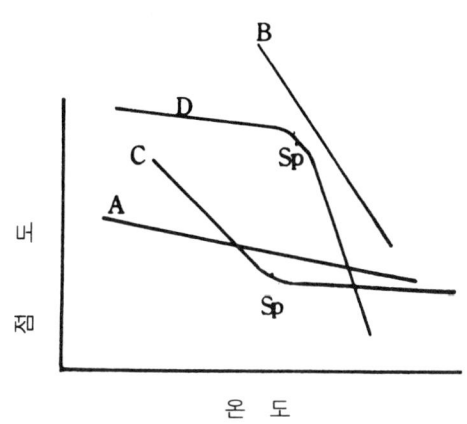

A : PS、PE、SAN、EVA 등
B : PC、경PVC、PMMA、PPO 등
C : POM、ABS 등
D : PA、PP 등

그림 6-25 점도-온도의 비교경향 그림

과의 관계를 고려하여, 가능한 한 조금 낮은 편이 효과적이다.

B : 온도 의존성이 높아 온도를 높이는 것에 따라 점도가 급격하게 저하하므로, 이 그룹은 가능한 한 조금 높은 쪽이 좋다.

C : 어느 온도(SP)까지는 점도가 저하하지만, SP점 보다 온도를 조금 높여도 점도가 낮아지는 비율은 극히 적고 오히려 열열화(熱劣化)된다. 따라서 SP점 부근이 바람직한 온도이다.

D : C와는 반대로 SP점까지는 점도가 저하하기 어렵지만, SP점을 지나면 급격하게 점도가 저하한다. 따라서 SP점을 지난 온도가 효과적이다.

A : PS, PE, SAN, EVA 등
B : PC, 경질PVC, PMMA, PPO 등
C : POM, ABS 등
D : PA, PP 등

12-3-2 사출 압력의 설정

사출 압력은 가장 유동하기 쉬운 상태로 용융한 플라스틱에「유동」을 발생시키기 위한 것이다. 이 흐름과 압력과의 관계에 있어서, 압력에 대해 민감한 플라스틱과 둔감한 플라스틱이 있고, 이것은 그림 6-26에 나타낸다. 이 그림에 의하면, 대체로 고점도 플라스틱은 저점도 플라스틱 보다 고압을 필요로 한다(압력 효율·압력 의존성).

또 높은 고칫수 정밀도를 요구하는 경우는 밀도를 높이기 위해 고압을 필요로 한다. 그러나 물성(주로 기계적 강도)을 목표로 할때는, 압력과 충전 변형을 발생시키기 쉬우므로, 고압을 피하는 것이 일반적이다.

12-3-3 금형 온도의 설정

금형 온도는 성형 온도와 사출 압력관계와의 조정적인 역할을 다한다. 게다가 결정성 플

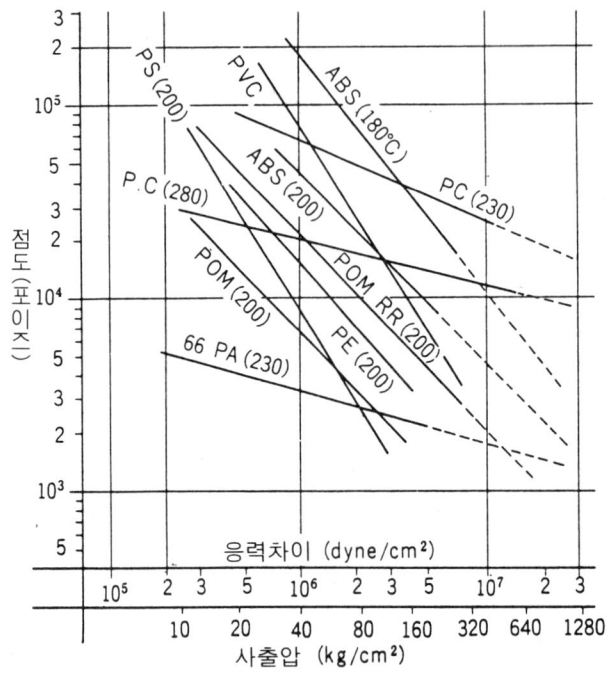

그림 6-26 각종 플라스틱의 외관
점도와 가압력과의 관계

라스틱의 경우는, 결정화도(結晶化度)와 결정의 대소(大小)도 결정한다.

일반적으로 유동성에서 생각하면, 고점도 플라스틱은 저점도 플라스틱 보다 조금 높은 온도가 된다. 바꿔 말하면, 온도 및 압력 의존성이 높은 플라스틱은 역시 금형 온도도 높게 한다.

비결정성 플라스틱에 있어서는 열변형 온도보다 10℃ 정도 낮은 것이 이상적이다. 결정성 플라스틱의 경우는 서서히 냉각하는 쪽이 결정은 크고 강성은 증가하지만, 내충격 강도는 떨어진다. 또 결정성 플라스틱은 비결정성 플라스틱보다 방열성(放熱性)이 많으므로 다량의 순환수(循環水)가 필요하다.

그러나, 품질과 생산성의 균형을 취하는 것이 가장 중요하다. 물론 설정은 조금 낮게하는 것이 효과적이다. 금형 온도가 낮으면 수축량의 불균형 배향이 크고, 변형이 발생하기 쉽고 광택도 뒤떨어진다.

12-3-4 사출 속도의 설정

사출 속도는 용융 플라스틱이 유동 할 때에 「속도」를 조정하는 역할을 한다. 본래 성형 원리면에서 생각하면 "가장 신속한 충전"이 이상적이므로, 다른 지장을 초래하지 않는 범위내에서 빠를수록 좋다. 빠르게 사출하는 효과는 외관상·칫수 정밀도 및 물성상에 모두 좋은 결과를 기대할 수 있다.

이와같이 빨리 사출하는(실제적으로는 사출 능률이 문제이지만) 것을 「고속도 사출」이라 부른다.

이 이점을 정리해 보면 다음과 같다.
① 냉각에 따른 압력 저하가 적다(사출 압력을 낮출 수 있다).
② 성형품의 각 부분은 똑같은 압력과 온도 분포가 되어, 밀도가 균일한 성형품을 얻을 수 있다(수축이 없어지고 칫수 정밀도가 생긴다).
③ 게이트 주위에 압축이나 과잉 충전이 없어진다(압력과 충전변형의 감소).
④ 분자 배향에 의해 변형을 최소로 줄일 수 있다(각종 배향변형 감소).
⑤ 플라스틱 용융 온도가 낮아도 좋고, 또 비교적 낮은 금형 온도에서 성형할 수 있다.
⑥ 금형내의 냉각 속도가 빨라지고 사이클을 단축 할 수 있다.

고속도사출은 기본 목표이지만, 이 과정에 있어서 스크류와 가열 실린더, 노즐부, 금형내 (게이트부, 가스탄화) 등에서 마찰열에 따라 변색이나 분해되지 않는 것이 필요하다. 이 때문에 표준 성형에서는 열안정성이 좋고 용융점도가 낮은 플라스틱은 빠르게 사출할 수 있고, 반대 그룹은 서속으로 하지 않으면 잇을 수 없는 것이 보통이다.

12-3-5 사출 시간의 설정

사출 시간을 분석하면 그림 6-27과 같이 충전시간, 보압(保壓) 실, 냉각 시간으로 나눌 수 있다.

충전 시간은 사출 속도이고, 3-4에서 서술했던 것같이 변색이나 분해를 하지 않은 범위 내에서 가능한 한 빨리 A점에 도달시키는 것이 효과적이다. 보압 시간은 게이트실 시간이기

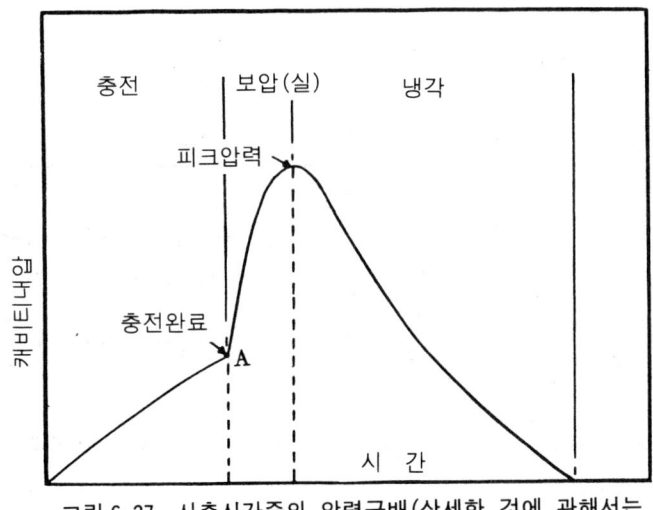

그림 6-27 사출시간중의 압력구배(상세한 것에 관해서는 Ⅱ권 2장을 참조할 것)

도 하고, 직접적으로는 게이트 단면적의 대소에 의한다. 이러한 것은 성형품의 디자인이나 상품 요구와 밀접한 관계가 있다.

게이트에 관한 상세한 것은「금형」에서 서술했기 때문에 생략하지만, 아무리 작은 게이트라도 반드시 실(Seal)시간은 있다. 이 실(Seal)이란, 게이트가 고화하지 않는 동안에 사출 압력을 제거하면 캐비티보다 게이트를 통해 노즐쪽에 백플로우를 일으켜 외관상이나 칫수정밀도상 지장을 초래한다. 이 때문 게이트가 식을 때까지 반드시 사출 압력을 가할 필요가 있다.

한편, 성형 수축이나 냉각 속도차로 인한 싱크마크·보이드 등에 대한 대책상 "보충" 할 필요성도 나온다. 이 경우는, 게이트가 고화되지 않도록 큰 게이트로 하는 것은 물론, 적극적으로 보충 충전시키기 위해 높은 사출 압력과 긴 보압 시간(충전 직후에는 아직 수축하지 않기 때문에)을 필요로 한다.

이 충전 시간과 실 시간의 합계가 사출 시간이며 물론 짧은 편이 좋다.

결정성을 가진 성형 재료와 그렇지 않은 성형 재료의 차이에도 주의할 필요가 있다. 그림 6-28에 나타 내듯이, 비결정성 폴리스티렌은 완만한 곡선을 그리는 것에 비해, 결정성 폴리에티렌은 도중에(Tm점 : 융점)급격한 압력 저하를 나타낸다. 이것은 냉각이 시작되기 전에 체적수축을 일으키는 것을 표시하는 것으로, 보압으로 전환하기 전에 체적 수축에 균형을 맞출 만큼의 재료를 캐비티에 넣지 않으면 싱크마크를 발생시키게 된다.

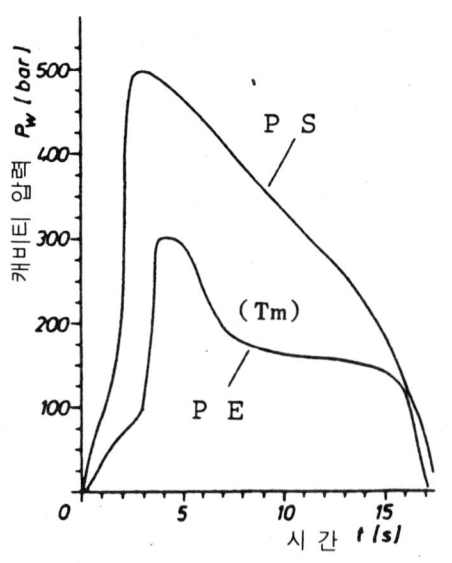

그림 6-28 부분결정성(PE)와 무정형(PS)의 캐비티 압력곡선

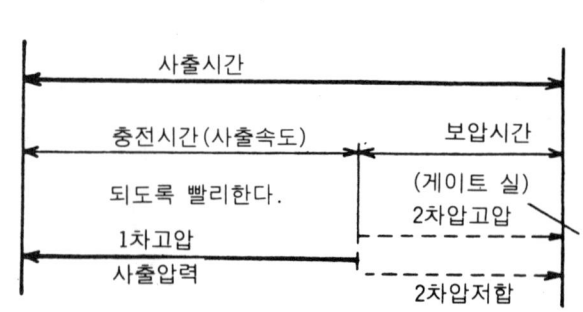

그림 6-29 사출시간분석과 게이트와의 관계

12-3-6 냉각 시간의 설정

냉각 시간이란 성형품의 형내(型內)에서 열변형 온도 이하로 냉각 고화되는 데 필요한 시간이다.

게이트실 후 냉각과 수축 때문에 압력은 서서히 계속 저하되고 용융 재료의 온도가 열변형 온도 이하로 되어 고화해서 형개할 때까지 계속된다. 이상적(理想的)으로는 캐비티내의 잔류 압력이 0이 될때까지 계속 강하하면 좋지만, 실제는 어느 정도의 잔류 압력이 남는다. 압력이 너무 높으면 잔류 응력이 강해지고, 이형시(離型時)에 깨어지거나 이형 불량이 발생한다.

냉각 시간은 성형품의 살두께, 온도 전도율(열의 확산률), 실린더 온도(사출시 용융 재료의 온도), 열변형 온도, 금형 온도에 따라 정해진다. 냉각 시간을 금형내로 사출했던 용융 재료의 세트업(set up) 시간에 합치시키면 냉각 시간을 줄이고 사이클을 단축할 수 있다.

12-3-7 계량 시간의 설정

계량 시간은 주로 스크류 회전수와 배압에 의하여 필연적으로 결정된다. 스크류 회전수는 열분해되지 않는 범위내에서 빠른 편이 좋다. 따라서 스크류 회전수가 우선으로 결정된다. 다음이 배압이지만, 3-9에서 서술하는 이유에 따라 제품 광택, 균질성(均質性), 수분, 가스 제거에는 배압이 높을수록 좋다. 그러나 너무 높으면 계량 시간이 길어진다.

그러나 계량 시간은 냉각 공정과 중복되고 냉각 공정이 완료되지 않는 한 계량 시간이 빨라도 사이클 향상에의 효과는 변하지 않는다. 오히려 스크류를 정지 상태로 두면, 실린더내의 열적(熱的) 상태가 변화해서 분해(실린더 내벽부(內壁部)) 할 가능성이 있다. 회전하는 동안은 분해하지 않는다.

따라서 계량 시간은 냉각 시간이내라면 길어도 괜찮다. 결국 배압은 사이클에 영향을 주지 않는 범위내에서 높을수록 좋다고 생각한다. 물론 과도한 배압으로 인해 변색, 분해, 사이클 저하가 있어서는 안된다. 사이클(냉각)에 영향이 있으면, 건조하는 편이 고능률적이다. 이것이 건조의 하나의 의의(意義)가 된다.

12-3-8 스크류 회전수의 설정

스크류 회전수란, 스크류에 의한 전단(剪斷) 작용의 전단 속도이다. 전단 속도가 빠를수록 전단 작용으로 인해 기계적인 내부 에너지(전단열)가 많아진다. 따라서 성형 가공에서는 고속회전이 바람직하다.

그러나, 전단 속도가 너무 빨라 전단열이 너무 많으면, 열안정성이 나쁜 플라스틱은 탄화하거나 분해를 일으킨다. 따라서 스크류 회전수는 분해되지 않을 정도의 속도로 하는 것이 설정 조건이다. 열안정성이 좋은 저점도 플라스틱은 빠르게, 열안정성이 나쁜 고점도 플라스틱은 느리게 하는 것이 보통이다. 너무 빠르면 차지시 마찰이 감소하여 가소화 능력이 떨어지므로 주의한다. 보통으로는 조금 늦게 시작하여 변색되면 점점 되돌아 온다.

12-3-9 스크류 배압의 설정

배압은 스크류 후퇴에 대한 저항으로서 작용된다. 이 목적은 용융 재료에 적당한 온도의 전단 작용을 가하여 가소화하도록, 스크류 후퇴 속도를 규제함과 동시에 혼련을 좋게하고, 들어온 공기나 휘발 가스를 호퍼측으로 보내게 하기 위해서이다. 따라서 배압의 적정치(適正値)는 플라스틱 종류, 가소화 온도, 스크류 회전수 등에 의해 변하기 때문에, 넓은 범위에 걸쳐서 조정 가능한 것이 바람직하다.

기계적으로는 배압을 충분히 사용하는 것에 따라 플라스틱의 흡습 수분을 제거할 수 있지만, 흡습량이 많은 플라스틱이나 소량의 수분으로 가수분해를 일으키는 것(폴리카보네이트, 폴리에티렌테레프탈레이트)은, 사이클의 관계에서 예비 건조를 하는 것이 효율이 높다.

12-3-10 성형 조건과 사이클 업(cycle up)

사이클업의 요인은, 성형품 설계~성형 조건까지 폭넓은 요소가 복잡하게 서로 얽혀 있으므로, 성형 조건만으로 목적을 달성하는 것은 한정되어 있다. 그러나, 여기서는 성형 조건의 구성에 있어서 사이클 향상 순서를 설명한다.

성형 조건 가운데 가장 시간을 소비하는 것은 냉각 시간과 사출 시간인 것은 당연하다. 이 두가지를 단축시키는 것이, 사이클업이며, 효과적으로 기대하는 부분이다. 하지만 이 최단 냉각및 사출 시간의 설정 순서 예를 나타낸다.

① 우선 데이터 경험상과 본장(本章)에서 서술해 온 이론적인 사항, 그림 7-9 등을 가미하여 가장 바람직하다고 생각되는 성형 조건을 세트한다. 물론, 상품요구에 만족하는 성형품이 가능할 것.

② 다음에 사출 시간의 단축에 초점을 둔다. 이 경우 전체의 열적(熱的) 균형을 유지하기 위해, 사출 타이머를 짧게 한 분량만 냉각 시간을 늘리고, 그 밖의 조건은 일단 일정하게 한다. 사출 타이머는 2~3쇼트로 각각 서서히 짧게 해서 그 때의 상태를 본다. 보통은 싱크마크가 두드러지지만, 이와 같은 상태가 된다면 사출 압력의 상승이나 금형온도 조절, 실린더 온도를 조정해서 상품 요구의 한계까지 단축한다.

③ 다음은 냉각 시간의 단축이다. 이 경우는, 전사이클의 변경이 되므로 충분한 간격을 두어 천천히 단축해 간다. 일반적으로는 2sec, 20쇼트가 1스텝이다. 이때 냉각 시간에 큰 영향을 주는 금형온도 조절도 동시에 실시한다.

④ 트러블이 발생하면 냉각 타이머는 그대로 두고 다른 요소(단 사출 타이머는 고정)를 동시에 변경해 본다.

⑤ 문제점이 해소되었으면 계속 단계를 진행시켜 간다. 다시 한번 문제가 발생한 경우는 1단계 후진시켜 해소해 간다. 이 ④ ⑤를 반복하여 최종 조건을 결정한다.

(a) 향상하는 것 : 칫수 정밀도, 형상 안정(변형 방지), 외관(싱크마크)등
(b) 저하하는 것 : 강도(특히 열열화가 되기 쉬운 플라스틱의 물성)은 대체로 저하한다.

성형 작업은 전에도 서술했듯이 "초단위(秒單位)"의 일이다. 1초를 단축하는 이익을 연간 계산하면 수백만원이 넘는다. 다시 한번 1초의 가치를 확인하고, 평소 작업에 있어서 쓸데없는 낭비를 없애도록 연구하기 바란다. 또 성형기 자체의 기계적 조정에 의한 사이클업도 동시에 고려해야 한다.

13. 성형 조건의 총정리

지금까지 성형 조건에 관해 여러 가지 문제를 생각해 보았지만, 이것의 총정리로써 다음과 같이 정리한다.

- ☐ 성형 재료 온도 — 점도·온도 특성에 의한 가장 효율이 좋은 온도 범위
- ☐ 사출 압력 — 점도·압력 특성·상품 요구 특성·외관·칫수에 의한 변화.
- ☐ 사출 속도 — 다른 것에 영향을 주지 않는 범위내에서 최고 속도·형상·살두께에 의해 여러단계로 제어하는 것.
- ☐ 보압 시간 — 게이트의 실에 필요한 최단(最短) 시간으로 2차압으로 전환, 필요에 의해 다단제어.
- ☐ 스크류 회전수·배압 — 성형 재료의 분해·변색이 발생하지 않는 범위내에서 최고 속도로 한다. 성형 사이클에 영향을 주지 않는 범위내에서 최고 압력으로 설정.
- ☐ 스크류 토크 — 성형 재료의 점도에 맞춰 고저(高低) 전환
- ☐ 스크류 쿠션 — 반드시 몇 mm 남긴다(2~3mm).
- ☐ 형체력 — 플래시가 발생하지 않도록 하되 필요 이상으로 높이지 않는다.
- ☐ 형개폐 속도 — 성형기·금형·성형품에 영향이 가지 않도록 한 최고 속도.
- ☐ 형개 압력 — 성형품의 깊이·타이바·성형 재료에 따라 다르다. 이형(離型)에 영향이 가지 않는 범위에서 약간 높게한다.
- ☐ 냉각 시간 — 최대 살두께부로 규제되지만 정밀도 요구가 높은 만큼 길게 한다. 그렇지 않으면 최소 한도까지 빠르게 한다.
- ☐ 성형품의 돌출 — 냉각 시간에 제한되지만, 성형품이 파손되지 않고 깨끗하게 낙하하는 범위내에서 짧게, 스트로크는 최소로, 속도는 최대로 한다.
- ☐ 금형 온도 — 성형 재료, 성형 사이클, 상품의 요구 특성에 맞추어 최적 온도로 한다. 건조, 어닐린 건조는 재료 메이커의 지정에 따라서 반드시 실시한다. 어닐린은 그 재료의 열변형 온도의 10내지 15℃ 이하의 온도로 한다.

□ 예비 후퇴 스트로크－다음 회 사출까지, 노즐랜드에 용융 재료가 올 것.

□ 노즐 왕복 스트로크－필요 최소한으로 한다.

이상으로 사출 성형 기술에서 기초적이고 종합적인 정리를 마친다.

사출 성형 기술은 아직도 깊고, 그리고 넓은 범위의 연구를 하지 않으면, 종합적으로 연구했다고 할 수 없다. 그렇지만, 그 범위는 너무 깊고 끝이 없다. 본「사출 성형 기술의 종합편」은 혼자서 기초적으로 그리고 어느 정도의 응용을 공부하기에 적당한 범위와 응용으로 정리했다.

본서를 충분히 이해하고 더욱 더 깊이 들어가서 공부할 의욕을 가지신 분은「사출 성형 기술의 II 권/사출 성형 재료의 특성과 성형 조건」을 공부하길 바란다. 여기에서는 좋은 성형품을 얻기 위한, 보다 상세한 성형 기술이 설명되어 있다.

제7장

금 형

1. 금형의 기본 구조

금형은 구조나 사용 목적에 따라서 여러 가지의 분류 방법이 있지만, 일반적으로 다음과 같이 분류한다.

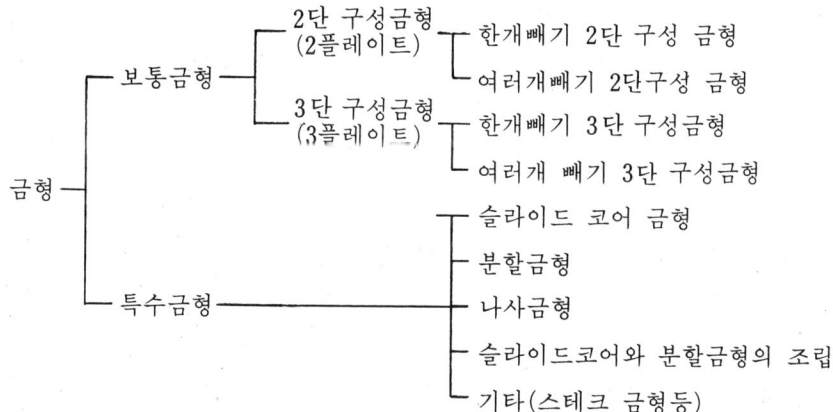

그림 7-1①~④에, 기본 7형식의 구조와 명칭을 나타낸다.

1-1 기본 구조에 의한 장단점

1-1-1 2단 구성 금형(2플레이트 금형)

스프루·런너·게이트가 캐비티(성형품이 되는 빈 공간을 말한다)와 동일면(同一面)에 있는 금형을 말한다. 파팅라인에 의해 고정측(메스형·케비티형이라고도 한다)과 이동측(오스형·코어형이라고도 한다)으로 분리되는 가장 일반적인 구조이다.

① 구조가 간단해서 취급하기가 쉬우며, 자동 낙하 성형에 적당하다.
② 고장 요인이 적고 내구성이 뛰어나며, 성형 사이클을 빠르게 할 수 있다.
③ 금형 가격이 싸다.
④ 게이트의 형상 및 위치를 비교적 임의로 결정할 수 있다.

⑤ 다이렉트게이트 이외는 특별한 공작(工作)을 하지 않는한, 게이트 위치는 성형품의 가장자리로 한정된다.

⑥ 성형품과 게이트는 성형후에 절단해야 한다(서브머린 (submarine) 게이트는 제외).

그림 7-1①②에 2단(2플레이트) 구성 금형을 나타낸다.

1-1-2 3단 구성 금형(3플레이트 금형)

고정형과 이동형 사이에 1장의 플레이트를 가지고 있고, 이 플레이트(런너플레이트라고 한다)와 고정형 사이에 런너가 있다. 다시 이동형과의 사이에 캐비티가 있도록 구성된 금형을 말한다. 이 방식을 채용하는 이유는 다음과 같은 것을 생각할 수 있다.

① 1개빼기 금형이라도 외관상, 게이트 처리 생략을 위해, 한 개 또는 다수의 핀게이트로 사출하고자 할 때

② 여러개빼기로 각 성형품의 가장자리부분 이외(일반적으로 중앙)에서 핀게이트로 사출하고자 할 때

③ 1개 또는 여러개빼기 사이드게이트를 채용하는 경우, 균형을 생각해서 런너를 다른 런너플레이트에 배치하고자 할 때

이들 3단(3플레이트) 구성 금형의 장·단점은

① 게이트의 위치를 성형품의 임의의 위치(중앙·중심·두꺼운 부분)에 둘수 있으므로, 성형상 이상적인 게이트 위치를 설정할 수 있다.

② 핀포인트게이트를 채용할 수 있다.

③ 핀포인트게이트를 채용하면, 게이트 절단에 일손을 필요로 하지 않는다.

④ 성형품과 스프루·런너·게이트를 각각 취출할 필요가 있다.

⑤ 형개 스트로크가 큰 성형기가 필요하다.

⑥ 구조가 복잡하여 고장 요인이 증가해서 내구성이 떨어진다.

⑦ 금형비가 비싸다.

⑧ 성형 사이클의 저하는 피할 수 없다.

그림 7-1-③④에 3단 구성 금형예를 나타낸다.

1-1-3 특수한 금형

이것의 대부분은 사출 성형기의 왕복운동을 이용해서, 기어나 핀에 의해 작동되지만, 유압 장치나 에어 장치를 금형내에 설치해야 하는 것도 있다. 하나하나의 설명은 후술(後述)하겠지만, 일반적으로 다음과 같이 언급할 수 있다.

① 사출 성형의 특징을 더욱 높이고 전용화(專用化)로 매치하면 효과가 크다.

② 성형 사이클이 늦어지는 경우가 많다.

③ 금형 가격이 비싸다.

1-2 각종 금형기본 구조 그림과 명칭

금형각부의 명칭

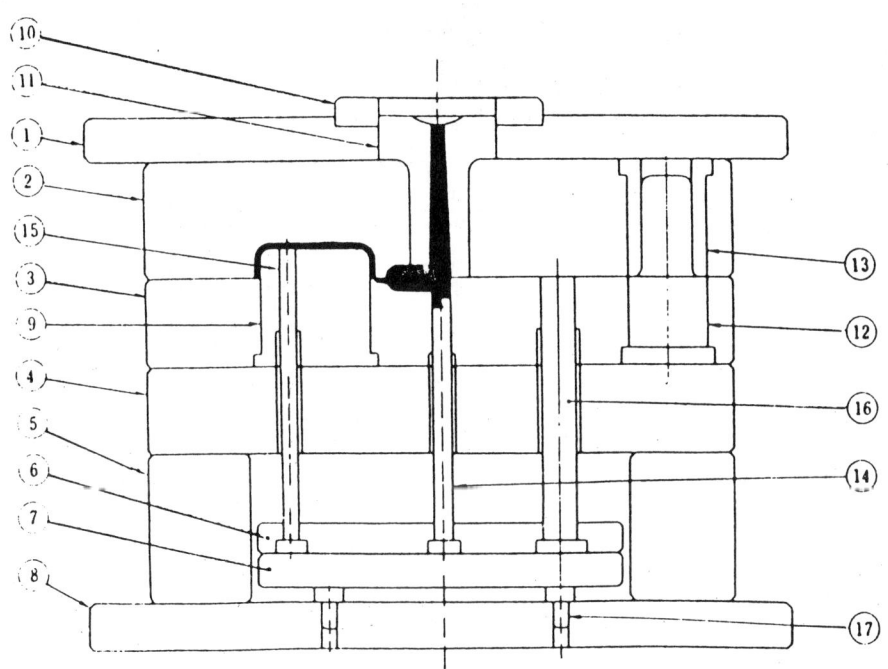

그림 7-1-① 기본 형태

※ 사이드게이트 형상 게이트의 단면은 단형(短形) 또는 .원이 정확하고
단면적인 0.025~0.25mm 길이(랜드)는 0.75~1.5
mm 정도가 좋다.

※ 둥근 핀 압출(押出) 중심돌출 구조

번호	명칭	규격	번호	명칭	규격	번호	명칭	규격
1	고정측 설치판		7	이젝터 플레이트하		13	가이드핀 부시	JIS B 5110
2	고정측형판	JIS B 5106	8	가동측 설치판		14	스프루 록핀	
3	가동측형판	JIS B 5106	9	코어		15	이젝터핀	JIS B 5108
4	받음판	JIS B 5106	10	로케트 링	JIS B 5111	16	리턴 핀	JIS B 5109
5	스페이서 볼록		11	스프루 부시	JIS B 5112	17	스톱핀	
6	이젝터 플레이트상		12	가이드 핀	JIS B 5107			

금형각부의 명칭

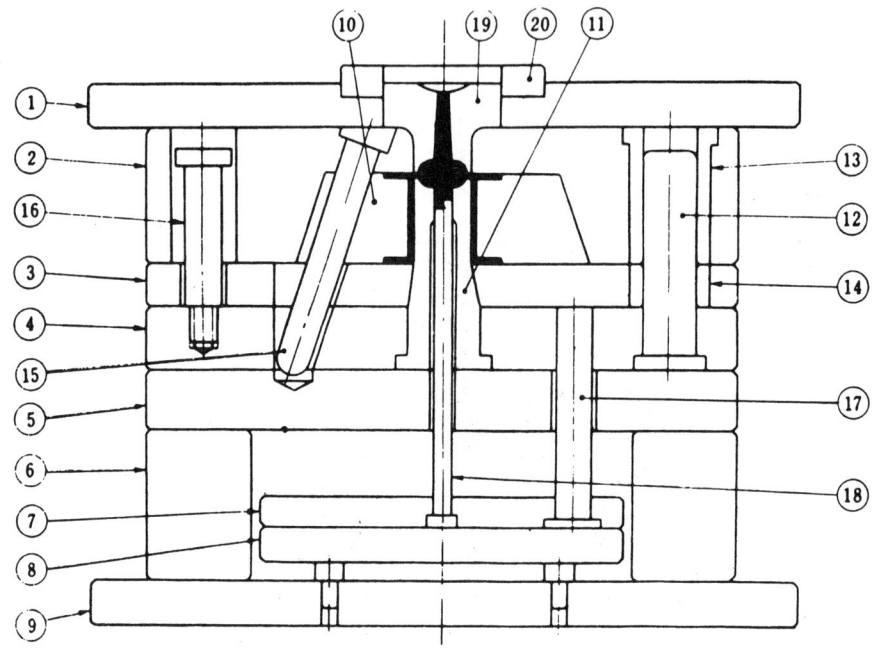

그림 7-1-② 분할금형 타입

※ 사이드게이트식 스트리퍼 돌출 두방향 분할 금형
※ 앵귤러 핀 경사핀
    분할금형의 캐비티블록을 두방향으로 형개방력을 이용해서 여는 핀이다.
※ 스톱볼트
    ③ 스트리퍼 플레이트는 성형시 돌출될 때의 제한 위치로, 이것이 없을 경우, 돌출시의 힘으로 튀어나와서 가이드핀에 의해 낙하해 버린다.

번호	명 칭	규 격	번호	명 칭	규 격	번호	명 칭	규 격
1	고정측 설치판		8	이젝터 플레이트하		15	앵귤러핀	
2	고정측형판	JIS B 5106	9	가동측 설치판		16	스톱 볼트	
3	스트리퍼 플레이트	JIS B 5106	10	분할형블록		17	리턴 핀	JIS B 5109
4	가동측형판	JIS B 5106	11	코어		18	스프루 록핀	
5	받음판	JIS B 5106	12	가이드 핀	JIS B 5107	19	스프루 부시	JIS B 5112
6	스페이서 볼록		13	가이드핀 부시	JIS B 5110	20	로케트 링	JIS B 5111
7	이젝터 플레이트상		14	가이드핀 부시	JIS B 5110			

1. 금형의 기본 구조

금형각부의 명칭

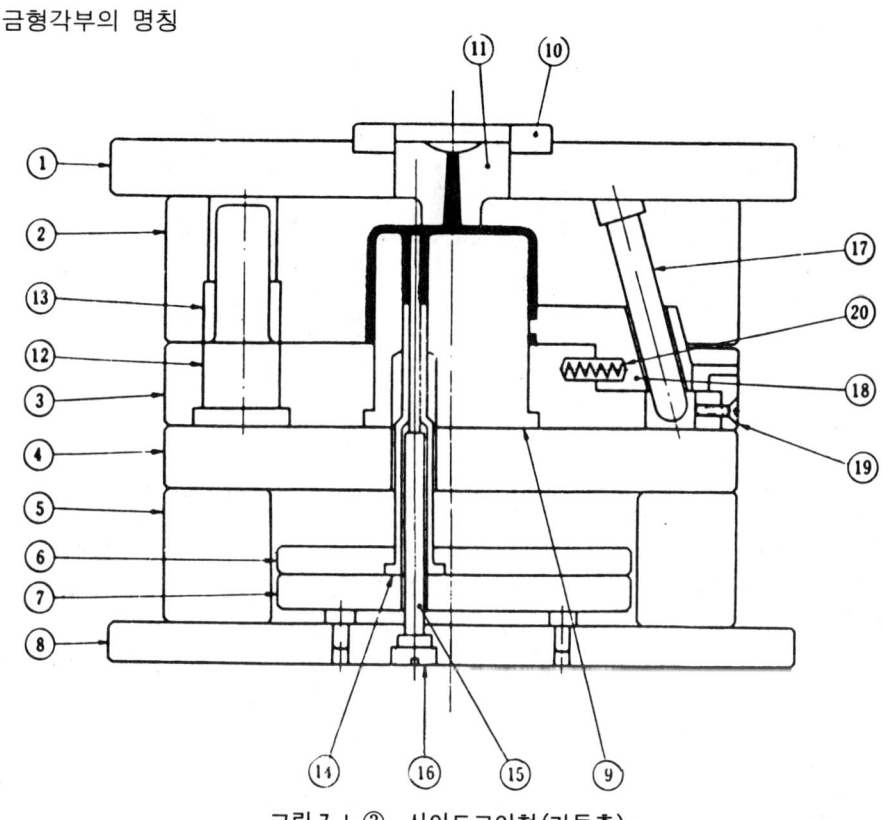

그림 7-1-③ 사이드코어형(가동측)

※ 스프루 게이트, 다이렉트게이트
※ 슬리브 돌출(Sleeve ejection) 및 블록 돌출
※ 사이드코어 : 형개방을 이용해서, 앵귤러 핀으로 성형품에 횡공(橫孔), 환(丸), 각(角) 등을 뚫는 장치이다.

번호	명 칭	규 격	번호	명 칭	규 격	번호	명 칭	규 격
1	고정측 설치판		8	가동측 설치판		15	코어핀	
2	고정측형판	JIS B 5106	9	코어		16	코정나사	
3	가동측형판	JIS B 5106	10	로케트 링	JIS B 5111	17	앵귤러핀	
4	받음판	JIS B 5106	11	스프루 부시	JIS B 5112	18	사이드코어	
5	스페이서 볼록		12	가이드 핀	JIS B 5107	19	스토퍼	
6	이젝터 플레이트상		13	가이드핀 부시	JIS B 5110	20	코일스프링	
7	이젝터 플레이트하		14	이젝터 슬리브				

금형각부의 명칭

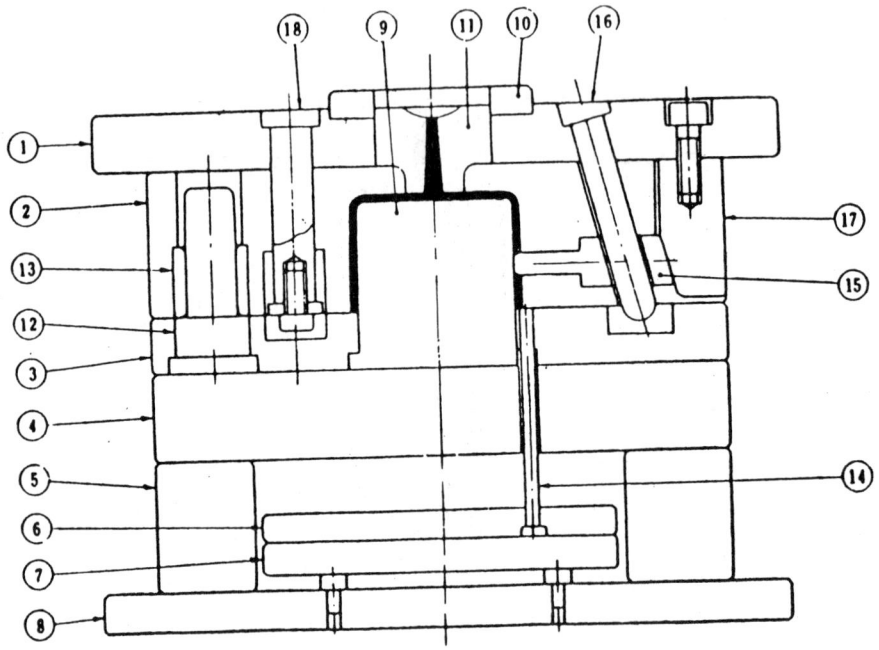

그림 7-1-④ 사이드코어형(고정측)

※ 3단 프레이트식, 다이렉트게이트, 둥근핀 가장자리 돌출
  고정측 사이드코어형
※ 로킹블록   사이드코어가 사출압으로 빠져 나가는 것을 형체력으로
              이용해서 구배로 받는다.
              캐비티 플레이트를 움직여 사이드코어를 소정량 슬라이
              드 시키는 (옆 구멍을 뚫기 위해) 제한 핀이다.

번호	명 칭	규 격	번호	명 칭	규 격	번호	명 칭	규 격
1	고정측 설치판		7	이젝터 플레이트하		13	가이드핀 부시	JIS B 5110
2	고정측형판	JIS B 5106	8	가동측 설치판		14	이젝터핀	JIS B 5108
3	가동측형판	JIS B 5106	9	코어		15	사이드코어	
4	받음판	JIS B 5106	10	로케트 링	JIS B 5111	15	앵귤러핀	
5	스페이서 블록		11	스프루 부시	JIS B 5112	17	록킹블록	
6	이젝터 플레이트상		12	가이드 핀	JIS B 5107	18	스톱 볼트	

④ 고장 또는 파손 되기 쉽다.
⑤ 수복(修複)에 시간과 비용이 많이 든다.
⑥ 부속 장치가 필요하다.
⑦ 세트업(set up) 시간이 길고, 또 취급이나 보수에 기술을 요한다.

그림 7-2에 금형예를 나타낸다.

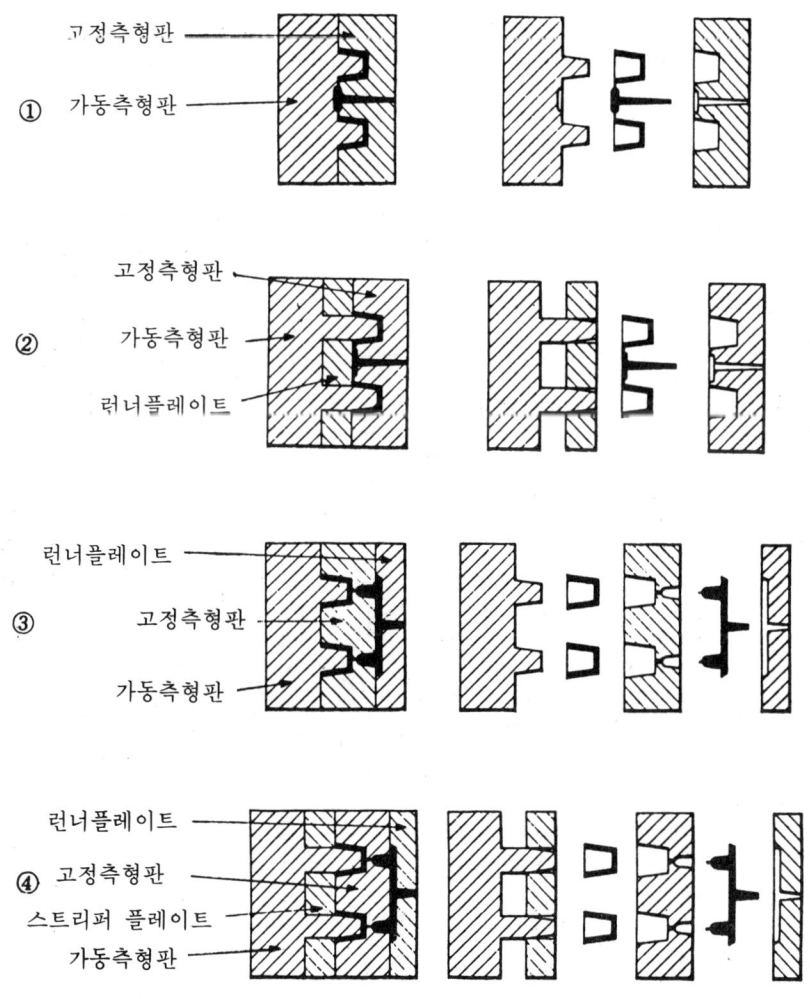

그림 7-2 금형의 기본적인 형으로 각각 닫혀있는 상태와 열려있는 상태를 가리킨다
①은 2플레이트 방식
②은 2플레이트의 스트리퍼 돌출 방식
③은 3플레이트 방식
④은 3플레이트의 스트리퍼 돌출 방식

2. 유동(流動)·주입(注入) 기구

2-1 스프루·런너·게이트시스템

성형기의 노즐에서 사출된 용융 플라스틱은 1개 빼기 금형에서는 스프루에서 직접 캐비티로 충전되지만, 여러개빼기 금형에서는, 스프루에서 갈라진 런너를 통해서 캐비티로 충전된다. 캐비티 입구는 좁게 되어 있으며 이것을 게이트라 한다.

금형내의 스프루 및 런너·게이트를 통과하는 사이의 마찰에 의해 압력은 저하하면서 금형의 캐비티를 충만시킨다. 또 용융된 플라스틱은 통과하는 런너 및 제한된 게이트의 마찰열에 의해 그 온도는 상승되면서 캐비티에 주입되어, 금형에 열을 전달하고 저하한다.

이들 스프루·런너·게이트에 공통되는 기본 요소는 노즐에서 사출된 용융플라스틱의 온도와 압력을 저하시키지 않고, 캐비티에 압입(壓入) 충전하는데 적당한 기구가 된다. 그 때문에 스프루·런너·게이트는 될 수 있는 한「굵고 짧게」해야 한다. 그러나, 성형기의 사출 용량·가소화 능력·성형품의 외관·마무리 칫수 정밀도·물성(物性)·사이클·원료 손실등을 생각해서, 금형 온도를 적정으로 유지하는 것을 조건으로「가늘고 짧게」하도록 항상 유의하는 것이 좋다. 또 모두 연마를 충분히 할 필요가 있다. 그림 7-3에 스프루·런너·게이트시스템의 입체예(立體例)를 나타낸다.

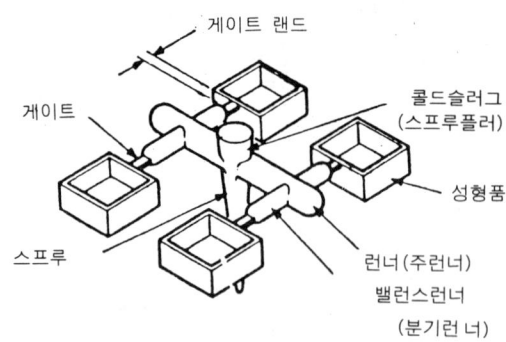

그림 7-3 스프루·런너·게이트 시스템

2-2 스프루 시스템

스프루는 금형의 입구부에 위치해, 가소화·용융 플라스틱을 런너(캐비티)에 보내는 역할을 한다. 일반적인 형상은 그림 7-4에 나타난 것처럼 외형은 부싱이 되고, 캐비티플레이트 또는 런너게이트에 조합 된다.

스프루 부시의 설계에서 중요한 것은,

① 스프루 부시의 R은, 노즐 선단 R보다 1mm정도 큰 것이 바람직하다.

② 작은지름은 노즐구멍지름보다 0.5~1mm 정도 크게 한다.

③ 길이는 될 수 있는 한 짧은 쪽이 바람직하다.

그 밖에 스프루 트러블 때에는 신주봉으로 돌출시키지만, 너무 세게 두드리면 스프루 부시 부분이나 내측 테이퍼 부분이 변형해, 이것이 언더커트(under cut)가 되어 점점 이형(離型)을 나쁘게 한다. 되도록 런너측에서 버너로 달구어진 나사못 등으로 무리가 가지 않게 뽑아내는 것이 바람직하다. 또 하나 중요한 것은, 스프루 내측 부분을 연마할 경우에는 긴 쪽 방향으로 연마하는 것을 잊지밀 것. 원주(円周) 방향이면 언더커드가 되고, 고무 탄싱이 적은 플라스틱에는 스프루 혼적이 발생한다.

그림 7-4에 JIS규격에 대한 칫수예를 나타낸다.

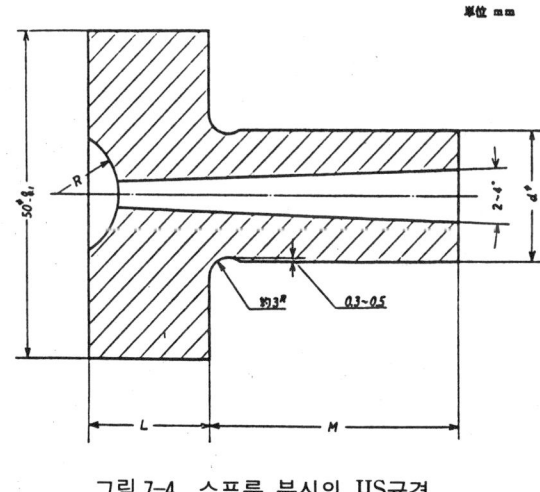

호칭치수	d	
	치 수	치수차
20	20	+0.013 / −0.008
25	25	+0.013 / −0.008
35	35	+0.015 / −0.010

비고 : M, L및 R는 사용자가 지정 한다.

그림 7-4 스프루 부시의 JIS규격

2-3 런너시스템과 단면형상

런너는 스프루와 캐비티를 연결하는 용융 플라스틱의 유로(流路)이고, 가능한 한 유동 저항이 적고 또한 잘 식지 않는 것이 좋다. 따라서, 런너는 될 수 있는 한 굵고, 그리고 단면 형상은 아주 둥근 것에 가까운 형상이 가장 좋다. 그러나, 굵게 하면 성형성은 용이하지만 런너의 양의 증가 및 런너 고화 시간이 길어 지고, 성형 사이클이 저하하여 코스트가 높아지는 결점이 있다.

런너의 종류·단면 형상은 그림 7-5에 나타낸 것 처럼 여러종류가 있다. 런너는 압력 전달의 점에서는 최대 단면적이 좋고, 열전도의 점에서는 바깥둘레가 최소이어야 한다. 이 점에서 런너의 단면 형상은 원형(円形)이 가장 좋고 다음으로 사다리꼴이 좋다.

원형에는 형판의 양측을 가공할 필요가 있지만, 사다리꼴이나 반원형은 한쪽면만을 가공

성형재료명칭	직경(mm)
ABS、SAN	4.7~9.5
POM	3.1~9.5
MMA	7.5~9.5
셀룰로스계	4.7~9.5
아이오노머	2.3~9.5
나일론	1.5~9.5
폴리카보네이트	4.7~9.5
불포화폴리에스테르	4.7~9.5
폴리에틸렌	1.5~9.5
폴리프로필렌	4.7~9.5
변성PPO	6.3~9.5
포리설폰	6.3~9.5
폴리스티렌	3.1~9.5
PVC	3.1~9.5

그림 7-5 런너형상과 크기의 표준

하는 것으로도 좋은 이점이 있다(그림 7-5).

런너에 용융 플라스틱이 흘러내리면, 찬 금형벽에 접한 부분은 곧 온도가 내려가서 고화된다. 이 고화된 플라스틱은 단열 작용을 하게되고 그 중심부를 용융 플라스틱이 흘러 내린다. 이상적(理想的)으로는 게이트와 런너의 중심은 일직선상에 있는 것이 플라스틱의 유동 온도와 압력 유지에 있어서 바람직하다.

2-3-1 런너의 칫수

런너의 칫수를 결정하는 경우에는, 다음 사항에 대해서 고려한다.

① 성형품의 체적과 살두께, 주된 런너 또는 스프루에서 캐비티까지의 거리, 런너의 냉각, 금형 제작용 커터의 범위, 사용 플라스틱에 대한 검토를 한다.

② 런너의 굵기는 성형품의 살두께보다 굵게 한다. 가늘면 성형품보다 런너 쪽이 먼저 고화되기 때문에, 수축을 막을 수 없고 싱크마크나 구멍이 생기기 쉽다. 따라서 3.2ϕ 이하의 런너는 보통 길이 20~30mm의 분기(分岐) 런너에 한정된다.

③ 런너의 길이가 길어지면, 유동 저항이 커진다. 스프루에서 캐비티까지의 거리는 런너 단면의 크기를 선택하는 데 직접 관계된다. 예를 들면, 4.8ϕ 런너는 스프루에서 25mm의 위치에 있는 2온스의 성형품에 적당하지만, 같은 성형품이 스프루에서 100mm의 위치에 있을 때는 6.8ϕ의 런너를 필요로 한다.

④ 런너의 단면적은 성형 사이클을 좌우하는 것이어서는 안된다. 일반형에 있어서는 대부분의 플라스틱에 대해서 9.5ϕ보다 큰 런너는 바람직하지 않다. 그러나 경질 PVC, PMMA에서는 13ϕ정도까지 사용된다.

2-3-2 런너 레이아웃

여러개빼기 금형의 경우에 있어서 런너 레이아웃(성형품 배치와의 관계)는 ① 캐비티의 수, ② 성형품의 형상, ③ 플레이트 구성 단수, ④ 게이트의 형식에 의해 좌우된다. 런너레이아웃를 설계하는데 있어서 중요 포인트로서 다음의 2가지를 생각할 수 있다.

① 압력 손실과 유동 플라스틱 온도의 저하를 방지하기 위해서, 런너의 길이와 수는 가장 적어지는 유동선으로 한다.

② 런너시스템은, 유동 배분을 고려해서 평형이 되도록 한다. 런너 균형은 스프루에서 각 캐비티까지의 거리를 동일하게 하는 것을 의미하며 고정밀도 성형에서는 매우 중요한 것이다.

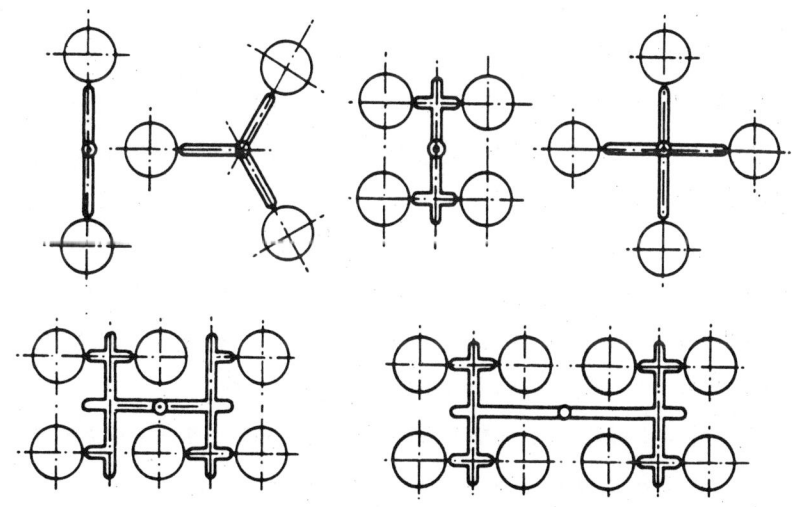

그림 7-6 균형을 고려한 런너배치

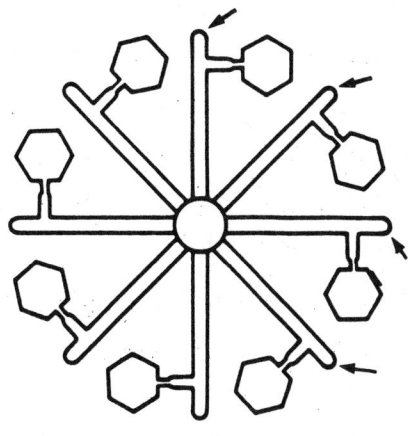

그림 7-7 콜드 슬러그웰

그림 7-6에 런너 균형을 고려한 레이아웃 예를 나타낸다. 그러나 항상 균형이 잡힌 런너시스템을 채용할 수 있다고는 할 수 없다. 이 경우에는 후술(後述)하는 게이트 균형에 의해 해결한다.

역시, 런너 가장자리에는 런너 통과중에 식은 플라스틱을 봉입(封入)하여, 캐비티로 흐르지 않도록 하기 위해 콜드 슬러그(냉각된 플라스틱을 모음)을 설치해야 한다. 이 콜드 슬러그웰의 크기는 플라스틱의 유동성에 따라 다르며, 대체로 고점도 플라스틱에서는 크게 잡는다. 그림 7-7에 특히 큰 웰(well) 부분을 필요로 하는 성형품의 예를 나타낸다.

2-4 게이트 시스템

2-4-1 게이트 시스템의 역할

게이트란 런너의 종점이며 캐비티의 입구이다. 게이트의 위치·개수·형상·칫수는 성형품의 외관과 성형 효율 및 칫수 정밀도에 큰 영향을 준다. 따라서, 게이트는 성형품의 형상에서 결정하는 것이 아니고, 캐비티내의 용융 플라스틱의 유동방향, 웰드라인의 생성, 게이트 처리 등을 고려해서 결정할 필요가 있다. 단면적이 큰 게이트는 충전성은 좋지만 게이트 실 시간이 길고, 또 게이트 사상(仕上)도 까다롭다. 작은 게이트는 이와 반대이다. 한편, 게이트의 결정은 사용 플라스틱과 성형품의 형상·상품 요구의 3요소 등에 의해 제약을 받는다. 그러나 응력 집중을 최소한으로 완화하고, 배향(配向)에 의한 변형이 적은 형상을 고르는 것을 기본으로 한다. 다음에 게이트의 역할과 목적을 기술한다.

① 충전되는 용융 플라스틱의 유동 방향과 유량(流量)을 제어함과 동시에, 성형품이 돌출되는 데에 충분한 고화 상태가 될 때까지, 캐비티내로 플라스틱을 봉입해서 런너측으로의 역류를 막는다.

② 스프루 런너를 통과한 냉각된 플라스틱은, 가는 게이트를 통과함에 따라 마찰열이 발생한다. 이 열에 의해서 온도를 상승시켜 플로우마크와 웰드라인을 경감한다.

③ 런너와 성형품의 절단을 용이하게 하고, 사상 작업을 간단하게 한다.

④ 여러개 빼기와 다점(多點) 게이트의 경우, 굵기·폭·두께 등의 조정에 따라 캐비티의 충전 균형을 잡을 수 있다.

위치·대소·수는 성형품의 형상·상품 요구의 3요소, 사용 플라스틱의 종류, 성형기의 능력, 2차 가공 및 경제성이나 사이클을 종합적으로 검토해서 결정하는 것은 이미 기술한 대로이다. 여기서는 이것의 일반 원칙에 관해서 생각해 본다.

2-4-2 게이트의 위치

① 게이트의 위치는 각 캐비티의 말단에 동시에 충전할 수 있는 위치에 설치한다.

② 게이트는 그 성형품의 가장 두꺼운 부분에 붙이는 것이 대원칙(大原則)이다. 이것은 체

적 수축에 의한 보충을 하기 위해서는 마지막으로 고화되는 부분에 게이트를 설치하지 않으면, 게이트와 게이트 부근이 고화되어 쿠션량에 의한 수축의 보충을 할 수 없다. 싱크마크·핀홀 대책·고칫수 정밀도 성형 등에서는 두꺼운 부분에 게이트를 설치하지 않으면, 성형 조건을 아무리 연구해도 해결되지 않는 것이 많다.

③ 상품 가치상 눈에 띄지 않는 곳, 또 게이트 사상(仕上)을 간단하게 할 수 있는 부분에 설치한다.

④ 웰드라인이 생기기 어려운 곳에 설치한다(그림 7-8-(a)(b)).

⑤ 가는 코어나 리브, 핀이 가까운 곳 또는 유동 압력에 의해 편육(偏肉), 쓰러질 염려가 있는 방향은 피한다(그림 7-8-(c)).

⑥ 공기·가스가 모이기 쉬운 방향에서의 유동(流動)을 피한다. 그러나 공기 벤트를 설치하면 가스탄화를 방지할 수 있다.

⑦ 큰 굽힘 하중이나 충격 하중이 작용하는 부분에는 게이트를 설치하지 않는다. 게이트 부근은 보통 성형품 중에서 가장 강도적으로 약하다. 잔류변형이나 응력(應力)이 발생하는 부근은 인장(引長), 하중(荷重)에 대해서는 보통의 힘이지만 굽힘이나 충격에는 매우 약하다.

⑧ 젯팅이 발생하지 않는 부분에 설치한다. 긴 개방부를 향해 게이트를 설치하면 성형 불량인 리본상(狀)으로 분출하는 젯팅이 되고, 외관 및 강도를 현저하게 저하시킨다. 이것을 방지하기 위해서는 유동을 원활하게 하기 위해, 코어형을 향해 용융 플라스틱이 흐를 수 있는 위치에 설치한다(그림 7-8-(d)).

⑧ 성형품의 중심 부근에 게이트를 설치한다. 유동성(L/T). 충전성(t/s), 강도 (배향, 수축)에 대해 이상적이다. 단, 3단 구성 금형이 되는 결점이 있다.

* 유동성 $L/T = \dfrac{\text{게이트에서의 유동거리 (mm)}}{\text{평균살두께 (mm)}}$

* 충전성 $t/s (mm/cm^2) = \dfrac{\text{평균살두께 (mm)}}{\text{유동 표면적 (cm}^2\text{)}}$

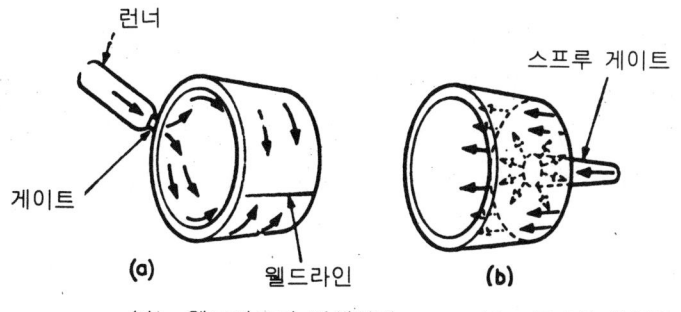

(a)는 웰드마크가 발생한다.   (b)는 골고루 흐른다.

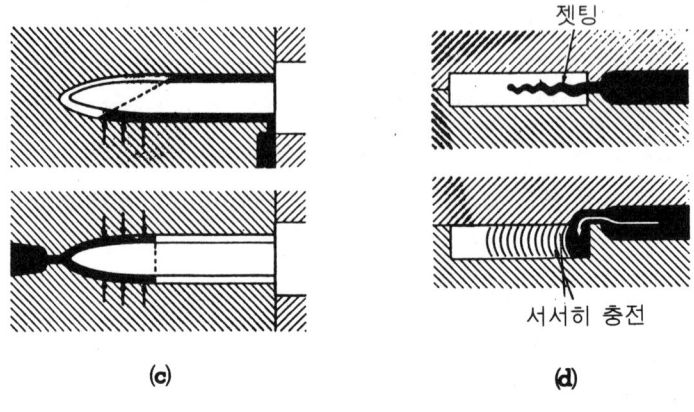

그림 7-8 (a)~(d) 게이트위치에 의한 영향

2-4-3 게이트의 대소

게이트의 대소(大小)에 관해서는 성형성, 물성, 사이클, 후처리로 나눠서 생각할 수 있다.

① 충전 시간은 게이트가 클수록 유리하고, 게이트실 시간은 작을수록 유리하다. 사출 시간을 분석하면 충전 시간과 게이트실 시간으로 나눈다. 충전 시간은 사출 속도(사출률)에 관계하며, 게이트가 클수록 충전성이 좋고, 사출률은 증가한다. 이것에 의해 고속도 성형이 가능하게 되어 물성·외관·칫수상·사이클상 보다 고품질의 성형품을 얻을 수 있다. 작으면 주입(注入) 저항이 커지고, 또 무리하게 사출률을 높이려고 하면 게이트부 재가열(마찰열)로 인해 탄화를 초래하든지 젯팅과 같은 현상이 된다. 한편, 실 시간은 캐비티내에서의 역류를 방지하기 위해, 적어도 게이트가 고화할 때까지는 보압을 가할 필요가 있다. 게이트실 시간에 관해서는 게이트가 작은 편이 사이클상 유리하다.

② 잔류변형·응력·변형·휨에 관해서는, 게이트가 작은 편이 유리하다. 게이트가 성형품의 살두께 보다 작으면, 성형품단면 중앙부가 고화되기 전에 게이트가 실되어 버린다. 이것에 의해 냉각 과정중에 외부에서 힘이 작용하지 않기 때문에 자유롭게 고화된다. 따라서 압력과 충전변형에 의한 파열·휘어짐·변형 등을 경감할 수 있다. 게이트가 크면, 이 냉각 고화중인 외부 압력과 주입으로 인해 게이트 부근은 끝까지 유동이 멈추지 않으므로 압력과충전변형·분자 배향변형이 강하게 잔류해 성형품이 약해진다.

③ 수축교정·고칫수 정밀도·싱크마크·핀홀 대책에는 큰 게이트가 유리하다. ②의 작은 게이트의 유리함도, 실제로는 살두께 균일 또는 이것에 가까운 성형품이 아니면 적용할 수 없다. 그것은 사출 성형시에 반드시 발생하는 체적 수축이 두께가 불균일하면 수축량도 분균일하게 되며, 두께가 얇은 부분의 냉각 고화시에 아직 따뜻한 부분이 두꺼운 부분의 단면 중앙 부근을 잡아 당겨버린다. 이것으로 인해 표면이 고화되면, 핀홀

로 아직 고화되어 있지 않으면 싱크마크(凹움푹 파임,)로서 나타난다.

칫수정밀도도 성형 기술적으로는 기본적으로 이 수축차를 적게 하는 것에 있다. 이것의 대책으로는 냉각 속도를 균일하게 하는(금형적, 또는 온도조절기 등을 이용해서) 방법도 있지만, 가장 간편하게 할 수 있는 것은 성형 조건에 의해 이 수축한 캐비티 체적에 대한 감소분을 보충해 주는 것이다. 성형 조건적으로는 쿠션량을 많게 해(보충하기 위해), 사출 압력을 높게 하고(보충시에는, 게이트나 그 부근도 어느 정도 냉각이 진행되고 있으므로), 보압 시간을 길게 하는(충전해도 곧 수축이 일어나지 않으므로)것을 기본으로 한다. 여기에서 게이트가 작으면 고화되어 버리므로 보충은 불가능하게 된다. 따라서 사이클의 저하는 부득이 하지만, 게이트를 크게 할수록 고칫수 정밀도·싱크마크·핀홀 대책에는 유효하다. 여기에서도 성형품 설계와 중요한 관계가 있다.

④ 사상(仕上) 작업을 고려하면, 작은 게이트가 유리한 것은 명백하다. 그러나 자동화 성형시에는 자동 게이트 절단, 런너레스 성형에는 작게 하지만, 취출기(取出機)등을 사용해서 강제 취출을 하는 경우에는, 안전 작업을 위해 큰 게이트를 채용하는 것도 알아 둘 필요가 있다.

2-4-1 게이트의 수(數)

게이트 수에 관해서는 L/T·t/s의 관계와 변형·휨 관계의 2개로 나눠서 생각할 수 있다.

① L/T, t/s와의 관계모두 게이트에서의 유동관계를 나타낸 것이다. L/T는 플라스틱의 유동이 쉬움을 나타내고, t/s는 충전하기 쉬움을 나타내고 있다. 이것은 플라스틱 메이커의 카탈로그 또는 경험치(經驗値)에 의해서 구하면, 한 점 게이트로 하든가 다점(多點) 게이트로 하든가를 결정한다.

② 변형·휨·굽힘·뒤틀림의 관계. 살두께가 불균일한 것, 기하학적(幾何學的)으로 대칭성이 부족한 것 등은 압력 충전변형, 냉각수축변형, 분자 배향 변형 등이 발생함으로 인해 변형 현상을 초래하게 된다. 이들 변형은 사출 성형법에서는 적지않게 발생한다. 이들 변형과 게이트의 관계는 변형 발생 원인인 고사출 압력, 유동 온도의 저하를 막아 수축차로 인한 영향을 적게 하는 것에 있다. 결론적으로 어느 경우에나 한점(1點) 게이트보다 다점(多點) 게이트 또한 작은 게이트 쪽이 좋은 결과를 얻을 수 있다. 그러나 다점(多點) 게이트로 하면 웰드 라인이 생기는 원인이 되므로 이 점도 고려해야 한다.

③ 그 외 게이트의 종류에 따라서는 다점(多點) 게이트를 채용할 수 없거나, 혹은 다점 게이트적인 게이트(필름 게이트)방식도 있다.

2-5 게이트의 종류와 분류

게이트는 일반적으로 다음과 같이 분류할 수 있다.

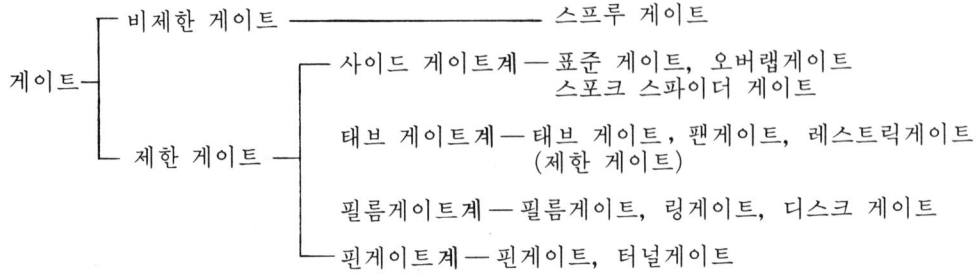

2-5-1 비제한 게이트

다이렉트 게이트, 또는 스프루 게이트라고 하는 것으로 매우 범용적(汎用的)으로 채용된다. 이 다이렉트 게이트의 장단점으로서 다음과 같은 것을 들 수 있다.

① 압력 손실이 적다.
② 금형 구조가 간단하며 고장이 적다. 다만 스프루 연마를 충분히 할 필요가 있다.
③ 사이클이 연장되기 쉽다. 스프루의 고화 시간이 비교적 길기 때문에, 사이클이 길어지기 쉽다.
④ 게이트의 후가공(後加工)이 필요하다. 상품 가치를 저하시키지 않는 연구가 필요하다.
⑤ 잔류응력·압력 과충전 변형이 발생하기 쉽고, 게이트 크랙이 발생하기 쉽다.

2-5-2 제한 게이트

게이트에서의 충전량을 조정하고, 게이트의 급속한 고화가 일어 나도록 게이트 단면적을 제한한 것으로, 비제한 게이트에 비해 다음과 같은 이점이 있다.

① 게이트 부근의 잔류 응력·변형의 감소를 기대할 수 있다.
② 성형품의 변형·크랙·힘·굽힘·변형을 감소할 수 있다.
③ 캐비티내의 유효 사출 압력을 감소할 수 있기 때문에 투영 면적을 크게 잡을 수 있다. 다만 런너게이트부의 면적은 증가한다.
④ 게이트실의 시간이 짧기 때문에, 사이클을 단축할 수 있다.
⑤ 후가공이 필요없고, 간단히 할 수 있으므로 상품 가치가 높아진다.

사이드게이트계에 속하는 것으로는 성형 재료의 유동성에서 생각할 수 있는 표준 게이트·오버랩 게이트가 있고, 필름게이트·팬게이트·링게이트·디스크(다이어 프레임) 게이트는 성형품의 형상에서 고안되고 있고, 태브게이트는 상품 특성에서 기인하고, 핀게이트는 응용 범위의 확대와 자동 기술에서 발전한 것이다.

2-6 각 게이트시스템의 다지인과 특징

2-6-1 다이렉트게이트(스프루 게이트)

성형품에 스프루 또는 2차 스프루(多段金型 등)에서 직접 충전되는 게이트를 말한다. 2단

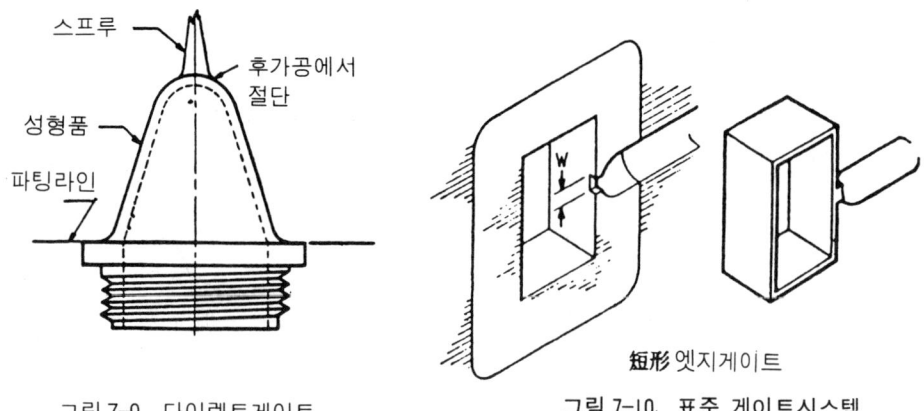

그림 7-9 다이렉트게이트   그림 7-10 표준 게이트시스템

구성 금형에는 한개빼기로 한정되고, 2차 스프루를 채용하면 여러개빼기도 가능하게 된다.

소형에서 대형 성형품의 한개빼기로 대부분 채용되고 있다.

2-6-2 표준 게이트(엣지게이트·사이드게이트)

소형에서 중형까지의 여러개빼기 성형품에 많이 이용된다. 그림 7-10과 같이 성형품의 측면에 반장방형(短形), 또는 반원형의 제한 주입부를 설치하므로 엣지게이트 또는 사이드게이트라고 한다. 이것은 게이트에 의해 충전량을 제한하고, 게이트부에서 급속히 고화시켜 사출압력의 손실을 막는 방식이다. 이 게이트의 이점은,

① 단면형상이 간단하므로 기계 가공을 쉽게 할 수 있고 가격이 싸다.
② 게이트 칫수를 정밀하게 마무리할 수 있다.
③ 게이트의 칫수는 쉽고 또한 신속하게 성형하면서 균형수정을 할 수 있다.
④ 캐비티로의 충전 속도는, 게이트실과는 상대적으로 독립해서 조정할 수 있다.
⑤ 거의 모든 플라스틱에 적용된다.
⑥ 결점으로는 외관에서 볼 수 있는 부분에 게이트 혼적이 남는다.

2-6-3 오버랩 게이트(스트레이트 톱 게이트)

스트레이트 톱 게이트라고도 하며, 성형품에 플로우마크가 발생하는 것을 막기 위해서 표준 게이트 대신으로 사용된다. 그림 7-11에 나타낸 것처럼, 엣지부가 아닌 평면부에 평행하게 설치한 게이트이다. 따라서 표준 게이트보다 게이트 위치와 처리에 주의를 요한다.

두꺼운 PVC 성형품과 사이드게이트에는 젯팅이 발생하기 쉬운 형상품(形狀品)이 많이 이용된다.

2-6-4 팬게이트

큰 평판상(平板狀)의 면 및 얇은 단면 부분으로 원활하게 또는 균질(均質)하게 충전하는데 적당한 게이트로 그림 7-12에 나타낸 것처럼 캐비티를 향해 끝을 넓게한 장방형의 게이트이다. 이 게이트는 게이트 부근의 결함을 최소로 하는데 가장 효과가 있는 게이트로, 대

244   제7장 금형

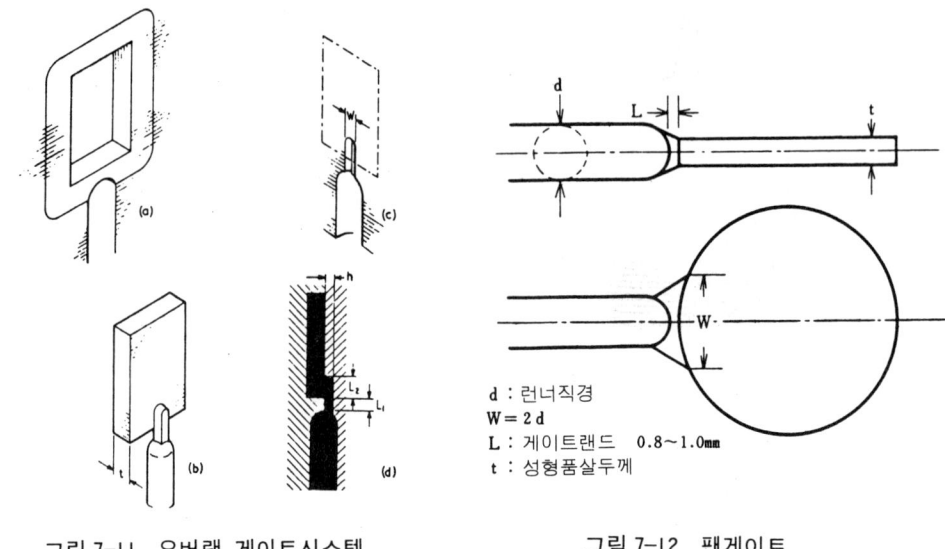

그림 7-11 오버랩 게이트시스템   그림 7-12 팬게이트

부분의 플라스틱에 적응할 수 있다. 게이트 절단이 번잡하고 혼적도 남는다.

2-6-5 필름 게이트(플래쉬게이트)

그림 7-13에 나타낸 바와 같이 성형품의 폭과 게이트의 폭을 같은 길이로 하고, 두께를 얇게 한 게이트로 플래쉬게이트 또는 슬리트(Slit)게이트라고도 한다. 이 게이트는 아크릴 등의 평판상(平板狀) 성형품이나 변형을 최소한으로 막으려는 경우에 효과적이다. 경질 PVC 이외의 범용 플라스틱이 가능하다.

게이트의 위치는 보통 성형품의 짧은 쪽의 폭에 붙이지만 사상 작업 단축을 위해서라면 처음에는 좁게, 점차로 넓혀 가는 것도 한 수단이다. 런너는 게이트 폭에 관계없이 성형품 폭이상으로 길게 할 수 있다. 게이트의 두께는 0.2~1mm, 게이트 랜드(Gate land)는 1mm 정도가 표준치이다.

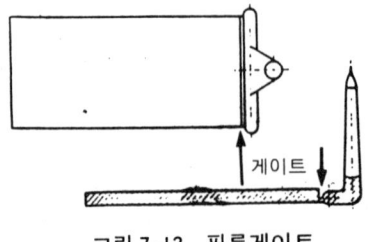

그림 7-13 필름게이트

2-6-6 다이어 프램(원반, 링) 게이트

성형품 원형의 구멍에 얇은 원반 모양(다이어 프램) 게이트를 배치한 것으로 그림 7-14에 나타낸 것 처럼 스프루에서 우선 원반 모양 부분을 형성하고, 이 원반 주위에서 얇은 다

이어 프램 게이트를 제한해서 캐비티안으로 충전한다. 이 게이트는 원형의 구멍에 의한 웰드라인의 발생을 방지할 수 있다. 그러나 게이트부에 해당하는 코어가 직경에 비해 길 경우에는 코어의 편심(偏心) 원인이 되므로 적합하지 않다. 또, 게이트 제거와 사상 작업을 필요로 한다. 경질 PVC 이외의 범용 플라스틱이 가능하다.

이 게이트는 2단 구성 금형의 한개빼기 원통형(튜브) 성형품에 많이 사용된다.

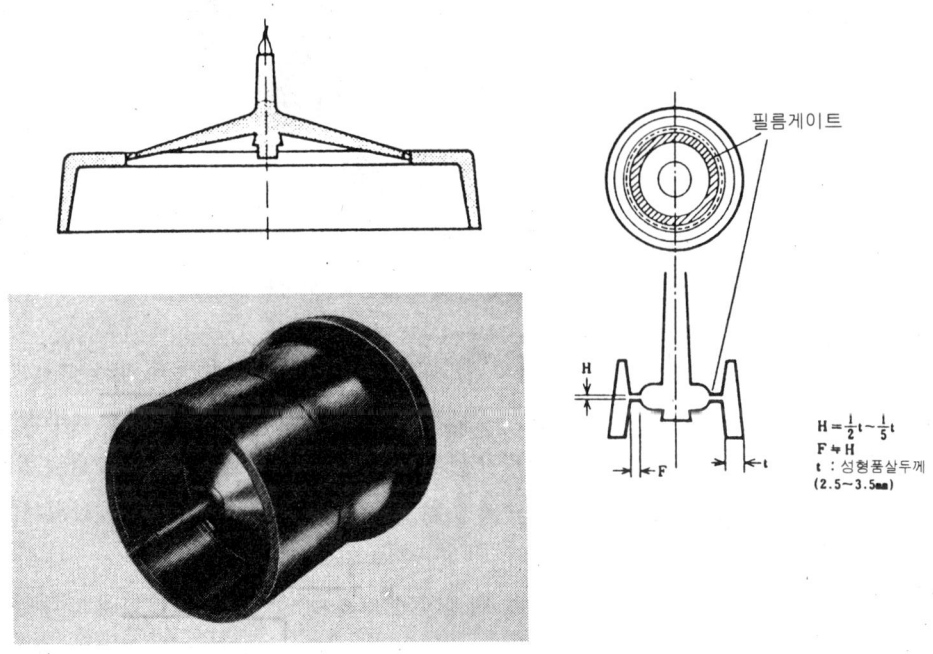

그림 7-14 다이어프램 게이트의 예

2-6-7 링 게이트

그림 7-15와 같이 여러개빼기 금형으로 만년필캡 등의 원통형의 성형품을 성형하는데 사용되고 특히 긴 원통형의 경우는, 링 모양의 게이트에서 일률적으로 캐비티안으로 주입되므로 웰드마크 방지나 사출 압력에 의한 금형 코어핀의 편심 등을 방지할 수 있고 두께가 일정한 성형품을 얻을 수 있다. 런너 주입구의 반대측에 오버플로우부를 설치하는 것이 보통이다. 디스크 게이트는 원통 모양의 안쪽에 게이트를 설치하는데 반해, 링게이트는 원통 모양의 바깥 주위에 설치한다. 또 이 게이트는 일반적으로 스트립퍼 플레이트 또는 슬리브에 의해 돌출되므로 런너는 사다리꼴이 채용되는 경우가 많다.

2-6-8 태브게이트

태브게이트는 오버랩게이트의 변형으로, 태브게이트와 태브라고 불리우는 단면적과 평면적이 비교적 큰 주입구 부분으로 구성된다. 그림 7-16에 각종의 예를 나타낸 것처럼, 태브

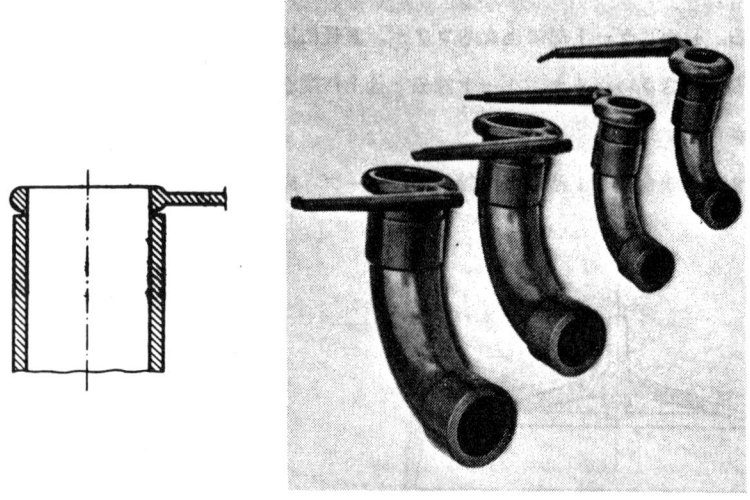

그림 7-15 링게이트와 성형품의 일예(PVC파이프 조인트)

게이트는 단형(短形)을 사용하는 것이 보통이다. 태브는 다른 게이트에 있어서는 팬게이트 적인 형상이 많다. 태브게이트는 PVC·PC·PMMA·PC 등 열안정성이 나쁘고 용융 점도가 높은 플라스틱에 적용된다. 이들의 성형에서는 비교적 높은 사출 압력에서 성형하므로 변형이 발생하기 쉽다. 이 때문에 게이트 부근에서 잔류 응력·변형을 감소시키기 위해 고안된 것이다.

용융 플라스틱은 태브게이트에서 만들어진 마찰열에 의해 재가열되어 태브벽에 충돌되어서 충전한다. 태브를 채운 용융 플라스틱은 더욱 가소화되어, 원활한 유동으로 캐비티를 채운다. 따라서, 잔류 응력이나 변형이 없는 투명도가 우수한 성형품을 얻을 수 있다. 또, 태브에 의해 게이트 주변의 싱크마크(수축)를 허용할 수 있기 때문에, 사출 압력에 의한 과충전·냉각 수축변형을 배제할 수 있다.

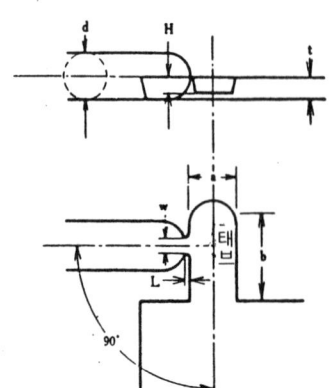

단위mm

2차러너 직경 d	게이트랜드길이 L	게이트폭 W	게이트 두께 H
6	0.8	2.5	1.5
8	1.0	3.5	2
10	1.2	4.5	3

a ≒ 3W
b ≒ 2a
H = 0.6~0.8t
t : 성형품살두께

그림 7-16 태브게이트의 예

2-6-9 레스트릭티드 게이트

이것은 제한 게이트의 일종으로 게이트 중간을 졸라맨다든지 장애물을 세워서 좁힌 것으로 이 부분의 용융 플라스틱에 심한 와류(渦流)를 일으켜 마찰 저항을 높여서 압력을 마찰열로 바꾸는 것이다. 아크릴 등 고점도 용융 플라스틱의 성형에 적당하다. 그림 7-17에 절단시킨 예를 나타낸다.

2-6-10 스포크스파이더 게이트

그림 7-18에 나타낸 것처럼 디스크 게이트의 변형적인 것이다. 디스크게이트는 원통모양 구멍 지름의 원측전주(円側全周)로부터 충전되고 있지만, 이 스포크 스파이더 게이트는 두 개~여러개로 나눠서 표준 엣지 게이트, 또는 필름게이트에서 충전한다. 디스크게이트에 비해서 후가공(後加工)이 쉽다.

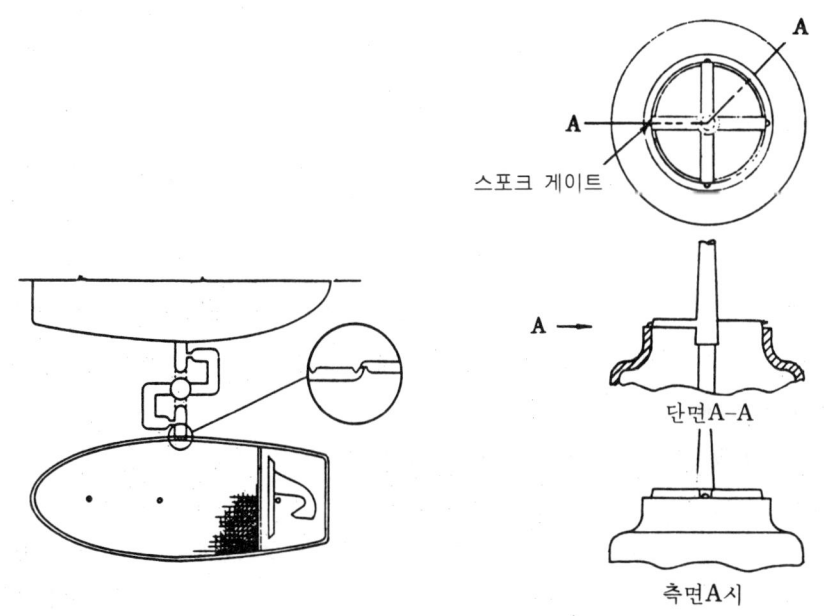

그림 7-17 절단시킨 레스트릭티드 게이트   그림 7-18 스포크스파이더 게이트

2-6-11 핀포인트 게이트(핀게이트)

성형품 중앙에 게이트를 설치하고자 할 경우에 사용되는 둥근형(丸形)의 제한 게이트이지만, 다점(多點) 게이트로서 사용되는 경우도 많다. 이용 방법에 따라서는 실제로 유효한 게이트 방식이지만, 단면적이 작기 때문에 유동 저항이 크고, 저점도 플라스틱을 사용하든지 사출 압력을 높일 필요가 있다. 게이트의 크기는 $0.4 \sim 1.2\phi$ 정도이다. 특징으로는 다음과 같은 점을 들 수 있다(그림 7-19).

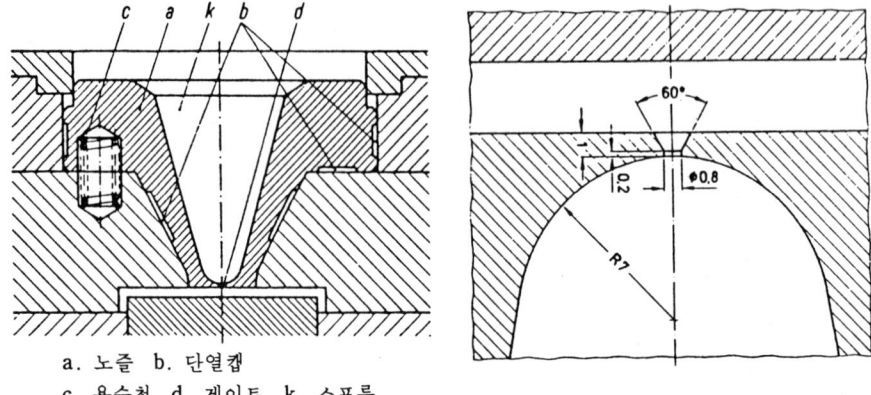

a. 노즐 b. 단열캡
c. 용수철 d. 게이트 k. 스프루

그림 7-19 핀포인트·게이트

① 게이트의 위치가 비교적 제한받지 않으며 자유롭게 결정할 수 있다.
② 게이트 부근에서의 잔류변형이 적다.
③ 여러개 빼기의 경우, 게이트 균형을 쉽게 잡을 수 있다.
④ 투영 면적이 큰 성형품, 혹은 변형하기 쉬운 성형품에 다점 주입을 하면 효과적이다.
⑤ 게이트부(部)는 절단하기 쉬우므로, 금형을 3장 구성으로 하면 금형의 형개력에 의해 자동 절단이 가능하게 되고, 성형품과 런너를 따로따로 취출(取出)할 수 있다.
⑥ 핀게이트를 채용할 때는 3단 구성금형, 호트런너 금형, 웰타입 노즐을 붙인 2단 구성 금형의 어느 것이든 사용해야 한다.

2-6-12 서브머린 게이트(터널 게이트)

게이트 방식은 핀포인트 게이트와 큰 차이는 없지만, 2단 구성 금형에도 사용할 수 있는 이점이 있다.

표준 게이트는 금형 파팅라인(PL) 면에 있는 것에 비해 서브머린 게이트에서는 런너는 PL 면에 있지만 게이트는 그림 7-20 처럼 고정 형판에 있다든지, 또는 이동 형판 속에 모두 터널식으로 들어가 캐비티안에 주입되는 것으로, 터널게이트라고도 한다.

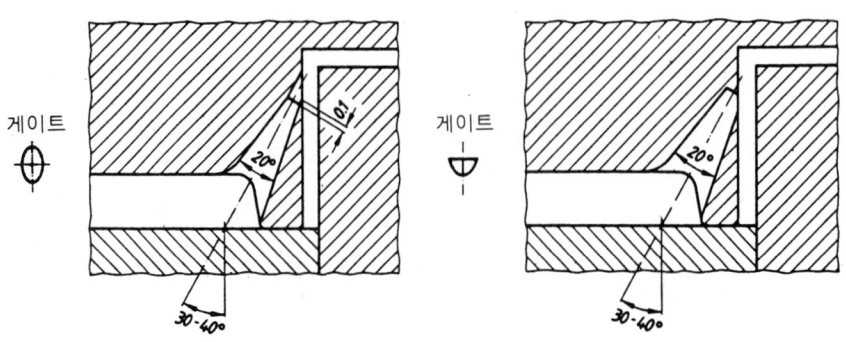

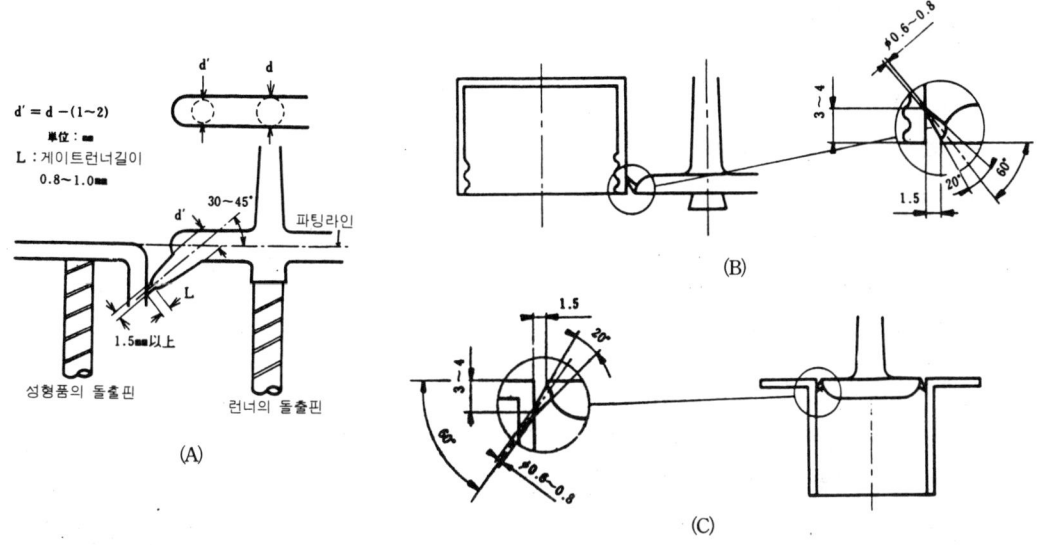

그림 7-20 서브마린 게이트

성형품의 측면에 직접 게이트 위치를 설정하면, 게이트는 금형이 형개할 때 자동적으로 절단되어서 사상 공정은 필요없지만 성형품의 측면에 게이트 흔적이 생기는 결점이 있다. (c)는 내측에 게이트를 설치한 예이다.

2-7 여러개빼기 금형의 게이트 균형과 OC 배치

2-7-1 게이트·런너 균형의 필요성

여러개빼기 금형에 있어서는 모든 캐비티가 균일하게 충전되도록 게이트의 균형을 잡는 것이 매우 중요하다. 스프루에서 캐비티의 가장자리에 이르는 동안의 압력의 저하는 거리와 비례하기 때문에, 다른 조건이 같은 경우, 먼곳의 캐비티에 갈수록 전달되는 압력은 적어진다. 그러므로 스프루에서의 거리가 증가함에 따라서, 게이트랜드의 길이를 적당히 감소시켜야 한다. 어느 캐비티가 늦게 충전되는가를 조사하기 위해서는, 대량 생산시의 조건으로 테스트 성형에 의해 쇼트 숏트(short shot)를 만들어 보면 알 수 있다. 테스트 결과, 주입량이 적은 캐비티의 게이트랜드는 조금 짧게 하든지, 게이트의 두께를 조금 두껍게 한다. 이와 같이 몇 번이나 반복해서 최종적으로 적당한 균형을 잡을 수 있다(일반적으로는 두께의 조정).

여러개빼기 성형의 가장자리에 발생하기 쉬운 플로우마크·싱크마크·쇼트숏트·칫수정밀도의 산포(散布)·중량의 산포 등은 게이트 균형, 또는 런너 균형에 의해서 해결할 수 있다.

2-7-2 런너의 균형

여러개빼기 금형이나 한개빼기 금형이라도 복잡한 형상의 금형에서는 게이트는 복수로 하는 경우가 있다. 이와 같은 금형에 있어서는 캐비티의 전체가 될 수 있는 한 같은 시간에 충전을 완료하도록 디자인해야 한다.

그러기 위해서, 필요에 맞게 런너의 길이와 지름을 조정하고, 용융 재료의 유동을 조정한다. 캐비티에 있어서 용융 재료의 유동 방법은 캐비티가 복잡할수록 예측하기 어렵기 때문에 최근에는 콤퓨터 시스템에 의해 해석하며, 그 결과에 의거하여 디자인 하는 것도 자주 쓰여지고 있다(예를 들면, 몰드플로우시스템 등). 캐비티가 같은 형상의 여러개 빼기의 경우 런너 균형은 런너 길이가 같아지도록 캐비티를 배치하면 좋지만, 캐비티의 크기가 다른 패밀리 몰드 등에서는 런너의 지름과 길이를 조절해서 균형을 잡게 된다.

한개빼기로 대형 캐비티에서 게이트를 몇군데 설치한 금형에는 용융재료의 유동거리에 따라 런너와 게이트지름·길이·위치등을 고려한다. 또 폴리프로필렌의 경우 힌지가 붙은 성형품에서는 힌지부분에 웰드라인이 생기지 않도록 유동을 조정하지 않으면 좋은 힌지를 얻을 수 없으므로, 예를 들면 덮개와 몸전체를 성형할 경우에 어느쪽이든 모두 게이트를 설치해야 하는 경우에는 한쪽의 런너지름을 굵게 하고, 어느쪽이든지 빨리 힌지부를 넘어온 곳에서 합류시키도록 한다.

2-8 에어벤트·가스 빼기

캐비티에 용융 플라스틱을 충전할 때, 캐비티내의 공기 또는 휘발 가스를 금형밖으로 배출할 필요가 있고, 이 배출구를 에어벤트 또는 가스빼기 벤트라고 한다. 에어밴트가 적정하지 않는 금형에서는 다음과 같은 성형상의 결함이 생긴다.

① 배기(排氣)보다도 충전이 빠르면 공기는 단열 압축을 받고, 이 압축열의 정도에 따라 성형품에 변색이나 가스탄화의 불량이 발생한다. 이것과 비슷한 현상으로 웰드말단의 온도가 급격하게 상승해 플래시를 쉽게 생성한다.

② 가스 탄화 불량이 생기지 않는 경우라도 유동성이 배압이 되거나 쇼트숏트가 되는 경우가 많다.

③ 쇼트숏트가 되지 않는 경우라도 플로우마크, 웰드라인이 강하게 나타난다.

④ 공기와 용융 플라스틱이 응축 되어 기포(氣泡)·은줄·얼룩 등 외관 불량이 현저하게 나타난다.

⑤ 금형 온도·실린더 온도를 높여 사출 속도를 늦추면 이와 같은 불량은 발생하지 않지만, 사이클이 큰 폭으로 내려간다.

그림 7-21에 연속 에어벤트 방식의 금형을 나타낸다.

최근 가스 빼기 핀이 시판되어 꽤 양호한 결과를 나타내고 있다. 이것은 그림 7-22와 같이, 핀으로 미세한 구멍이 여러 개 뚫려 있어, 이것을 금형에서 가장 가스가 발생하기 쉬운 부분에 끼어 넣어 사용하는 것이다.

2. 유동·주입기구 251

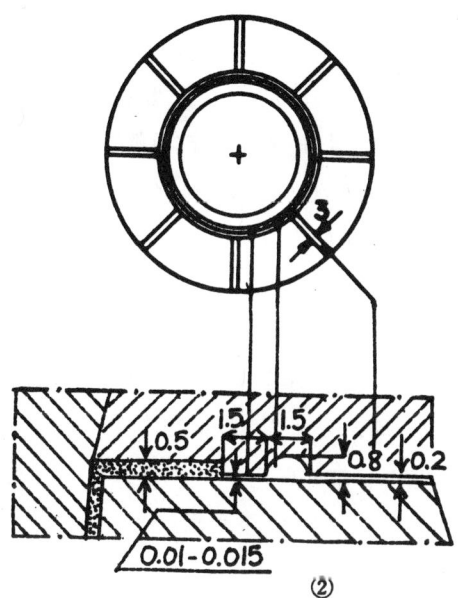

그림 7-21 PP제 요구르트캡의 고속 성형금형의 에어벤트 디자인

그림 7-22(A) 가스빼기핀

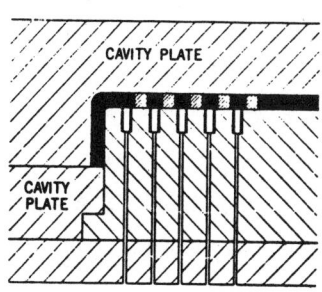

그림 7-22(B) 가스빼기핀의 사용예

3. 성형품의 돌출 기구

사출 성형에 있어서 성형품의 돌출은 성형품의 품질을 일정하게 유지하고, 동시에 자동 성형을 가능하게 하는 중요한 역할을 가지고 있다. 돌출 방법의 결정은 사용 플라스틱이나 형상(形狀), 게이트의 종류, 상품 가치, 금형 제작 일수(日數), 가격등에 의해 좌우되지만, 원칙으로 성형품에 변형이나 흠을 입히지 않고 정확하게 또한 신속하게 이형 할 수 있으며, 고장이 적고, 보수가 간단한 것이어야 한다.

3-1 돌출 방식과 기구

돌출 방식의 결정에 가장 영향을 주는 것은 성형품의 형상(形狀)이며, 그 다음으로 플라스틱의 종류이다. 돌출 방식에는 다음과 같은 것이 있다.

① 2개 이상의 코어를 준비해, 이 코어를 금형에 인서트해서 성형한다.
　성형 후 이 코어와 성형품을 금형에서 취출(取出)하고, 다른 치공구로서 성형품과 코어를 분리한다. 즉 착탈(着脫) 코어의 교환방식이다.
② 이젝터 핀(ejector pin)에 의한 돌출 방식
③ 이젝터 슬리브(ejecter sleeve)에 의한 슬리브 돌출 방식
④ 스트리퍼(stripper)에 의한 스트리퍼 플레이트(stripper plate) 방식
⑤ 공기압에 의한 에어 돌출 방식
⑥ 체인·캠·타이로드 등에 의한 인장 방식
⑦ 돌출 장치 등에 의한 강제 취출 방식

②~⑦은 일반적인 대량 생산금형에 많이 채용되고 있기 때문에 이것에 대해 설명한다.

3-1-1 핀 돌출 방식

핀 돌출 방식은, 가장 간단하며 많이 채용되고 있다. 특히, 임의의 장소에 설정할 수 있는 이형(異形) 성형품, 및 국부적으로 큰 돌출력을 필요로 하는 경우에 유리하다. 그러나 돌출력이 핀에 집중되어 있으므로 성형품의 핀 접촉면에 핀이 긁혀서 성형품에 크랙·백화(白化)·변형이 생기기 쉽다. 또 핀의 선단이 금형 혼적으로서 남는다. 게다가 장기간 사용하는 핀 및 구멍의 마모로 인한 플래시가 발생하기 쉽다.

3-1-2 슬리브 돌출 방식

슬리브 돌출은 보스나 둥근 원통 모양의 성형품 돌출에 사용하면 바람직하다. 슬리브 돌출은 슬리브의 단면에서 똑같이 주위로 밀어내기 때문에, 핀 돌출보다 성형품에 크랙이나 백화가 잘 생기지 않는다. 성형품의 형상에 따라서 스트리퍼 플레이트와 비교가 되지만 캐비티 수나 수량, 금형 가격에 의해서 결정된다.

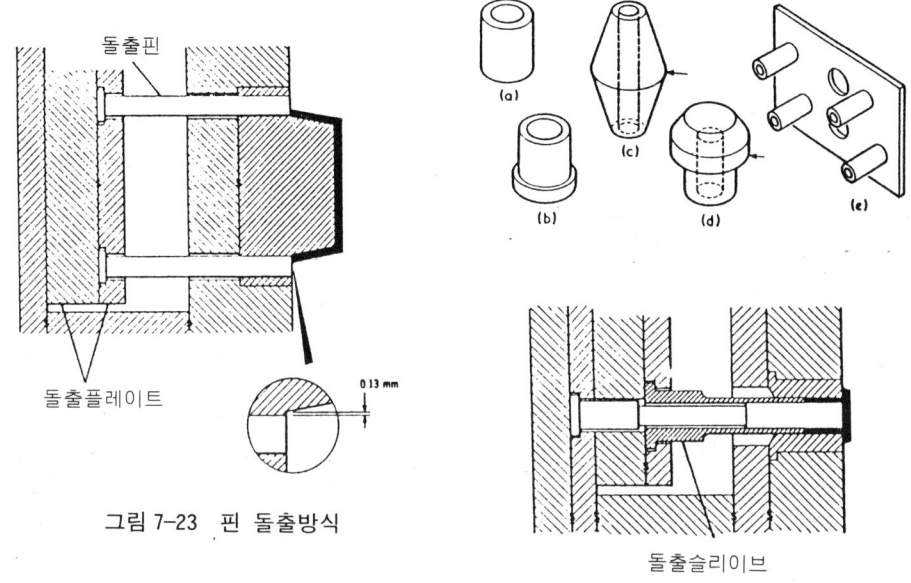

그림 7-23 핀 돌출방식

그림 7-24 슬리브 돌출의 필요한 전형적인
디자인과 돌출기구의 예

또, 이 방법만으로는 낙하하기 어려운 성형품에서는 돌출 핀이나 돌출 플레이트를 병용하는 것도 있다(그림 7-24).

3-1-3 스트리퍼 플레이트 돌출 방식

성형품의 전 주위를 파팅라인으로 하고 일률적으로 돌출하는 방법이다. 살두께가 얇은 돌출 핀의 사용이 성형품에 나쁜 영향을 주는 경우, 심물(深物) 등에서 측면의 벽에 큰 저항이 있는 상자 모양·원통 모양의 성형품에 많이 채용된다. 스트리퍼 플레이트 돌출은 가장 넓은 면적으로 돌출하므로, 성형품의 변형·크랙·백화(白化) 등이 발생하지 않는다. 또 외관상도 돌출 흔적이 거의 남지 않기 때문에, 투명 성형품에는 특히 중요시되고 있다. 그림 7-25·26에 전형적인 스트리퍼 플레이트의 사용예와 작동상태를 나타낸다.

슬리브 돌출과의 용도 구별은 보스부(部) 등의 파팅 이외에서의 돌출 및 파이프 모양이라도 가는(코어핀이 짧음) 경우는 슬리브 돌출이 이용되며, 그 밖에 스트리퍼 플레이트가 유리하다. 단, 파팅 라인이 직선적이지 않으면, 맞춤 가공이 어렵고, 플래시 발생의 요인이 되기 쉽다. 더구나 주위의 돌출만으로는 중앙부가 변형하는 경우는 핀돌출 방식, 또는 에어 돌출 방식과 병용을 고려한다.

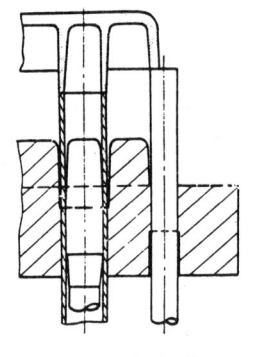
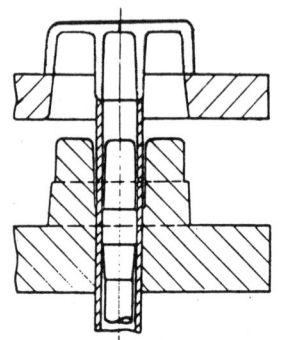

그림 7-25 핀과 슬리브 돌출 　　　 그림 7-26 스트리퍼 플레이트와 슬리브 돌출

3-1-4 블레이드 돌출

그림 7-27의 창살모양의 성형품에는 블레이드(칼날)모양의 돌출이 널리 쓰인다. 대형의 성형품에는 변형이 생기지 않도록 여러 부분에 돌출 블레이드를 설치하여, 균일하게 돌출한다.

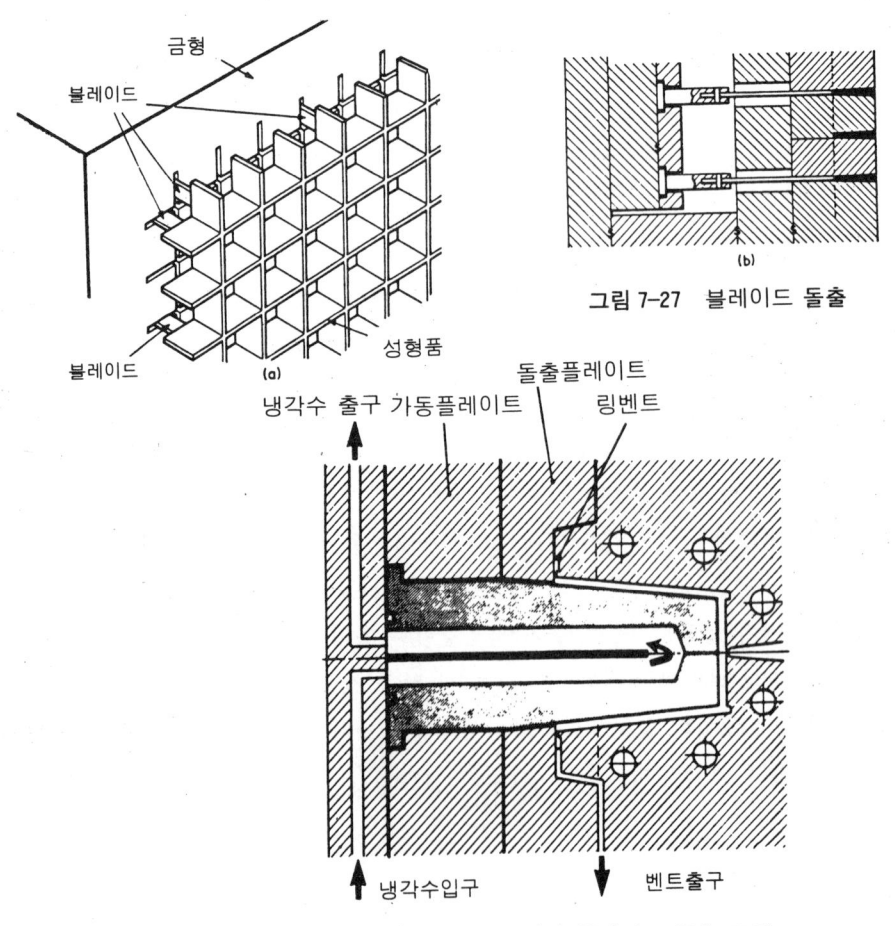

그림 7-27 블레이드 돌출

그림 7-28 스트리퍼 플레이트 돌출 금형

3-1-5 에어돌출 방식

 공기의 압력을 이용한 돌출 방식은 금형안에 조작해 넣은 에어 밸브(에어 슬리트)에서 공기를 분출하고 성형품과 금형 사이에 공기 압력을 작용시켜 성형품을 돌출하는 방법이다. PE와 PP로 깊고 비교적 얇은 두께의 컵·양동이·통 등의 용기류·스티렌계(系)에서도 얕고 투영 면적이 큰 쟁반등의 성평품에서는 매우 중요하게 여기고 있다(그림 7-29).
 또, 대형 성형품이나 다른 성형품에도 이형(離型) 돌출의 보조 수단·자동화의 수단으로서 그 이용 가치는 크다. 에어 돌출 방식에 의한 이점과 문제점은 다음과 같다.
① 돌출판 조립 기구가 필요 없으며, 일반적으로 금형 구조가 간단하게 된다.
② 코어형(型)·캐비티형(型) 어느 것이나 사용할 수 있다.
③ 형개 공정중 임의의 위치에서 돌출할 수 있다.
④ 성형품과 코어 사이의 진공(眞空)에 의한 트러블을 해소해 준다.
⑤ 성형품의 임의의 위치에 에어슬리트를 설치할 수 있다.
⑥ 균일한 공기력이 성형품 밑부분에서 똑같이 작용하기 때문에 변형이 생기기 어렵다.
⑦ 착탈(着脱)·배관이 간단하며, 또 새더라도 성형품을 더럽히지 않으며, 작업상의 위험도 없다.
⑧ 성형품의 형상에 제약이 있다. 그러나, 다른 돌출 방식과 조합하거나 보조 수단으로서의 이용 가치는 있다.
⑨ 공기 압력에 한계가 있으므로 밀착력이 강한 성형품에는 단독으로 사용할 수 없다. 단, 다른 돌출 방식과 조합하면 돌출 스트로크가 매우 짧아도 할 수 있고, 동시에 확실한 이형·돌출을 할 수 있다.
⑩ 공기가 금형안을 통과하는 것에 의해, 금형의 냉각 작용도 겸하는 효과가 있다. 특히

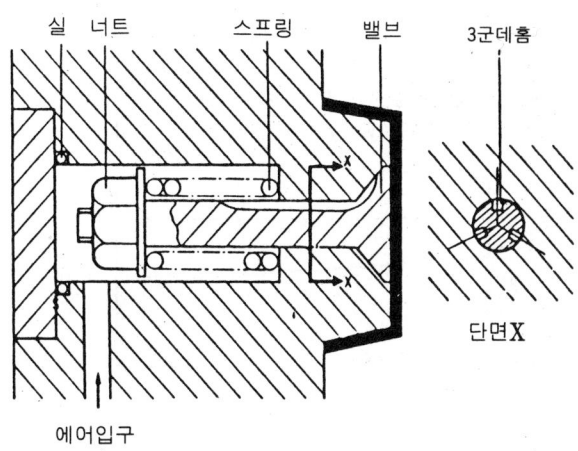

그림 7-29 공기 돌출기구예

256 제7장 금형

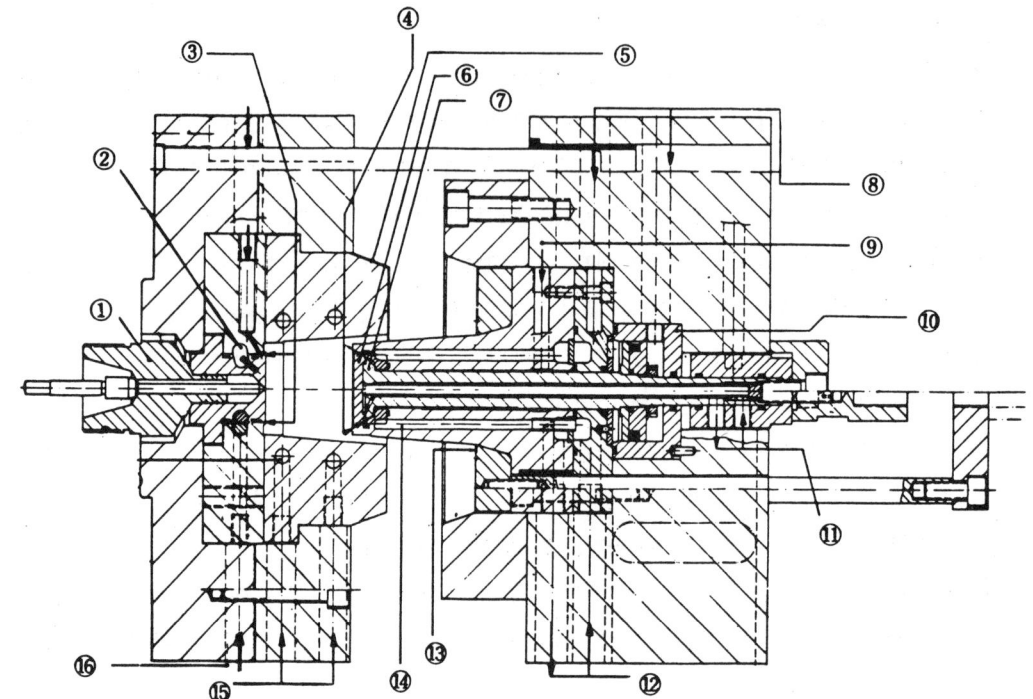

① 노즐 ② 스프루 부시 냉각 ③ 진공릴리이프 ④ 진공릴리이프
⑤ 코어측 금형 ⑥ 밸브돌출밸브 ⑦ 밸브돌출냉각 ⑧ 중심돌출기구
⑨ 압축에어 ⑩ 중심돌출구동부 ⑪ 돌출밸브냉각 ⑫ 코어 냉각
⑬ 링벤트 ⑭ 코어냉각 ⑮ 캐비티부 냉각 ⑯ 스프루 부시냉각

그림 7-30 PP컵의 고속성형용 금형에 조립해 넣은 에어돌출의 예

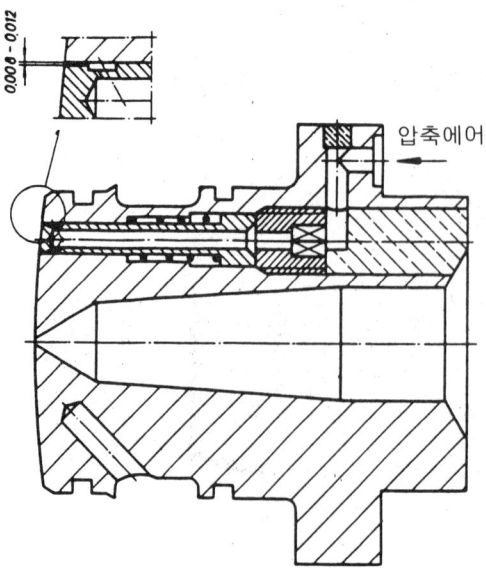

그림 7-31 노즐에 설치한 에어돌출기구

냉각 회로를 설치할 수 없는 가는 코어를, 공기의 분출에 의해 돌출 보조와 냉각을 겸하면 그 효과는 크다.

⑪ 콤푸레셔 에어(compressor air)를 손쉽게 사용할 수 있다.

또, 그림 7-30에 나타낸 컵과 같은 가벼운 용기의 고속 성형용인 금형에는 사출 성형기의 노즐측에 에어 돌출 기구를 설치하는 경우도 있다(그림 7-31).

3-1-6 스프링 돌출 방식

소형성형품은 밀착력이 약하기 때문에 스프링민으로도 돌출할 수 있다. 이 스프링력과 에어분출을 조합하면 보다 효과적이다. 그림 7-32는 스프링 단독 사용예는 아니지만, 형개 동시에 스트리퍼 플레이트가 전진하는 기구예이다.

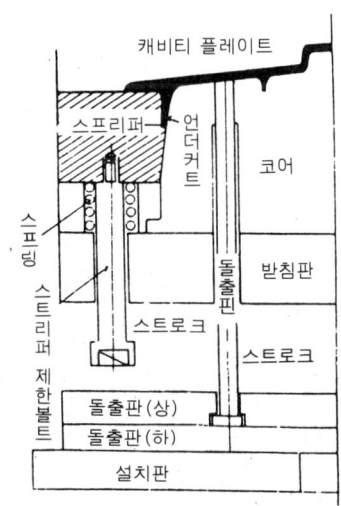

그림 7-32 스프링 돌출방식의 응용예

3-2 돌출 방식의 응용

3-2-1 밸브 돌출 방식

밸브 돌출 방식은 표준 핀돌출 방식을 사용할 수 없는 경우 비교적 큰 성형품에 대해서, 또는 스트리퍼 플레이트, 스트리퍼 돌출 방식 대신에 사용된다. 핀 돌출 방식과는 달리 돌출 면적이 넓으므로 성형품의 변경은 적다. 그러나 큰 압력을 받기 때문에 이것을 받아 들일수 있는 곳을 완전하게 할 필요가 있다. 그림 7-33에 그 사용예를 나타낸다.

3-2-2 고정형(固定型)에서의 돌출

외관상의 문제 때문에 성형품의 안쪽에 게이트를 설치할 때는, 고정형측에서 이형·돌출을 하는 경우가 있다. 에어 돌출 방식을 사용할 수 있으면 가장 간단하다. 그 다음에 스트리퍼 플레이트를 채용해, 타이로드나 체인으로 끌어 당기는 방식도 용이하다. 그러나 돌출

258   제7장   금형

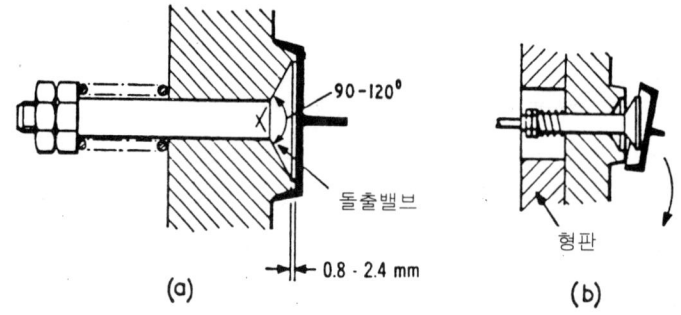

그림 7-33 밸브 돌출방식예 (b)는 돌출한 부분

판의 조립을 필요로 하는 핀·슬리브·링·바스트리퍼 돌출은 바람직하지 않다.

그림 7-34는 핀돌출 방식의 예이지만, 에어·스트리퍼와 비교를 하면 그 채용범위는 자연히 한계가 있는 것을 깨달을 것이다.

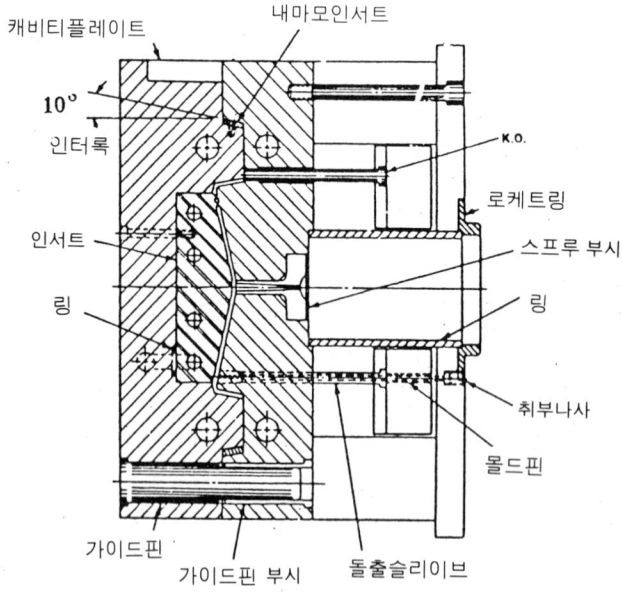

그림 7-34 고정형에서 핀 돌출방식의 기구예

3-2-3 2단 돌출 방식

한 번 돌출한 성형품을 다시 돌출하는 방식으로, 1회 돌출로는 떨어지지 않거나 자동 낙하하지 않는 경우에 많이 채용된다. 성형품적으로는 언더커트인 것이 많고, 기계적으로는 기본 돌출 방식의 조립과 돌출 타이밍의 시차(時差)를 이용한 것이 많다.

4. 금형온도 제어기구

 사출 성형은 흔히 초(秒)단위의 일이라고 한다. 초단위의 일, 즉 성형 사이클의 단축이 대형 성형품·소형 성형품·공업 부품·잡화품을 불문하고 강하게 요청된다. 이 성형 사이클 중에 차지하는 최대 소요 시간은, 냉각 시간(큐어링 타임이라고도 한다)이라고 생각하면 우선 이의는 없을 것이다. 이 냉각 시간을 좌우하는 중요한 요소가 금형 온도이다. 또 성형 온도와 사출 압력에 의해서 결정되는 캐비티내에 있어서 유동성의 조정 역할을 하는 것도 금형온도(제어)이다.
 한편, 상품 요구의 3요소인 외관상, 물성(物性)상 및 칫수 정밀도의 유지 우열도 이 금형온도 제어에 의존하는 비율이 매우 높은 것에도 이론(異論)은 없을 것이다.

4-1 냉각 효과가 우수한 금형 구조란?

 금형의 온도 제어기구(냉각홈 구조)의 중요성에 대해서는 방금 기술한 대로 이지만, 성형품의 냉각은 다만 빠르기만 해서 좋은 것은 아니다. 거기에는 금형온도 콘트롤의 목적에 적합한 냉각 구조가 바람직하나, 경우에 따라서는 금형 온도를 높여 줄 필요가 있다. 이와 같이 성형품의 기능과 요구 조건, 재료, 성형기의 능력, 스프루·런너·게이트 시스템, 채산성(採算性)등을 고려해서 "냉각 효과"가 우수한 구조가 필요하다.

4-1-1 금형 온도 콘트롤의 목적

① 사이클의 단축
② 성형품의 개선
③ 성형품의 표면 상태의 개선
④ 성형품의 강도 저하를 방지한다.
⑤ 성형품의 변형 방지와 칫수 정밀도의 유지

 이것들은 상관관계(相關關係)에 있으며, 또 다른 성형 가공의 4요인과도 밀접한 관계가 있다.

4-1-2 성형품과 냉각 효과와의 관계

 성형품과 금형 온도 콘트롤의 관계를 고려할 때, 금형 온도 콘트롤 목적과의 관련에 의해 다음의 2가지로 분류할 수 있다.

① 죤 콘트롤 방식
② 전면 저온 콘트롤 방식

(1) 죤(zone) 콘트롤 방식

 중대형(中大型) 성형품, 물성 우선 성형품, 정밀 성형품용의 금형 등에 적용되는 방법으

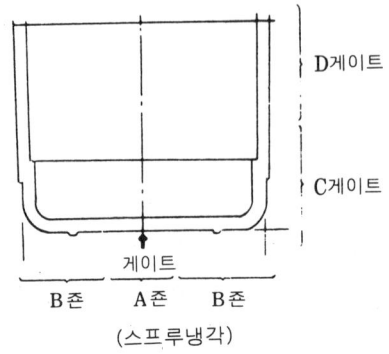

그림 7-35 냉각죤의 세분화예 A→D와
비교해서 고온으로 한다.

로 금형 각부의 온도를 온도조절기(온조기 또는 냉동기라고도 한다)를 사용해서 죤(zone)별로 콘트롤하는 방법이다. 이것에 의해서 금형내의 유동성이 개선되고, 또 성형품 설계상 부득이한 두께의 불균일, 성형기의 능력 부족, 금형 디자인(유동·캐비티부)상의 장해 및 플라스틱 특성상의 결점과 결함을 커버할 수 있는 가능성을 가지고 있다. 따라서 잔류 응력 변형이 적어지고, 외관적으로도 칫수 정밀도적으로도 고품질의 성형품을 얻을 수 있다.

또, 결과적으로는 냉각의 균일성에서 사이클 단축에 도움이 되는 경우가 많다. 이 죤 콘트롤은 반드시 금형 표면온도의 균일성을 목표로 하는 것이 아니라, 캐비티내의온도·압력·시간의 관계와 성형품의 강도·물성·칫수 정밀도와의 관계에 있어서 콘트롤하는 의미이므로 주의해 주기 바란다.

그림 7-35는 죤 콘트롤을 고려한 예로, 스프루 가까이 있는 온도가 높은 A죤(zone)은 싱크마크를 방지하기 위해서 냉각수를, 유동 거리가 긴 D죤(zone)은 가장 금형 온도를 높게 한다. B, C 죤은 A, D를 연결하는 온도로 좋다. 그림에는 없지만 싱크마크나 웰드를 제거하기 위한 국부적인 가열·냉각도 당연히 생각할 수 있다.

죤 콘트롤을 전제로 한 금형이 아니라도, 성형 작업자는 이와 같은 방식을 기본으로 한 냉각수 배관 및 금형 온도 설정을 하는 것은 매우 중요한 기술이 된다.

(2) 전면 저온 콘트롤

비교적 단순하고 균일한 살두께의 형상을 한 소형 성형품, 잡화품 등에 대해서 채용되는 방법으로 캐비티수에 관계없이 금형 온도를 될 수 있는 한 낮게하고, 사이클 단축의 목표를 정한다. 이 방법은 되도록 대량의 냉각수를 효율적으로 통과시킨다. 금형은 일종의 열교환기(냉각기)라고도 하지만, 이것은 열교환기로서의 역할을 하는 방법이다. 또, 최근에는 냉동기에 의해서 $-5 \sim 10℃$ 정도의 냉각수를 순환시키는 방법도 많다.

4-1-3 금형 온도 조절기의 사명

근래에는 온도조절기(냉동기)의 보급이 현저하다. 성형품의 용도 범위가 확대되고, 성형품 설계의 기본에 일치되지 않는 변형적인 성형품도 많고, 또 물성·외관·칫수 정밀도도 점차로 고도로 정밀한 것이 요구되는 상황을 생각하면 당연하다고 할 수 있다.

여기에서 그 사용 방법을 설명하는 것은 본문에서 벗어 나지만, 성형 메이커는 의외로 그 유효 이용을 모르는 사람이 많기 때문에 간단하게 설명한다. 온도조절기는 정확하게 온도를 상승시키기 위해서 사용되지만, 하나 더 중요한 것은 금형 온도를 정확하게 더구나 수온이나 외기(外氣) 온도에 영향을 받지않고, 항상 일정한 온도를 유지할 수 있다는 것이다. 금형 온도를 일정하게 유지하는 것은, 성형 조건의 폭을 넓혀 고품질의 성형품을 얻을 수 있는 것이다.

금형 온도를 올리는 것으로 히터와 온도조절기가 있다. 금형 온도를 올리기 위해 히터를 채용하는 예도 있지만, 국부(局部)가열 이외는 바람직하지 못하다. 그것은 히터와 온도조절기의 근본적인 차이에 의한 효율과 안정화의 문제이다. 히터의 최대 약점은 열을 가할 수는 있으나 열을 흡수할 능력이 없는 것이다. 연속 운전중에 금형 온도가 상승해서 설정 온도 이상이 되어도 이것을 제어할 능력이 없다. 이 점에서 물 또는 기름등의 액체를 매체로 하면, 열을 주고 받는 양쪽의 작용이 생겨 균일성에 도움이 된다. 또 히터로 부터 국부적인 온도 상승을 피할 수 있어 고른 가열냉각을 할 수 있다.

따라서, 온도조절기의 특징을 이용하며, 또한 냉각수와 편성하거나 또는 온도조절기·냉각수의 유량을 조정하는 것에 의해, 존 콘트롤이 유효함과 동시에 간편하게 채용할 수 있다. 이것이 온도조절기의 사명(使命)이며 효과적인 사용 방법이라고 할 수 있다. 열팽창과 정밀도의 관계에서도 같다고 할 수 있다.

4-2 온도 제어(制御)의 방법

가장 이상적으로는 그림 7-36의 ①에서 성형품의 폭과 같은 냉각 회로를 가지지만, 대형의 성형품일수록 사출 압력에 의해 휘어질 가능성이 있으므로, 현실적으로는 소형 성형품 이외에는 성형품과 같은 폭으로 냉각 회로를 설치하는 것은 어렵다.

따라서, 캐비티의 강도를 유지하면서 적절한 냉각 효과를 얻을 수 있는 구조로서 ② 또는 ③의 냉각 회로를 설치한다. 특히 ③의 원형(円形)의 냉각회로는 쉽게 만들 수 있으므로 자주 사용된다. 원형의 냉각 회로는 금형의 강도도 그다지 저하시키지 않는 것도 매력이며, 사출 압력을 높게 해야 하는 정밀 성형 금형에 흔히 이용되는 것도 이 이유 때문이다. ②의 직사각형의 냉각 회로는 냉각효율에 있어서는 원형을 능가하지만 기계적 강도가 원형보다도 조금 뒤떨어진다.

① 물리적으로 이상적인 형상
   성형품의 폭 b_A = 냉각수 유로(流路)의 폭 b_T

② 기술적으로 가장 적합한 형상
   조건 ; 사출 압력을 받을 경우에 캐비티의 충분한 강성(剛性)을 유지하면서, 온도를 제어한다 → 격벽(隔壁)에 의한 물리적으로 이상적인 형상의 중단

③ 쉽게 실시할 수 있는 형상
   조건 ; ②와 같음, 그러나 만약 $d_T = b_T$라면 원형을 이용하면 열적으로 유효한 표면적은 비교적 적어진다.

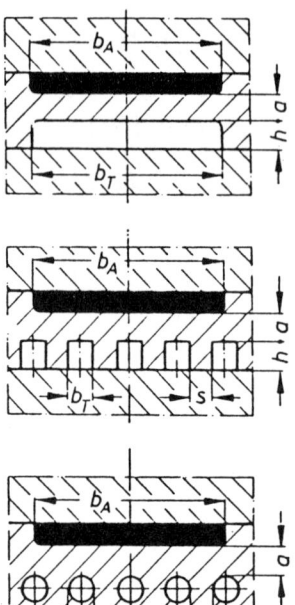

④ 냉각수 유로(流路)의 칫수

b_T, d_T, h (mm)	6	8	10	12	14	16	18	20
a (mm)	4	6	8	12	15	20	25	30
s (mm)	4	6	7	8	10	11	12	14

그림 7-36 냉각/가열매체의 유로의 설계와 칫수

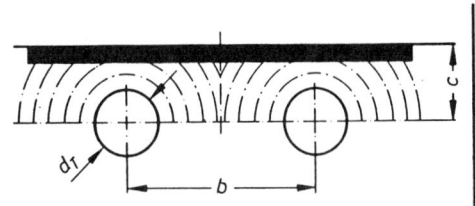

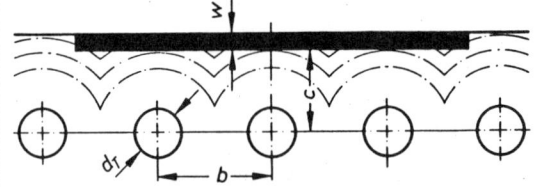

① 불균일한 열의 제거
   큰 간격 b
   + 짧은 간격 c
   + 큰 유로(流路) 직경 d_T
   그 결과 : 캐비티내의 불균일한 온도

② 균일한 열의 제거
   만약 다음과 같으면
   Ⅰ 성형품 두께 W가   유로 직경 d_T는
      ≤ 2 mm   8 ~ 10 mm
      ≤ 4 mm   10 ~ 12 mm
      ≤ 6 mm   12 ~ 15 mm
   Ⅱ 간격 C = (2~3) × 유로 직경 d_T
   Ⅲ 간격 b = (최대3) × 유료 직경 d_T

그림 7-37 정밀금형에서의 냉각/가열매체의 유로의 직경 및 배치, 유로는 동심원의 등온선(이상화되어 있다)에 의해서 둘러싸여 있다.

또, 대량 생산용의 금형은 성형 사이클을 단축해야 하기 때문에, 냉각은 「과도(過度)」가 바람직하며, 대형 성형품에서 비교적 큰 칫수의 변동 및 불균일 구조에 의한 설계로 비교적 성형 변형이 크게 발생되리라 예상되는 경우는 「침착한」 냉각을 해야 한다.

정밀 성형은 보통 매우 좁은 범위의 칫수 공차(公差)와 우수한 기계적 성질을 필요로 하기 때문에 「침착한」 냉각을 해야 한다.

냉각 회로와 캐비티 표면간의 간격은 클수록 캐비티의 온도는 균일하게 되고, 사출중 캐비티 표면 온도의 상승이 크다. 이것은 성형품의 변형, 기계적 성질 및 캐비티 충전 속도에 좋은 결과를 준다. 간격이 좁을 수록 캐비티의 열은 급속히 없어지고, 성형 사이클은 단축된다. 그림 7-37에 냉각 회로와 캐비티 표면 간격의 기본적 설계를 나타낸다.

또, 냉각 회로의 병렬(並列) 연결은 직렬(直列)연결보다 효율이 한층 더 높아진다. 병렬 회로는, 또, 금형 온도의 균일화에 도움이 되지만, 회로를 흐르는 냉각 매체의 유동 저항이 균일하도록 설계하는 것이 필요하다(그림 7-38).

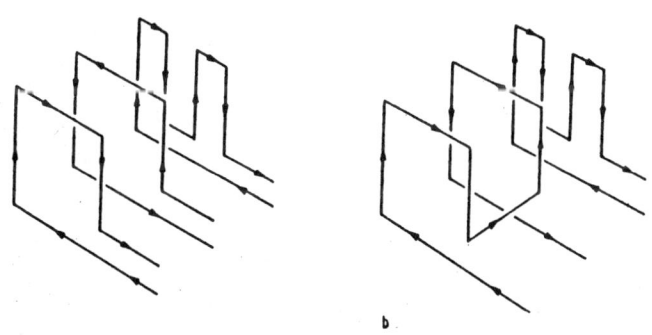

그림 7-38 병렬회로와 직렬회로

직경 또는 폭이 좁고, 막힌 구멍이 긴 코어를 구멍이나 홈 또는 슬롯(slot)에 의해 냉각해야만 하는 금형 설계는 정밀 금형에서는 자주 볼 수 있다.

이와 같은 금형으로 성형하면, 용융 플라스틱이 코어의 위에서 수축하고, 캐비티와 성형품 사이에 약간 간격이 생겨 단열층이 되어서 열전도를 방해하며, 그 결과 코어가 충분히 냉각되도록 설계되어 있지 않는 금형에서는 코어의 온도가 점점 상승하고, 성형 사이클이 길어져, 정사각형과 직사각형 단면의 코어에서는 변형을 일으킬 가능성이 있다. 이와 같은 코어의 설계상의 포인트를 그림 7-39로 나타낸다.

또, 그림 7-40·41과 같은 표준 부품을 이용하는 것도 매우 유효하다. 대부분의 크기로 준비되어 있다.

또, 매우 소구경(小口徑)의 히터 파이프를 열교환으로 이용해서 좋은 결과를 얻을 수 있다.

코어직경, 코어폭 d(mm)	사 항	
≧3	금형이 열려있는 사이에 공기에 의한 열의 제거	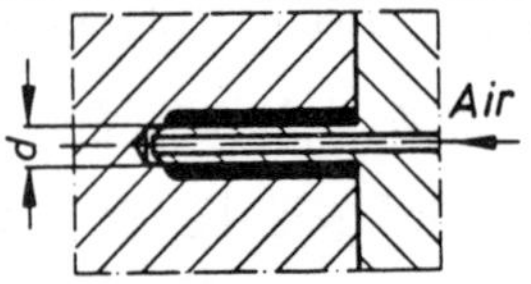
≧5	온도제어매체로의 전열체로서 구리핀 또는 열핀(히터파이프)	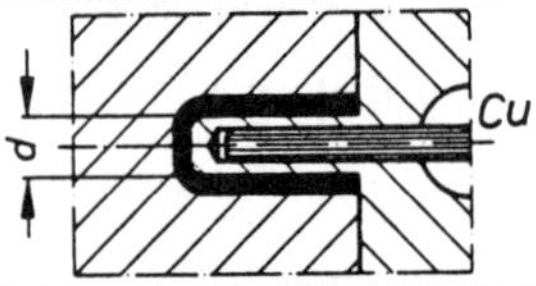
≧8	분수형냉각수유로(나선상유로를 가진 분수형내각수유로)	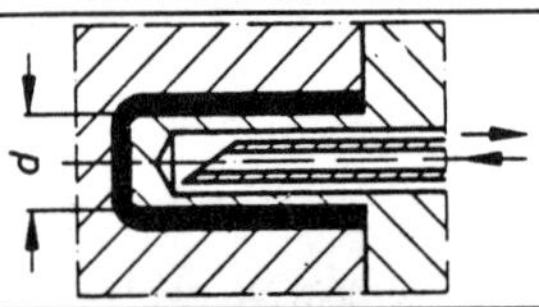
≧40	나선상유로	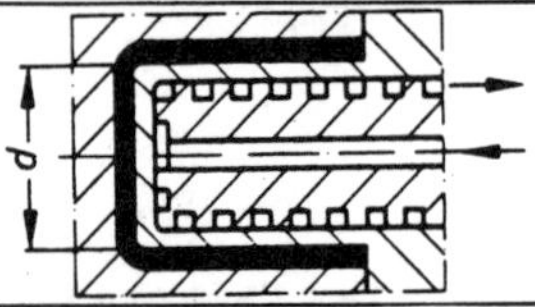
중공(中共)코어 S≧4	이중 나선상유로에 의한 중공코어의 냉각	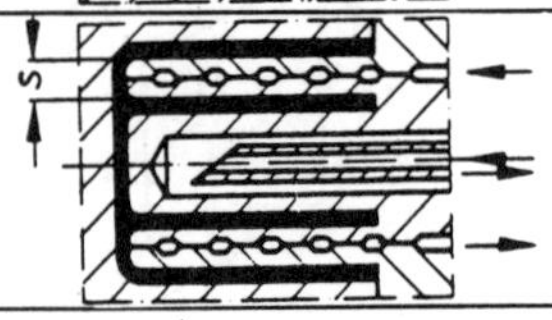

그림 7-39 코어의 냉각

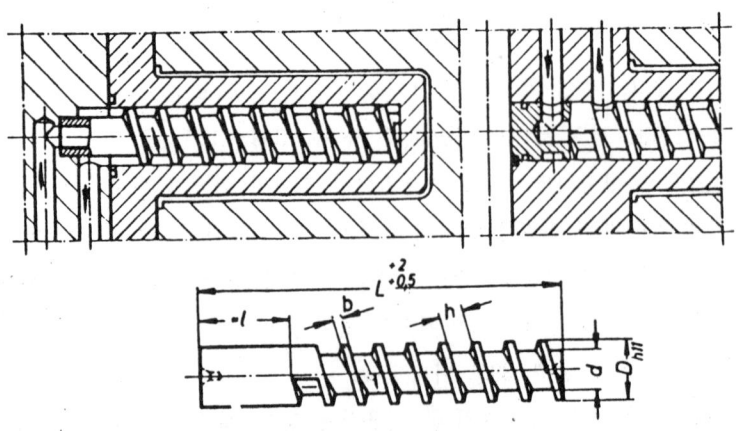

그림 7-40 소구경 코어의 냉각회로의 표준부품

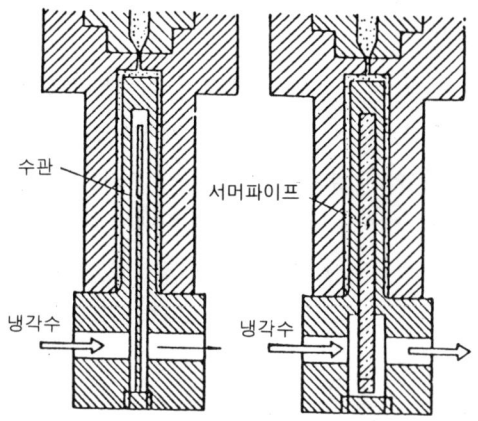

그림 7-41 히터파이프에 의한 소구경 코어의 냉각

5. 언더커트 성형품과 금형

 성형기의 형체·형개 방향의 운동만으로는 성형품을 꺼낼 수가 없는 부분을 언더커트라고 한다. 이 언더커트는 일반적으로 금형 구조가 복잡하며, 또 트러블 발생의 정도, 성형 사이클의 연장 등에 영향을 주기 때문에, 성형품 설계 단계에서 극히 피하는 것이 바람직하다고는 하지만 "공정(工程)에서 완성품"이라 하는 사출성형의 특징을 그 만큼 유효하게 사용할 수 있는 성형품도 없고, 그 응용범위도 처리 방법도 많다.

 본항(本項)에서는 나사(일종의 언더커트)금형을 제외한 언더커트 처리 금형에 관해 생각해본다. 언더커트 성형품 및 이 처리 방법은 다음과 같이 분류할 수 있다.

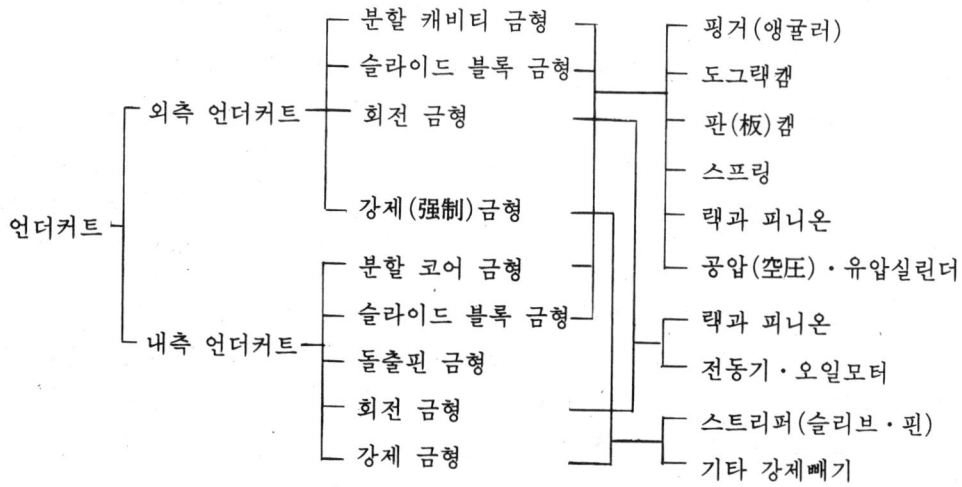

5-1 분할 금형(캐비티)

 분할된 캐비티 전체, 혹은 일부분을 형체·형개 운동을 이용한 기계적 또는 공기압·유압적(油圧的)으로 슬라이딩 시킴으로서 언더커트를 제거하는 방법이다. 이 방법에는 고정측이든 이동측의 어느것이든 한 쪽의 금형판내에서 분할 캐비티는 슬라이딩한다. 폐쇄된 분할 캐비티는 반대측의 형판에 설치된 록킹 블록에 의해서 록크된다.
 그림 7-42에 분할 금형 방식에 적합한 언더커트 성형품의 예를 나타낸다.

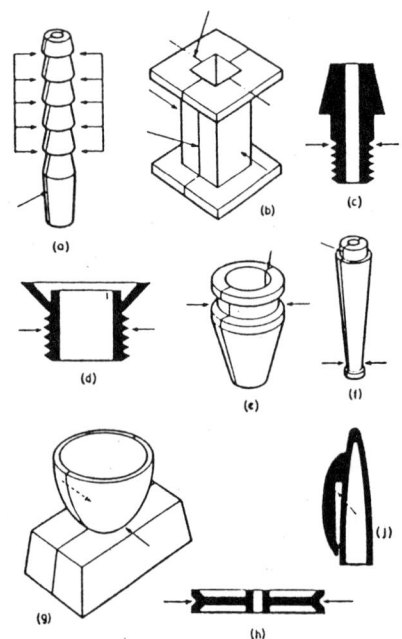

(a) 호오스니플
(b) 보빈
(c) 나사 어댑터
(d) 나사부착 부속품
(e) 콘넥터
(f) 파이프 무늬
(g) 에그 스탠드
(h) 풀리
(i) 캡

그림 7-42 분할금형방식에 적합한 언더커트 성형품 예(화살표 부분이 언더커트가 된다)

5-1-1 핑거핀(finger pin)과 도그랙 캠(핑거레버)작동 방식

 그림 7-43은 전형적인 예로, 핀을 경사지게 해서 이 핀을 일종의 캠으로 이용한다. 분할 캐비티는 형개와 함께 핑거핀에 의해 바깥쪽으로 움직인다. 주의할 점으로는 형체 완료 후 분할 캐비티의 슬라이딩 방향의 힘은 고정측 형판(型板)이 있는 인로우부 돌기부에 의해서 받고 있는 것으로 핑거핀은 아니다.
 상기와 같은 방식에 의한 분할 금형은 모두 긴 핑거핀 및 도그랙캠을 이용하면 상당히 깊은 언더커트의 성형품이라도 취출할 수 있지만, 핀과 캠을 길게하면 할수록, 금형의 구조와 강도가 불안정하게 되는 것이 결점이다. 이것을 보안한 것으로서 형개 스트로크를 이용해서 90°직각으로 작동시키는 메카니컬 슬라이딩 장치가 판매되고 있다. 이것을 사용하면 상기와 같은 복잡한 구조를 하지 않아도 된다. 이 장치는 2개의 랙이 맞물려서 형개할 때의 운동을 직각으로 전달하게 한 것이다(그림 7-44).

5. 언더커트 성형품과 금형 267

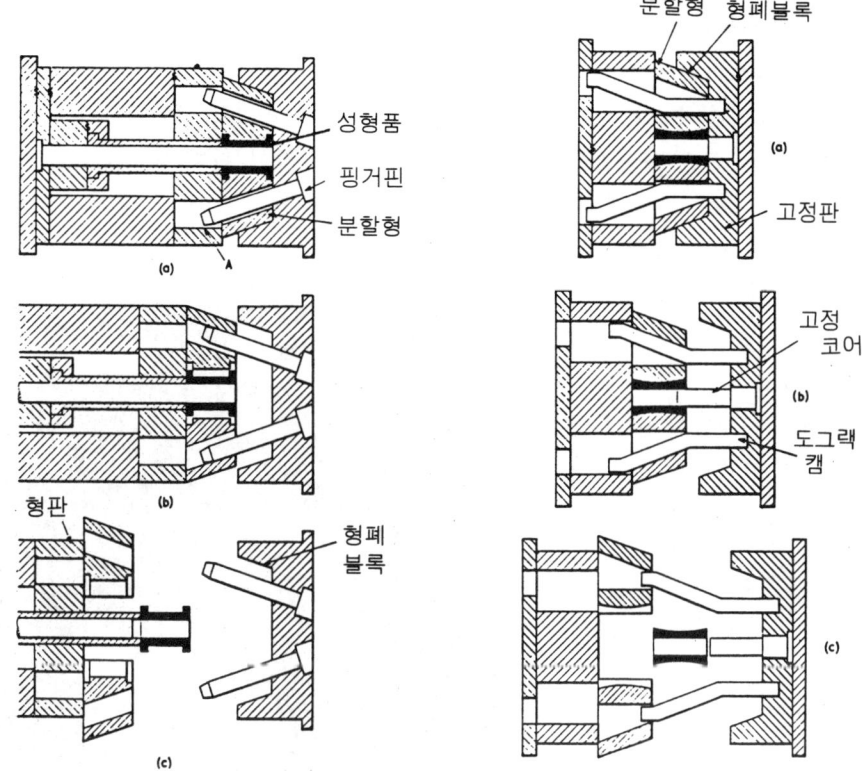

그림 7-43 핑거핀(左)과 도그렉캠(右)에 의한 분할금형의 예

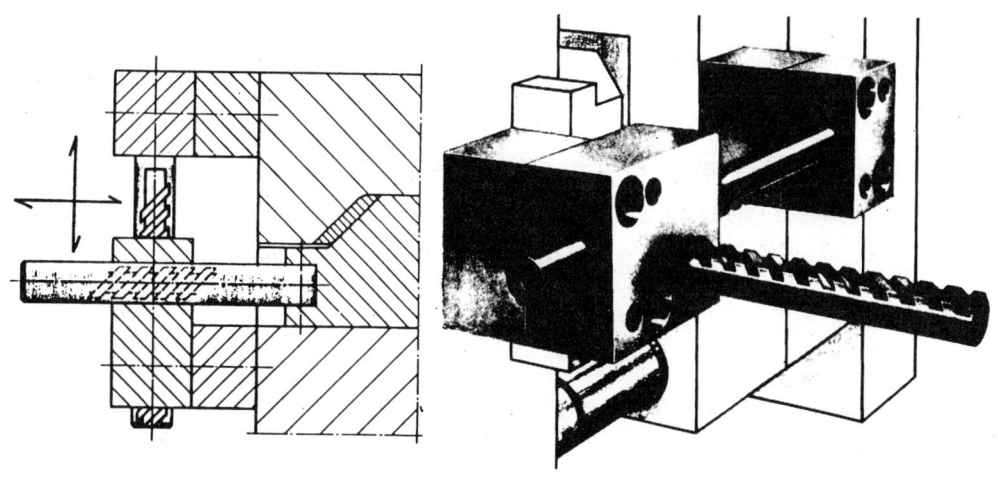

그림 7-44 캠과 핑거를 필요로 하지 않는 메카니컬 슬라이딩 장치

5-1-2 유압·공기압 실린더 작동 방식

지금까지의 분할 캐비티의 작동은 유압 또는 공기압 실린더를 이용한 방법이다. 작동 타이밍을 자유롭게 조정할 수 있으며, 또 슬라이딩력도 강하고 확실한 작동이 가능한 메리트가 있다. 최근에는 어떠한 금형에도 장치할 수 있는 표준 부품이 판매되고 있다.

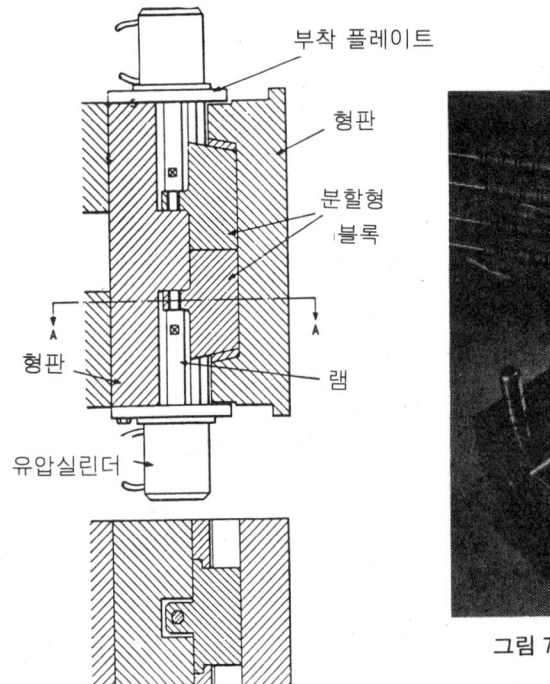

그림 7-45 유압(또는 공기압)실린더에 의한 분할금형

그림 7-46 4개의 코어를 유압실린더로 작동시키는 금형

5-2 슬라이드 블록 금형(사이드 코어·사이드 캐비티)

성형품의 외측에 언더커트가 있는 경우에 사용할 수 있는 방법으로 분할금형은 캐비티 전체를 대칭적으로 둘로 분할하는 것에비해 슬라이드블록형은 언더커트부분, 혹은 이형상(離形上)의 장해점만의 부분 분할 방식으로 생각해도 좋다(그림 7-47). 일반적으로는 이동측 형판의 사이드(형개폐 방향과는 직각)에 가동 부분을 설치, 고정된 앵귤러핀(핑거핀), 도그랙캠, 판(板)캠, 공기압·유압 실린더 등에 의해서 가동 부분을 이동시킨다.

이 가동 부분을 가동 코어·사이드 코어·사이드 캐비티·사이드 블록·슬라이드 코어·슬라이드 캐비티·슬라이드 블록 등 여러 가지 호칭이 있다. 본항에서는 우선 슬라이드 블록이라고 총칭해서 설명한다. 그림 7-48에 슬라이드 블록형의 대칭 성형품예를 나타낸다.

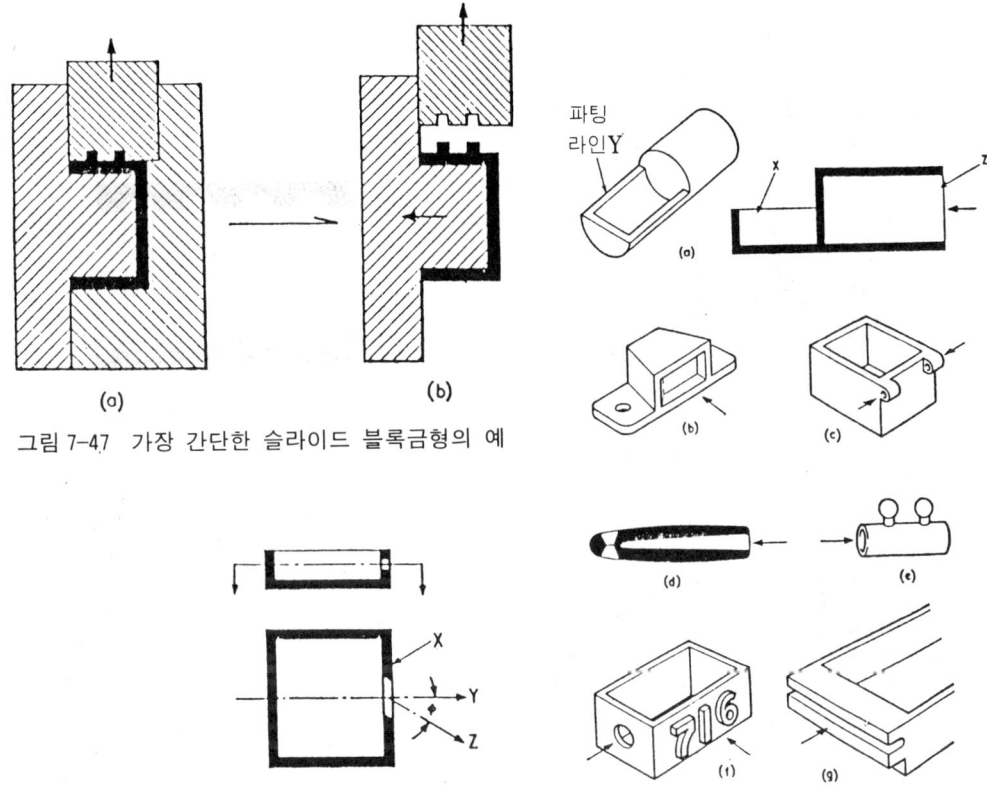

그림 7-47 가장 간단한 슬라이드 블록금형의 예

그림 7-48 사이드 코어 및 사이드 캐비티형의 대칭 성형품예(화살표가 슬라이드 블록이 된다)

또, 성형품에 따라서 코어가 1개로 한정되지 않고, 2개 이상인 것도 많다. 자동 운전으로 성형하는 경우는 성형기와 슬라이드 블록의 작동 순위를 정확하게 미리 결정할 필요가 있다. 특히 공기압·유압 실린더를 사용하는 경우는 전기 회로 및 유압 회로의 변경이 따르므로 주의한다. 이 의논이 불충분하면 금형 파손 사고가 되는 경우가 많다. 또 공기압·유압 실린더 작동의 경우는 시퀀스 제어에서의 확인 작동(리미트 스윗치, 타이머, 시퀀스 밸브) 및 가변 가능한 압력·속도 조정 밸브도 반드시 설치하는 것이 중요하다.

사이드 코어는 전항(前項)에서 설명한 유압·공기압 실린더나 핑거 레버·도그랙캠 등에 의해 똑같이 움직일 수가 있다.

5-3 내측 언더커트의 처리 대책

성형품의 내측, 즉 형개폐(型開閉) 방향에서는 끄집어낼 수 없는 코어형의 돌기(凸突起)·들어간 부분(凹)을 내측 언더커트라 한다. 단, 관통하고 있는 가로구멍 등은 분할형 및 슬

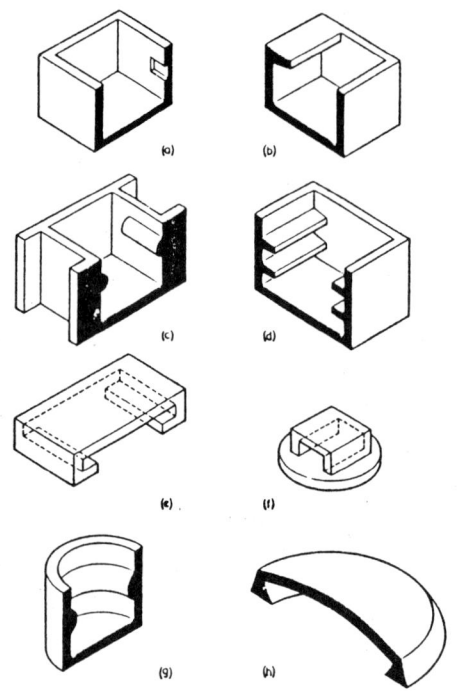

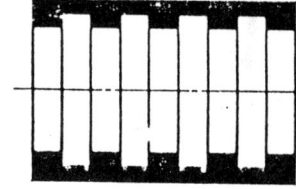

그림 7-50 복잡한 내측 언더커트

그림 7-49 내측에 언더커트를 가진 성형품 예

라이드 블록으로 처리하는 편이 간단하며, 내측 언더커트에서 제외한다. 그림 7-49에 내측 언더커트의 대칭 성형품 예를 나타낸다.

그림 7-50에 나타낸 것처럼, 그림 7-49보다도 더욱 더 복잡한 내측이 계단 모양으로 되어 있는 성형품(예를 들면, 카메라 렌즈를 전후 투입하는 경동(鏡胴)등)에는 통상적인 수단으로는 성형할 수 없다. 이와 같은 성형품에서는 코러시플 코어(끼워 넣기 코어)를 사용함으로써 성형이 가능하게 된다. 코러시플 코어는 그림 7-51(A)와 같이 코어를 끼워 넣도록 되어 있다.

따라서 그림 7-51(B)의 경우는 내측의 언더커트의 높은 쪽을 끼워 넣으면 코어를 뽑아낼 수 있다.

5-3-1 경사 돌출 핀 작동 방식

그림 7-52에 기본 구조와 자동예를 나타낸다. 이것은 언더커트 부분을 형성하는 기울어진 경사 돌출 핀이 있으며, 이 핀은 스프링에 의해 돌출판에 접촉한다. 형개 후 돌출판이 전진하면 경사 돌출핀의 옆방향의 운동에 의해 언더커트는 떨어진다.

5-3-2 분할 코어 작동 방식

그림 7-53에 그 대표예를 나타낸다. 경사 돌출 핀과 비슷하지만, 언더커트부는 슬라이드 코어에 있다. 그림은 양사이드(4방향에서도 같음)에 언더커트가 있는 경우로, 그 전진(前

5. 언더커트 성형품과 금형 271

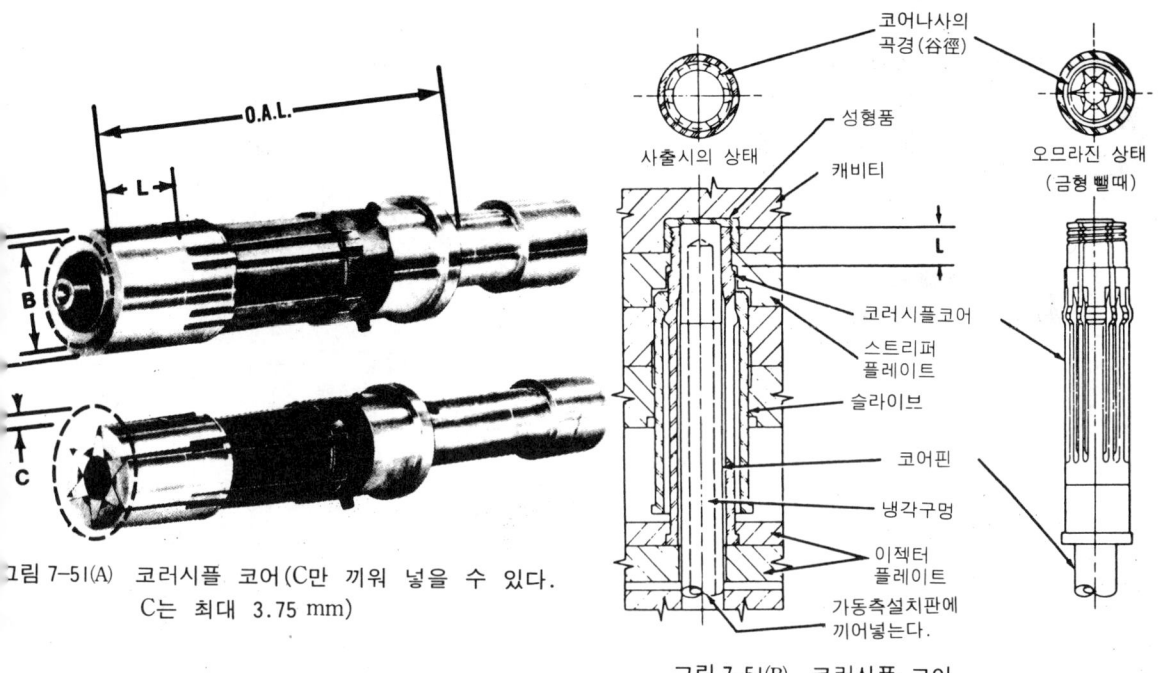

그림 7-51(A) 코러시플 코어(C만 끼워 넣을 수 있다. C는 최대 3.75 mm)

그림 7-51(B) 코러시플 코어

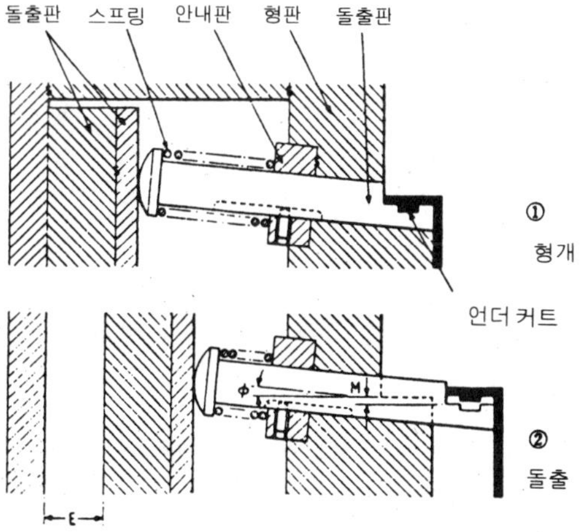

그림 7-52 경사돌출핀 작동방식

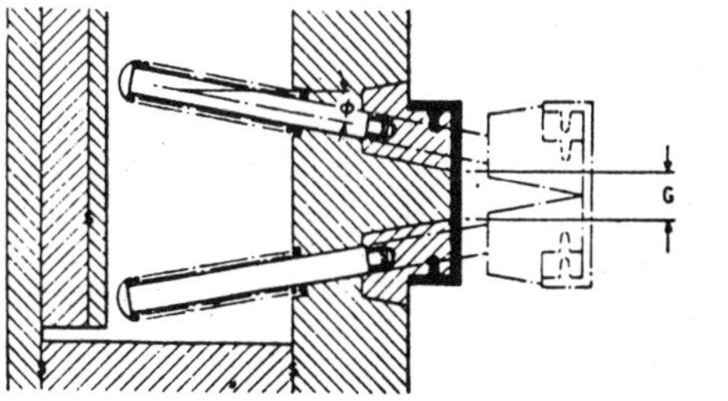

그림 7-53 각종 분할코어 작동방식의 기구 예

대칭적으로 2곳 이상의 내측 언더커트가 있는 경우의 기구 예

進) 한계는 2 조의 코어가 접촉하는 위치이다.

5-4 강제빼기(스트립핑(stripping) 처리)

외측·내측 언더커트를 불문하고, 단순하고 효과적인 처리 방법으로 코어에서 성형품을 강제빼기한다. 이 방법의 채용가능 유무는 다음의 요인에 따라 결정된다.

① 언더커트의 형상 ; 그림 7-54 ①과 같은 형상은 모두 가능성이 있다.

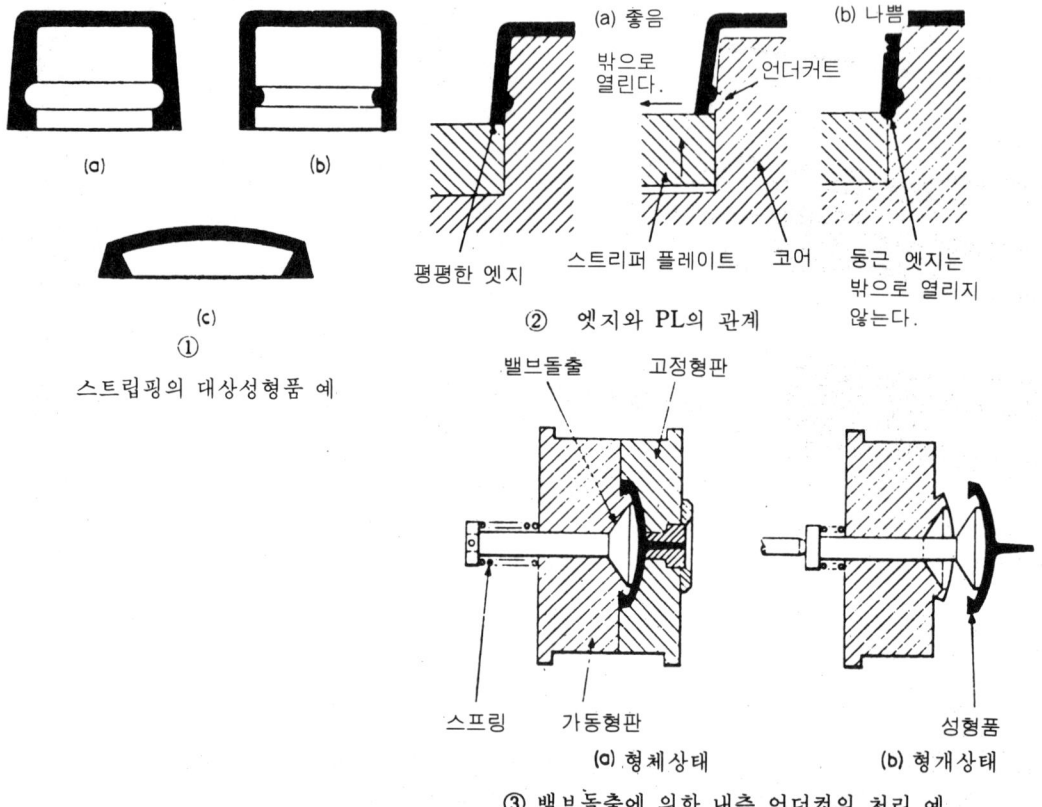

그림 7-54 각종 스트립핑과 대칭성형품

② 사용 플라스틱의 종류 ; 고무 탄성을 이용하는 것이기 때문에 PE·PP 등이 가장 적당하지만, 스프링 탄성이 좋은 POM도 자주 채용된다.

③ 돌출중에 언더커트부의 반대 방향으로 확대되는 형상인지 어떤지 ; ②와 서로 관련해서 그 탄성의 발휘 정도를 좌우한다. 변형후는 원형으로 되돌아 가는 것

스트립핑의 돌출 방식은 스트리퍼플레이트(링(ring), 바(bar))가 가장 많고, 그 다음에 밸브 돌출, 핀 돌출 방법도 채용된다. 그림 7-54 ②는 스트리퍼 플레이트 돌출 가장자리의 모양을 나타낸다. (a)는 (좋고) (b)는 나쁘다. 또 ③은 밸브 돌출의 한 예이다. 이 경우, 밸브의 선단(先端)은 강도가 허용하는 한 큰 쪽이 바람직하다. 강제빼기를 능숙하게 이용하면 뒤의 조립 공정이나 제품화의 단계에서 자유롭게 떼어내는 편리함이 있다.

6. 나사 성형품과 금형

 나사붙은 성형품용 금형은, 나사의 특성과 생산 방식등 여러가지 많은 요인에 따라서 간단하고 복잡하게 된다. 나사는 언더커트가 되는 경우가 많고, 게다가 그 처리 방법이 전항(前項)의 일반용 언더커트와는 다른 것도 많다. 본항(本項)에서는 이러한 나사붙은 성형품용 금형의 기본 구조에 대해 기술한다.

6-1 나사붙은 성형품과 처리 금형의 분류

 나사붙은 성형품용 금형을 생각하는데 있어서, 다음의 각종 요인에 관해서 충분한 파악이 필요하다.

 우선 나사의 종류에 대해
 ① 나사의 타입 ; 내측 나사인가 외측 나사인가
 ② 나사의 모양 ; 둥근 나사인가 삼각 나사인가 기타인가 피치 나사수는 직경은
 ③ 나사의 연속화(連續化) ; 연속 나사인가 비연속 나사인가.
 다음으로 생산 형태상에서
 ① 생산 타입 ; 수동(치공구 사용도 포함)인가, 반자동, 전자동인가
 ② 나사의 갯수 ; 동일 성형품 내에서 한개가 여러개인가.
 ③ 성형품의 빼기(캐비티)수 ; 한개빼기인가 여러개빼기인가.
 나사 성형품의 상품 가치, 기능상에서
 ① 파팅 라인 ; 나사부에 파팅 라인이 있어도 좋은지 어떤지. 외측 나사에 파팅 라인이 있어도 되는 경우에 한해서, 언더커트 성형품으로 되지 않는다.
 ② 플래시와 뒷처리 ; 나사부에 파팅 라인을 설치하면 플래시가 발생하기 쉬우므로, 그 상품 가치와 플래시 사상의 영향은 어떨지.
 ③ 나사의 강도
 나사 처리 금형설계상에서
 ① 위의 각 요인에 의한 가부(可否)의 경우는 인서트 나사를 고려한다.
 ② 사용 플라스틱 ; 강제빼기 스트립핑의 가능성
 이들 요인에 의해, 그 처리 대책의 기본으로 다음 3가지로 구분할 수 있다.
 ① 금형 나사부를 분할형, 또는 슬라이드 블록으로 한다.
 ② 금형 나사부를 코어로 한다.
 ③ 금형 나사 또는 성형품을 회전시킨다.
 ①의 분할금형으로 하는 경우에는 전항(前項)의 분할금형(슬라이드 블록)과 같으므로 여기서는 생략하다. 코어 방법은 생산성이 매우 나쁘기 때문에, 현재는 샘플이나 소량 생산 이

외는 거의 사용되지 않는다. 현재는 성형품 또는 금형을 회전하여, 언더커트의 처리와 돌출을 동시에 처리하는 방법이 한결같이 이용되며, 특히 여러개 빼기(캐비티)의 경우에는 유효하다.

이 경우, 성형품이나 금형의 어느 한쪽으로 회전과 이송을 하는가 아니면 회전만으로서 다른 방향으로 이송을 하는가 어느 한쪽이지만 반드시 성형품에 회전 멈춤(슬립 방지)이 필요하다. 회전과 이송을 해주는 방법은 기어를 끼워서 회전을 하는 성형품과 같은 피치를 가진 이송나사에 의해 이송을 하는 것이 대부분으로 회전 구동(驅動)방식에는 수동식을 제외하고 다음과 같은 방법이 있다.

① 기계식 ; 형개 운동을 이용한 랙→피니온, 체인과 스프로케트, 숫나사와 너트와 피니온 등의 조립.
② 유압 또는 공기압식 ; 직선 운동을 회전력으로 변환하는 랙과 피니온, 오일 모터와 기어트레인 등의 조립.
③ 전기식 ; 모터 구동원(驅動源)에 기어트레인, 웜과 휠(worm wheel), 기어와 체인과 스프로켓의 조립 등.

최근에는 나사 뽑기 기구를 성형기에 조립해 넣는 전용기(專用機)도 제작되고 있다. 그림 7-55에 각종 성형 나사의 종류와 인서트 나사를 나타낸다.

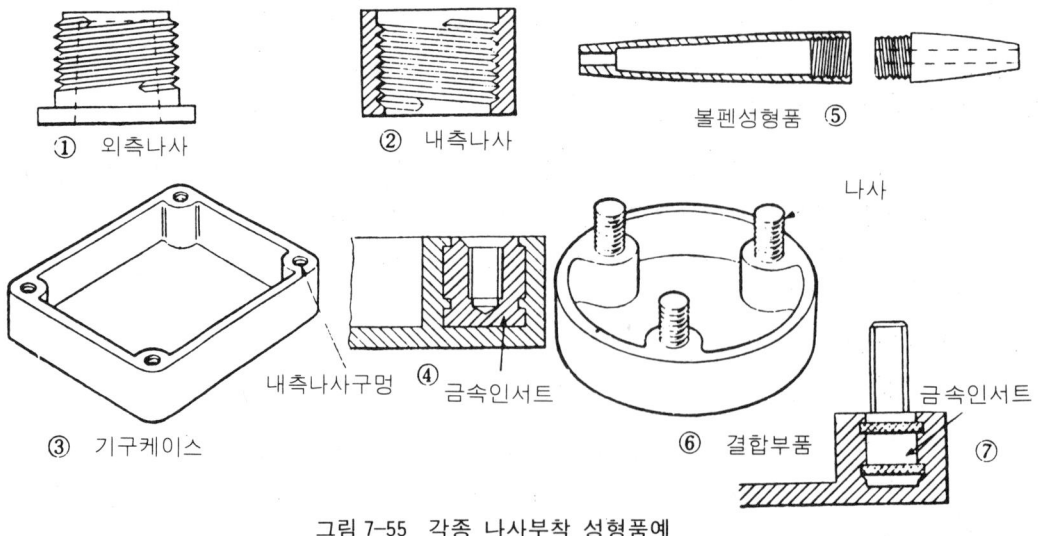

그림 7-55 각종 나사부착 성형품예

6-2 내측나사의 처리 대책

6-2-1 고정 나사 코어 방식

형개 후, 코어에 남은 성형품을 작업자가 손으로 돌려서 취출(取出)한다.

6-2-2 강제빼기(스트립핑) 방식

스트리퍼 플레이트에 의해 코어에서 돌출하지만, 나사의 형상은 직경과 비교해서 높이가 낮고, 둥근 나사로 고무 탄성이 풍부한 플라스틱과 강제빼기 변형을 흡수할 수 있는 형태와 두께라야 한다.

6-2-3 삽입식 코어 (삽입식 나사코어) 방식

성형품 돌출 동작시에 나사 코어는 성형품과 함께 돌출되어, 뒤에서 손 또는 치공구를 사용해서 성형품과 코어를 분리한다. 나사 코어는 2개 이상 만들어서 교환 착탈식(着脱式)으로 한다.

샘플이나 극히 소량의 생산, 많은 구멍 또는 나사가 접근해 있거나 강도적으로 자동 나사빼기 장치를 조립해 넣을 수 없는 경우에 많이 사용된다. 그림 7-56에 일예를 나타낸다.

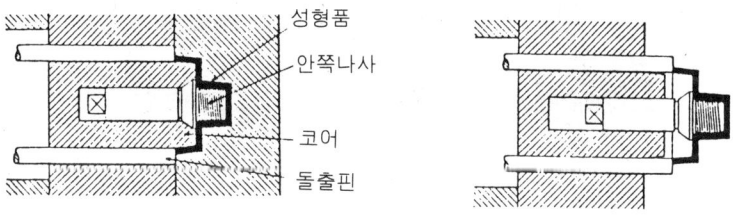

그림 7-56 삽입식 코어 방식에 의한 성형품예

6-2-4 회전 나사 코어·캐비티 방식

자동적으로 나사부착 성형품을 빼내기 위해서는 이미 기술했듯이 코어 또는 캐비티를 회전시킬 필요가 있다. 이 경우 캐비티 구조에 의해 다음의 3가지 방법을 생각할 수 있다.

① 나사 코어는 단지 회전하는 것만으로 성형품을 끄집어 낸다.

이 경우, 성형품의 외형은 회전 정지를 하는 형상이 아니면 슬립(slip)해 버린다. 또 나사부의 길이는 캐비티 깊이보다 약간 짧은 것이 좋고 얕으면 별도의 돌출 기구가 필요하게 된다. 반대로 관통하고 있는 경우에 나사 길이가 캐비티 보다 긴 경우는 완전하게 빠지지 않는다. 그림 7-57에 전자동으로 여러개빼기를 하는 금형의 예를 나타낸다. 이와 같은 기구를 필요한 만큼 금형에 조립해 넣어 대량 생산한다.

② 나사 코어는 회전하면서 후퇴한다.

그림 7-59에 일예를 나타낸다. 나사의 밀착력이 강할 때는 자동 낙하에 지장이 없는 슬립 방지도 필요하다. 또 후퇴용의 나사는 각(角)나사가 많이 사용된다. 더구나, 성형품을 끄집어 낸 후에는 나사 코어를 회전시켜서 원위치로 되돌린다.

③ 캐비티를 회전시킨다.

이 방식은 게이트를 성형품의 내측에 설치하고자 할 경우나 가늘고 긴 나사 코어를 회전

276 제7장 금형

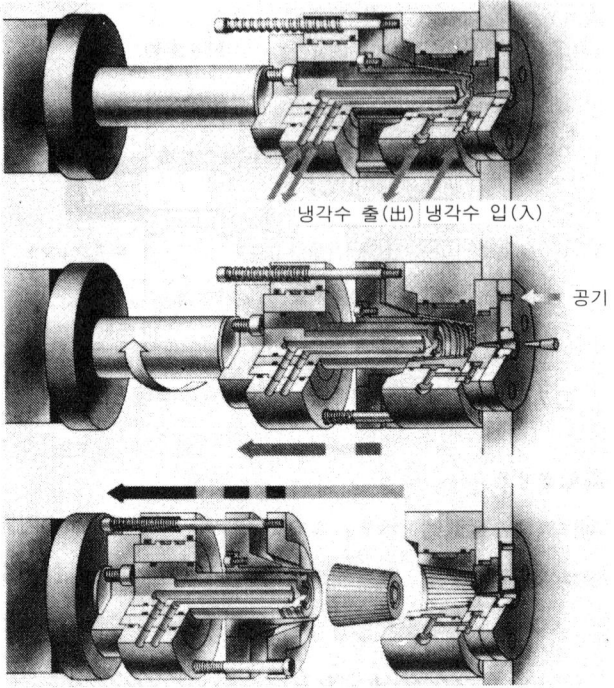

그림 7-57 나사코어의 회전만으로 성형품을 취출하는 방식

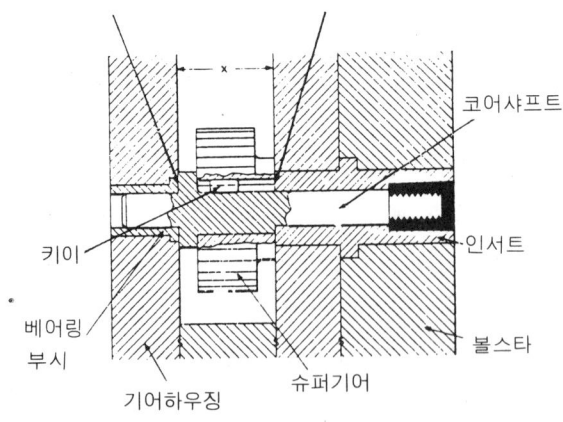

그림 7-58 안쪽나사가 붙은 캡의 자동 금형의 한예

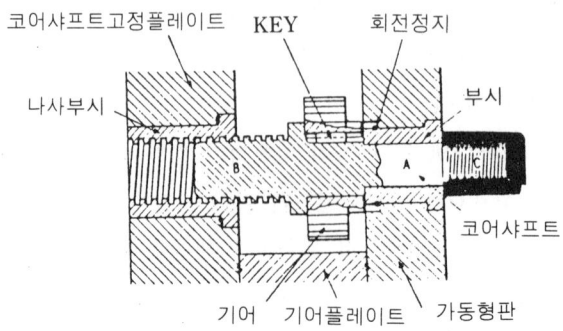

그림 7-59 나사코어 회전·후퇴방식의 원리와 기구예

6. 나사 성형품과 금형   277

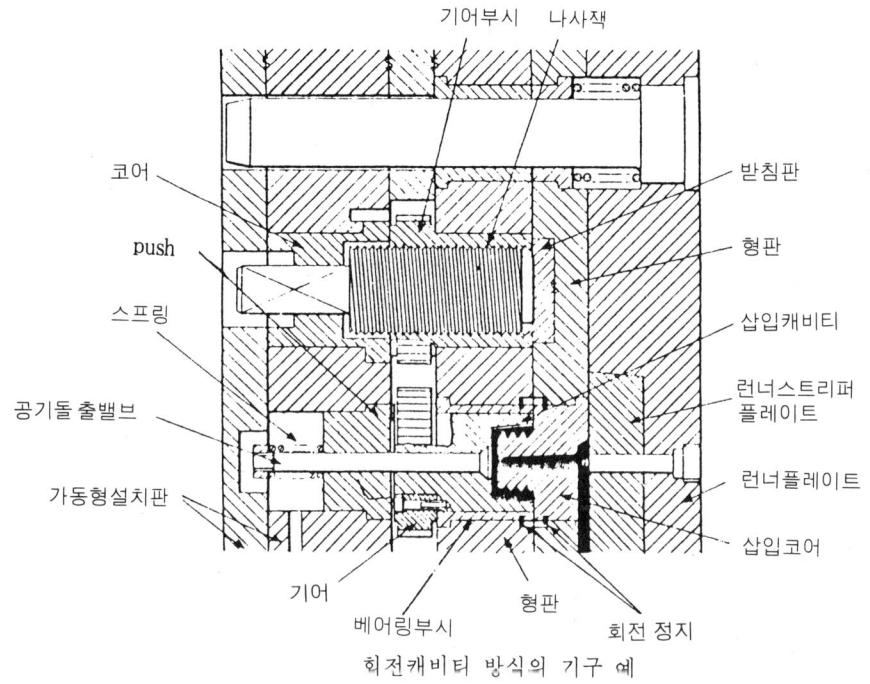

그림 7-60 내측 게이트방식에 의한 회전캐비티 기구예

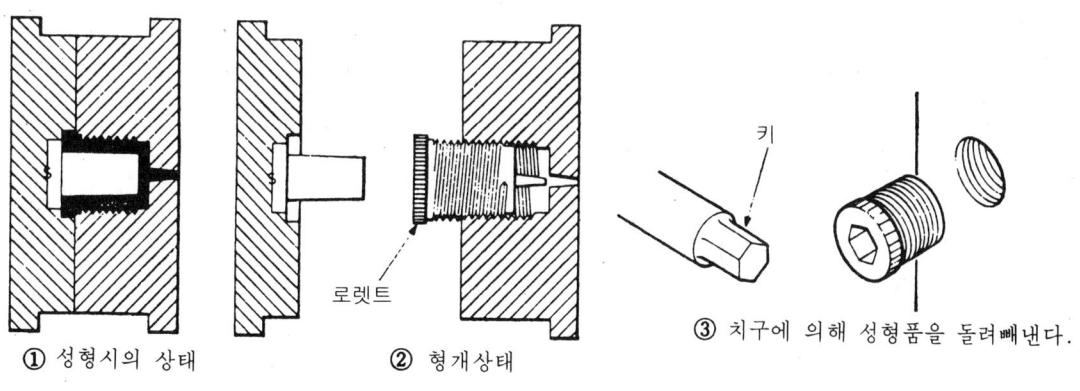

그림 7-61 고정 캐비티방식의 작동원리

하면 강도적으로 문제가 생기기 쉬운 경우에 채용되고 있다. 그림 7-60에 작동원리와 금형 예를 나타낸다.

6-2-5 코러시플 코어에 의한 안쪽 나사의 성형

5-3항의 내측 언더커트에서 설명한 코러시플 코어에 의하면 복잡한 회전기구를 사용하지 않고, 안쪽 나사의 성형을 할수 있다(그림 7-51을 참조할 것).

278 제7장 금형

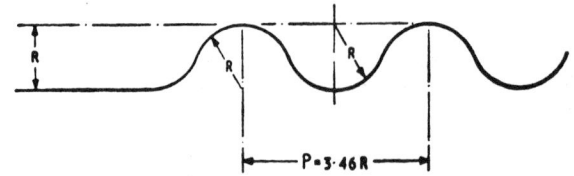

그림 7-62 강제빼기 나사의 형상예(둥근나사)

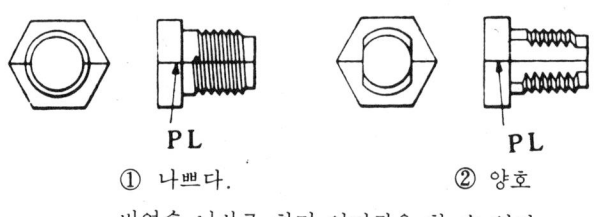

① 나쁘다. ② 양호

비연속 나사로 하면 언더컷은 할 수 없다.

그림 7-63 언더커트를 피한 예

7. 사출 성형 금형의 제작과 공작법의 개요

 사출 성형은 사출 성형 재료·사출 성형기 금형 및 성형 기술이 있어야, 비로소 원하는 제품을 성형할 수가 있다. 그 중에서도, 금형은 가장 중요한 역할을 한다. 특히, 칫수 정밀도가 높은 성형품을 성형할 경우에는 대략 90%정도는 금형의 제작에서 결정된다.
 여기서는, 사출 금형의 아주 기본이 되는 사항과 최근의 상황 몇가지를 정리해서, 사출 금형의 제작과 공작법을 이해하는데 필요한 사항에 관해 정리한다.

7-1 금형의 역할

 금형은 원하는 형상으로 성형품을 만드는 것과, 원하는 대로의 칫수를 구하는 것이 우선 주요한 역할이지만, 또 하나 중요한 것은, 금형안으로 들어 온 뜨거운 용융 플라스틱의 열을 냉각시키는(경우에 따라서는 가열·보온) 열교환기로서의 역할도 있다. 특히 후자는 생산성과 성형품의 품질에 큰 영향을 미친다.

7-2 금형 재료

 금형은 금속으로 만들어졌기 때문에 금형이라고 하지만, 사출 성형용의 금형은 반드시 금속만이 아니라 프로우트(proto) 타입의 생산이나 소량 생산에는 플라스틱, 금속 분말 충전에폭시, 우레탄과 세라믹, 내압석고(耐圧石膏) 등도 이용된다. 그러나 대량 생산에는 철계통의 재료가 압도적으로 많다. 주요한 재질을 목적별로 분류하면 다음과 같다.

(1) 샘플·소량 생산용

에폭시, 내압석고, 세라믹, 알루미늄 합금, 우레탄, 저용융 합금 등.

(2) SF성형용

알루미늄 합금, 아연 합금, 동(銅) 합금, 에폭시(금속 분말 함유)저용융 합금, 철강(일반 구조용 압연강(圧延鋼), 기계 구조용 탄소강)

(3) 일반·대량 생산용

- 철강-일반 구조용 압연강(SS41), 기계 구조용 탄소강(S50C, S55C)구조용 합금강(크롬 몰리브덴강, 알루미늄·크롬·몰티브덴강) 탄소 공구강(SK3, SK5, SK7)합금공구강(SKS2, SKS3, SKS11, SKD61) 베어링강(고탄소크롬베어링강).
- 스테인레스강-(SUS410, SUS420, SUS431등)
- 비철금속-베릴륨동, 아연 합금 등

이상과 같은 재료를 목적에 맞게 사용한다. 최근에는 플라스틱의 종류나 여러 가지 충전재의 배합이 점점 증가해가고, 규격이 철강 재료에서는 충분하다고 말할 수 없기 때문에, 목적에 맞는 플라스틱 금형용의 전용강(專用鋼)이 다수 판매되어 왔다.

경면(鏡面)연마, 내마모성(耐摩耗性), 내열성, 내구성, 가공성, 내식성(耐触性), 가격 등 여러 가지 관점에서 가장 적절한 재료를 선택하는 것이 필요하다.

금형 재료는 거의 전문 메이커에 의해 플라스틱 금형용강으로서 공급되고 있다.

주요한 메이커는 다음과 같다.

국내의 포항제철, 한국중공업, 삼미금속, 일본의 愛知製鋼(株), 우데포름(株), (株)神戶製鋼所, 住友金屬工業(株), 大同特殊鋼(株), 日本高周波鋼業(株), 日立金屬(株), 三菱製鋼(株).

이들 메이커의 브랜드와 강종(鋼種)의 비교를 다음 표로 나타낸다. 선택에 있어서는 각사(社)의 카탈로그 및 기술 자료를 충분히 검토해서 결정할 것.

또, 이들 플라스틱용 강철(鋼)을 각종 사이즈 및 금형 사용에 맞추어 미리 가공하여, 사용자나 금형 제조 메이커가 캐비티를 조립하면 완성되는 표준 몰드 베이스(mould base)가 시판되고 있다. 이것을 사용하면 납기(納期)를 단축할 수 있다. 금형의 정밀도가 향상함으로 인해 매우 특수한 제품이나 특수한 크기이외는 거의가 표준 몰드베이스에 의해 금형이 제작되게 되었다.

이 중에는 퀵·체인지·시스템·몰드베이스라 불리우는 방식의 몰드베이스가 있고, 금형을 사출 성형기에 설치한 채 코어부와 돌출 기구부만을 신속하게 교환하는 것도 있다. 또, 몰드베이스 메이커에는 각종의 기계 가공도 하는 메이커도 있기 때문에, 사용자측의 금형

표 7-1 플라스틱 금형용강의 브랜드와 강종(綱種) 대조표

종류	사용시경도 HRC	JIS	강재료메이커							
			大同特殊鋼	愛知製鋼	日本高周波鋼業	日立金屬	三菱製鋼	神戸製鋼所	住友金屬工業	우데포름
어즈로울트강	30(HS)	S55C系						S5055C 厚板	S5055C 厚板	
	25~30	SCM440系						SCM435. 440厚板	SCM440 厚板	
프리하든강	30(HS)	S55C系	PDS1	AUK1	KPM1		MT50C MT65V	KTS2.21	SD17	
	25~30	SCM440系	PDS3	AUK11	KPM2				SD61	HOLDAX (PORTAX)
	30~33	AISI P20	PDS5			HPM17				IMPAX
	31~35	SCM440系 SCM445系				HPM2		KTS3.31 (HRC29~34)		
	36~45	SKT4系 SKD61系	DH2F		KDAS		MT24M	KTS4.41 (HRC33~39)	SHS100	
		석출경화강	NAK55 NAK80			HPM1				
담금질·뜨임강	46~55	SKD61系 他	DHA1	SKD61	KDA	DAC				8407
	56~62	SKD11系 他	DC11 PD613	AUD11	KD11	SLD HPM31				(XW10) RIGOR
석출경화강	45~55 말에징강		MAS1C		NKSS	YAG			SMA180 SMA200 SMA245	
내식강	30~45 프리하든강	SUS系	NAK101		U630	PSL		KTS6UL (HRC29~34)		
	46~60 담금질·뜨임강	SUS系	PD555 (HRC55~59)		SM3	HPM38				STAVAX

가공 설비는 필요 최소한에서 끝내는 장점도 있다.

그림 7-64에 표준 몰드 베이스의 한 예를 나타낸다.

7-3 금형재료의 필요특성

사출 성형에는, 금형에 반복되는 높은 압력과, 성형 재료에 따른 고온의 작용이 있으므로 기계적으로도 열적으로도 우수한 특성을 필요로 하는것 외에, 제작시의 기계 가공성이 좋은 점도 요구된다. 금형 재료에 관해서는 금형재료 메이커로 부터의 공급에 의지하는 수동적인 입장에 있고, 자칫하면 금형재료에 관한 연구를 소홀히 하기 쉬운 일도 있으므로 좋은 금형을 만들기 이전에 좋은 강재(鋼材)가 아니면 안되는 것을 항상 염두에 두어야 할 것이다.

금형재료가 가져야 할 필요 성질에는 다음과 같은 것을 들 수 있다.

① 금형 제작시의 기계 가공성

금형 가격은 기계 가공 시간의 장단에 의해 크게 좌우된다. 이 점에서 기계 가공시에는 되도록 단시간에 깎을 수 있는 재료가 바람직하다. 그러나 경도(硬度)가 낮으면, 연마성, 내마모성(耐摩耗性)등이 떨어져 가공성(加工性)과는 상반(相反)된다. 그러므로 가공 후에 열처리하여 경도를 높인다든지, 고경도의 재료에서도 가공할 수 있는 가공 기술 그 자체에 의

7. 사출 성형 금형의 제작과 공작법의 개요 281

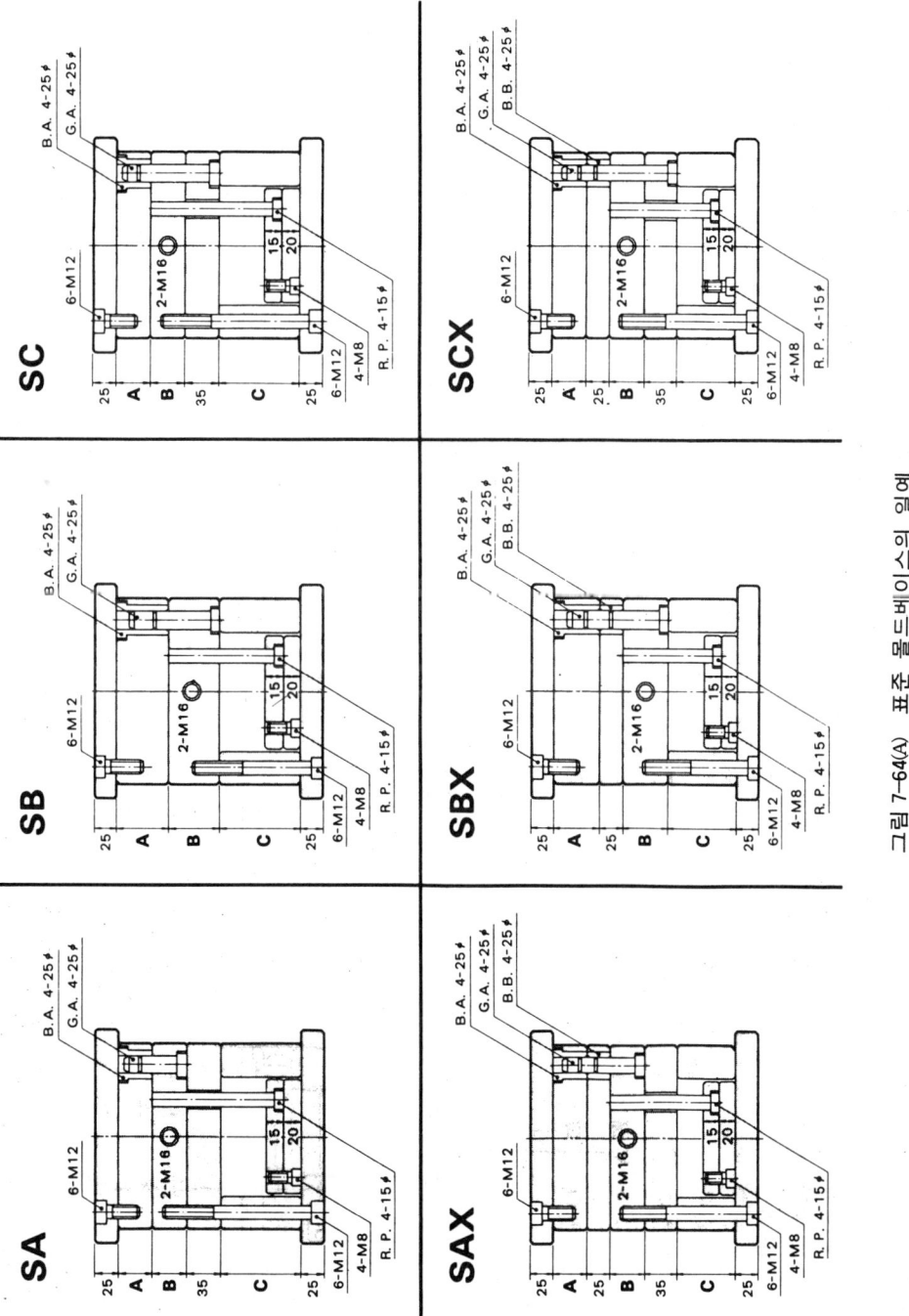

그림 7-64(A) 표준 몰드베이스의 일예

이젝터핀 돌출방식

EA Type

고정측설치판
고정측형판
가동측형판
받음판
서포오트핀
스페이서블록
이젝터플레이트(상)
이젝터플레이트(하)
가동측설치판

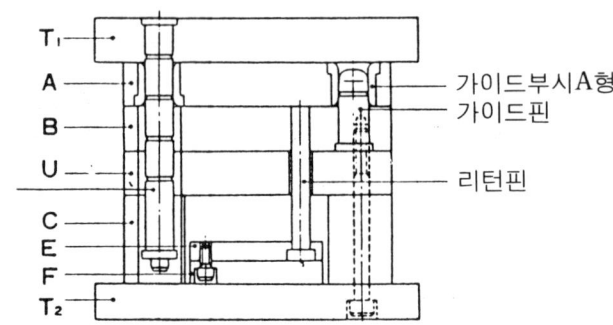

스트리퍼플레이트 돌출방식

EB Type

고정측설치판
고정측형판
스트리퍼 플레이트
가동측형판
받음판
서포오트핀
스페이서블록
이젝터플레이트(상)
이젝터플레이트(하)
가동측설치판

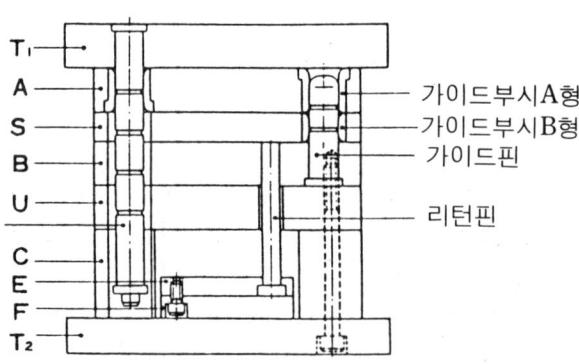

이젝터핀 돌출방식에서 받음판이 없는 것

EC Type

고정측설치판
고정측형판

가동측형판
서포오트핀

스페이서블록
이젝터플레이트(상)
이젝터플레이트(하)
가동측설치판

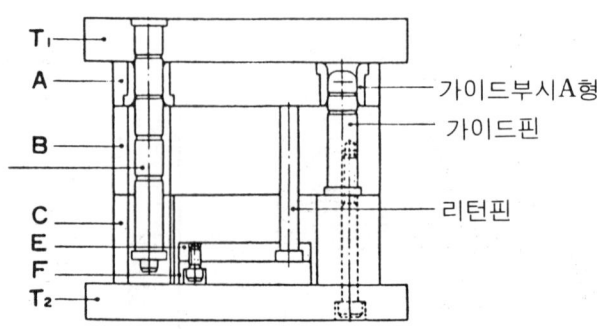

그림 7-64(B) 표준 몰드베이스

해 해결한다.

　최근에는 절삭성(切削性)이 좋은 쾌삭강(快削鋼)외에도 매우 경도가 높은 재료라도 깎을 수 있는 초경(超硬)공구의 출현으로 거의 모든 재료는 절삭할 수 있게 되었다.
　그렇지만 X-alloy, Hastelloy등은 아직 까다로운 재료이다.
　② 조직(組織)이 미세·균질하여 내부결함이 없고, 표면성(연마성)이 우수한 것.
　사전에 꼭 체크하고, 강재(鋼材) 메이커의 검사 기록을 확인하기 바란다. 특히 내부 결함인 불순물에 의해 생긴 덩어리진 흠, 편석(偏析), 가공변형, 파이프, 핀홀 등이다. 이러한 발생에는 금형재료 메이커에 있어서는 자기탐상(磁器探傷), 마이크로 부식(腐蝕) 테스트에 의해 충분한 검사가 이루어져야 할 것이다. 일반적으로 강재(鋼材)에서는 이와 같은 결점을 피할수 없다고 여기고 있다. 그러므로 진공(眞空) 용해, 진공 단조(鍛造) 등에 의해 주의 깊게 제조된 플라스틱용 금형 전용강(鋼)이어야 한다.
　③ 충분한 강도, 인성(靭性)을 가지며, 내마모성(耐摩耗性)이 좋은 것.
　내구(耐久)와 수명에 관계하며 특히, 내마모성은 금형재료 조건 중에서 가장 중요시되고 있다. 금형의 강도는 변형이 문제가 되고, 금형재료의 변형은 종탄성계수와 탄성 한도에 의해 결정된다. 캐비디내에서는 인장(引長) 응력이 작용하므로, 탄성 한도가 큰 수치의 재료가 적당하다. 반대로 압축을 받는 서포트, 스페이서 등에는 주철이라도 된다. 내마모성은 금형의 수명에 가장 영향을 준다.
　④ 연마성(硏磨性)이 좋고, 금형 사상후의 도금, 부식, 호닝 가공 등의 표면 처리 효과가 양호한 것.
　일반적으로 경도가 높은 강재(鋼材)는 마모도 적고, 또 경면(鏡面)사상으로 해도 깨끗하게 얼룩이 없는 연마를 할 수 있다.
　⑤ 내열성, 내산(耐酸)·내알칼리성이 우수하고 열팽창계수가 적은 것.
　PVC, POM을 비롯하여 용융된 플라스틱은 금형을 침해하는 가스가 수반된다. 특히 PVC나 FEP에서는 이 작용이 크기 때문에 스텐레스강, 고(高)니켈 합금강을 사용하든지 도금을 하게 된다. 또 FEP(200℃), PC, PETP등 금형온도를 높여서 성형할 경우에는 고온에 의해 칫수 변화가 잘 발생하지 않고, 슬라이드 부분의 작동긁힘 등이 발생하지 않는 열팽창 계수가 작은 재료가 바람직하다. 도금은 일시적으로는 좋지만, 근본적인 해결이 되지 않는 것이 많다. 담금질 뜨임타입의 재료가 이와 같은 목적에 합치한다.
　⑥ 열처리의 취급이 쉽고, 그 효과가 큰 것.
　⑦ 열전도율이 좋은 것.
　금형은 일종의 열교환기로서 열을 주고받는 작용을 하기 때문에, 성형 사이클의 단축을 위해 열전도도가 높은 쪽이 좋다. 일반적으로는 Be-Cu가 가장 좋지만, 가격이 높은 것이 결점이며 부분적인 요소에 사용된다.

⑧ 열처리에 의한 변형이 적은 것.

일반적으로 가공후에 열처리를 하는 경우가 많으므로, 변형에 의한 영향을 고려할 필요가 있다.

⑨ 시장성(市場性)이 있고, 입수(入手)가 용이한 것.

우수한 금형용 강재가 잇달아 발표되었지만 아무리 우수한 강재(鋼材)라도 입수(入手) 경로(徑路)가 명확하지 않다든지, 시간을 요한다든지 또 일정한 단위 이하에서는 판매하지 않는다든지, 상품 품절의 케이스가 많다고 하는 강재(鋼材)로는 납기적(納期的)·가격적으로 좋다고는 말할 수 없다. 이것이 특수 강재(鋼材)의 최대의 약점이라고도 할 수 있다.

⑩ 가격적으로 싼 것.

7-4 금형 재료의 종류와 선택

옛날에는 금형재료의 대부분은 S50C정도의 재료로 가공되고, 대부분은 기초 조직으로 사용되었다. 이것은 생산 쇼트수의 근소함과 잡화품에 의한 정밀도 불필요 및 금형재료에 대한 인식 부족 등의 요인에 의한 것이다. 그러나, 최근에는 공업력의 발전과 함께 공업 부품이 주류를 차지하게 되었으며, 종래의 금형재료에 대한 인식에서 여러가지 문제가 많아졌다. 그 결과, 가공이후 열처리를 실시한다든지, 특수 강(鋼)의 사용이 계속 널리 보급되어 가고 있다. 프리하든강(鋼) 혹은 열처리(담금질)를 한 금형이 자주 사용된다.

7-5 금형 제작법에서 본 선택 기준

금형 재료의 선택에 있어서는 금형 제작법을 고려해서, 다음의 어느 것을 선택하느냐를 결정한다.

① 생재(生材)를 그대로 사용한다.(조질(調質), 풀림, 열처리를 하지 않은 상태에서 사용). 아래와 같은 경우에 사용되는 케이스가 있다.

(a) 성형 쇼트수가 적기 때문에, 경도(硬度)가 높은 것이 특별히 필요하지 않다.

(b) 열처리를 하지 않고 금형 제작 기간을 단축하고자 한다.

(c) 금형 가격을 싸게 하고자 한다.

(d) 면(面) 정밀도를 특별히 필요로 하지 않는다.

(e) 약간의 플래시 등은 수가공(手加工)으로 제거해도 좋다.

(f) 성형품 정밀도가 러프(rough)해도 좋다.

(g) 제품 형상 변경이 예상된다. 생재(生材)라도 주의 깊게 관리함에 따라 상당히(10만~50만 쇼트) 사용할 수 있다. 그러나, 양호한 정밀도는 기대할 수 없다.

② 프리하든 강(鋼)을 사용한다.

금형에 열처리재를 사용하는 것은 누구나 원하는 바이지만, 기계 가공 후의 열처리에는 변형이 문제가 되고, 이것을 완전히 제거하는 것은 어렵다. 또 열처리를 기계 가공하는 것은 경도에 있어서 불가능하고, 방전(放電)가공, 전해(電解), 그 밖의 특수 가공을 하게 되어 고가(高價)인 금형이 되어 버린다.

그래서 열처리 경도를 한정하여, 절삭(切削)가공의 한계 가까이(일반적으로 $H_R C33 \sim 40$ 정도)까지 열처리·조질(調質)한 프리하든강(鋼)이 한창 사용되기 시작했다. 프리하든강은 가공 후 그대로 사용할 수 있는 특징이 있다.

일반적인 열가소성 플라스틱에서, PVC와 부식성 가스를 발생하는 발포(發泡) 플라스틱 등의 용도에 적합한 타입이 있다.

③ 석출경화강(析出硬化鋼)을 사용한다.

석출경화강은 프리하든강(鋼)의 경도로는 만족할 수 없다고 해도 열처리로 인한 변형이 크면 곤란한 정밀하고 복잡한 캐비티에 적합하며 특히, 광학(光學) 렌즈용으로는 최적(最適)이다. 보통 기계 가공후 480~520℃에서 3H의 시효 처리(時效處理)를 하고 $H_R C50 \sim 57$정도의 경도로 사용한다.

④ 열처리용 강(鋼)을 사용한다(열처리해서 사용).

금형을 열처리해서 사용하는 경우는 전술(前述)했듯이 열처리 변형이 당연히 생기지만, 어떻게 이 변형을 제거하느냐, 또는 어떻게 적게 하느냐가 문제가 된다. 이 해결책으로서 다음의 사항을 생각할 수 있다.

(a) 부분적 코어에 의한 해결(분할에 의한 변형을 허용 범위내에 받아들인다).
(b) 공기 열처리 등에 의한 열처리 변형이 적은 재질의 검토.
(c) 전가공(前加工)의 내부 응력을 완전히 제거한 후 담금질에 의한 열처리 변형을 감소.
(d) 균일 가열, 균일 냉각 등, 열처리 기술의 향상에 따른 열처리 변형을 감소.
(e) 금형형상을 검토해, 변형할 수 없는 입방체에 가깝게, 두께 변동이 적은 형으로 한다.

열처리강(鋼)은 뜨임(tempering)후 $H_R C 50 \sim 60$정도(SKD11클라스) 범위의 경도가 나오게 되고, 또 경면성(鏡面性)도 좋아서 대량 생산·내마모성을 필요로 하는 금형에 적당하다. 메이커에 따라 이 타입으로 13Cr계함침 Mo스테인레스강의 금형재료도 있고, 내부식성도 양호하고 보통 경질 크롬 도금을 필요로 하지 않는 편리성도 겸하고 있다. 내부식성 특히 필요한 함난연성(含難燃性) 플라스틱의 성형용에도 적당하다.

⑤ 특히 내부식성의 강(鋼)을 사용한다.

성형시에 부식성(腐食性)의 가스를 발생하는 플라스틱의 성형에는 보통 스테인레스강을 사용하지만, 그러나 견디지 못하는 경우에는 하스테로이(니켈을 베이스로 한 Cr, W, Mo, 등의 합금) 혹은 MA 프라스트하드(니켈을 베이스로하여 Cr 및 Mo를 함유한 합금)등의 내부강

(耐腐鋼)을 사용한다. 하스테로이의 경도(硬度)는 스테인레스강정도이고, 내마모성이 그다지 없는 것에 주의한다. 프라스트하드는 HRC 45 정도의 경도가 있다. 절삭성은 별로 좋지 않고, 다이어티타니트나 고테드 공구를 사용할 필요가 있다.

⑥ 비자성(非磁性) 재료를 사용한다.

플라스틱 마그네트의 사출 성형에는 금형의 일부에 비자성 재료를 사용하는 경우가 있다. 이와 같은 경우에는 베릴륨구리 합금, 알루미늄 합금, 스테인레스강(鋼) 등을 적당한 곳에 사용한다.

7-6 금형의 제조법

사출금형의 제작법에는 다음과 같은 방법이 있다.

(1) 기계 가공－가장 많고, 복사밀링, 선반(旋盤), 볼 반, 평삭반(平削盤), 보링머신 조각기(彫刻機) 등으로 만든다. 철강, 알루미늄 합금, 동 합금, 스테인레스강, 등이 대상 재료로, 소형에서 어떠한 대형의 금형이라도 제작할 수 있다.

(2) 금형 가공은 공작 기계의 NC(뉴메리칼·콘트롤/이른바 수치제어(數値制御))화와 MC 기(머시닝 센터)의 출현에 의해, 그 이전의 것과는 비교할 수 없을 정도로 빠르고 그리고 정밀하게 가공할 수 있게 되었다.

대체로 기계 가공에 의한 금형 가공의 흐름은 그림 7-65와 같다. 사용된 공작 기계는 금형 제조 메이커에 따라 여러 가지이고, 표 7-2와 같은 것이 전부 사용되지는 않는다.

7-6-1 공작기계의 NC화

사출 성형기의 제어가 콤퓨터 제어로 되어 가고 있는 것처럼, 금형 제작에 사용되는 공작 기계도 콤퓨터로 정밀하게 제어되도록 된 것이 최근의 특징이다. 소위 NC제어라고 부르는 것이 그것이다.

공작 기계의 NC제어라고 하는 것은 가공 순서를 미리 수치화(數値化)한 테이프를 작성해 그 지시 내용을 해독하여 자동적으로 작업 순서를 제어해 가는 것이다. NC공작기에는 수치 제어 장치와 지시대로 정확하게 작동하는 서보 모터가 조립되어 있는 것이 특징이다. 따라서, 금형 공작 순서를 한번 테이프화해 두면 모두 연속 자동적으로 생산할 수 있다. 종래의 공작 기계에 비해 가공속도가 10배 정도까지 스피이드업(Speed up)할 수 있으며, 또 다음과 같은 효과가 있다.

① 가공 정밀도가 균일하고, 불량이 적다. ② 숙련공이 아니라도 조작 가능 ③ 공정수가 감소한다. ④ 바닥 면적당의 생산량이 증가하는 등의 이점이 있어 최근에는 대부분 NC부착 공작기로 가공된다. NC공작기에 자동 공구 교환 장치를 설치한 1대의 공작기로 내면가공,

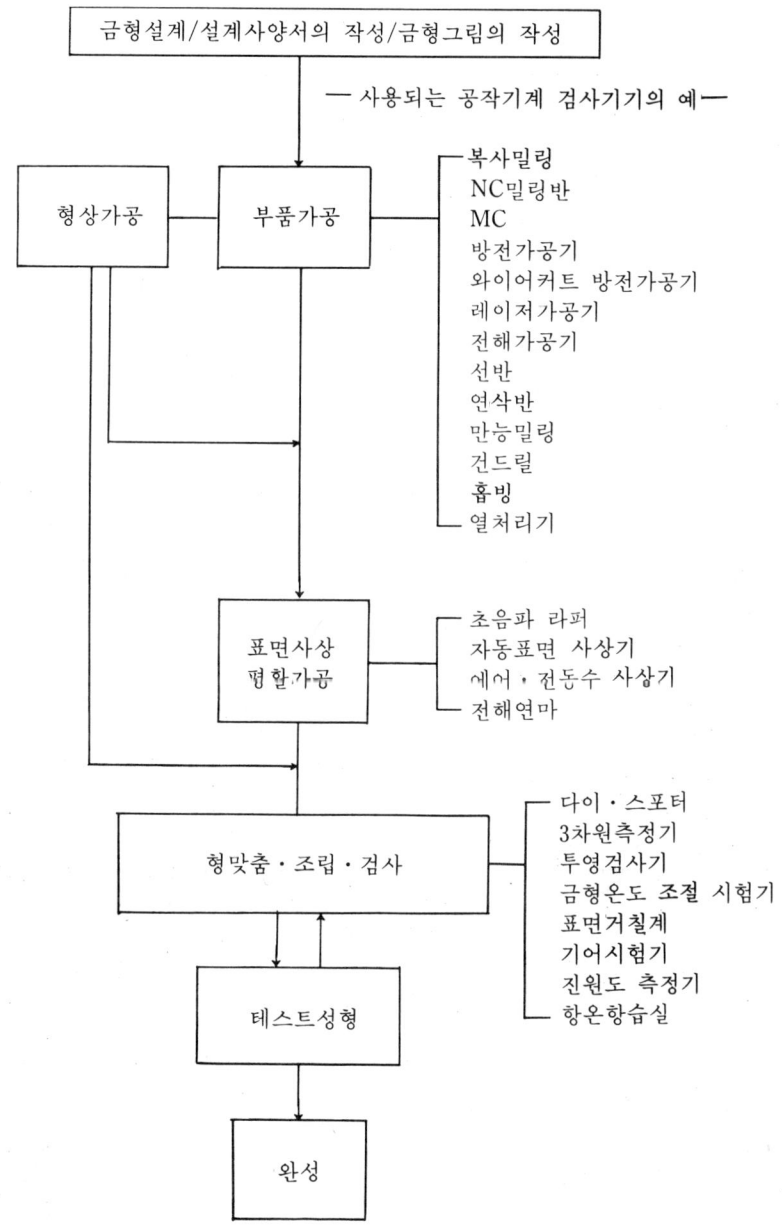

그림 7-65 금형설계에서 완성까지의 공정과 사용공작기계의 한예

구멍 뚫기, 평면 연삭(研削)등 여러 가지 가공을 연속적으로 할 수 있도록 한 것이 머시닝 센터(MC 공작기)라 부르는 복합 공작 기계이다. 교환 공구의 수는 30~300개나 이른다. NC 공작기는 작업 내용의 프로그램을 작성해야하지만, 이 준비에 상당히 수고가 따른다. 그 때문에 DNC 시스템이라 부르는 테이프를 필요로 하지 않는 시스템이 출현했다. 이것은 작업에 필요한 공구, 회전 속도, 가공 형상, 절삭(切削) 공정등의 작성 완료 프로그램이 입력되

표 7-2 주요한 공작기계와 용도

	가공방법	기계의 명칭	주요한 용도
일반공작기계	평면연삭	플라노미터 플레이너 세이퍼	금형재료의 거친부분 절단 금형소재의 6면 절단
	연삭	평면연삭반 외경연삭반 내면연삭반	평면연삭 가이드핀, 돌출핀 등의 연삭 스프루 부시 등의 연삭
	선삭	선반 입선반	원형캐비티, 코어 등의 절삭 부품의 절삭
	구멍가공	보올반 레디얼 지그 보올러 호리전탈 보링머신 버터컬 보링머신 건드릴	냉각구멍, 가이드핀구멍, 볼트구멍 냉각구멍등의 구멍가공 정확한 구멍가공 일반적인 구멍가공 일반적인 구멍가공 깊은 구멍가공
	복합가공	머시닝센터	전반적인 기계가공
	밀링가공	종·횡 밀링머신 만능 밀링머신 공구 밀링머신	캐비티, 코어의 가공
	복사밀링가공	자동·수동 밀링머신	캐비티등의 곡면의 가공
	조각가공	조각기	마크, 문자 등의 조각
	톱니절단가공	톱니 절단반	기어, 캐비티 등의 가공
전기공작기계	방전가공 전해가공 레이저가공	방전가공기 전해가공기 레이저가공기	정밀 캐비티 가공 정밀 캐비티 가공 절단, 마킹, 미세가공, 표면처리

어 있어, 이러한 지시 항목을 작업자가 컴퓨터와의 대화 형식으로 형상 데이터와 가공 데이터를 압력해서 NC가공을 실시하는 것이다. 이것을 더욱 더 발전시켜서, 작업자가 커트 지름 등의 기본 데이터를 입력하면, 절단한 양(量), 절삭폭, 절삭이송 등이 자동 프로그래밍 되는 기종(機種)도 있다.

 이것은 작업자가 모두 키(Key) 조작으로 끝낼 수 있는 것이 특징이다. 결국 사출 성형기에 있어서 성형 조건을 CRT 등의 디스플레이를 보면서 키보드로 대화식으로 입력하는 것과 똑같은 일을 공작 기계에서도 실시할 수 있도록 되어 있다. 이와 같은 NC화로 인해,

7. 사출 성형 금형의 제작과 공작법의 개요   289

CNC선반(2스핀들 4축제어)

머시닝센터(공구30개수납)

정밀평면연삭반

NC 밀링머신

그림 7-66 최근의 공작기계의 한예

종래 우수한 숙련공이 아니면 할 수 없었던 작업이 미숙한 사람도 조금 배우면 할 수 있게 된것이 특징이다.

이들 일련의 공작 기계의 시스템적인 결합으로 무인(無人)공장에 의하여 금형의 자동 생산이 가까운 장래에 실시될 것이고, 생산 현장에서의 작업 조건이나 조업(操業)시간 등의 제약이 해소되고, 금형 공장의 생산성이 더욱 더 향상될 것이라 생각된다. 이미, 큰 제조 회사의 로보트 생산 공장은 이와 같은 형태로 가동되고 있는 것은 주지의 사실이다.

그림 7-66에 이것의 NC화된 공작 기계의 한 예를 든다.

7-6-2 방전 가공기(放電加工機)

금형 공작법에 있어서, 앞의 NC화 외에 근래 특징적인 것은 정밀 성형품용 금형의 수요(需要)가 증가함에 따라, 금형 공작법 중에서도 종래 특수 가공법 등으로 분류된 전기 공작 기계, 특히 방전 가공법이 매우 중요한 위치를 차지해 왔던 것이다.

아래에 이것에 관한 개략을 기술하기로 한다.

① 형 조각 방전 가공기-방전 가공기에는 형을 새기는 방전 가공기와 와이어 커트방전 가공기의 2가지로 크게 구분할 수 있다. 형조각 방전 가공기는 저부(低付) 타입의 전극(그라파이트가 대부분이고, 그 밖에 은, 텅스텐, 구리, 구리-텅스텐, 황동(黃銅) 등)을 사용해, 이 전극에 전류를 흐르게 해서, 가공물과 전극사이에 발생하는 방전 현상을 이용해서, 금형을 가공하는 것으로 고경도 금형재료의 가공법으로 적당하다. 일렉트로닉스(electronics)용의 소형 성형품이나 비디오 카세트 케이스, 오디오테이프 카세트 케이스 등의 금형은 이 방법으로 흔히 제작된다.

기어의 여러개빼기 금형과 같은 동일 형상의 저부(底付)캐비티를 가공하는 작업등에 특히 적당하다. 방전 가공기에도 최근에는 NC제어가 발달하여, 단순한 형상의 전극을 이용해 복잡한 캐비티 가공도 가능하다. 또 연삭(研削) 등의 작업도 가능하다.

② 와이어커트 방전 가공기-와이어커트 방전 가공기는 금속선(놋쇠, 텅스텐, 몰리브덴 등)에 전류를 흐르게 하여, 가공물과의 사이에 방전 현상을 일으켜서 가공하는 것으로, 형조각 방전과 달리, 가공물의 관통(貫通) 가공이나 기어 등의 복잡한 형상과 정밀 가공에 적합하다. 테이퍼가공과 R가공, 가공 중 각도의 변경 등 여러 가지 조작을 할 수 있다.

여러개로 분할해서, 각각 연마 가공한 부분을 서로 조립한 구조의 캐비티 플레이트나 코어 플레이트를 와이어커트 방전 가공기로 필요한 수 만큼 1장의 플레이트로 가공해서,

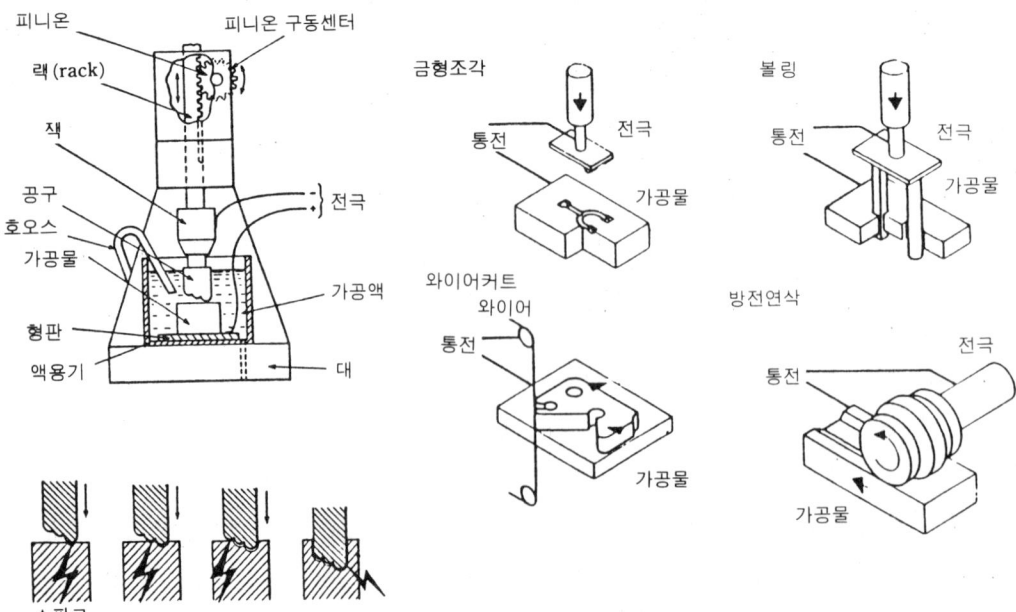

그림 7-67 방전가공의 원리 　　　　　그림 7-68 방전가공의 여러가지

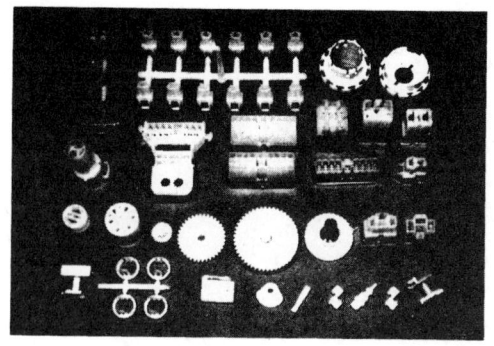
그림 7-69 방전가공 금형에서의 성형품 예

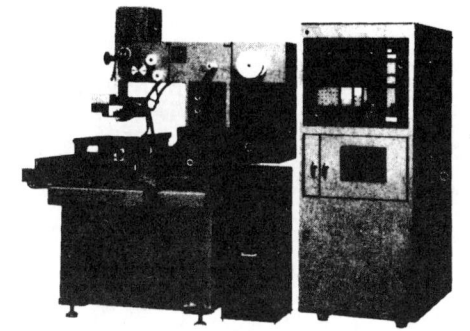
그림 7-70 와이어 방전가공기

그림 7-71 방전가공기

그것을 나중에 조립하여 금형 구조를 전체적으로 간략화하는 사용 방법도 있다.

방전 가공의 원리를 그림 7-67에 나타내고, 그림 7-68에 방전 가공기에 의한 가공법을 든다. 또, 그림 7-69에 방전 가공 금형에 의한 성형품 예, 그림 7-70~그림 7-71에 방전 가공기의 외관을 나타낸다.

7-6-3 전해(電解)가공 기계

이 밖에, 전기 공작 기계의 다른 방식으로서 전해 가공 기계가 있다. 전해가공 기계는 전기 분해에 의한 양극(陽極)금속의 용해 작용을 이용한 것으로 방전 가공과 똑같은 원리를 기초로 한다. 그림 7-72에 그 구조의 예를 나타내지만, 전극(주로 그라파이트)과 가공재와의 사이에 전해액(시안액)을 개재시켜서 전류를 흐르게 하면, 양극측의 가공재는 파라데이의 법칙에 따라 용출하고, 용출한 금속은 전해액 속에서 화학적 반응으로 인한 화합물로 석출된다. 전해 연삭은 특히, ① 까다로운 금형재료도 가공할 수 있다. ② 열변형이나 크랙등의 발

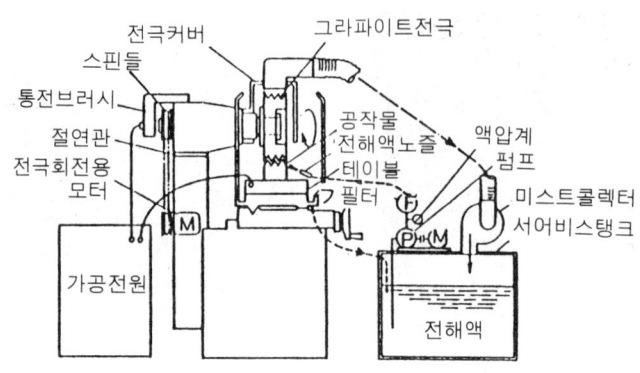

그림 7-72 전해 연삭반의 구조

생이 없다. ③ 전극의 소모가 적은 등의 특징이 있다. 반면에 보통 고정밀도의 사상을 얻기 위해서는 고가(高價)인 다이아몬드 지석(砥石)을 필요로 한다. 이것은 기계 메이커에 의해 개량되고 있는 것도 있다. 또, 전극을 회전시킴으로서 진원도(眞円度)와 진직도(眞直度)가 높은 구멍 가공을 할 수 있는 볼 반으로도 이용할수 있는 타입도 있다. 그 밖에, 전해 가공 기(電解加工機)는 방전 가공한 금형재료의 가공면과 그 경화층(硬化層)을 제거하는 일종의 연마 가공에도 사용된다.

7-6-4 그 밖의 금형 제작법

이 외에 캐비티 제작에 자주 이용되는 제작법으로 다음과 같은 것이 있다.

① 전주법(電鑄法)-전주는 레코드의 원반(原盤)을 만들 때와 같은 화학 도금에 의한 것으로, 원형(마스터 모델/일반 동재(銅材), 스테인레스, 놋쇠(황동), 알루미늄 및 그 합금, 아연 합금, 저융(低融) 합금, 플라스틱, 유리, 나무, 고무…등) 위에 화학 도금(니켈, 금, 은, 구리 등)을 필요한 두께로 하고, 그 후 도금층의 뒷면에 보강(補強) 배접을 덧붙여서 캐비티로 한다. 마스터와 똑 같은 모양의 표면과 칫수를 얻을 수가 있다. 특히 기계 가공으로 얻기 어려운 미세한 캐비티나 복잡한 곡면(曲面)을 제작하는 데에 적당하다(그림 7-73, 74참조).

② 주조(鑄造)가공법-베릴륨-구리 합금, 아연 합금 혹은 금형용 강재(鋼材) 등을 주물과 같이 다이에 흘러 넣어서 캐비티 없이 금형을 제작하는 방법이다. 금형의 표면을 그대로 만들어 내기때문에 기계 가공 하기 어려운 복잡한 모양이나 곡선을 가지는 금형의 제작 방법에 적당하다. 기계 가공에 의한 금형에 비해 제작 시간이 짧게 끝나는 이점도 있고, 크리스탈커트 모양의 금형과 같은 복잡한 캐비티나 플라모델의 금형 등에 자주 이용된다(그림 7-75 참조).

고가(高價)인 베릴륨-구리 합금에서는 캐비티만을 주조하여, 이것을 용기로해서 금형을

7. 사출 성형 금형의 제작과 공작법의 개요   293

그림 7-73 전주에 의한 기어톱니끝과 기계가공(중심부)과의 조립

그림 7-74 전주 캐비티(크리스탈 커트 모양의 전등카바)와 성형품(가운데)

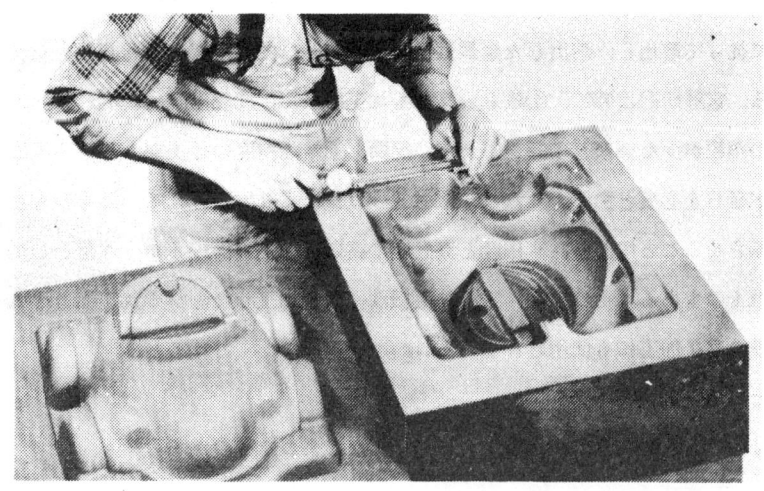

그림 7-75 강재(AISIA2/SKD12)로 주조한 금형, 모델대로 어려운 R을 손쉽게 할 수 있다.

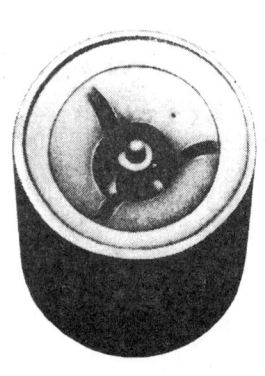
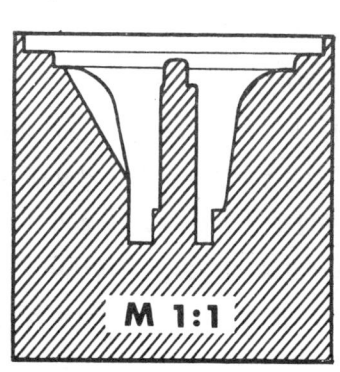
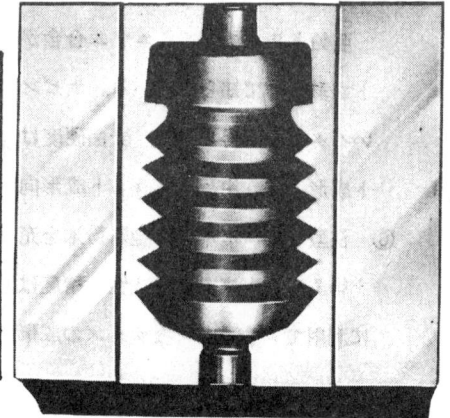

그림 7-76 베릴륨—구리에 대한 캐비티의 일예

작성하는 것과 같은 사용법도 된다. (그림 7-76참조)

③ 금속 용사(溶射)—화염(火焰)용사・플라즈마(plasma) 용사・공압 용사로 인한 아연합금, Ni-Co 합금, 저융 합금(비스머스(bismuth)와 주석의 합금이 많고, 융점 130~170℃정도)를 모델 위에 스프레이한 후, 같은 종류의 재료, 에폭시, 석고 등으로 백업(back up)해서 금형을 만드는 것으로, SF성형, 샘플 소량 생산용으로 사용된다. 제작 기간이 매우 짧고, 가격도 싸기 때문에 대형의 형(型)을 만들 수 있다. 모델의 모양은 충실하게 전사(轉寫)되지만, 정밀도는 그다지 높지 않다. 샘플, 테스트 성형, 작은 로트 생산에 적격.

④ 콜드 홉빙—고경도(高硬度) 강재(鋼材)로 만든 마스터(母型)를 그것보다도 부드러운 강재(鋼材)에 고압(高压)을 가해서 밀어 넣어 원하는 형상의 캐비티를 얻는 방법으로, 마스터만 있으면 단시간에 금형을 제작할 수 있다. 너무 섬세한 모양등은 할 수 없다. 기어와 같은 형상이나 완만한 곡선으로 구성된 성형품에 적당하다(그림 7-77).

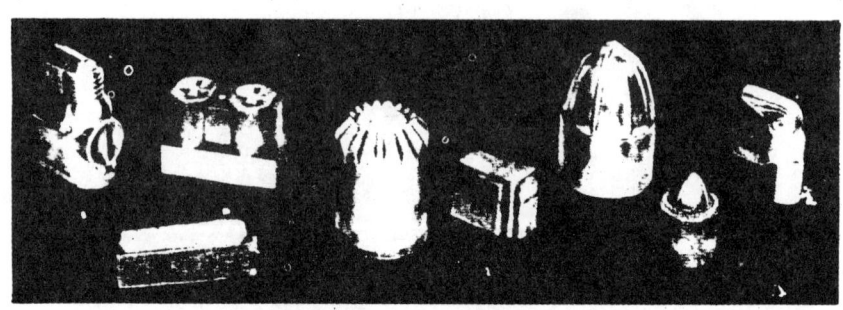

그림 7-77 콜드호빙 마스터 형상예(이것을 강재에 밀어 넣어 같은 형상의 캐비티를 얻는다)

⑤ 호트 홉빙—아연과 알루미늄 합금과 같은 재료로 어느 특정의 온도하(溫度下)에서는 매우 큰 신도를 나타내고 초소성(超塑性) 금속이라 불리는 재료가 있다. 이 재료에 코드홉빙과 마찬가지로 마스터를 밀어 넣어 캐비티를 만들 수가 있다.

아연과 22% 알류미늄 합금이 매우 큰 소성(塑性)을 나타내며(신율 1000% 이상)가격이 싼 것으로 알려져 있다. 홉빙 온도 260℃ 전후에서 가동되고 전사성(轉寫性)이 좋기 때문에 섬세한 패턴을 얻을 수 있다. 표면 경도(硬度)는 150~200HV로 그다지 단단하지 않으며 어디까지나 테스트 성형, 샘플용 및 작은 로트성형에 적격.

⑥ 주형법(注型法)—에폭시에 금속분말을 충전한 재료나 폴리우레탄을 금형에 주형(注型)해서 캐비티를 얻을 수가 있다. 내구성과 정밀도는 기대할 수 없지만, 샘플용이나 SF사출 성형 등의 작은 로트 생산에 이용할 수 있다. 큰 사이즈의 성형 금형을 단시간에 제작할 수 있는 이점이 있다.

제8장

사출 성형 기술의 응용

사출 성형 기구나 금형의 구조 등에 연구를 집중해서 새로운 성형품을 개발하려는 시도는 오래전부터 실시되어 왔으며, 보통의 사출 성형으로는 얻을 수 없는 제품을 여러 가지 볼 수 있게 되었다. 여기서는 현재까지 실시해 왔던 사출 성형 기술을 응용한 독특한 사출 프로세스의 몇가지에 관해 대략 살펴 보기로 하겠다.

8-1 샌드위치 사출 성형

이 방법은 영국의 ICI社가 1970년에 처음으로 발표했던 프로세스(process)로 다른 종류 혹은 다른 색의 재료를 동시 혹은 번갈아 사출해서 하나의 성형품으로 하는 것으로, 중간층과 그 양면의 재료의 배치를 바꾸는 것에 따라 여러 가지 목적에 맞는 샌드위치 성형품을 얻을 수가 있다. 예를 들면, 다음과 같은 목적을 생각해서 성형한다.
 (a) 스킨(skin)층에는 가격이 비싼 재료를 약간 사용한다든지, 자외선 흡수제, 대전(帶電) 방지제, 착색제 등 고가인 첨가제의 사용량을 적게 할 수 있다.
 (b) 코어에는 스크랩(scrap), 값싼 재료, 발포(發泡) 등에 의해 지장이 없는 한 용적을 크게 해서 단일 재료를 사용하는 것보다 상대적으로 재료 가격을 저감(低減)할 수 있다.
 (c) 재료를 선택해서, 샌드위치 구조로 하면 제품의 기계적 강도를 높일 수가 있다.
 (d) 코어부를 발포(發泡) 시킴에 따라 두께부에서의 싱크마크는 생기지 않는다.
 (e) 코어를 발포, 양면을 비발포로 하면 보통의 발포 성형에 비해 스킨층은 비발포이기 때문에 표면 광택도 좋게 할수 있다.
등의 다른 여러 가지 바리에이션(variation)을 생각할 수 있기 때문이다.

현재, 이 방법의 실시 예의 하나로서 시행되고 있는 최근의 예로는, 콤퓨터나 퍼스널 컴퓨터등 적은 전류로 작동하는 전자기기의 노이즈로 인한 잘못된 작동을 방지하기 위한 전자파 실드(shield)를 설치한 하우징(housing)의 성형에 이용된다. 이 경우에서는, 중간층은 금속 분말을 충전한 재료, 양측은 무충전의 재료로 샌드위치한다. 1층은 금속분말이나, 금속 섬유의 충전층으로 하고 또 1층은 보통의 무충전 성형 재료로 구성한 2층 샌드위치 구조의 전자파 실드용의 성형품도 최근 볼 수 있다. 이것은 일종의 2중 사출 성형이라고도 할 수 있을 것이다. 이 밖에 미니·콤포넌트타입의 스피커 하우징 등에도 같은 구조의 성형품이 사용된다.

그림 8-1에 샌드위치 사출 성형법의 기본적인 공정(工程)을 나타낸다.

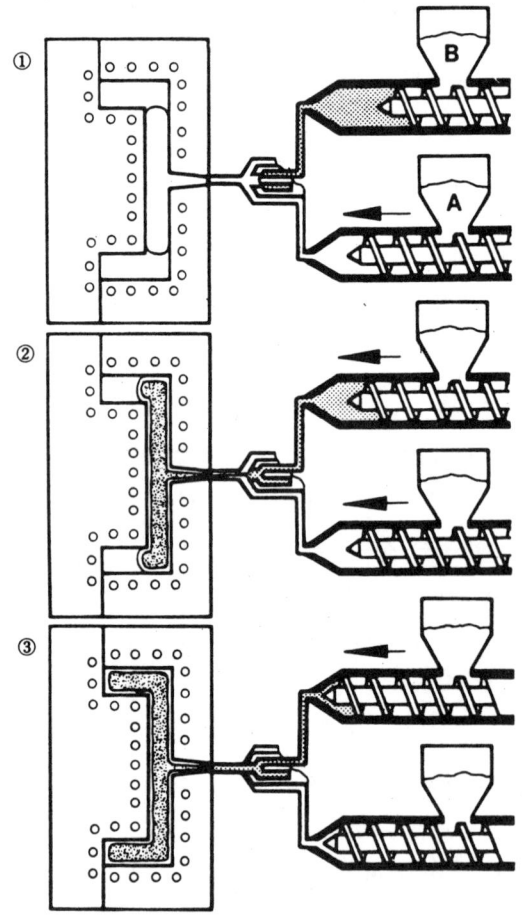

(1) 먼저 (A) 재료를 쇼트(short), 숏트(shot)로 사출
(2) 계속해서 사출 밸브를 새로 바꾸어 (B)재료를 사출
(3) 재차 (A) 재료를 사출한다.

그림 8-1 샌드위치 모델의 원리도

8-2 저발포(低發泡) 사출 성형

이 프로세스(process)는 목재(木材) 대체(代替)를 목적으로 하여 옛날부터 실시해 왔다. PS나 ABS에 미리 열분해(熱分解)하는 발포제(탄산가스를 발생하는 무기질이나 질소 가

8-2 저발포 사출 성형

스를 발생하는 유기 발포제 등)를 혼합해 두든지, 혹은 사출 실린더 도중에 액체 **발포제**를 주입하는 방법이 있다.

처음부터 금형에 가득 사출한 뒤 금형을 조금 열어 발포를 재촉하는 풀숏트법(高圧法)과 약간 적을 정도로 사출해서 발포압(發泡圧)으로 금형을 채우게 하는 쇼트숏트법(低圧法)이 있다. 전자(前者)는 표면이 평활(平滑)한 스킨층으로 내부는 발포된 샌드위치 모양의 성형품을 얻을 수 있고, 후자(後者)는 표면이 약간 거칠고, 스킨층이 확실하지 않은 전체에 발포된 성형품을 얻을 수 있으므로(최근에는 약간 개량되어 있다). 목적·용도에 따라 적절하게 구분하여 사용한다. PS, PE, PP가 일반적이지만, 최근에는 일련의 엔지니어링 플라스틱도 자주 사용되게 되었다.

특히 엔프라를 사용한 저발포 사출 성형품은 매우 기계적 특성에 우수하여 공업적 용도에 적당하며 이와 같은 사출 성형을 스트럭츄얼·포옴사출성형(SF사출성형)이라 부른다. SF성형품은 대체로 사출 압력이 낮고, 그 때문에 큰 형체력을 필요로 하지 않으므로 보통의 사출 성형보다도, 훨씬 대형의 성형품을 용이하게 얻을 수 있다. 또 발포하는 성격상, 싱크마크, 휨, 변형 등이 나오기 어렵고, 그 만큼 디자인의 자유도(自由度)가 있으며 복잡한 성형도 가능하다.

(싱크마크 방지를 위해, 소량의 발포그레이드의 성형 재료를 미발포 성형 재료에 혼입(混入)해서 사용하는 방법도 있다)

강도적으로도 강성(剛性)이 높고, 유리단섬유를 배합한 경우는 같은 중량의 금속을 상회(上回)하는 성능도 있다. 그 외 차음성(遮音性), 경량(輕量), 내충격성 등 몇가지의 장점이 있다.

성형기는 대부분 전용화되어 있고, 대형의 1개 빼기에서는 그림 8-2와 같은 스크류 예비 가소화식의 사출 기구를 가지는 타입이나 소형 성형품의 생산에는 그림 8-3과 같은 로타리식 성형기를 이용한다. 더구나 보통의 사출 성형기라도 스크류 디자인에 유의하면, 전용기만큼 능률적이지는 않지만, 성형하는 것은 가능하다. 그림 8-4에 SF성형품의 일예를 든다.

그림 8-2 SF성형기 (풀숏트법용) Beloit

298 제8장 사출 성형 기술의 응용

그림 8-3 SF로터리 성형기 6~10개의 금형을 설치순서대로 사출한다.

8-4(A)

그림 8-4(B) 유리섬유 30%혼입, PC저발포 성형품(무게36kg)

8-3 다색(多色)사출 성형

가장 먼저 성형한 제품을 인서트의 요령으로 다른 캐비티에 삽입한 다음에 다른 색의 재료로 사출한 2~3색의 다색 성형품을 얻는 것은 대체로 일찍부터 실시되어 왔으며, 처음에는 1, 2색 재료가 보통이었기 때문에 2색 성형이라는 표현이 지금까지도 사용되고 있다. 현재는 2색 성형이라는 표현으로는 불충할 만큼 여러 가지 방법으로 사출 성형품에 가식(加飾)하는 일이 행해지고 있다. 다음과 같은 몇 개의 방법이 있다.

① 인쇄한 플라스틱 필름(포일)이나 목적에 맞는 형상으로 인쇄를 한 지기(紙器)를 캐비티에 인서트해서 일체(一體)성형하여 여러 가지 무늬나 도안된 성형품을 얻는다. 이 방법으로 예를 들면 세면기, 양동이, 요구르트 용기 등이 만들어지고 있다. 플라스틱 포일을 이용하는 방법은 가장 일찍부터 시작되었으며 그림 필름부착 성형이라고도 부른다. 포일은 약 0.05~0.07mm의 무연신(務延伸)인 PP・PS・PET・MMA・PVC 등에 도안을 인쇄하여, 적당한 크기로 절단해서 사용한다. 포일은 캐비티에 인서트하기 직전에 정전기(靜電氣)로 대전(帶電)시켜서, 캐비티에 밀착시킨다.

② 색이 다른 성형 재료를 여러 종류 섞어서 호퍼(hopper)에 공급하여, 실린더내에서 완전히 섞이지 않도록 가소화해서 사출하여, 마블(marble) 모양의 성형품을 얻는다. 이 방법은 혼색(混色)사출 성형이라고도 부른다. 세면기, 비누통, 빗 등이 전형적인 응용예이다.

③ 복수(復數)의 사출 실린더로 색이 다른 재료를 동일의 캐비티에 순서대로 사출해서, 색 패턴이 바뀐 성형품을 얻는다. 이 방법은 ②와 거의 같은 도안을 얻을 수 있지만, ②보다도 의도적으로 무늬를 낼 수가 있다.

④ 처음에 사출한 성형품을 다른 캐비티에 인서트하고 다른 재료로 사출해서 일체화시켜 2~8색의 분명한 색으로 구분되는 성형품을 얻는다. 이 방법은 종래에 2색성형이라고 부르는 방법으로, 예를 들면 키 톱(key top) 등은 대표적인 성형품이다. 2색 성형의 경우는 맨 처음 성형한 것을 다른 캐비티에 넣어, 재차 다음 색으로 성형하는 점에서 2중 사출 성형이라고도 부르는 경우도 있다.

⑤ 엔드레스의 전사박(轉寫箔)을 캐비티내에 1쇼트시마다 넣어, 사출압에 의해 무늬를 전사(轉寫)한다. 이것은 최근 개발된 방법으로 성형품 안쪽의 언더커트가 되는 부분에도 그림 필름 붙이기가 가능하다. 성형후에 호트스탬핑을 했던 공정(工程)을 이 방법으로 사출 성형과 동시에 실시할 수 있다.

⑥ 마찬가지로 엔드레스가 인쇄된 플라스틱시트를 진공(眞空)성형의 기능을 가진 금형 캐비티내에 삽입하여, 1쇼트때마다 캐비티 형상에 맞추어서 진공 성형에 의한 예비 성형을 하고 그 다음 안쪽에 사출 성형을 해서 일체화시켜 무늬가 있는 성형품을 얻을 수 있

300   제8장 사출 성형 기술의 응용

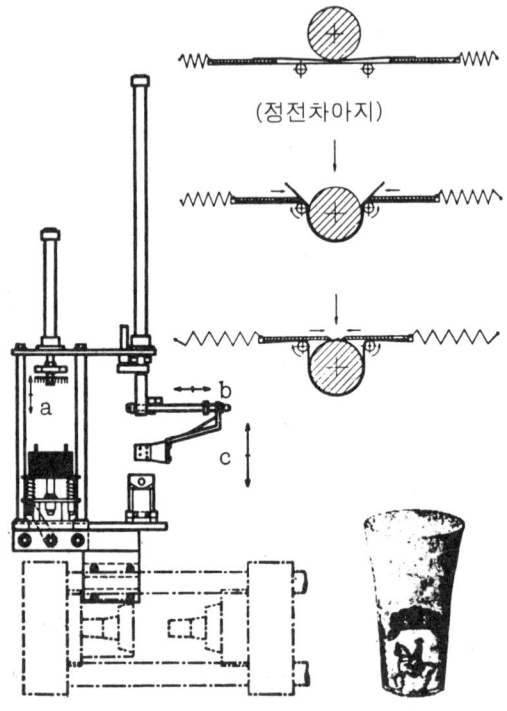

그림 8-5 그림 필름부착 포일의 인서트

노즐구성도

그림 8-6 혼색 사출 성형기에 의한
         기본 공정예

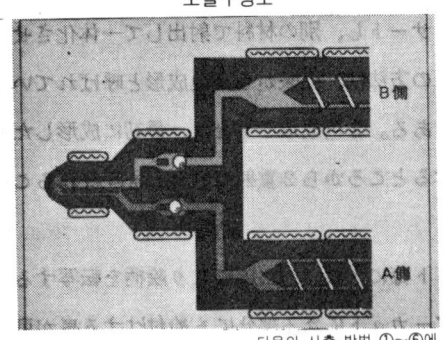

다음의 사출 방법 ①~⑥에 의해 각종의 무늬를 얻을 수 있다. 단속(斷續)교환
(원터치 교환가능)

④의 무늬 예

8-3 다색 사출 성형 301

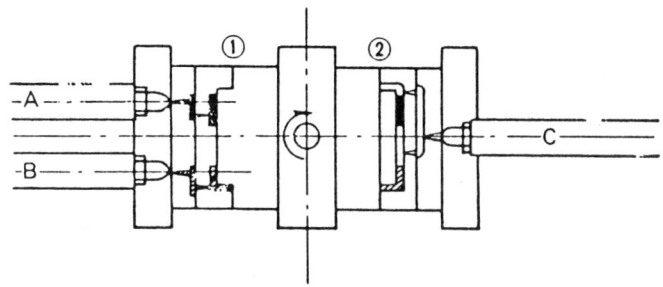

기계 위쪽에서 본 약도

그림 8-7 3색 성형기의 사출성형기와 금형의 배치

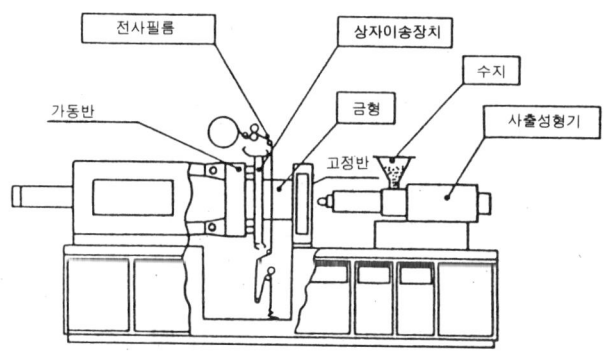

그림 8-8 전사박을 캐비티내에 넣어 사출압으로
동시에 전사하는 시스템

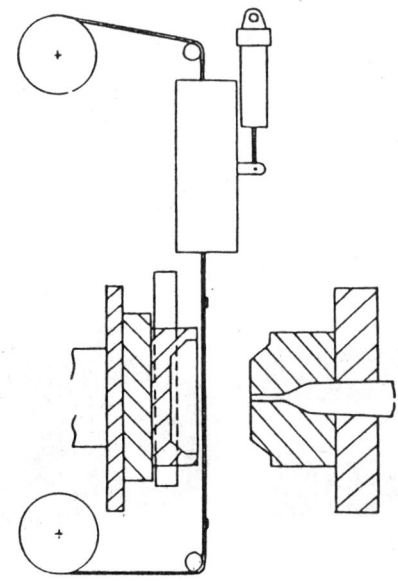

그림 8-9 캐비티내에서 장식 필름을 일단 진공 성형하고, 다음에 사출
성형해서 일체화시키는 그림 필름붙이기 시스템

는 방법도 최근 개발되었다. ⑤의 방법은 상당히 두꺼운 필름을 이용할 수가 있고, 성형품의 측면에도 그림모양이 가능하다.

이상과 같은 여러 가지 방법에 의한 사출 성형과 동시에 행하는 가식(加飾) 프로세스를 일괄하여 다색(多色) 사출 성형이라고 칭하고 있다.

그림 8-5~8-9에 상기의 각 프로세스의 개략을 설명한다.

8-4 인·몰드 어셈블리 (금형내 조립) 성형

인 몰드 어셈블리(In-mould Assembly) 성형이란, 금형내에서, 플라스틱끼리 (이질(異質) 또는, 이색(異色)) 혹은 플라스틱 이외의 이질 부품(나무, 메탈(metal), 종이, 천 등 재질(材質)은 임의로)을 일체화시키는 성형 방법으로 인서트 성형이나 아웃셔트 성형, 혹은 그림부착 성형을 더욱 더 발전시킨 프로세스이다.

금형내에 조립해 넣어야 할 부품을 자동 공급하는 장치나 금형 구조의 여러 가지 연구, 조립하려는 부품의 형상을 여러 가지로 고안하는 것에 의해, 최근에는 여러 가지 성형품이 만들어지고 있다. 이 방법에 의해, 플라스틱 단독으로는 얻기 어려운 특성을 가진 성형품을 얻을 수 있다.

또, 얻으려고 하는 제품의 대부분을 다른 재료로 일부분만을 사출 성형으로 연결하는 것에 의해, 사출 성형기의 능력을 상회하는 용량의 제품을 제조할 수도 있다. 그림 8-10은 이와 같은 방법으로 렌즈와 프레임(frame)을 금형내에서 조립하는 시스템의 개요를 나타낸다. 금형에 렌즈를 자동 삽입하는 장치가 설치되어 있고, 프레임을 사출하는 위치까지 성형 사이클과 동조(同調)해서 이동시켜 프레임을 플라스틱으로 사출 성형해서, 렌즈와 일체화(一體化)한 완성품으로 한다.

이 밖에 직물을 금형내로 세트하여 사출 성형해서 일체화한 직물부착 성형품, 금속의 에지(edge)와 플라스틱 본체를 일체화한 플라스틱 스키(sky), 사방(四方)이 목판(木版)이고 코너(corner)만을 플라스틱으로 사출 성형하여 접합한 TV 케이스, 각종 상자 등을 고안하여

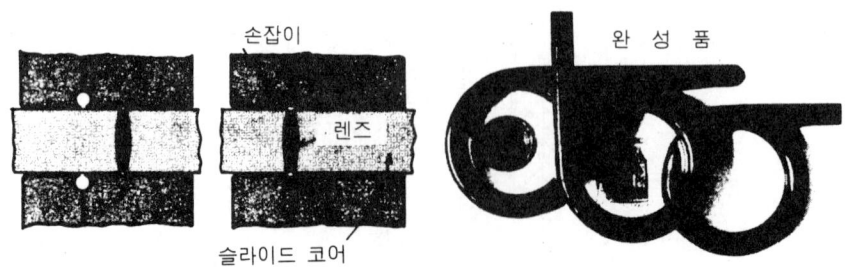

그림 8-10 인·몰드조립 성형의 개요와 성형렌즈

점차로 여러 가지로 응용할 수 있는 방법이다. 그 위에, 호트스탬프(Hot stamp), 긁힘, 구멍뚫기, 접합 등 여러 가지 2차 가공공정을 부가하는 것에 따라 좀더 고도(高度)이고 복잡한 성형품의 일체 성형이 가능하다.

더구나 이 프로세스는 개발한 메이커에 따라 콤비·포옴(form), 셀보 프로세스, 벨사폼 시스템, 인젝트·아시, 다른 재질 성형등 여러가지 호칭법이 사용되고 있다.

8-5 프라마그의 사출 성형

플라스틱(PVC, 나일론, 폴리프로필렌, 폴리에티렌, EVA, PPO 등 각종)에 자성(磁性) 재료(페라이트, 희토류코발트 화합물 등)를 최고 80% 정도 충전한 성형 재료를 그대로 사출 성형하든지, 혹은 자장(磁場)을 설치한 금형에 사출성형함으로써 플라스틱 마그네트(magnet)를 얻을 수 있다. 플라스틱 마그네트는 사출 성형의특징을 살려서 경량(輕量)으로 복잡한 형상을 쉽게 할 수 있다. 또 희토류(稀土類) 화합물의 자성 재료를 사용함으로써 소형으로 강력한 자석을 얻을 수 있는 점에서 최근, 약전(弱電) 기기를 비롯하여 각종 산업 분야에 있어서 매우 많이 사용되고 있다.

자장(磁場)을 설치하지 않고 성형이 가능한 것은 능방성(等方性)마그네트라 무르고, 자장(磁場)을 설치한 금형을 사용해서 성형하는 방법은 이방성(異方性)마그네트라 부른다. 자력은 이방성 쪽이 매우 강하다.

사출 성형기로서는 이방성 마그네트의성형용에 착자(着磁)·소자(消磁)를 능률적으로 하기 위한 전용기가 있지만, 등방성은 보통의 사출 성형기로 내마모성(耐摩耗性)을 고려한 스크류 및 실린더를 장치한 것이 이용된다.

8-6 사출·압축 성형

사출·압축 성형은 보압(保圧)콘트롤의 하나인 특별한 형식이고 이 콘트롤에 따르면 보통의 사출 성형기보다도 배향(配向)이 없고, 따라서 내부 변형이 적은 성형품을 얻을 수 있기 때문에 플라스틱 렌즈에 최근에는 광(光)디스크의 성형에 사용되고 있다.

그림 8-11에 나타난 바와 같이 금형은 완전히 닫지 말고 조금 많을 정도로 용융 자료를 사출해서 그 후 나머지의 용융 재료를 노즐측에 되밀어 넣으면서 금형을 완전하게 닫는 공정을 취한다. 사출·압축 성형용의 성형기에는, 용융의 정확한 계량, 유지 압력과 형체 압력의 정확한 재현성(再現性), 또한 고압사출 가능으로 단단한 강성(剛性)도 필요하다. 이런 점에서 전용기가 적당하다.

금형도 변형 등이 발생하지 않도록 보통보다도 더욱 더 강도가 높은 것이 필요하다.

304 제8장 사출 성형 기술의 응용

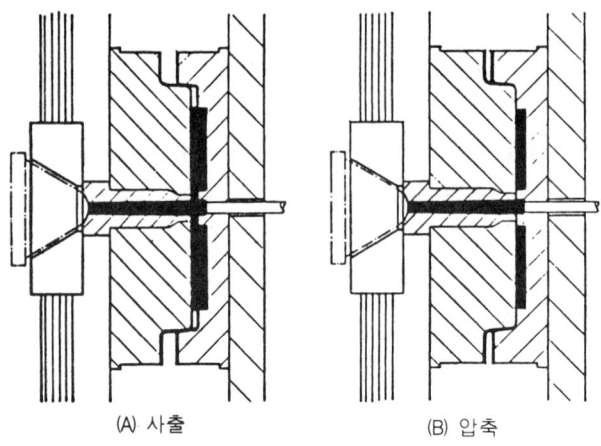

(A) 사출　　　　　(B) 압축

그림 8-11　사출·압축 성형의 원리

제9장

사출 성형 재료의 각종 물성 재료편

마지막으로 각종 사출 성형 재료에 관해 도움이 되는 물성 데이터를 성형재료 메이커의 카탈로그 및 각종 자료에 의해 아래와 같이 정리한다.

표 9-1-① 각종 플라스틱의 특성

성질	단위	ASTM 시험법	MS수지* MMA스티렌 공중합수지	폴리아세탈 (POM) 호모폴리머	폴리아세탈 (POM) 코폴리머	폴리프로필렌 (PP)	폴리스티렌 (PS) GP	폴리스티렌 (PS) HI	폴리염화비닐 (PVC) 경질	폴리염화비닐 (PVC) 연질	PPO변성수지 (노릴)
융점(결정성)	℃		—	181	175	176	—	—	—	—	—
유리전이점(아몰퍼스)	℃		100-105	—	—	—	100	100	75-105	—	105-120
사출성형온도	℃		165-260	190-245	185-235	205-290	160-240	175-315	150-212	—	220-315
성형수축율	mm/mm		0.002-0.006	0.020-0.025	0.020	0.010-0.025	0.002-0.006	0.002-0.006	0.001-0.005	—	0.005-0.007
비중		D792	1.09	1.42	1.41	0.902-0.910	1.04-1.09	1.04-1.10	1.30-1.58	—	1.06-1.10
인장강도	kg/cm²	D638	700	700	620	300-390	350-840	100-490	420-530	—	550-800
신율	%	D638	3.0	25.0-75.0	40-75	200-700	1.0-2.5	2.0-90.0	40-80	—	50-60
굽힘강도	kg/cm²	D790	1,100-1,300	980	910	420-560	560-990	200-840	700-11,000	—	900-950
충격강도(아이조드)	kg·cm/cm	D256	1.6	7.5	5.4-6.0	2.7-11.8	1.3-2.1	2.7-42.8	2.1-107	—	26.8
경도(록크웰)		D785	M75	M94	N78-80	R80-110	M65-83	R30-100 M10-80	쇼어 D65-85	—	R113-119
굽힘탄성율	kg/cm²	D790	18,000-27,000	28,800	26,000	12,000-18,000	28,000-33,000	10,000-32,000	2,000-35,000	—	25,000-28,000
열전도율	10⁻⁴cal/s·cm·℃	C177	4.0-5.0	5.5	5.5	2.8	2.4-3.3	1.0-3.0	3.5-5.0	—	5.16
열팽창율(선팽창)	10⁻⁵mm/mm/℃	D696	6.0-8.0	0.35	0.35	5.8-10.2	6.0-8.0	3.4-21.0	5.0-10.0	—	5.2
열변형온도 18.6kg/cm² F.S.	℃	D648	95-100	124	110	52-60	104	90	60-77	—	100-130
열변형온도 4.6kg/cm² F.S.	℃		—	170	157	93-120	82-110	82-105	57-82	—	88-138
흡수율(24h 3.2mm두께)	%	D570	0.15	0.25	0.22	<0.01-0.03	0.03-0.10	0.05-0.6	0.04-0.4	—	0.066
내후성			좋다	좋경	좋경	폴레이트발생	황변	황변,강도저하	처방에 따라 변한다.		퇴색
내약품성 약산		D543	○	○	○	○	○	○	○		○
강산			○	○	○	△	×	×	○		○
약알카리			○	○	○	○	○	○	○		○
강알카리			○	○	○	○	○	○	○		○
유기용제				우수하다		80℃이하에서는 견딘다.	방향족탄화수소 염화탄화수소에 녹음	방향족탄화수소 염화탄화수소에 녹음	케톤,에스테르에 용해 방향족 탄화수소에 팽윤		이번 방향족탄화수소 염화탄화수소에 용해하거나 팽윤

표 9-1-② 각종 플라스틱의 특성

항 목	단 위	ASTM 테스트업	폴리설폰					폴리카보네이트	
			내 츄 럴		유리섬유 30%	내 츄 럴		일반	유리섬유 40%
비중	—	D 1505	1.24	1.25	1.45	1.40	1.61	1.20	1.52
투명성	—		투명	반투명	불투명	불투명	불투명	투명	불투명
흡수성	3.18mm 24hr %	D 570	0.3	0.3	0.20	0.26	—	0.15	0.12
성형수축율	cm/cm	D 955	0.007	0.007	0.002	0.005	0.004	0.005~0.007	0.001~0.003
내열성	—		자소성	불연성	불연성	자소성	불연성	자소성	자소성
선팽창계수	10^{-5}cm/cm/℃	D 696	5.5	5.5	2.5	4.4	—	6.6	1.7
열변형온도 18.6kg/cm²	℃	D 648	175	175	185	180	179	132	146
〃 4.6kg/cm²	℃	〃	181	181	190	188	—	138	154
UL안전연속사용온도	℃	(충격없음)	150	150	150	150	150	115	125
인장강도	kg/cm²	D 638	720	700	1,300	910	670	600	1,800
인장신율	%		50~100	50~100	2	4	2	110	4
인장탄성율	10^3·kg/cm²		25	25	100	50.6	45.5	24.5	118
굽힘강도	kg/cm²	D 790	1,100	1,100	1,600	1,400	1,000	950	2,250
굽힘탄성율	10^3·kg/cm²		27.5	27.5	83	53	53	23.8	98
압축강도(항복)	kg/cm²	D 695	1,000	1,000	1,700	—	—	880	1,500
IZOD충격강도(노치있음)	kg-cm/cm	D256(¼")	7.1	7.1	9.8(⅛")	8.2	3.5	9~16(⅛")	14
〃 (노치없음)	kg-cm/cm	— (⅛")	>327	>327	87(¼")	—	—	>327	—
경도(Rock well)	—	D 785	M-69	M-69	M-92	M-75	M-74	M-63	M-93
유전률(23℃) 60Hz	—	D 150	3.15	—	3.55	3.43	3.8	3.2	3.5
10⁶Hz	—		3.10	3.21	3.49	3.34	3.8	3.0	3.5
유전정접(23℃) 60Hz	—	D 150	0.0011	—	0.0019	0.011	0.003	0.0009	0.0013
10⁶Hz	—		0.0050	0.0050	0.0049	0.005	0.003	0.010	0.0067
절연파괴전압 (3mm두께 단시간)	KV/mm	D 149	16.7	14.6	18.9	16.7	17.7	16	18
체적고유저항 (23℃ 50%RH)	Ω-cm	D 257	5×10¹⁶	5×10¹⁶	10¹⁷	5×10¹⁵	5×10¹⁶	2.1×10¹⁶	1.5×10¹⁶
내아크성(텅스텐)	sec.	D 495	60	60	115	126	125	120	120
내산성	○ 함유되지 않는다 △ 부분침투 × 침투된다.		○	○	○	○	○	△	
내알카리성			○	○	○	○	○	×	

제9장 사출 성형 재료의 각종 물성 재료편 307

변성 PPO		PPS		PBT		폴리아릴레이트·		나일론6		폴리아세텔	
일반	유리섬유 30%	일반 (R-6)	유리섬유 40%	일반	유리섬유 30%	일반	브랜드	일반	유리섬유 30%	일반	유리섬유 20%
1.06	1.27	1.34	1.64	1.31	1.52	1.21	1.18	1.13	1.40	1.41	1.54
불투명	불투명	불투명	불투명	투명	불투명	투명	불투명	반~불투명	불투명	반~불투명	불투명
0.07	0.03	0.02	0.05	0.08	0.06	0.25	0.72	1.3~1.9	1.2~1.7	0.25	0.25~0.29
0.005~0.007	0.001~0.003	0.01	0.002	0.017~0.023	0.002~0.004	0.008~0.010	0.010~0.012	0.008~0.022	0.004~0.015	0.020	0.002~0.018
자소성	자소성	불연성	불연성	서연성	서연성	자소성	자소성	자소성	자소성	이연성	서연성
5.9	2.5	5.4	4.0	9.5	2.3~9.7	5.0	6.6	8.3	2.2	8.5	4.0~8.5
130	150	135	>260	54	212	175	150	68	216	110	157
138	159	—	—	154	215	—	—	149~185	—	158	174
100	110	—	170	120~140	140	—	—	65	—	90	105
680	1,200	670	1,370	560	1,300	715	670	700	1,750	620	770
60	4~6	1.6	1.3	300	5	50	57	300	4.5	60~75	2~7
25	84	34	79	—	—	1.9	2.0	7.7~32	51	28.7	70
950	1,400	980	2,000	900	1,900	920	1,000	—	—	910	1,120
25	77	38.7	120	23.8	84	18.8	—	10	39	26	62
1,150	1,260	1,120	1,480	910	1,260	960	—	470~910	1,740	1,100	—
12(¼")	12	2.7	7.6	6.5	11.9	30	12	6	8	7~9	4
>217	54	11	43.5	>327	80	—	—	—	—	—	—
M-78	M-93	(R-123)	M-98	M-68	M-90	(R-123)	(R-110)	(R-97)	(R-115)	M-78	M75~M90
2.6	2.9	—	—	3.3	3.8	—	—	3.8	4.6	3.7	3.9
2.6	2.9	3.1	3.8~4.2	3.1	3.7	3.0	3.8	3.4	3.9	3.7	3.9
0.0004	0.0009	—	—	0.002	0.002	—	—	0.01	0.02	—	—
0.0009	0.0015	0.0009	0.0013	0.02	0.02	0.015	0.028	0.03	0.02	0.006	0.006
22	22	23.4	19.3	23.6	30	30	26	14	15	20	23
1.5×10^{16}	1.7×10^{17}	4.5×10^{16}	4.5×10^{16}	4.0×10^{16}	3.2×10^{16}	10^{16}	10^{15}	10^{12}~10^{15}	10^{11}	10^{14}	1.2×10^{14}
75	120	—	35~160	120	130	120	72	—	—	129	136
○		○		△		△		×		△	
○		○		×		×		△		△	

표 9-1-③ 각종 플라스틱의 특성

성 질		ASTM 시험법	ABS (ABS) 고충격	ABS 중충격	ABS 내열	AS (SAN)	셀룰로우즈 아세테이트 (CA)	폴리아미드 (PA-6) 6 나일론	폴리아미드 (PA-66) 6,6 나일론	폴리아미드 (PA-12) 12 나일론	폴리카보네이트 (PC)	폴리에틸렌 (PE) 저밀도	폴리에틸렌 (PE) 고밀도	폴리메타크릴산에메틸 (PMMA)
융점(결정성)	℃		—	—	—	—	230	225	265	179	—	110-130	120-140	—
유리전이점(이울파스)	℃		100-110	105-115	110-125	115	—	—	—	—	150	—	—	90-105
사출성형온도	℃		195-230	205-275	245-285	190-300	170-255	225-288	270-325	180-275	250-325	150-310	150-310	165-260
성형수축율	mm/mm		0.004-0.009	0.004-0.009		0.002-0.006	0.003-0.008	0.006-0.014	0.008-0.015	0.003-0.015	0.005-0.007	0.015-0.050	0.02-0.05	0.002-0.008
비중		D792	1.01-1.04	1.03-1.06	1.05-1.08	1.075-1.100	1.22-1.34	1.12-1.14	1.13-1.15	1.01-1.02	1.2	0.910-0.925	0.941-0.965	1.17-1.20
인장강도	kg/cm²	D638	340-440	420-530	340-530	630-840	130-630	830-14.000	840-770	560-650	560-670	40-160	220-390	490-770
신율	%	D638	5-70	5-25	3-20	1.5-3.7	6.0-70.0	100-300	60-300	300	100-130	90-800	20-1.300	2.0-10.0
굴힘강도	kg/cm²	D790	560-770	770-910	700-880	980-1.200	210-1.100	980-350	1.200-430		950			910-1.300
충격강도(아이조드)	kg·cm/cm	D256	35-50	16-20	10-35	1.9-2.7	2.1-28	5.4-16	5.4-11	11-29	64-96 (두께3.2mm)	파단하지않음	2.7-107	1.6-2.7
경도(록크웰)		D785	R85-105	R107-115	R100-115	M80-90	R35-125	R119	R120 M83	R106-109	M70-78 R115-125	R41-50	D60-70	M85-105
굴힘강성율	kg/cm²	D790	18.000-25.000	25.000-28.000	21.000-28.000	— 38.000	—	27.000-9.300	30.000-13.000	12.000	23.000-25.000	560-4.200	7.000-18.000	30.000-32.000
열전도율	10⁻⁴ cal/s·cm·℃·cm	C177			4.5-8.0	2.9	4.0-8.0	5.8	5.8	5.2	4.6	8.0	11.0-12.4	4.0-6.0
열팽창율(선팽창)	10⁻⁵ mm/mm/℃	D696	9.5-11.0	8.0-10.0	6.0-9.3	3.6-3.8	8-18	8.3	8.0	10.0	6.6	10.0-22.0	11.0-13.0	5.0-9.0
열변형온도 18.6kg/cm² F.S.	℃	D648	96-102 (어닐)	104-115 (어닐)	93-107 (어닐)	88-104	45-90	68	75	55	130-140	32-40	43-55	75-98
열변형온도 4.6kg/cm² F.S.	℃		99-107	102-117	110-118	—	50-120	185	190	145	132-143	38-50	60-88	80-107
흡수율(24h 3.2mm두께)	%	D570	0.20-0.45		0.20-0.45	0.20-0.30	1.7-6.5	1.3-1.9	1.5	0.25	0.15-0.18	<0.01	<0.01	0.1-0.4
내후성			흰떡, 위하를 일으킨다	흰떡, 위하를 일으킨다	흰떡, 위하를 일으킨다	황변	좋다	장시간 노출로 약해진다(일반 크레이드)	장시간 노출로 약해진다(일반 크레이드)		변색	일반그레이드는 크레이즈발생		좋다
내약품성 약산		D543	○	○	○	○	○	○	○	○	○	○	○	○
내약품성 강산			△	△	△	△	×	×	×	×	△	×	△	○
내약품성 약알카리			○	○	○	○	○	○	○	○	○	○	○	○
내약품성 강알카리			○	○	○	○	×	○	○	○	×	○	○	×
내약품성 유기용제			케톤, 에스텔, 염소화 탄화수소에 가용	케톤, 에스텔, 염소화 탄화수소에 가용	케톤, 에스텔, 염소화 탄화수소에 가용	케톤, 에스텔, 어떤 종류의 염소화 수소에 가용	케톤, 에스텔, 일종의 염소화 탄화수소, 방향족 탄화수소에 의해 연화溶 용해	방향족 탄화수소, 염소화수소에 가용	방향족 탄화수소, 염소화수소에 가용	방향족 탄화수소, 염소화수소에 가용	방향족 탄화수소, 염소화수소에 가용			케톤, 에스텔, 방향족 탄화수소, 염소화 탄화수소에 가용

명칭 : ★는 제일 JISK6900에 의함. ( )은 ISO에 있어서 규정된 약호이다.
출전 : Modern Plastics Encyclopedia 1976-1977
주 : 나일론 a : 성형직후의 건조상태
     b : 50%RH에서 상태조정

제9장 사출 성형 재료의 각종 물성 재료편 309

표 9-2 BMC와 유리섬유 강화 플라스틱과의 물성 비교

	재 질	유리함유량 (중량 %)		BMC	PVC	PP	AS	나일론6	PC	PBT	페놀
											유리함유
	비중	—		15-25	15-35	10-30	30	30	30	30	1.80-2.0
	수축률	%		1.8-2.2	1.54-1.62	0.96-1.12	1.33	1.34	1.42	1.53	0-0.4
	흡수율	%	23℃, 24hr	0.03-0.06	—	0.6-0.3	0.2	0.5	0.1	0.15-0.9	0.03-1.2
물리적성질	열변형온도	℃	$18.6Kg/cm^2$	0.25	—	0.02	0.2	2.6	0.24	0.27	149-310
	선팽창계수	$10^{-5}cm/cm℃$		>250	68-75	135-153	104	195	14.6	207	5
				1.5	—	6.5-3.7	2.7	2.2	2.0	3-8	—
	표면경도	—	록크웰	90-110	M82-86	R105-110	M90	R114	R124	R120	3.5-12.6
기계적성질	인장강도	Kg/mm^2		2.5-7	9-13	5.4-9.0	11.9	10.0	14.0	13.0	—
	굽힘강도	Kg/mm^2		5-20	17-22	7.5-12	16.1	13.0	20.0	19.0	—
	굽힘탄성률	Kg/mm^2		1000-1800	770-1120	750-1200	780	390	780	1000	2.3
	아이조드충격강도	$Kg\cdot cm/cm$		6-50	6.5-12	4-9	6	8	11	8	13
전기적성질	절연파괴강도	KV/mm		13	—	30	21	27	25	28	10^{10}
	체적저항률	$\Omega\cdot cm$		5×10^{15}	—	10^{16}	4.6×10^{16}	1.5×10^{15}	7.7×10^{16}	3.5×10^{17}	4.8
	유전율	—	1MHz	6.39	—	2.2	3.1	3.9	3.2	—	2.8×10^{-2}
	유전정접	—	1MHz	2×10^{-2}	—	2×10^{-4}	9×10^{-3}	—	3×10^{-3}	2×10^{-2}	

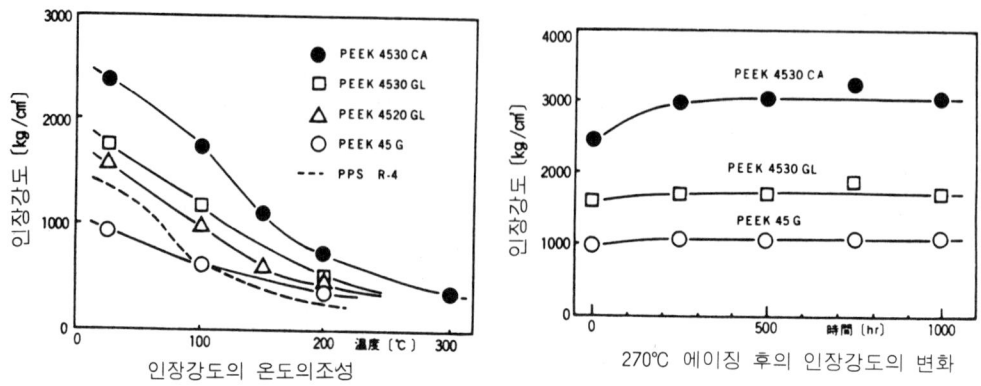

그림 9-1 인장강도의 온도 의존성

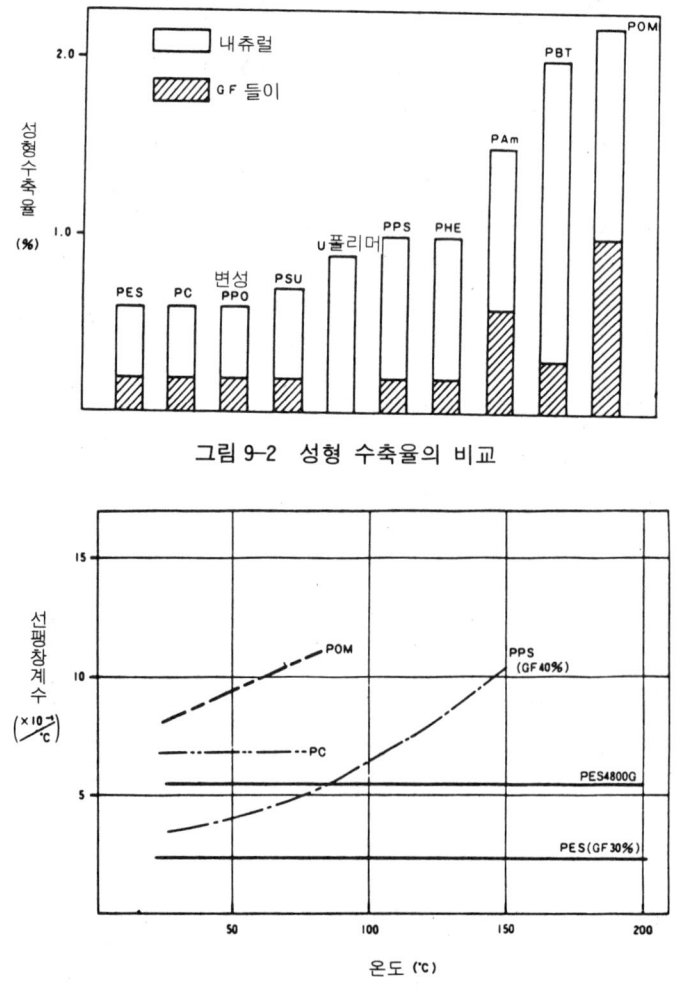

그림 9-2 성형 수축율의 비교

그림 9-3 선팽창계수의 온도 의존성

제9장 사출 성형 재료의 각종 물성 재료편 311

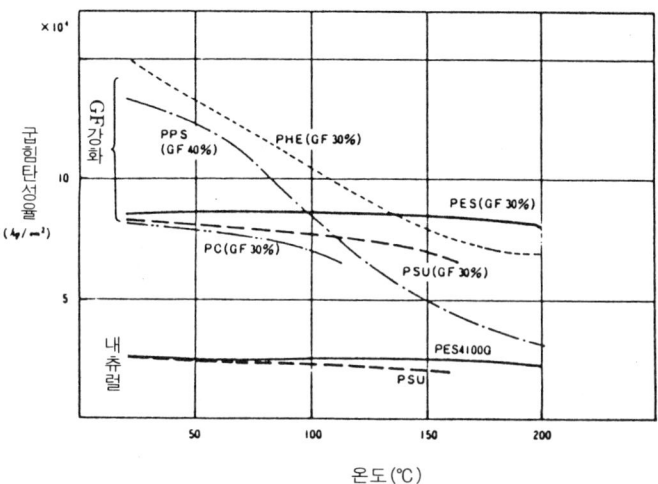

그림 9-4 유연성 탄성율(彈性率)의 온도 의존성

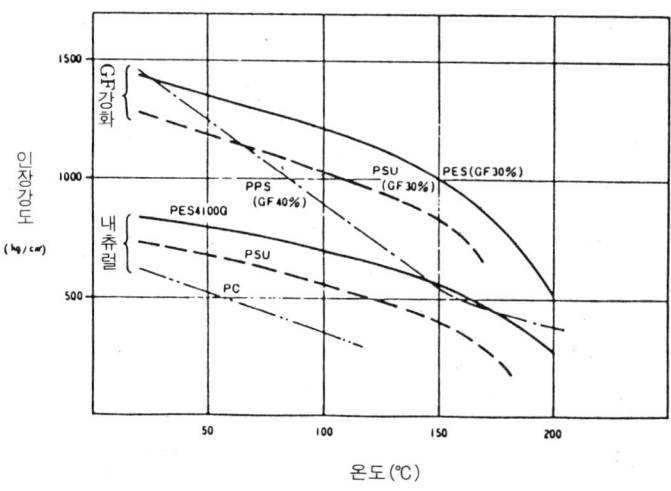

그림 9-5 인장 강도의 온도 의존성

(미국 NBS 스모크 챔버시험 불꽃상태 의 샘플)

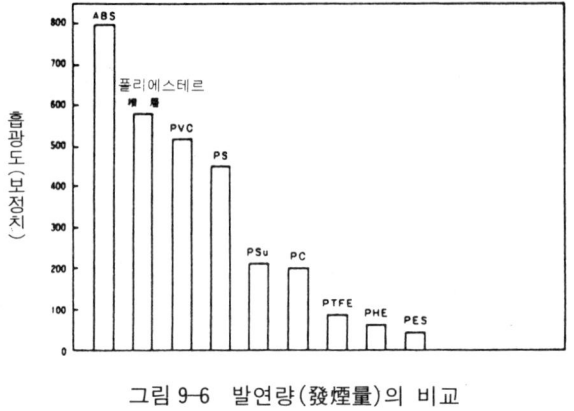

그림 9-6 발연량(發煙量)의 비교

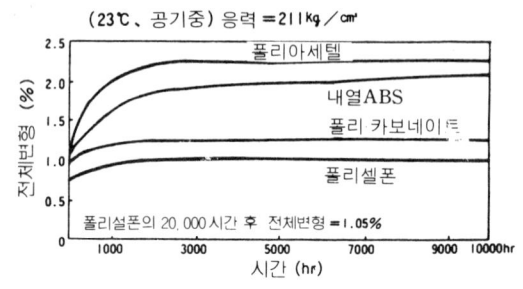

그림 9-7 인장 크리프 특성의 비교

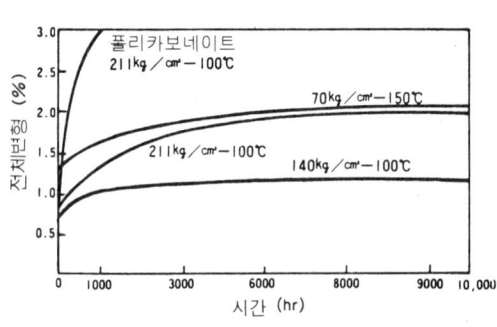

그림 9-8 인장 크리프 특성(공기중)

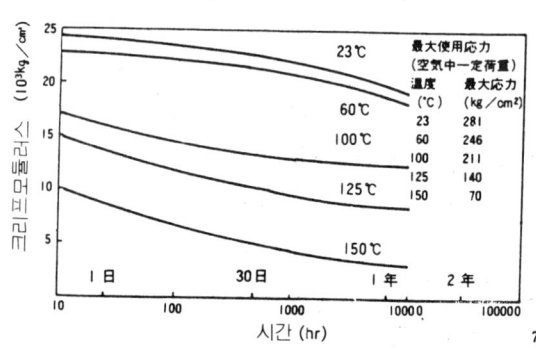

그림 9-9 크리프·모듈러스

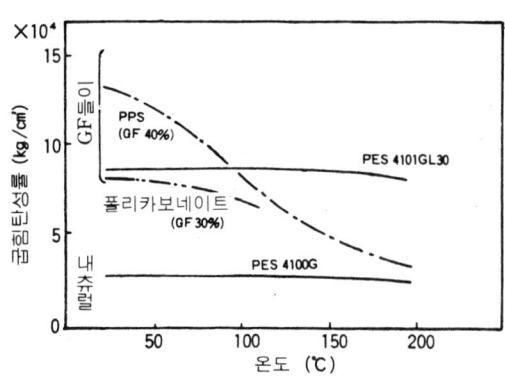

그림 9-10 유연 탄성율의 온도 의존성

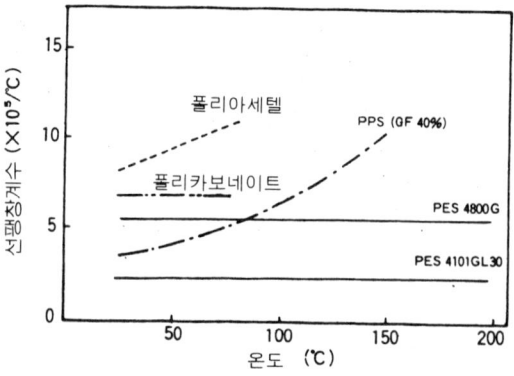

그림 9-11 선팽창계수의 온도 의존성

제9장 사출 성형 재료의 각종 물성 재료편 313

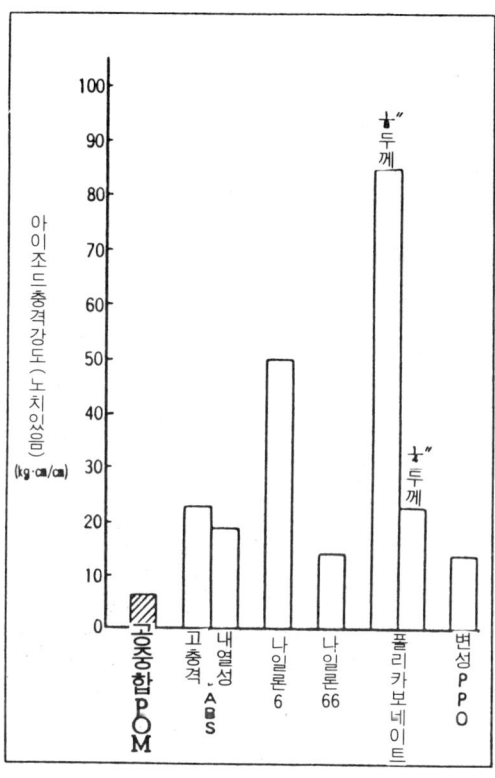

그림 9-12 아이죠드 충격 강도

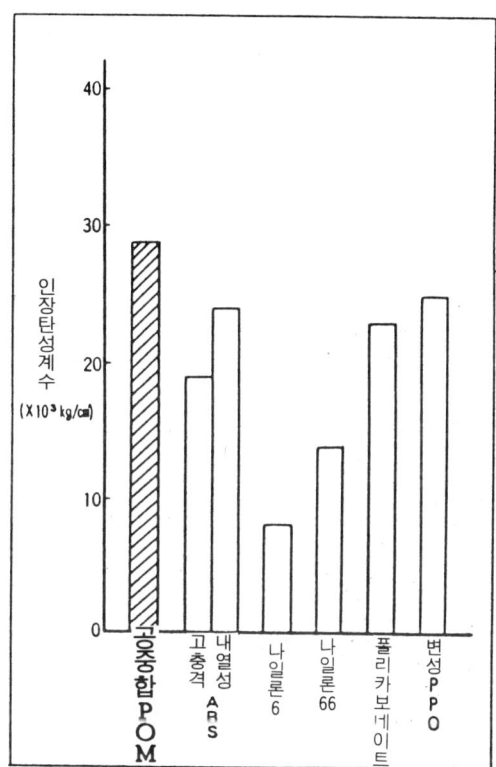

그림 9-13 인장 탄성계수

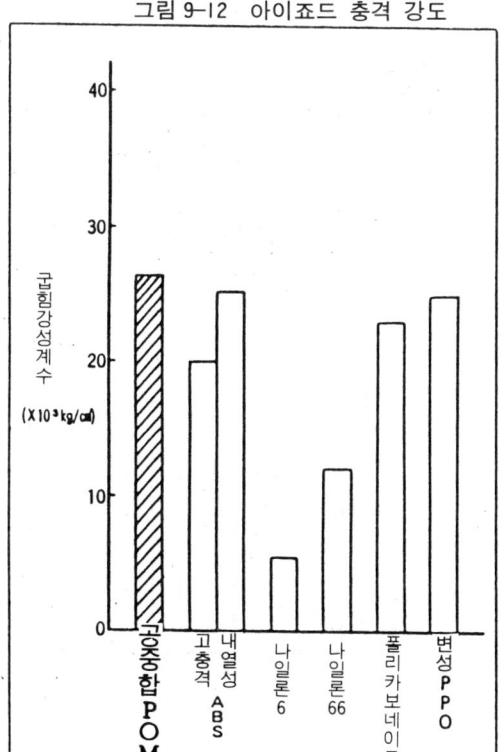

그림 9-14 유연 탄성계수

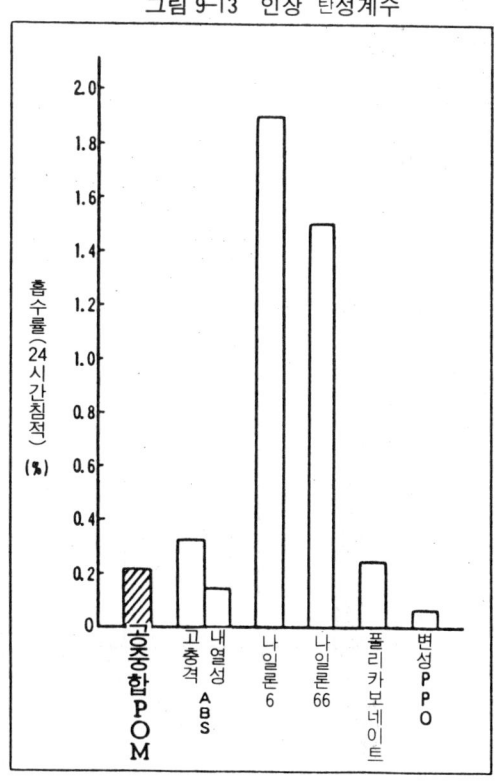

그림 9-15 흡수율(24H)

314 제9장 사출 성형 재료의 각종 물성 재료편

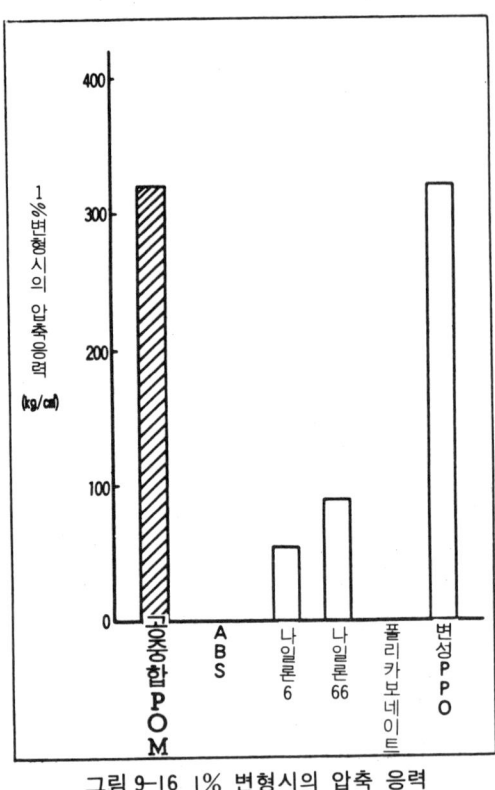

그림 9-16 1% 변형시의 압축 응력

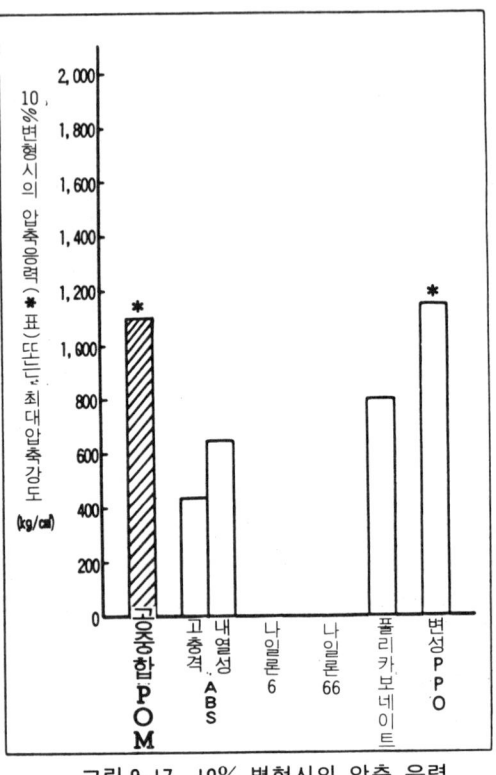

그림 9-17 10% 변형시의 압축 응력

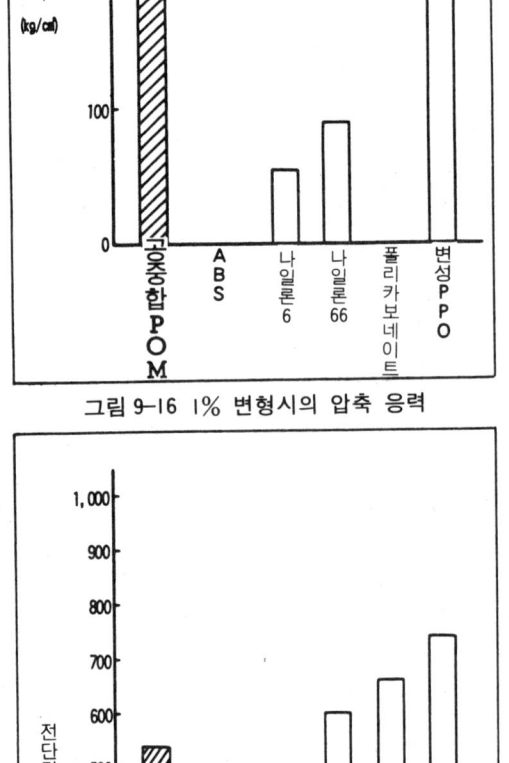

그림 9-18 전단강도

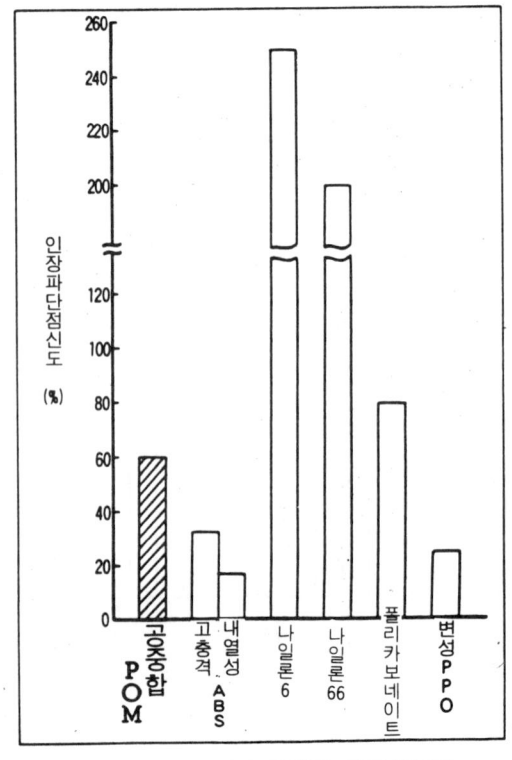

그림 9-19 인장 破斷點 신도(伸度)

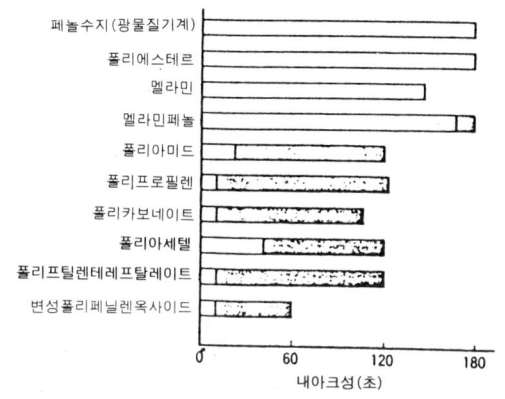

그림 9-20 내염성(耐炎性) 94V-O 材의 耐아크性

표 9-3 각 플라스틱의 산소 인덱스(index)

수 지	한계산소인덱스 (%)
폴리염화비닐	4 7
라이톤　PPS　R-4 　　　　　　　R-7	4 7 5 3
폴리설폰	3 0
폴리아미드　66	2 8. 7
폴리페닐렌옥사이드	2 8
폴리카보네이트	2 5
폴리스티렌	1 8. 3
폴리올레핀	1 7. 4
폴리아세탈	1 6. 2

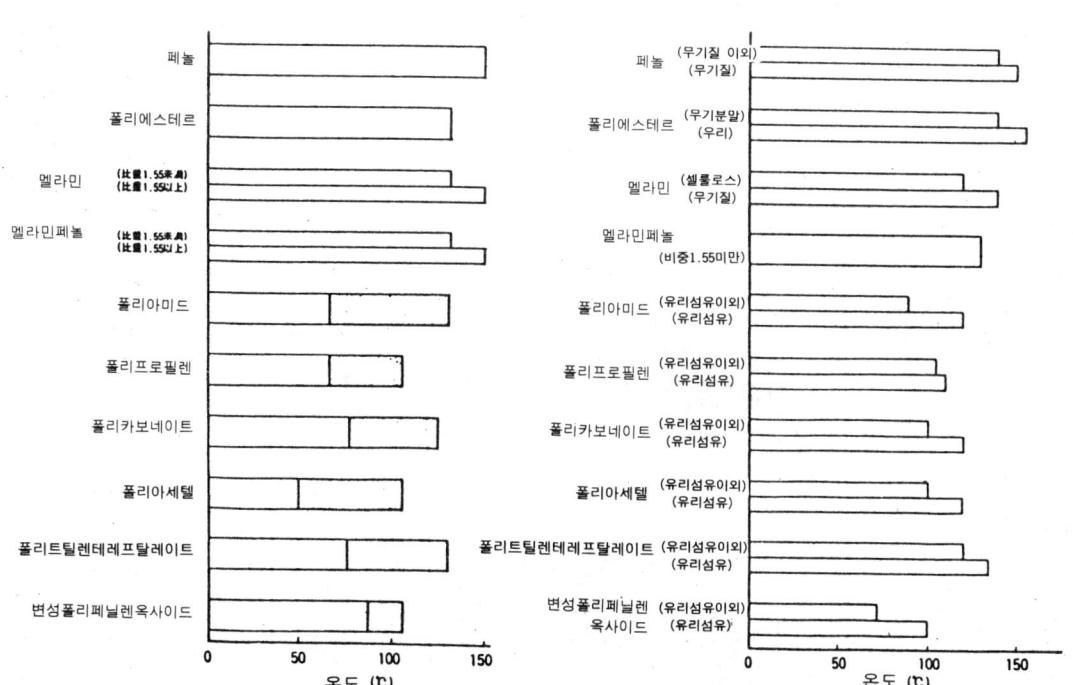

그림 9-21 UL온도 인덱스

그림 9-22 전기용품 관리법에 있어서 사용 온도 상한치

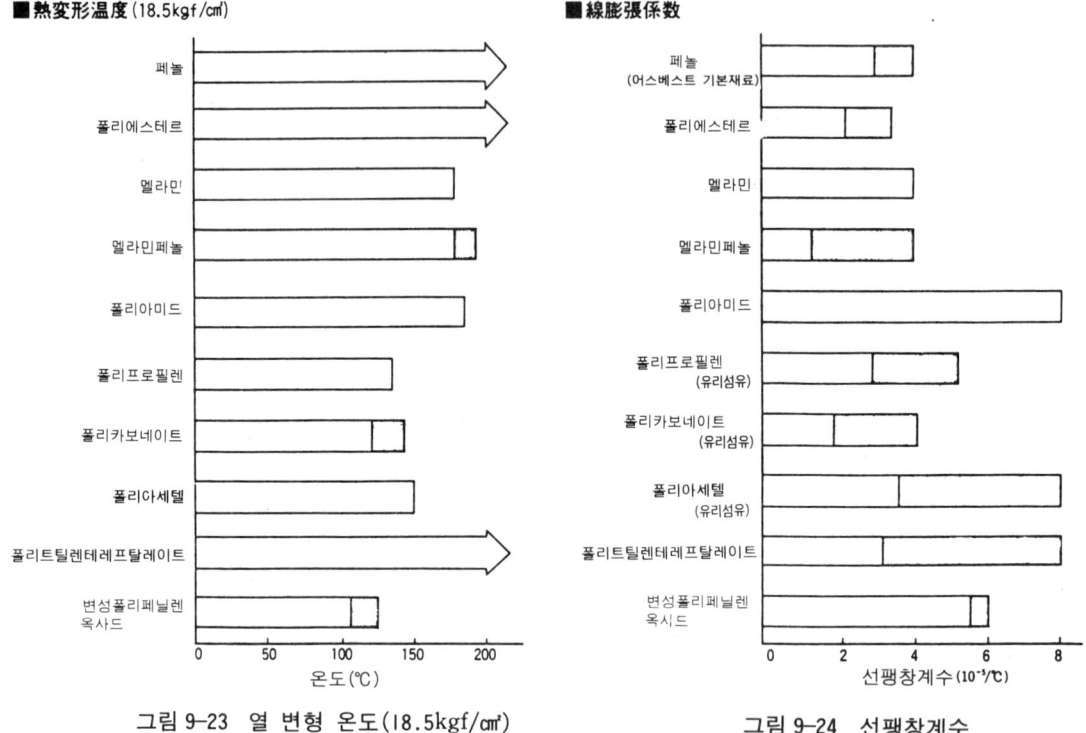

그림 9-23 열 변형 온도(18.5kgf/cm²)

그림 9-24 선팽창계수

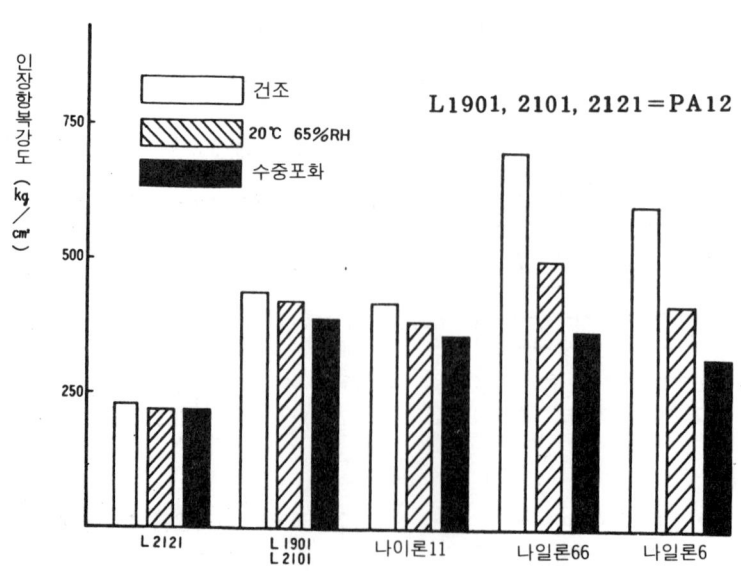

그림 9-25 각종 나일론의 인장강도

사출성형기술(Ⅰ)

종합편 - 성형재료·성형기·성형기술·금형 -

1989년 1월 20일 제1판제1발행
2016년 10월 5일 제1판제10발행

편저자 홍 명 웅
발행인 나 영 찬

발행처 **기전연구사**

서울특별시 동대문구 신설동 104의 29
전 화 : 2235-0791/2238-7744/2234-9703
FAX : 2252-4559
등 록 : 1974. 5. 13. 제5-12호

정가 15,000원

◆ 이 책은 기전연구사와 저작권자의 계약에 따라 발행한 것이므로, 본 사의 서면 허락 없이 무단으로 복제, 복사, 전재를 하는 것은 저작권법에 위배됩니다.
ISBN 978-89-336-0524-0
www.gijeon.co.kr

불법복사는 지적재산을 훔치는 범죄행위입니다.
저작권법 제97조의 5(권리의 침해죄)에 따라 위반자는 5년 이하의 징역 또는 5천만원 이하의 벌금에 처하거나 이를 병과할 수 있습니다.